Thomas Heinrich

TECHNOLOGIETRANSFER IN DER STADTPLANUNG

Thomas Heinrich

Technologietransfer in der Stadtplanung

Masterplanung in Dar es Salaam / Tansania
durch internationale Consultings

Verlag für wissenschaftliche Publikationen

CIP - Kurztitelaufnahme der
          Deutschen Bibliothek:
Heinrich, Thomas
Technologietransfer in der Stadtplanung:
Masterplanung in Dar es Salaam/Tansania durch internat. Consultings / Thomas Heinrich. -
Darmstadt: Verl. für Wiss. Publ., 1987.

ISBN 3- 922981 - 34 - 8

Alle Rechte, insbesondere das Recht auf Vervielfältigung und Verbreitung vorbehalten. Kein Teil des Buches darf ohne Genehmigung des Verlages reproduziert, verarbeitet oder vervielfältigt werden.

© 1987
Verlag für wissenschaftliche Publikationen
6100 Darmstadt, Ploenniesstraße 18

ISBN 3 - 922981 - 34 - 8

Inhalt

Liste der Pläne, Tabellen und Graphiken   6

Vorwort   9

I. Masterplanung in den Industrieländern und Tansania Eine Einführung in die Aspekte des Planungstransfers

I.1   DER GEGENSTAND DER VORLIEGENDEN UNTERSUCHUNGEN   15

     1. Dar es Salaam, die Hauptstadt Tansanias 15
     2. Die Fragestellung und Intention der Arbeit 24

I.2   DIE GESCHICHTE DES PLANUNGSTRANSFERS NACH TANSANIA   36

     1. Stadtplanung in Dar es Salaam während der deutschen und britischen Kolonialzeit 36
     2. Der erste Master Plan für Dar es Salaam: Sir Alexander Gibb und "Ein Plan für Dar es Salaam" 57

I.3   PLANUNGSTHEORETISCHE ASPEKTE ZUR KRITIK DER MASTERPLANUNG DURCH AUSLÄNDISCHE CONSULTINGS   67

     1. Der Master Plan als Instrument der Stadtplanung in Dar es Salaam 67
     2. Ursprünge und Konzept der Masterplanung in den Industrieländern 75
     3. Voraussetzungen und Problematik des Transfers der Masterplanung 83
     4. Experten und Consultants als Planer in Tansania 89

II. Die Stadtplanungspolitik Tansanias im Spannungsfeld zwischen politischer Programmatik und gesellschaftlichem Wandel

     1. Die Fragestellung des Kapitels 99
     2. Bedeutung der Politik des "Ujamaa-Sozialismus" für die Stadtentwicklungsplanung in Dar es Salaam 101
     3. Gesellschaftlicher Wandel durch den Stadtplanungstransfer . 110
     4. Die tansanische Staatsklasse 123
     5. Zusammenfassung 128

III. Darstellung und Kritik des Dar es Salaam Master Plan 1979

     1. Fragestellung des Kapitels 131
     2. Die "Terms of Reference" des Master Plan 1979 136
     3. Das Konzept des Master Plan 1979 143
        3.1. Der Planungsprozeß 143
        3.2. Aufbau und methodisches Konzept des Master Plan .. 144
        3.3. Langzeitplanung und Entwicklungsszenarios- die Prognose 157

3.4. Entwicklung zwischen Ujamaa und Moderne- das Konzept
der infrastrukturellen und räumlichen Stadtplanung ...161
3.5. Geplante Entwicklung als Anspruch, staatliche
Kompetenz als Ideologie, Squatting als Norm- die
Wohnungspolitik 173
   3.5.1. Die Problemdefinition im Master Plan 1979 175
   3.5.2. Kritik des wohnungspolitischen Konzeptes im
       Master Plan 1979 178
   3.5.3. Resümee zur wohnungspolitischen Situation nach
       dem Master Plan 1979 187
4. Planung und Implementierung unter begrenztem Handlungsspielraum 190
   4.1. Der finanzielle Handlungsspielraum 191
   4.2. Die materiellen Arbeitsbedingungen der Planungs-
      administration 197
5. Das latente Planungsverständnis der Consultants im
Master Plan 202
6. Zusammenfassung: Mit professioneller Planungstechnokratie
zum Ujamaa-Sozialismus? 211

Fallstudie I: Der "Mbezi Planning Scheme" 221

IV. Die Stadtentwicklungsprobleme Dar es Salaams und ihre Ursachen

IV.1. DIE PROBLEME DER STADTENTWICKLUNG IN DAR ES SALAAM IN DER NACHKO-
LONIALEN PHASE ZWISCHEN UNABHÄNGIGKEIT (1961) UND DEM MASTER PLAN
1979

   1. Das unausgewogene Stadtwachstum 233
   2. Land-Stadt Migration 236
   3. Die verzerrte demographische Struktur Dar es Salaams ...240
   4. Das unbefriedigte Grundbedürfnis: Wohnen 243
   5. Squatting in Dar es Salaam 246
      5.1. Der Wandel des Squatter-Begriffs in der tansanischen
          Planungspolitik 246
      5.2. Legale und illegale Stadtteile in Dar es Salaam ...253
   6. Der baukonstruktive Zustand der Wohngebäude in Dar es
     Salaam 256
   7. Die Entwicklung einzelner Squattergebiete 258
   8. Die Wohnbedingungen in den geplanten und ungeplanten
     Stadtteilen 271

Fallstudie II: Die Geschichte des Buguruni Slum Clearance Projektes .275

IV.2. SOZIALÖKONOMISCHE URSACHEN DER DISPARITÄREN STADTENTWICKLUNG
   1. Die "primate city" Dar es Salaam im nationalen
     Wirtschaftsraum 282
   2. Die Erwerbsbevölkerung und ihre Beschäftigungsverhält-
     nisse im formellen und informellen Sektor Dar es Salaams ..286
   3.· Sinkende Realeinkommen und die Armutsbevölkerung Dar es
     Salaams 290

V. Rahmenbedingungen für eine kontrollierte Stadtentwicklung Dar es Salaams durch regionale Raumordnungspolitik

1. Die Fragestellung des Kapitels 295
2. Die Politik der Ujamaa-Dorfgründungen / 1967 - 1973 297
3. Restriktives Stadtwachstum durch Dezentralisierung der Produktionsstandorte und "Decentralisation" der Verwaltungstruktur 301
   3.1. Der Subregionalplan für Dar es Salaam, 1968 301
   3.2. Der 2.Nationale Fünfjahresplan 1969 - 1974 304
   3.3. Die "Decentralisation" der Verwaltung 1972 und der administrative Status Dar es Salaams 312
   3.4. Der "Integrierte Ländliche Entwicklungsplan" für die Region Dar es Salaam, 1975 318
   3.5. Der Plan für eine neue Hauptstadt - Dodoma 324
4. Dekonzentration Dar es Salaams und verringerter politischer Handlungsspielraum in den Krisenjahren nach 1978 331
   4.1. Nationale Perspektivpläne und Krisenmanagement 331
   4.2. Der "Uhuru Corridor Regional Physical Plan", 1978 337
5. Zusammenfassung 343

VI. Zusammenfassung der Studie und Empfehlungen für eine angepaßte Stadtplanungspolitik in "Self Reliance"

1. Zusammenfassung der Studie 349
2. Empfehlungen 365

Anhang

Fußnoten zum Vorwort 387
Fußnoten zu Kapitel   I 388
Fußnoten zu Kapitel   II 401
Fußnoten zu Kapitel III 406
Fußnoten zu Fallstudie I 417
Fußnoten zu Fallstudie II 418
Fußnoten zu Kapitel   IV 419
Fußnoten zu Kapitel   V 425
Fußnoten zu Kapitel   VI 432

Literaturverzeichnis 435

KARTEN, PLÄNE, FOTOS

Karte	Tansania		12
Plan	I-1	Dar es Salaam	14
Plan	I-2	Die Stadtteile Dar es Salaams/Verwaltungsgrenzen	20
Plan	I-3	Dar es Salaam zu Beginn der Dt. Kolonialzeit	37
Plan	I-4	Der Baulinienentwurf von 1891 für Dar es Salaam	39
Plan	I-5	Bepflanzungsplan des Gouvernementspalastes	42
Plan	I-6	Das Wachstum Dar es Salaams 1891 - 1967	44
Plan	I-7	Dar es Salaam in den 30er Jahren	52
Plan	I-8	Magomeni Nachbarschaftssiedlung	56
Plan	I-9	Dar es Salaam Master Plan 1949	59
Plan	I-10	Stadtteil Temeke/Nachbarschaftseinheiten	62
Plan	I-11	Dar es Salaam Master Plan 1954	65
Plan	I-12	Ein "Wohndistrikt" im Master Plan 1968	69
Karte	II-1	Bodenwerte in der City Dar es Salaams um 1960	117
Plan	III-1	Geplante Struktur des Wachstums Dar es Salaams	163
Plan	III-2	10-Hauseinheit im Master Plan 1979	164
Plan	III-3	Sinza Sites & Services Projekt	182
Plan	III-4	Hanna Nassif upgrading-area	186
Plan	III-6	Grundrisse zweier disparitärer Stadtteile in DSM	204
Plan	1	Mbezi Planning Scheme 1978	222
Plan	2	Mbezi Planning Scheme - Industrial Complex	227
Karte	IV-1	Squatter- und Sites & Services Gebiete in DSM	260
Luftfoto	I	Keko Maghurumbasi	264
Luftfoto	II	Magomeni	266
Luftfoto	III	Mtoni	268
Karte	II-2	Wachstum der Squattergebiete in DSM / 1965 - 79	269
Foto		Buguruni	275
Plan	FII-1	Sanierung Squatterviertel Buguruni	277
Foto		Wohnblock im Buguruni-Projekt	278
Plan	V-1	Bebauungsplan für ein Ujamaa-Dorf	298
Plan	V-2	Hierarchie der Zentren im Subregionalplan 1968	302
Plan	V-3	Planungsgebiet der Uhuru Korridor Planung	337
Plan	VI-1	Erster Schritt zur Entwicklung eines Compounds	372
Plan	VI-2	Zweiter Schritt zur Entwicklung eines Compounds	374
Plan	VI-3	Dritter Schritt zur Entwicklung eines Compounds	376
Plan	VI-4	Vierter Schritt zur Entwicklung eines Compounds	378

TABELLEN, GRAPHIKEN, SCHAUBILDER

Graphik	I-1	Bevölkerungsentwicklung von DSM 1891 - 1984	15
Tabelle	I-1	Rank-Size Verteilung der Städte Tansanias	17
Tabelle	I-2	Flächengröße der Verwaltungseinheit DSM 1974/78	22
Graphik	I-2	Entwicklung DSMs unter britischer Herrschaft	45
Graphik	I-3	Wanderungsbewegungen nach Dar es Salaam 1948-57	47
Tabelle	I-3	Schätzwert der Grundstücke in Dar es Salaam 1960	48
Schaubild		Der Swahili-Haustyp	50
Tabelle	I-4	Irreguläre Siedlungen zur Zeit der Unabhängigkeit	53
Tabelle	I-5	Der Beamtenstab im Dept. of Town Planning 1956	60
Graphik	I-4	Im Master Plan 1968 geplante Entwicklung DSMs	70
Tabelle	I-6	Stadtentwicklungspläne für die Städte Tansanias	72
Graphik	I-5	Schema eines deduktiven Planungsprozesses	74
Tabelle	I-7	Bestandteile der Master Plan-Instrumentariums	82

Tabelle	I-8	Tansanische Fachleute in der Stadtplanung 1962	90
Tabelle	I-9	Tansanische Fachleute in der Stadtplanung 1975	91
Tabelle	III-1	Einsatzplan der Consulting-Mitarbeiter vor Ort	143
Tabelle	III-2	Raumbezogener und funktionaler Planungsansatz	151
Tabelle	III-3	Bevölkerungswachstum Dar es Salaams 1884 - heute	157
Tabelle	III-4	Im Master Plan 1979 geplante Entwicklung DSMs	159
Tabelle	III-5	Flächennutzungsverteilung DSMs - 1979	162
Tabelle	III-6	Im Master Plan 1979 vorgesehene Neuerschließungen	162
Tabelle	III-7	Nachverdichtungspotentiale in Dar es Salaam	168
Graphik	III-1	Entwicklung der Bautätigkeit in Tansania	179
Tabelle	III-8	Bauanträge an die Stadtverwaltung DSM 1980 - 83	180
Tabelle	III-9	Im Master Plan veranschlagter Wohnungsbau in DSM	180
Tabelle	III-10	Sites & Services Projekte in Dar es Salaam	181
Tabelle	III-11	Wohnzuwachsflächen im DSM-Master Plan	183
Tabelle	III-12	Entwicklung des nationalen Haushaltes	192
Tabelle	III-13	Entwicklung des kommunalen Haushaltes von DSM	193
Graphik	III-2	Quellen des Entwicklungshaushaltes von DSM	193
Graphik	III-3	Entwicklungs- und Verwaltungshaushalt in DSM	195
Graphik	III-4	Sektorale Aufteilung des Entwicklungshaushaltes	195
Tabelle	III-14	Fachkräftebedarf in Dar es Salaam 1980/85	198
Graphik	III-5	Implementierungsraten der Stadtentwicklungspläne	200
Tabelle	III-15	Offiz. Stadtplanungsprogramme Tansanias bis 1990	218
Tabelle	1	Mbezi Planning Scheme und Master Plan 1979	225
Tabelle	2	Grundstücksgrößen im Mbezi Scheme und MP 1979	226
Schema		Schnitt durch den Mbezi Planning Scheme	230
Tabelle	IV-1	Durchschn., jährl. Bevölkerungswachstum DSMs	234
Tabelle	IV-2	Herkunftsregionen der Immigranten nach DSM 1978	236
Tabelle	IV-3	Migrationsraten - Bildung - Geschlecht	239
Tabelle	IV-4	Sex-Ratio in Dar es Salaam 1978	240
Tabelle	IV-5	Sex-Ratio in Dar es Salaam 1948 - 1978	241
Graphik	IV-1	Alterspyramide der Stadt Dar es Salaam	241
Tabelle	IV-6	Bilanz von Wohnungsneuzugang und Bedarf in DSM	244
Tabelle	IV-7	Gebäudestandard in den Wohngebieten DSMs 1969/78	256
Schema	IV-1	Schnitt durch Holzlehmwand	257
Graphik	IV-2	Entwicklung der Squattersiedlungen in DSM	258
Tabelle	IV-8	Entwicklung aller Squattergebiete in DSM 1965/79	259
Tabelle	IV-9	Geplante und ungeplante Gebiete in DSM 1965 - 79	261
Tabelle	IV-10	Sozialräumliche Entwicklung der Stadtteile DSMs	262
Tabelle	IV-11	Siedlungstypen der Squattergebiete Dar es Salaams	271
Tabelle	IV-12	Charakteristik der Squattergebäude in DSM 1977	273
Tabelle	IV-13	Permanent Beschäftigte in den Städten 1967/73/78	283
Tabelle	IV-14	Wirtschaftliche Entwicklung DSMs anhand der formell Beschäftigten in den Sektoren 1966 - 79	285
Tabelle	IV-15	Erwerbsbevölkerung in Dar es Salaam 1978	287
Tabelle	IV-16	Lebenshaltungskosten in Dar es Salaam 1971 - 79	291
Graphik	V-1	Reg. Verteilung der nat. Entwicklungsausgaben	306
Tabelle	V-1	Reg. Verteilung zentralstaatl. Mittelzuweisungen	308
Graphik	V-2	Verwaltungsorganisation nach Decentralisation	313
Tabelle	V-1	Verwaltungsausgaben nach Dezentralisierung 1972	316
Tabelle	V-2	Geplante Entwicklung der nat. Wirtschaftssektoren	331
Tabelle	V-3	Entwicklungsausgaben des 3. Fünfjahresplanes	333
Tabelle	VI-1	Kriterien einer Kritik des Technologietransfers	351

Vorwort

Die vorliegende Arbeit ist eine Dissertation und von deren Usancen geprägt. Die Anstöße zu diesem Unterfangen gehen zurück auf die Jahre 1976-1979. In dieser Zeit arbeitete ich als Entwicklungshelfer im City Council von Dar es Salaam, der Hauptstadt Tansanias. Während meiner Arbeit dort hatte ich die Gelegenheit, ein Teil der Behörde zu sein, die für die Planung der Stadt zuständig ist. Als Bewohner dieser liebenswürdigen Großstadt konnte ich zugleich ein wenig auch an dem alltäglichen Leben teilhaben, das für uns Europäer in Plänen und Geschriebenem allemal nur als gefilterte Lebenswelt in Erfahrung kommt. Ich habe mich, wenn auch weniger als meine afrikanischen Nachbarn und mein Freund R. Chaky, mit Versorgungsengpässen herumgeschlagen, organisiert und Hühner zum Zweck des Eierlegens gezüchtet.

In meiner Tätigkeit für die Behörde hatte ich u.a. die Aufgabe, als Kontaktperson unseres Amtes die Arbeit der kanadischen Consulting am Master Plan 1979 zu begleiten. Aus der Diskrepanz von konkreter Allagswelt und offiziellem Planungssystem entsprang das Motiv zu den vorliegenden Untersuchungen. Während der Arbeit an diesem Buch hatte ich 1984 noch einmal die Gelegneheit, mit Unterstützung des DAAD drei Monate in Dar es Salaam verbringen zu können, um neuen Tendenzen nachzuspüren.

Knapp 14% der Bevölkerung Tansanias lebten 1978, zur Zeit des letzten Zensus, in "Städten" mit über 2.000 Einwohnern; etwa ein Drittel davon lebte in Dar es Salaam. Die große Mehrheit Tansanias bildete die Landbevölkerung.
Seit der britischen Mandatsherrschaft bis heute wird die Entwicklungspolitik in Dar es Salaam durch eine Reihe von Masterplänen bestimmt. Immer wurden sie durch Consultings aus den Entwicklungsländern geplant. In der staatlichen Technischen Zusammenarbeit ist seit den 70er Jahren die Bedeutung von Masterplanungen speziell und Stadtplanungsprojekten allgemein stark zurückgegangen. Die Weltbank investiert heute nur noch 3% ihres Kreditvolumens in städtische Projekte (1) und nur ca. 4% der Mitarbeiter der deutschen Gesellschaft für Technische Zusammenarbeit

(GTZ) sind heute im Bereich der Stadtplanung, des Verkehrswesens und Hochbaus tätig (2). Daneben läuft jedoch ein beträchtlicher Ressourcen- und Technologietransfer über privatwirtschaftliche Consultings für die Städte der Entwicklungsländer. Es gibt kaum eine wichtige Großstadt dort, die nicht einen Master Plan (bzw. dessen französische oder portugiesische Variante) hat und für die Zukunft weiter auf dieses Instrumentarium baut. Die Rolle internationaler Consultings in diesen Projekten ist nicht zu übersehen. Aus seiner Erfahrung in Tansania sprach M.A. Bienefeld sogar von einer "Manie für auswärtige Consultings" dort. Die gegenläufige Bedeutung der Masterpläne in den Industrie- und den Entwicklungsländern hat ihre tieferen Ursachen: In den Entwicklungsländern besteht große Skepsis gegenüber alternativen, angepaßten Technologien, die nicht dem vermeintlichen Standard der Industrieländer entsprechen. Es fehlt, zweitens, eine differenzierte Kritik der Masterplanung, die realistische Ansätze für eine alternative Stadtentwicklungskonzeption anschaulich und diskutierbar macht. Die vorliegende Arbeit soll hierzu ein Beitrag sein.

In den letzten Jahren entstanden einige Fallstudien, die die Problematik des Planungstransfers in der Stadtplanung kritisch untersuchten (3). Darin wird zunehmend der zu enge technisch-fachliche Aspekt in dieser Problematik durch sozio-kulturelle Gesichtspunkte erweitert. Auch die Übertragung von Denkstrukturen, kulturellen Wertsystemen und politischen Systemeigenschaften aus den Industrieländern wird zum Gegenstand der Kritik.

Die vorliegende Studie versteht sich als Beitrag zu dieser Forschungsintention. Die technischen, kulturellen und politischen Merkmale des unangepaßten Technologietransfers in der Stadtplanung Dar es Salaams und der Einfluß der strukturellen Arbeitsbedingungen von Consultings auf den Planungstransfer werden herausgearbeitet. Das Ziel dieser Untersuchungen ist, Ansätze zu einer alternativen Stadtplanungspolitik zu entwerfen, die aus den Gegebenheiten in Dar es Salaam entwickelt ist.

Die Umsetzung des Motivs zu dieser Arbeit in die nun vorliegenden gut 400 Seiten Schreibtischarbeit ist nicht ohne Unterstützung und Ermutigung von vielen Seiten zu bewerkstelligen gewesen. Ihnen allen, die

Die Umsetzung des Motivs zu dieser Arbeit in die nun vorliegenden gut 400 Seiten Schreibtischarbeit ist nicht ohne Unterstützung und Ermutigung von vielen Seiten zu bewerkstelligen gewesen. Ihnen allen, die ich hier nicht vollständig nennen kann, möchte ich herzlich danken:

Prof. Dr. M. Teschner, der mich zu dieser Arbeit ermunterte, sie betreute und mit dessen Unterstützung ich ein Stipendium erhielt,

Prof. M. Einsele, der meine Arbeit kritisch begleitete und mit viel Schreibaufwand unterstützte,

Prof. H. Harms, dessen solidarische Kritik ich sehr schätzte,

Petra Renner, die während der langen Arbeit an dieser Studie als meine Lebensgefährtin manche Unleidlichkeit ertragen mußte und trotzdem die Skripte mühevoll in lesbare Form brachte,

Walter Satzinger, der mit selbstloser Akribie alle Teile dieser Arbeit las und sie mit seiner äußerst kompetenten, immer konstruktiven Kritik bereicherte,

Der Studienstiftung des Deutschen Volkes, die mehr als zwei Jahre zu meinem Lebensunterhalt beitrug,

Prof. Dr. U. Lüttge als Vertrauensdozentem der Stiftung, der mich mit idealistischem Engagement unterstützte,

den Professoren Dr. A.C. Mascarenhas und Dr. P.v. Mitschke-Collande, die mir 1984 den Forschungsaufenthalt in Dar es Salaam ermöglichten,

meinen Freunden in der ASAD, W. Funke und Dr. F. Geelhaar, die viel Geduld aufbrachten mit ihrem oft angespannten Kollegen am Reißbrett nebenan,

Dr. J. Lohmeier, der mir zahlreiche Literatur zum Thema überließ,

M. Meßmer, die mir manchen guten Hinweis gab,

Dr. J. Brech, der mir uneigennützig seine Computeranlage zur Verfügung stellte,

F. Reuter, bei dem ich 1984 in Dar es Salaam für Monate wohnen durfte,

Prof. Dr. J. Lühring, von dem ich damals in Dar es Salaam viel lernte,

Prof. Dr. G. Schmidt, der mir wertvolle Hinweise gab,

S. Wandel, der mich in Dar es Salaam unterstützte und

E. Jensen, H. Urhahn und H. Ullmann, die ihre praktischen Erfahrungen aus Tansania in die Arbeit einbrachten.

KARTE TANSANIA

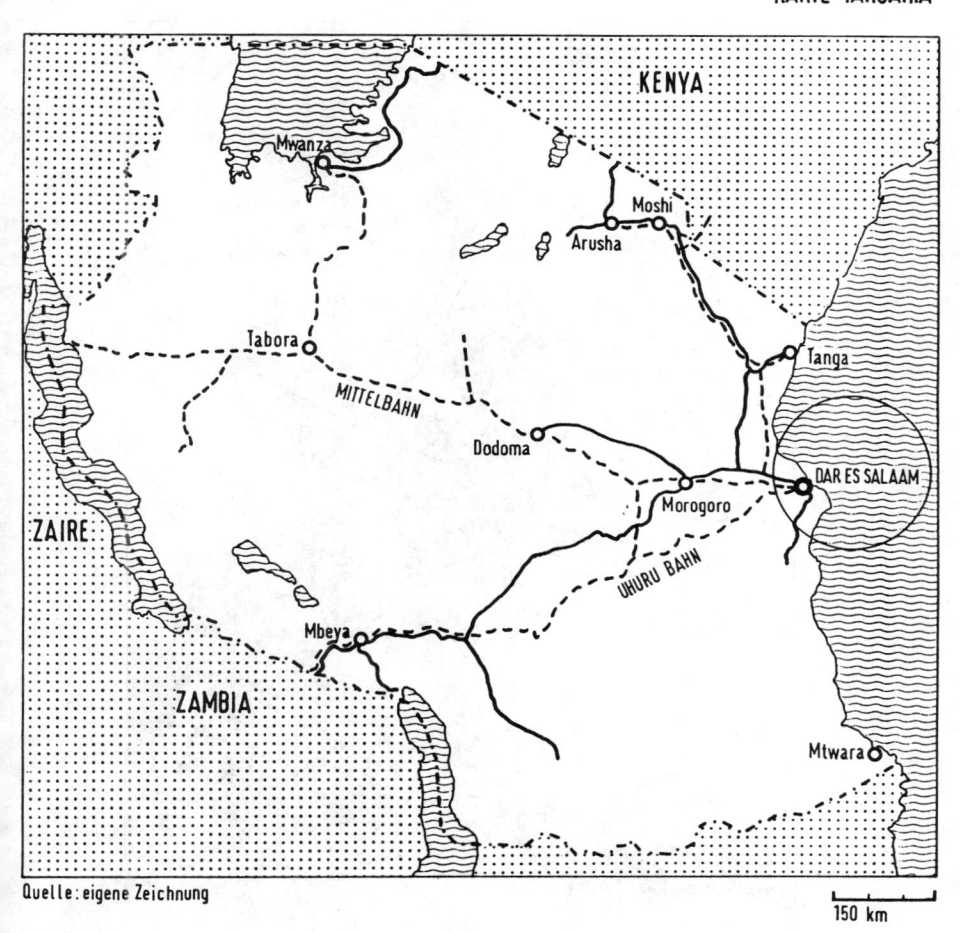

Quelle: eigene Zeichnung

150 km

LEGENDE:
- - - - EISENBAHN
——— ASPHALTSTRASSEN
-·-·- NATIONALGRENZE
◯ HAUPTSTADT, faktische
○ 9 'WACHSTUMSPOLE'

Plan I-1

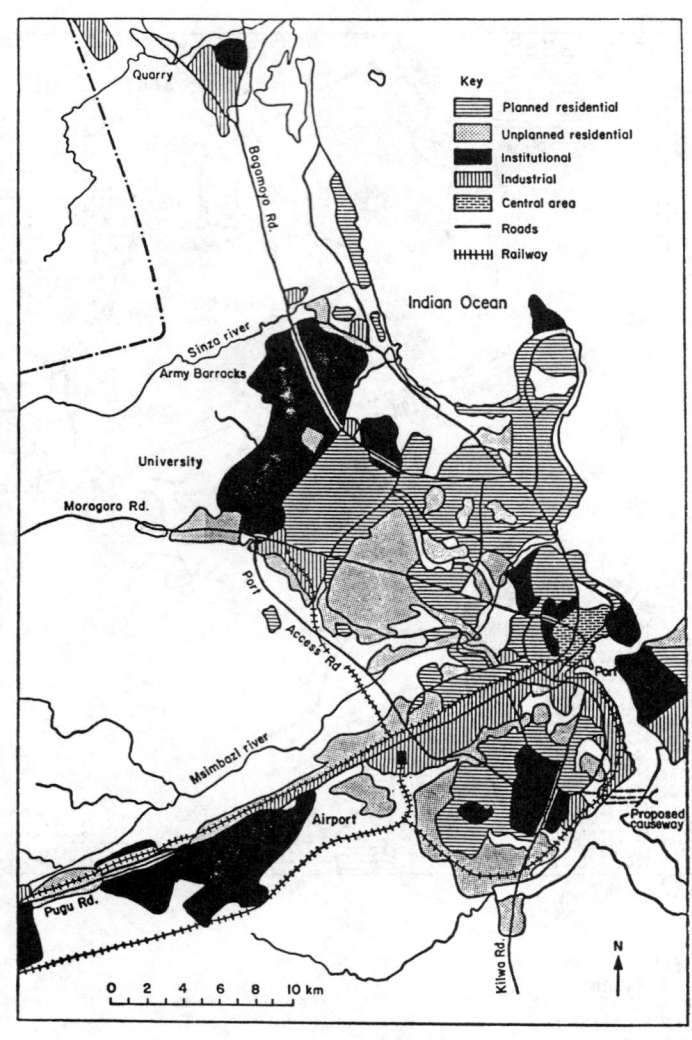

Land use in Dar es Salaam, 1980.

I. Masterplanung in den Industrieländern und Tansania
Eine Einführung in die Aspekte des Planungstransfers

I.1 DIE GESCHICHTE DES PLANUNGSTRANSFERS NACH TANSANIA

1. Dar es Salaam, die Hauptstadt Tansanias

Dar es Salaam wurde 1862 von Sultan Seyyid Majid aus Sansibar an der Ostküste Tanganyikas gegründet. Seine Planungen prägen bis heute das Zentrum der Stadt um die Hauptstraße. Die City von Dar es Salaam war von Anfang an eine geplante Stadt. Zwischen dem Baubeginn der Stadt im Jahr 1865/66 und heute liegen 120 Jahre Stadtentwicklung und -planung.

In diesen 120 Jahren wechselvoller Geschichte war Dar es Salaam über viele Jahrzehnte Regierungssitz fremder Mächte und entwickelte sich fremdbestimmt unter dem Einfluß von deren wirtschaftlichen Interessen. Durch die Eröffnung des Suez-Kanals 1869 war Ostafrika in das Interesse

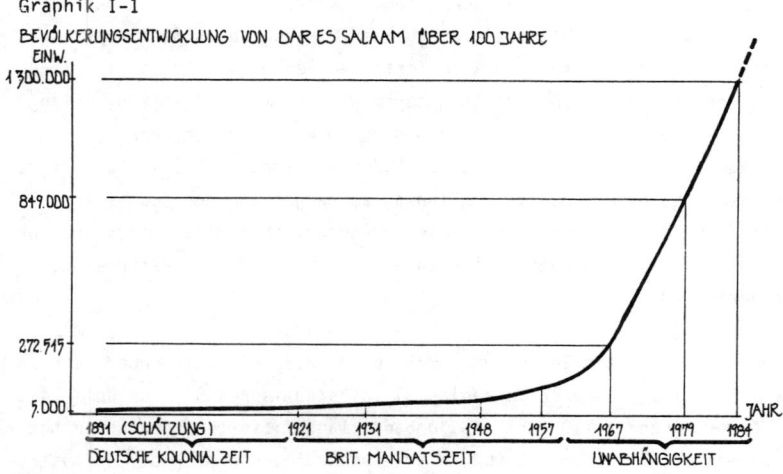

Graphik I-1
BEVÖLKERUNGSENTWICKLUNG VON DAR ES SALAAM ÜBER 100 JAHRE

Quelle: Zusammenstellung aus Zensusdaten

Europas gerückt. 1891 "kaufte" das Deutsche Reich im Namen seiner Majestät des Kaisers für 4 Millionen Reichsmark vom Sultan von Sansibar den "Küstenstrich", an dem heute Tansania liegt, und kolonisierte von dort aus "Deutsch-Ostafrika" (1). Infolge des 1. Weltkrieges ging die deutsche Kolonie an Großbritannien über und wurde 1920 vom Völkerbund zum britischen Mandatsgebiet erklärt. 1961 erlangte Tansania seine Unabhängigkeit.

In 70 Jahren der Kolonialherrschaft wuchs Dar es Salaam um 160.000 Einwohner, um dann in nur 25 Jahren der Unabhängigkeit auf ca. 1,5 mio. E. zu expandieren (s. Graphik I-1). Diese große Bedeutung erlangte der "Hafen des Friedens", wie die Übersetzung des arabischen Dar es Salaam verheißt, als wichtigstes Handelszentrum, Verkehrsschnittpunkt, Überseehafen und Hauptstadt des Landes. Um diese Anhäufung von Funktionen zu entflechten, beschloß die Regierung von Tansania 1973, die Hauptstadt innerhalb von 10 Jahren nach Dodoma zu verlegen. Da dieser Beschluß jedoch bis heute nur in Ansätzen vollzogen werden konnte, ist Dar es Salaam bis zum endgültigen Umzug aller Regierungsdienststellen die Hauptstadt der Nation.

Tansania gehört zu den am wenigsten entwickelten Nationen der Welt (LLDC). 52 % des Bruttosozialproduktes (BSP) wurden 1981 in der Landwirtschaft erwirtschaftet, 33 % im Tertiären Sektor und 24 % in Industrie und Handwerk. Neben der monetären Wirtschaft gibt es eine umfangreiche nicht-monetäre Ökonomie, besonders im Agrarbereich, die nur für den Eigenbedarf produziert. Ca. 27 % des BSP wurden 1978 in Subsistenz produziert. 85 % der Bevölkerung Tansanias hängen von der Subsistenzproduktion ab (2). Aufgrund der vorwiegend agrarischen Wirtschaftsstruktur ist die Urbanisierungsrate in Tansania - der Grad der Verstädterung - noch gering (3).

Nach dem letzten Zensus von 1978 lebten 2,26 mio. Einwohner oder 13 % der 17,5 mio. Einwohner Tansanias *) in "städtischen Siedlungen" (4). Nur 36 der ingesamt 110 dort als "urban" klassifizierten Siedlungen hatten Einwohnerzahlen über 10.000, also eine Größe, die nach der Definition des Zensus 1967 als "Stadt" gezählt worden war. Unter den 110 Städ-

*) Tansania besteht aus dem Festland und den Inseln Sansibar und Pemba.

Tabelle I-1

'RANK-SIZE' -VERTEILUNG DER STÄDTE TANSANIAS	- 1978 (EINW.)
1. DAR ES SALAAM	769.445
2. MWANZA	110.573
3. TANGA	103.399
4. MBEYA	76.601
5. TABORA	67.388
6. MORDGORO	60.782
⋮	⋮
42. DODOMA	45.807
⋮	⋮
110. MANDA	527

Quelle: United Rep. of Tanzania, Dar es Salaam 1983, Vol. VIII, S. 193

ten war Dar es Salaam 1978 mit 769.445 Einwohnern die bei weitem bevölkerungsreichste. Die "Rank-Size-Verteilung zeigt den enormen Abstand zwischen Dar es Salaam und der nächstgrößeren Stadt des Landes. Dar es Salaam war demnach in 1978 sieben mal so groß wie Mwanza, der nächstgrößeren Stadt. Zählte man die 40 kleinen Städte des Zensus mit Einwohnerzahlen unter 5.000 nicht als solche, sondern als dörfliche Siedlungen, würde die geringe Verstädterung Tansanias und die herausragende Rolle Dar es Salaams noch augenfälliger. Die Diskrepanz zwischen Dar es Salaam und der nächstgrößeren Stadt Tansanias ist zwischen 1967 (1:4,5) und 1978 (1:7) ständig gewachsen. Die Urbanisierungsrate stieg in Tansania von Jahr zu Jahr. Während 1967 nur 6,39 % der Bevölkerung in Städten lebten, war der städtische Bevölkerungsanteil 1978 bereits mehr als doppelt so hoch.

Die siedlungsräumliche Entwicklung Tansanias ist somit durch eine bislang noch insgesamt geringe, aber rasch zunehmende, unausgewogene Urbanisierung gekennzeichnet. Die Urbanisierung ist unausgewogen, weil sie sich vornehmlich in einer Stadt konzentriert: Dar es Salaam. Die Urbanisierung stellt sich somit in Tansania primär als Problem des Stadtwachstums in einem besonderen Entwicklungszentrum dar. Das herausragende Stadtwachstum in Dar es Salaam ist jedoch kein lokales, sondern ein nationales Problem, weil es überlokal verursacht ist und Rückwirkungen auf die nationale Entwicklung hat. Die vorliegende Arbeit konzentriert sich auf die Stadtentwicklungsplanung in diesem besonderen Wachstumszentrum Dar es Salaam, die in Kapitel III in einer detaillierten Kritik des Master Plan 1979 dargestellt wird. Dieser Aspekt kann jedoch nicht losgelöst vom überregionalen Kontext diskutiert werden, wie auch isolierte Lösungen auf der Stadtplanungsebene nicht möglich sind (5).

In der Literatur zur Urbanisierung in der "Dritten Welt" werden folgende, z.T. interdependente Aspekte und Erscheinungen dieses Prozesses herausgestellt (6):

- In der raschen Zunahme der Stadtbevölkerung in einigen oder einem einzigen optimalen Wirtschaftsstandort mit anschließenden kumulativen Verstärkereffekten des Wachstums im Zentrum werden besorgniserregende Probleme gesehen, aber auch positive Effekte: Die Stadt wird als Zentrum einer (oft nicht näher ausgeführten) "Modernisierung" bezeichnet.
- Die Sogwirkung der urbanen Zentren verursacht eine Land-Stadt Migration mit entsprechenden Entwicklungsrückschlägen in den ländlichen Gebieten, in denen ein Abwanderungsdruck entsteht. Umgekehrt werden auch positive wirtschaftliche Ausstrahlungseffekte auf das ländliche Umland in der Literatur diskutiert. In den städtischen Zentren selbst wachsen ökologische und soziale Probleme sowie Versorgungsengpässe mit Grundnahrungsmitteln, Trinkwasser und Brennstoffen.
- Durch die Migration selektiver Bevölkerungsgruppen (besonders der Männer in jüngerem Alter) entstehen demographische Verzerrungen der natürlichen Bevölkerungspyramide in den Teilräumen.
- Das migrationsbedingte Bevölkerungswachstum führt zu spezifischen Wachstumsmustern einzelner Wohngebiete und dann auch der Gesamtstadt. Sie bilden sich weitgehend ungeplant heraus.
- In der Stadt findet ein Prozeß der tendenziellen Auflösung sozialer Bindungen und traditionaler Normen statt, der u.a. in der Segregation sozialer Schichten zum Ausdruck kommt.
- Da die Urbanisierung nicht von einer ausreichenden Industrialisierung begleitet ist, verstärkt sie Verarmungs- und Marginalisierungserscheinungen, wie Arbeitslosigkeit, Squatter- und Slumbildung.
- Diese zirkulär interdependenten Prozesse führen zu erheblichen Stadtplanungsproblemen, da die steigende Komplexität der Stadtentwicklung nicht durch eine entsprechende Ausdifferenzierung des staatlichen Steuerungssystems - staatliche Bürokratie, Informations- und Datenlage, ausgebildete Fachleute und problemangemessene Planungen - begleitet ist. Es kann in diesem Sinn von einer frühreifen Entwicklung der Stadt gesprochen werden.

Dieser Urbanisierungsprozeß zeigte grundsätzliche Unterschiede zwischen der Entwicklung der Städte in Europa (sie werden im folgenden "Metropolen" genannt) während der sog. industriellen Revolution und in den Peripherieländern (7). Erstens ist sowohl das quantitative Ausmaß des Wachstums einiger Städte oder oft nur einer einzigen Stadt des Landes historisch neu als auch, zweitens, die oft feststellbare Abkopplung dieses dann in der Literatur als "Über-Urbanisierung" bezeichneten Prozesses (8) vom wirtschaftlichen Entwicklungsstand der Nation , ihren Nahrungsmittelressourcen und dem aufeinander bezogenen Austausch von Gütern zwischen Land und Stadt. Die Über-Urbanisierung ist eine Erscheinungsform innerhalb der Entwicklung "Dualer Ökonomien" oder, analytischer gefaßt, innerhalb einer nationalen wirtschaftlichen Entwicklung in "struktureller Heterogenität" (9). Drittens wurde das quantitative Ausmaß des Urbanisierungsprozesses in der Dritten Welt nicht begleitet - wie in Europa - durch eine entsprechende gesellschaftliche Rationalisierung und Ausdifferenzierung bürokratischer Planungsverfahren. Dieser Diskrepanz zwischen dem materiellen Prozeß der Urbanisierung und der dahinter zurückbleibenden gesellschaftlichen Rationalisierung im Sinne von Max Weber wird in der vorliegenden Arbeit ein Aspekt in der Analyse der Stadtplanungsprobleme Dar es Salaams sein. Kapitel II dieser Arbeit wird diesen Gedanken näher ausführen.

Die Urbanisierung in Tansania konzentrierte sich in starkem Maß auf die Stadt Dar es Salaam. 50 % der urbanen Bevölkerung des Landes leben heute dort. Innerhalb der Verwaltungsgliederung Tansanias ist die Stadt Dar es Salaam seit Juli 1978 Teil der Region Dar es Salaam und wird vom City Council of Dar es Salaam regiert. Seit dieser Zeit kann die Stadt auch eigene Steuern erheben und wurde damit unabhängiger von zentralstaatlichen Mittelzuweisungen des Prime Minister´s Office. Auf diese Gebietseinheiten wird, analog zum Master Plan 1979, auch als "Urban Planning Area" (die Stadt innerhalb der City Boundary) und "Rural Planning Area" (die Region) Bezug genommen. Da in die Urban Planning Area auch ländliche Randgebiete der Stadt fallen, wird das Kerngebiet der bestehenden Stadt in dieser Arbeit als "Existing Urban Area" oder als "Kernstadt" bezeichnet.
Vor 1978 war die rechtliche und administrative Stadtplanungsgrenze mehr-

fach entsprechend dem Expansionsprozeß der Stadt erweitert worden von der "City Boundary" (1961) zur "Statutory Planning Area" (1966) und 1974 - als Folge einer Verwaltungsdezentralisierung - zur "Region of Dar es Salaam" (s. Plan I-2).

Plan I-2
Die Stadtteile Dar es Salaams und Verwaltungsgrenzen, 1961 und heute

Darstellung vom Verfasser

Dem umfassenden nationalen Zensus von 1978 zufolge lebten in der Region 843.090 Einwohner, davon 91,26 % in der Urban Planning Area. Während die Region Dar es Salaam mit 7,8 % die höchste durchschnittliche Bevölkerungswachstumsrate p.a. aller Regionen Tansanias zwischen den Zensusjahren 1967 und 1978 hatte, verzeichnete die an die Dar es Salaam Region angrenzende Coast Region das niedrigste Wachstum. Mit 1,7 % lag sie dort unter der natürlichen Wachstumsrate von 3.22 % in Tansania (Festland). Es kann also von einer besonders intensiven Nahwanderung aus dieser Region in die Nachbarregion und besonders in die Stadt Dar es Salaam ausgegangen werden.

Die Wohnbevölkerung der Stadt wuchs dementsprechend zwischen den Zensusjahren 1967 und 1978 um ca. 8,7 % und lag damit noch höher als in der Region Dar es Salaam (10). Die ökonomischen, sozialen, stadträumlichen und administrativen Stadtentwicklungsprobleme sowie das Erscheinungsbild von Dar es Salaam sind durch die bislang dargestellten Prozesse - unausgewogene Urbanisierung und überproportionales Stadtwachstum - geprägt.

Kapitel III wird untersuchen, wie der Master Plan 1979 die Probleme der Stadt erfaßte und welche Konzepte er vorschlug, um sie zu bewältigen.

Kapitel IV dieser Arbeit wird die Stadtentwicklungsprobleme aus meiner theoretischen und praktischen Erfahrung, die ich während meiner Arbeit im City Council von Dar es Salaam gewonnen habe, darstellen.

Kapitel V wird die politischen Konzepte und Programme analysieren, mit denen in Tansania versucht wurde, quasi im Vorfeld der Stadtplanung für Dar es Salaam Art und Maß des Stadtwachstums dort zu beeinflussen.

Im letzten Kapitel werden so konkret wie möglich Ansätze für eine Alternative zur bisherigen Stadtentwicklungsplanung in Dar es Salaam entworfen.

Um den Leser mit dem Gegenstand der vorliegenden Arbeit vertraut zu machen, ist es sinnvoll, das Erscheinungsbild der Stadt näher zu beschreiben.

Tabelle I-2

DIE FLÄCHENGRÖSSE DER VERWALTUNGSEINHEIT DSM - 1974 UND 1978 (IN HA)		
	NACH 1974	NACH 1978
STADTGEBIET / CITY	8.300	44.814
REGION	194.000	112.126

Quelle: DSM MP 79; C.I.D.A. Integrated Rural Dev. Plan, 1975

Das Stadtgebiet Dar es Salaams hatte 1978 eine Fläche von 44.814 ha. 76 % dieser Fläche waren landwirtschaftlich genutzt, Brachland oder geordnete Freiflächen. Die restlichen 24 % waren zu 14 % als Wohngebiete bebaut, zu 4 % als Industriegebiete und zu 6 % als Tertiäre Flächen genutzt. Auffallend gegenüber europäischen Städten ist der hohe nichtstädtisch genutzte Flächenanteil in den Randgebieten Dar es Salaams.

Das Zentrum der Stadt liegt an einer Bucht des Indischen Ozeans, die als Hafenbecken auch für große Überseeschiffe dient. Das Panorama des Zentrums zum Hafenbecken hin säumt eine wohltuend natürlich belassene, palmenbestandene Promenade, die "Kivukoni Front". Im Zentrum liegen das Geschäftsviertel der Stadt, die Regierungsgebäude und ein kleines Villen-Wohngebiet aus deutscher Kolonialzeit. Die von Akazien gesäumte Hauptstraße verbindet das Geschäftsviertel an einem Ende über die Wohngebäude der damaligen deutschen Kolonialbeamten mit dem Präsidentenpalast am anderen Ende. Das Geschäftsviertel ist mehrgeschossig und dicht im indischen Stil überbaut. Die oberen Geschosse über den Bazaren und Geschäften werden nahezu ausschließlich von der indischen Kaufmannsschicht bewohnt, sofern sie nicht als Büroräume genutzt sind.

Um diesen Stadtkern herum wurde in der deutschen Kolonialzeit ein Grüngürtel (Mnazi Mmoja) als Abstandsfläche zum afrikanischen Bevölkerungsteil hin angelegt. Hinter diesem sog. cordon sanitaire liegt das älteste Afrikanerviertel der Stadt, Kariakoo. Es ist mit über 30.000 Einwohnern/qkm am dichtesten von allen in Dar es Salaam besiedelt (11). Die anderen Wohngebiete dehnen sich bis zu 10 km vom Zentrum entfernt in das flache Küstengebiet aus.

Das Siedlungsgebiet der Stadt ist durch mehrere versumpfte Flußarme ge-

gliedert, die von der Küste ausgehend in das Stadtgebiet hineingreifen. Wenige große Hauptschließungsstraßen verbinden die Stadtsegmente durch Brücken und Dämme über die "Creeks". Vier dieser Straßen laufen strahlenförmig vom Zentrum weg (Bagamoyo Rd., Morogoro Rd., Pugu Rd. und Kilwa Rd.), während eine neugebaute Ringstraße diese Einfallstraßen in einer Entfernung von ca. 6 km vom Zentrum untereinander verbindet und an den Hafen anschließt (Port Access Rd.).
Die Wohngebiete außerhalb des Zentrums sind bis auf vereinzelte Mietshäuser eingeschossig und freistehend bebaut. Sie unterscheiden sich untereinander im Hinblick auf den Gebäudestandard, das Niveau ihrer infrastrukturellen Versorgung und den Grad ihrer Geplantheit. Faßt man diese drei Charakteristika als Standard eines Viertels, so ist auffallend, daß in Dar es Salaam Wohnviertel unterschiedlichen Standards räumlich segregiert vorzufinden sind. Gegenüber anderen ostafrikanischen Hauptstädten, wie Nairobi und Lusaka, ist die Kluft zwischen wohlhabenden Wohnvierteln und Squattergebieten jedoch offensichtlich geringer. Slums gibt es in Dar es Salaam nicht. Durch "upgrading"-Maßnahmen sind die Wohnverhältnisse in den Squattergebieten mit dem geringsten Standard (z.B. Buguruni und Manzese) verbessert worden. Das zunehmend auch von Afrikanern bewohnte Viertel der Botschaften und der Oberschicht (Oyster Bay) ist in den letzten Jahren gezielt durch Neubauten nachverdichtet worden. Dennoch ist die Disparität der Bruttowohndichten z.B. zwischen Manzese (14.900 E./qkm) und Oyster Bay (3.600 E./qkm) erheblich (12).
Die meisten Gebäude in Dar es Salaam (54 %) sind aus Lehm und Mangrovenstämmen (mud and pole) gebaut; nur 34 % bestehen aus Zementsteinwänden oder ähnlichen Materialien (13).
Der Gesamteindruck der Stadt spiegelt die Geschichte authentisch wider: verfallende Gebäude aus der Sultan-Zeit, die äußerst zweckmäßige Tropenarchitektur der deutschen und britischen Kolonialzeit, die indische Architektur des Geschäftsviertels und die sich in jüngerer Zeit sprunghaft ausdehnenden Squattergebiete, jenseits der in der Kolonialzeit geplanten Stadtteile.
Die vermeintliche "Moderne" der Industrieländer griff bislang nur mit vereinzelten Hochhäusern in die verfallende Vielfalt der Architekturen der Vergangenheit ein.

2. Fragestellung und Intention der Arbeit

Das Maß der Verstädterung eines Landes ist unter dem Kriterium zu beurteilen, welche Steuerungskapazitäten der Nation zur Verfügung stehen, um die Stadt als Element gesellschaftlicher Entwicklung wirksam werden zu lassen. Mögliche positive gesellschaftliche Effekte der Verstädterung für den sozialen Wandel und die Industrialisierung schlagen ins Negative um, wenn dieser Prozeß sich ungesteuert vollzieht und zu einer, dem Entwicklungsstand des gesamten Landes unangemessenen urbanen Agglomeration führt. Aus den (für diese Kulturen durchaus in Frage stehenden) Fortschritten des sozialen Lebens in der Stadt (14) wird dann für große Teile der Stadtbevölkerung ein Kampf ums Überleben. Die Industrialisierung vollzieht sich so lange ohne organische Verknüpfung mit den Produktivkräften des Hinterlandes und in Abhängigkeit von den Investitionsinteressen nationaler und internationaler Kapitalien, wie die Urbanisierung nicht durch eine entsprechende Politik auf nationaler, regionaler und auch urbaner Ebene gesteuert wird. Gesellschaftliche Planung und Stadtplanung ist notwendig.

Stadtplanung, wie sie in den Industrieländern zur Anwendung kommt, geht von vier Prämissen aus:
1. Entwicklung muß vorausschauend auf der Grundlage eines Handlungskonzeptes geplant werden (Zukunftsorientierung).
2. Planung muß auf ein Ziel gerichtet sein, das Ergebnis eines gesellschaftlichen Willensbildungsprozesses ist. Das Ziel muß mit politischen Mitteln konsequent, auch gegen minoritäre Konkurrenzziele angestrebt werden (Zielorientierung).
3. Für die Durchsetzung des Zieles müssen klar definierte Zuständigkeiten innerhalb der staatlichen Administration geschaffen und die benötigten Ressourcen ausgewiesen werden (Mittelorientierung).
4. Die zur Anwendung gebrachten Planungsmaßnahmen müssen aus dem Gegenstand der Planung - der Stadt - und deren spezifischer Entwicklungslogik abgeleitet werden, d.h. sie dürfen nicht in einem starren Methodenkanon verharren (Gegenstandsorientierung) (15).

In den Agrarwirtschaften Ostafrikas fehlten zur Zeit der Unabhängigkeit alle Voraussetzungen für die Planung des von außen verursachten Verstädterungsprozesses nach dem Vorbild der Industrieländer. Es fehlte eine historisch gewachsene, urbane Erfahrung; es gab keine Planer, keine Planungsmethoden und keine nationale politische Infrastruktur. Das koloniale Erbe bestand aus einer nach fremden Wirtschaftsinteressen ausgebeuteten Ökonomie mit einer auf den Überseehafen Dar es Salaam konzentrierten nationalen Infrastruktur, dem rasch wachsenden Brückenkopf der Kolonialherrschaft in Dar es Salaam und dem systematischen Ausschluß der lokalen Bevölkerung aus den professionellen und politischen Entscheidungspositionen.

Vor diesem geschichtlichen Hintergrund der Entwicklung der Unterentwicklung (16) stellt sich - exemplarisch für die anderen Städte des Kontinents mit ähnlicher Genese - das Problem der Stadtentwicklung und -planung von Dar es Salaam. Nur im Bewußtsein solcher historischer Perspektiven läßt sich seine Lösung angehen. Doch in den 60er Jahren, als Tansania - wie auch viele andere Länder Afrikas - unabhängig geworden war, war gerade das Planungsdenken wesentlich geprägt von der "These vom parallelen Entwicklungsweg", die von L. Reissmann als Vertreter der modernisierungstheoretischen Denkrichtung am klarsten formuliert wurde: "It is our assumption that the history of the West from the 19th century onward is being reiterated in the underdeveloped countries today" (17). Von dieser eurozentrischen Verkürzung ausgehend, schien in den 60er Jahren ein Stadtplanungstransfer aus dem Westen in die sich entwickelnden Länder grundsätzlich problemlos und zur Lösung des Urbanisierungsproblems angemessen. Der Master Plan war aus diesem entwicklungspolitischen Ansatz heraus das geeignete Mittel. In der Planungspraxis, wie auch einigen theoretischen Veröffentlichungen hierzu, blieb die These des parallelen Entwicklungsweges bis heute virulent (18). Dies steht in krassem Widerspruch zu den mittlerweile weit verbreiteten Erkenntnissen kritischer Entwicklungswissenschaft und auch den tatsächlichen Gegebenheiten und Entwicklungen, wie sie z.B. für Dar es Salaam und Tansania typisch sind.

Neuere Studien haben die These zurückgewiesen, "that urbanization is a universal process, a consequence of modernization that involves the same sequence of events in different countries and that produces progressive convergence of forms. Nor do I subscribe to the view that there may be several culturally specific processes, but that they are producing convergent results because of underlying technological imperatives of modernization and industrialization. I feel very strongly not only that we are dealing with several fundamentally different processes that have arisen out of differences in culture and time, but also that these processes are producing different results in different world regions, transcending any superficial similarities" (19).

In zahlreichen Untersuchungen wurde nachgewiesen, daß die Verschiedenheiten der demographischen Wachstumsmuster, des Zusammenhangs zwischen Bevölkerungswachstum und Industrialisierung, der Prozesse sozialen Wandels wie auch der urbanen Erscheinungsformen der Verstädterung die These einer unilinearen Entwicklung zur modernen Industriegesellschaft nicht stützen (20). Städte in den Peripherieländern - wie Dar es Salaam - zeigen in vieler Hinsicht unterschiedliche Entwicklungsmuster:
- Dar es Salaam entstand und wuchs aufgrund exogener Faktoren, nämlich durch koloniale Einwirkung und entsprechend den wirtschaftlichen und militärischen Bedürfnissen der Kolonialmächte. Nach der formellen Unabhängigkeit entwickelte sich Dar es Salaam als Teil des tansanischen Wirtschaftsraumes in wirtschaftlicher und politischer Abhängigkeit von den Industrieländern.
- Die Kapitalakkumulation kam Dar es Salaam kaum zugute, sondern fand in den Händen kolonialer Handelsvertretungen und Investoren statt.
- Dar es Salaam entwickelte sich nicht im Austausch mit seinem agrarischen Hinterland. Die Stadt beutete das Hinterland aus, soweit die agrarische Subsistenzproduktion in Plantagenwirtschaften verwandelt werden konnte.
- Das Wachstum Dar es Salaams vollzog sich in kürzerer Zeit als in den Städten der Industrieländer des 19. Jahrhunderts.
- Für die Planung und den physischen Ausbau der Stadt konnte sich die staatliche Administration nicht - wie in den Industrieländern - auf eine natinale Unternehmerschicht und deren Initiative abstützen.

Die vorliegende Arbeit geht daher von der <u>grundlegenden Hypothese</u> aus, daß die spezifischen historischen Ursachen, Voraussetzungen und Verlaufsformen des Stadtwachstums in Dar es Salaam eine unmittelbare Übertragbarkeit der Stadtplanungsmethoden aus den Industrieländern dorthin grundsätzlich zweifelhaft machen (21).

Nach der formellen Unabhängigkeit stellte sich die Frage der Steuerbarkeit der Stadtentwicklung in Dar es Salaam unmittelbar aus der praktischen Problemlage. Industrie, Handel und Verwaltung konzentrierten sich dort kumulativ. Die Wohnbevölkerung der Stadt zeigte die höchsten Nettowachstumsraten des Landes. Bald wohnten mehr als die Hälfte der Bevölkerung in ungeplanten, illegalen Siedlungen. Die politischen Entscheidungsträger in Tansania verfolgten in den wenigen Jahren seither - beraten durch internationale Organisationen und Experten - unterschiedliche Konzepte zur Steuerung der Urbanisierung und des Stadtwachstums:
In den 60er und Anfang der 70er Jahre wurde die Lösung des "Problems der Slums" in sektoralen Wohnungsbauprogrammen gesucht. Die "Slums" sollten abgerissen ("removal") und auf vermessenen Grundstücken wieder aufgebaut werden ("redevelopment"). Das größte und einzige Projekt dieser Art, das bis heute nicht abgeschlossen werden konnte, wurde im Buguruni-Squattergebiet durchgeführt (vgl. Fallstudie II). 1972 wurde die Politik gegenüber Squattern liberalisiert und so der Weg für sites & services-Projekte geebnet, die seit 1973/74 mit Unterstützung der Weltbank in Dar es Salaam durchgeführt werden (Kap. III.3.5.).
In der Folge der Erklärung von Arusha wurde im 2. Nationalen Fünfjahresplan (1969 - 1974) ein raumordnungspolitisches Konzept mit dezentralisierender Absicht entworfen. Die regionale und ab 1972 auch administrative Dezentralisierung wird bis heute mit weiterentwickelten Methoden verfolgt. Die Konzepte dieser Regionalplanungen werden in Kap. V hinsichtlich ihrer Auswirkungen auf die Stadtentwicklung Dar es Salaams und der Rolle der Consultants in den jeweiligen Planungen untersucht.
In konzeptioneller Kontinuität mit den Stadtplanungen der britischen Mandatszeit wurden nach der Unabhängigkeit 1968 und 1979 Masterplanungen für Dar es Salaam entworfen. Der Master Plan 1979 bildet den Kern dieser Arbeit. Er wird in Kap.III analysiert werden.

Die _erste Fragestellung_ dieser Arbeit wird die Konzepte und Methoden der auf unterschiedlichen Ebenen angreifenden Planungen klären. Welche Planungsansätze wurden verfolgt, wie wurden sie begründet und welche Rahmenbedingungen führten zur Wahl dieser Ansätze? Waren sie aus der besonderen Situation in Tansania heraus entwickelt oder waren andere Faktoren der Planung- der Kenntnisstand des Problems und seiner Ursachen sowie die Planungsvorstellungen der meist ausländischen Planer und ihre Vertragsbedingungen- entscheidendere Determinanten der Planung ?

Die koloniale Entwicklungsgeschichte Tansanias führte zu einer extremen Polarität zwischen dem Problemdruck durch die Über-Agglomeration in Dar es Salaam, dem Planungsanspruch sowie der national verfügbaren Steuerungskapazität. Dies führt zur zweiten Hypothese dieser Studie: Die Unwirksamkeit der Stadtplanung in Dar es Salaam nach der Unabhängigkeit lag wesentlich in der gestörten Balance zwischen Planungsanspruch und realer Planungskapazität begründet (vgl. bes. Kap. III.4) (22).

Der Planungsanspruch ist bis heute durch die Kolonialzeit geprägt - was in der Bedeutung der Masterplanung zum Ausdruck kommt -, während die nationale Planungskapazität erst sehr langsam im Entstehen ist. Diese Arbeit wird untersuchen, welche Probleme sich aus der Gefahr eines nicht einlösbaren staatlichen Planungsanspruches ergeben. Die daraus abzuleitende zweite Fragestellung geht über die gängigen Analysen der Stadtplanung hinaus, die am Mißverhältnis zwischen der Größe des Problems und den begrenzten technischen und finanziellen Möglichkeiten, einem Epiphänomen des falschen Planungsanspruchs, ansetzen (23). Aus kolonialpolitischer Erfahrung der engen Wechselwirkung zwischen staatlichem Planungsanspruch und seiner Implementierbarkeit warnte Leslie bereits 1963 geradezu vor den "dangers of controlled housing: regulation and enforcement of regulation". Er stellte dagegen die Vorzüge des "natürlichen Siedelns ohne Planung" (24).

Die Kapazität des staatlichen Planungssystems ist durch drei Voraussetzungen charakterisiert, die dann finanzieller Mittel bedürfen, um Planung auch realisieren zu können:
1. Die nationale politische Infrastruktur,
2. das Potential an Planern,
3. die Art und Qualität der Pläne.
Alle drei Voraussetzungen waren zum Zeitpunkt der Unabhängigkeit so gut wie nicht vorhanden. Nationale Planer gab es nicht. Die Master Plans von 1949 und 1954 und detaillierte Bebauungspläne waren koloniale Produkte, die außerhalb der Erfahrungswelt der neuen afrikanischen Herrschaftselite geblieben waren. Die politische Infrastruktur mußte völlig

neu geschaffen werden, wenn man darunter nicht nur die bloße Afrikanisierung der vakanten Positionen in der Bürokratie versteht (25). Die Rollen und Kompetenzen von Partei, Bürokratie, lokalen Councils und Regierung wurden mehrmals umstrukturiert - ein Prozeß, der erst Ende der 70er Jahre zu einem vorläufigen konstitutionellen Abschluß kam (vgl. Kap. V.3.3).

10 Jahre später bestätigte Leaning, damals Experte im tansanischen Planungsministerium (MLHUD), die Untersuchungen Leslies aus der Sicht der kritischen, tansanischen Administration: "Tanzania is very much confronted by the question of what and how much to plan" (26).

Die zweite Fragestellung versucht daher zu klären, ob der Anspruch des Dar es Salaam Master Plan 1979 von einer realistischen Einschätzung der nationalen Handlungsspielräume für eine kontrollierte Stadtentwicklung ausging. Welche Planungspotentiale wurden vorausgesetzt?

Vor dem Hintergrund fehlender Planungsvorausetzungen nach dem Rückzug der Briten war Tansania zweifellos auf den Stadtplanungstransfer aus den Industrieländern angewiesen, solange man von den Grundprinzipien der Stadtplanung ausging, die die Industrieländer dort neu gelegt hatten. Traditionale Herrschaftsformen waren systematisch außer Kraft gesetzt worden. Nun verlangte der Herrschaftstypus des modernen, rationalen Verwaltungsstaates nach fachgeschulten, spezialisierten Beamten, einer deduktiven Planungssequenz vom Stadtentwicklungsplan bis zum vermessenen Grundstück und einer geordneten Bürokratie. Es liegt in diesem gesellschaftlichen Wandel in der Kolonialzeit begründet, daß der umfassende Technologietransfer überhaupt erst notwendig wurde. Die "Entzauberung" der Tradition war kein naturgesetzlicher Prozeß und forderte ihren Tribut. Der Master Plan, durch Consultants aus den Industrieländern auf die besonderen Verhältnisse der afrikanischen Städte übertragen, ist bis heute eines der wichtigsten Standbeine des Stadtplanungstransfers neben den mehr punktuellen sites & services-Projekten.

Die dritte Fragestellung dieser Arbeit konzentriert sich auf den Wert der Masterplanung für Dar es Salaam. War er in der Weise problemorientiert, daß er zumindest unter einem engen sektoralen Gesichtspunkt die wesentlichen Stadtentwicklungsprobleme Dar es Salaams richtig analysierte und angepaßte Lösungen vorschlug, die zur Verbesserung der Funktionsfähigkeit Dar es Salaams beitrugen? Hatte er darüberhinausgehende, positive Langzeitwirkungen? Welchen besonderen Einfluß hatte die Form des Stadtplanungstransfers durch internationale Consultants auf die gesellschaftliche Entwicklung?

Die kontinuierlichen und aus praktischer Erfahrung gewonnenen Analysen der Stadtplanung in Tansania von R. Stren bringen eine über die Jahre gewachsene Skepsis gegenüber dem Planungstransfer zum Ausdruck. In einer neueren Analyse der Probleme der Squattersiedlungen in Dar es Salaam und der Schwierigkeiten des sites & services-Ansatzes schreibt er: "Increased foreign assistance in the urban sector will in all likelyhood exacerbate rather than alleviate these difficulties, ...the bureaucratic inability to cope with the diversity and dynamism of a worker/peasant task environment" (27).

Im Anschluß an Untersuchungen von Leslie, Leaning, Vorlaufer und Stren wird in der vorliegenden Studie von der dritten Hypothese ausgegangen, daß Form und Inhalt des Master Plan nicht geeignet sind, die Planbarkeit der Stadtentwicklung und die Lebensbedingungen der breiten Armutsbevölkerung Dar es Salaams zu verbessern (28). Auch Reformen und Modifikationen des Master Plan werden keine besseren Resultate bringen. Der Anspruch des westlichen Stadtplanungsansatzes kann nicht eingelöst werden, weil er von gesellschaftlichen Voraussetzungen ausgeht, die in Tansania nicht gegeben sind. Der Master Plan konnte weder ein wirksames Instrument in der Hand der lokalen Planungsadministration werden noch die Handlungsmöglichkeiten von Basisinitiativen verbessern. Er wurde zu einem Herrschaftsinstrument der staatlichen Planungsbürokratie, die ihn technisch interpretierte und anwendete.

Zur Klärung der bisher dargestellten Hypothesen und Fragestellungen ist es notwendig, sich vorgängig über den Entwicklungsbegriff Klarheit zu verschaffen, von dem aus Sinn und Nützlichkeit des Planungstransfers und des Masterplans selbst beurteilt werden können. Entwicklung - auch Stadtentwicklung - wird hier als ein komplexer, gesamtgesellschaftlicher Prozeß gesehen. Das Ziel dieses Prozesses muß die Entfaltung der vorhandenen nationalen, gesellschaftlichen Potentiale sein. Voraussetzung hierfür ist, daß Entwicklung sich zu allererst an nationalen Gegebenheiten, Bedürfnissen und Möglichkeiten orientiert. Entsprechend ist das "Wesen des Entwicklungsprozesses" zu beeinflussen (29).

Im Gegensatz hierzu stehen Entwicklungsbegriffe, die Entwicklung als Fortschritt auf dem Weg zur "modernen" Großstadt der Industrieländer mißverstehen, oder die sich vordergründig auf den Zuwachs isolierter quantitativer Größen beziehen - das Bruttosozialprodukt, die Zahl vermessener Grundstücke in Dar es Salaam, die Flächen, für die Planungen vorliegen oder die Kilometer asphaltierter Straßen in Dar es Salaam. Diese Schritte können auch Fehlentwicklungen bedeuten, wenn sie im gesellschaftlichen Kontext betrachtet werden. Städtische Projekte können die soziale und ökonomische Disparität zum Hinterland vertiefen. Mit großem Devisenaufwand gebaute Projekte erhöhen die internationale Abhängigkeit und lassen die lokalen Problemlösungspotentiale brach liegen. Flächendeckenden Planungen für die Stadt stehen keine entsprechenden Implementierungsmöglichkeiten zur Verfügung. Der rechtliche Charakter der Planungen, staatliche Kontrolle, bürokratische Vorschriften und Verfahren schlagen dann um in konterproduktive Herrschaftsinstrumente in der Hand der Staatsklasse.

Für die Beurteilung des Stadtplanungstransfers folgt daraus, daß isolierte Bewertungen einzelner Stadtplanungserfolge vordergründig bleiben und wenig aussagen. Er muß integriert, im Zusammenhang mit der Entwicklung der menschlichen Produktivkräfte vor Ort, analysiert werden.

Mit diesem allgemeinen Entwicklungsbegriff und den besonderen tansanischen gesellschaftspolitischen Vorstellungen der Erklärung von Arusha werden die Planungskonzepte der Consultings für den Master Plan 1979 konfrontiert werden. Planungskonzepte werden in der Praxis gebildet aus einem Bündel expliziter methodischer Regeln (s. Kap. I.3) sowie latent bleibenden situativ und individuell geprägten Leitvorstellungen der Planer. Die Bedeutung und Auswirkung der beiden Komponenten dieses kognitiven Bündels, das das Planerbewußtsein bildet, vermengen sich im Master Plan.

Die _vierte Fragestellung_ versucht die latenten Leitvorstellungen, die in den Master Plan eingingen, zu benennen und dem kritischen Entwicklungsbegriff und den Zielen tansanischer Politik gegenüberzustellen. Latente Leitvorstellungen bestehen im wesentlichen aus Prämissen und sozialisationsbedingten Leitbildern. Unreflektiert übertragen in andere Gesellschaften und Kulturen werden sie zur Ideologie (30).

Von welchen Prämissen geht die Stadtplanung in Kontinuität mit der kolonialen Planung bis heute unhinterfragt aus? D.L. Foley formulierte die zentrale Prämisse und zugleich das bekämpfte Ziel in der britischen Stadtplpanung wie folgt: "At stake is nothing less than the threat that through uncontrolled physical development desired social and environmental characteristics of communities will be lost" (31).
Stimmt die unter anderen gesellschaftlichen Verhältnissen aufgestellte Prämisse, daß eine bis zum einzelnen Grundstück staatlich geplante Stadt Vorteile gegenüber einer alternativen partiellen Planung hat, die spontane selbstgeregelte Siedlungsprozesse in Grenzen zuläßt und unter Auflagen sogar fördert? J. Leaning widersprach 1972 nachdrücklich dieser These: "It is very questionable what advantages we have gained from ordering the shape of land subdivision or the form or location of people´s homes. The African-village, untouched as yet by a central bureaucracy shows what people can do for themselves in terms of planning. The end results are an interesting, lively, human environment. At times it is unsanitary and unhealthy, but that problem will not be solved by planning - only by cleaner habits, water and better sanitation" (32).

In welchem Maß setzte das Modell umfassender, deduktiver Planung die Planungsbürokratie, wie sie in westlichen Industrieländern entstanden ist, als Teil einer effektiven politischen Infrastruktur voraus (33)? Trifft hier auch praktisch und bezogen auf die Peripherieländer die These M. Webers zu, daß "Bürokratie die formal rationalste Form der Herrschaftsausübuung ist", die technisch allen anderen Formen überlegen ist (34)? R. Stren und J.R. Moris, ein Lehrer an der Universität Dar es Salaam, bezweifelten dies grundsätzlich: "The assumption that western management is intrinsically rational strikes many non-western observers as strange...". Das tansanische Verwaltungssystem arbeite unter einer anderen politischen Kultur. "This surrounding administrative culture is just as vital to successful management as are the specific techniques, if not, indeed more vital....It is the (administrative, d. Verf.) sys-

tem itself which is the problem, capable of rendering almost any input
- whether trained staff, new equipment, sensible policies, or fresh projects - ineffective....Which system is the more rational is in the last
analysis a moot point, depending upon one´s choice of level and priority. The implications concerning the prospects for fruitful interchange
between the two types of administrative tradition seem clear, if depressing. The problematic features in either administrative type are systematically rooted. They have a definite but largely unrecognized cultural context, deriving less from the various unique cultural heritages
of each nation than from certain implicit premises underlying administrative action" (35).

Woher kamen die Leitbilder der Stadtentwicklungsplanung in Dar es Salaam? Sind sie nicht, wie in der Kolonialzeit, von Zeit zu Zeit jeweils
unkritisch dem Stand der Fachdisziplin in den Industrieländern entnommen und dann auf gesellschaftliche Verhältnisse übertragen, für die die
These der Parallelität der Entwicklung immer unhaltbarer geworden ist?
Kanyeihamba kritisierte in diesem Sinn die verzerrenden ("distortion")
Auswirkungen des überkommenen Rechtssystems der Stadtplanung: "One fundamental criticism made against the received law is that when transplanted it becomes static while the original text or parent Act continues
to be revised, improved and in some cases virtually abolished in the imperial country of origin" (36).

Bis hierher ging die Ableitung der Fragestellung vom Dar es Salaam
Master Plan aus. Einige Evidenz konnte der Hypothese verliehen werden,
daß die Übertragbarkeit der Stadtplanungsmethoden aus den Industrieländern nach Dar es Salaam problematisch ist. Wenn diese Einsicht Eingang
in die praktische Politik fände und zudem die geänderte Entwicklungspolitik der letzten Jahre in den Industrieländern die Investitionen in
die Städte der Peripherieländer drastisch verringerte, käme der Suche
nach geeigneten Konzepten einer Stadtentwicklungsplanung in self-reliance aktuelle Bedeutung zu.

Die abschließende Fragestellung soll Ansätze für eine alternative
Stadtentwicklungsplanung in Dar es Salaam liefern, die sich unabhängiger macht von ausländischer technischer und finanzieller Hilfe. Zu-

nächst einmal sind die Determinanten zu klären, die für das Konzept einer autochthonen Stadtentwicklungspolitik in Dar es Salaam zu berücksichtigen sind. Zielkonflikte zwischen den Determinanten, wie z.B. städtisches Wachstum vs. regionaler Ausgleich, müssen offengelegt werden. Dann müßten die Grenzen des Machbaren realistisch eingeschätzt werden. Welches Niveau müßte der tansanische Stadtplanungsanspruch - der in Gesetzen und Verordnungen konkret wird - haben, um mit nationalen Fachleuten durchsetzbar, dem vorhandenen Daten- und Planmaterial angemessen und von der lokalen politischen Infrastruktur vollziehbar zu sein?
Von einem reduzierten Planungsanspruch ausgehend sind dann Planungsmethoden zu skizzieren, die die Funktionsfähigkeit der Stadt Dar es Salaam mit nationalen Mitteln sicherstellen und eine sukzessive Entwicklung der lokalen Fähigkeiten zur Planung und Implementierung durch eigenverantwortliche Praxis ermöglichen.

Das Thema dieser Studie ist sowohl für die Geber- als auch die Nehmerseite des Planungstransfers relevant. Der Problemdruck in Dar es Salaam und anderen urbanen Wachstumszentren der Peripherieländer macht alternative Konzepte der Stadtentwicklungsplanung dringend notwendig. Auf dem Sektor der Wohnungsversorgung sind seit Anfang der 70er Jahre auch in Dar es Salaam neue Wege durch sites & services-Programme beschritten worden. Diese Programme haben für die Stadtentwicklungsplanung positive Beiträge geleistet. Aber ihre Breitenwirkung ist aufgrund massiver Fremdfinanzierung, eingeschränkter Wiederholbarkeit und begrenzter Zielsetzung zu gering, um Stadtentwicklungsplanung ersetzen zu können.

Auf dem Sektor der Stadtplanung, speziell dem Gebiet der Stadtentwicklungsplanung, sind in Tansania keine alternativen Konzepte zum gängigen deduktiven Planungssystem mit dem Master Plan als Leitplan ausgearbeitet worden. Die negativen Erfahrungen mit diesem Stadtplanungssysstem lassen unter den andauernden restriktiven Entwicklungsbedingungen Tansanias (krisenhafte Wirtschaftsentwicklung, verringerte "Entwicklungshilfe") eine Fortführung der Stadtentwicklungsplanung über den Master Plan nicht sinnvoll erscheinen.
Eine systematische Aufarbeitung dieser Erfahrungen durch eine Kritik

des Planes, seiner theoretischen Wurzeln und der Form seiner Erstellung durch Consultants liegt bisher weder für Tansania noch m.E. für andere Peripherieländer vor.

Für eine Nation wie Tansania, die sich self-reliance als zentrales Ziel gesellschaftlicher Entwicklung gesetzt hat, bekommt die Suche nach autochthonen Stadtplanungskonzepten, die Stadtplanung unabhängig von externer Finanzierung und Consultants möglich macht, besondere politische Bedeutung. Das setzt allerdings einen klaren politischen Willen und Durchsetzungsvermögen bei den tansanischen Entscheidungsträgern voraus (s. Kap. II.2). Denn die Planungshilfen finden in einer von Interessen besetzten "international aid arena" statt, where "donors still insist on them for their own managerial purposes and ...it is virtually the only place in which development plans are taken seriously" (37).

In den Industrieländern werden nach drei Entwicklungsdekaden die Formen der "Entwicklungshilfe" auch auf dem Planungssektor zunehmend kritisch beurteilt (38). Die Planungseuphorie der vergangenen Jahrzehnte ist hier im Schwinden und damit auch die eurozentrische Zuversicht in den Fortschritt durch die "Rationalisierung" und Modernisierung anderer Kulturen und politischer Systeme. Ohne die unvoreingenommene Klärung des Sinns der Entwicklungshilfe würde unsere "Hilfe" jedoch zum reinen Geschäft werden.

"Afrika zu beraten, das hat sich über die Jahre zu einer größeren Industrie eigener Art entwickelt, indem nämlich europäische und nordamerikanische Consulting-Firmen bis zu 180.000 US-Dollar für einen Experten pro Jahr berechnen. Und zu jedem Zeitpunkt sind etwa 80.000 ausländische Experten in Afrika südlich der Sahara im Rahmen staatlicher Hilfsprogramme für öffentliche Agenturen tätig. Mehr als die Hälfte der 7 - 8 Mrd. Dollar, die von den Gebern pro Jahr aufgewandt werden, dienen dazu, diese Leute zu finanzieren. Und ungeachtet dessen ist Afrika in den zweieinhalb Jahrzehnten seit der Unabhängigkeit vom Stand der ausreichenden Selbstversorgung mit Nahrungsmitteln in den Stand weitverbreiteten Hungers abgesunken. Die Frage muß deshalb lauten: bekommt Afrika eigentlich den richtigen Rat? Wir stellen die Behauptung auf, daß die Antwort Nein lauten muß" (39).

I.2. DIE GESCHICHTE DES PLANUNGSTRANSFERS NACH TANSANIA

1. Stadtplanung in Dar es Salaam während der deutschen und britische Kolonialzeit

"Fluchtlinienplan und Stadtentwicklungsplan bezeichnen schlagwortartig Anfangs- und vorläufigen Endpunkt des Werdegangs, den das Instrumentarium der gemeindlichen Raumordnung in den letzten hundert Jahren zurückgelegt hat". So faßte G. Albers 1967 rund einhundert Jahre Stadtplanung in den Industrieländern zusammen (40). Die Betrachtung des historischen Technologietransfers nach Tanganyika offenbart eine auffallende Synchronisation der dort zur Anwendung gebrachten Stadtplanungsinstrumente mit der Entwicklung in den Industrieländern. Der jeweils aktuelle Stand der westlichen Planungstheorie und -praxis, der aus der Auseinandersetzung mit den Problemen der dortigen Großstädte gewonnen war, wurde kaum modifiziert nach Dar es Salaam übertragen.
Sultan Seyyid Majid von Sansibar hatte 1862 den Plan gefaßt, die Bucht, an der heute Dar es Salaam liegt, zu seinem Herrschaftssitz und zum wichtigsten Handelsplatz an der Ostafrikanischen Küste auszubauen. Mit der Usurpation des Gebietes am Indischen Ozean durch die "Deutsch-Ostafrikanische Gesellschaft" (DOAG) im Jahr 1887 fanden die ersten zwanzig Jahre beschränkter Bautätigkeit in Dar es Salaam unter der Leitung des Sultans ein Ende (s. Plan I-3). Das Deutsche Reich, das 1890 den "Küstenstrich" von jener Gesellschaft übernahm und dem Sultan für die Abtretung der Hoheitsrechte auf dem Festland 4 Mio. Goldmark zahlte, wählte Dar es Salaam 1891 zum Verwaltungssitz Deutsch-Ostafrikas (41). Mit dem Ausbau in den folgenden Jahren wuchs die Stadt bis 1894 bereits auf ca. 9.000 Einwohner, darunter 400 Europäer und 620 Asiaten.

Um die Stadtentwicklung dieser Jahre in der Ordnung zu gestalten, die für die Gründerzeit der deutschen Städte prägend war, wurde 1891 ein "Baulinien-Entwurf" nach badischem Vorbild erstellt. Dieser Plan sollte durch die Festsetzung der vorderen Gebäudekanten geordnete Strassenräume schaffen (s. Plan I-4). An die Stelle des ländlichen Siedelns in Familien und Sippen trat der "Kultus der Straße" (42). Die Idee des einheitlich begrenzten öffentlichen Raumes als Medium des gründerzeit-

Plan I-3
Dar es Salaam zu Beginn der deutschen Kolonialzeit

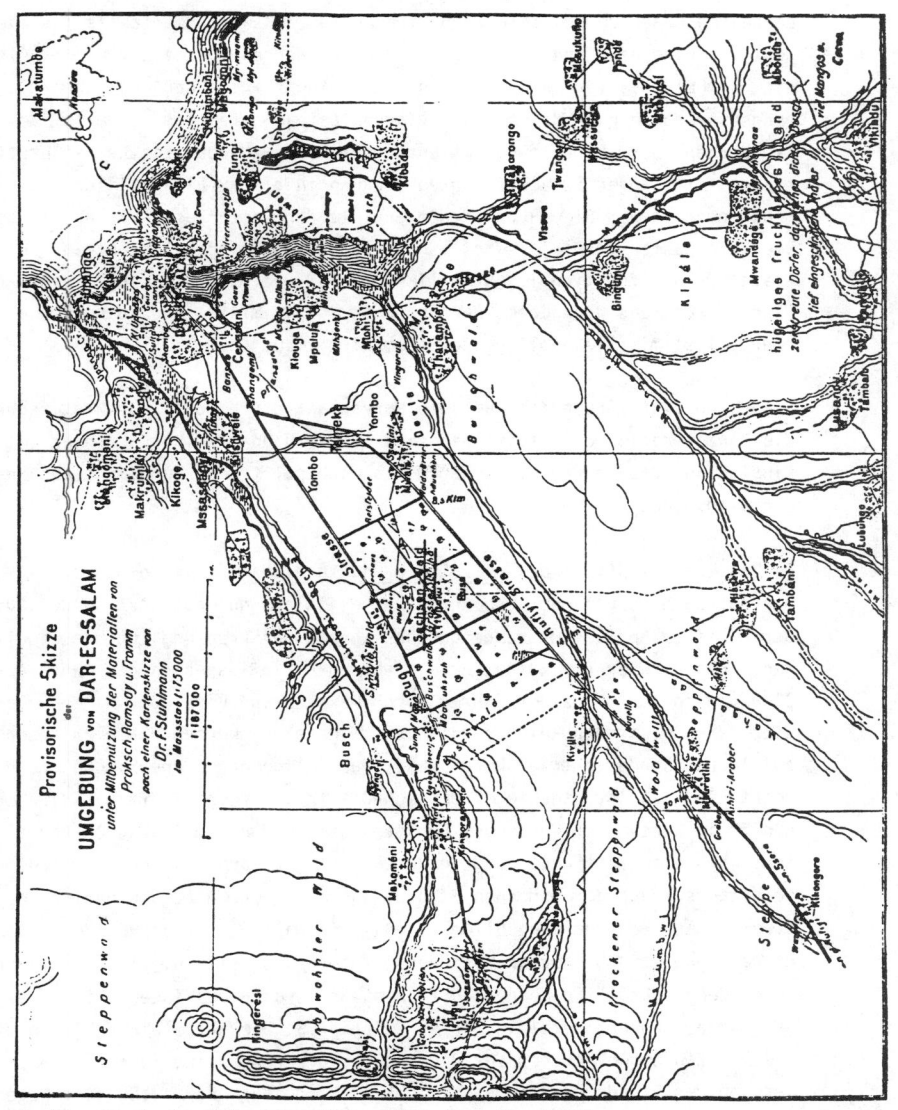

Quelle: Deutsche Kolonialzeitung 1898, Nr. 43, S.393

lichen Darstellungsbedürfnises und der Straße als technischer Verkehrs- und Infrastrukturschiene wurde ohne Berücksichtigung kultureller Besonderheiten nach Dar es Salaam übertragen. Der Entwurf diente als Instrument für eine neue Ordnung, die durch neue Herren gesetzt wurde. Als ein Symbol hierfür mag stehen, daß die Fluchtlinien der deutschen Planungsbürokratie quer durch den Sultanspalast am Hafen liefen. Alte Mächte wurden per Verwaltungsakt entthront. Das technokratische Reißbrett brachte mit langen Straßenfluchten Ordnung in die Zufälligkeit der Eingeborenenhütten. Die Hauptstraße erhielt den Namen Barra-rasta, was so viel wie Rasterstraße (Kiswahili: barabara = Straße) bedeutete. Die Stadt wurde funktional aufgegliedert in ein Geschäftsviertel an der Hauptstraße, das Wohngebiet der Europäer in der Mitte und den Gouverneurspalast mit liebevoll gestaltetem Park im Osten.

Das private Grundeigentum, die Herrschaft der Kolonialbürokratie und die Konzentration des Kapitalbesitzes in der Hand weniger Siedler mit Einfluß auf das Gouvernement waren das machtpolitische Fundament der kolonialen Stadtplanung.

Das Rechtsinstitut des _privaten Grundeigentums_ war in den sechziger Jahren bereits von den Arabern in Dar es Salaam durchgesetzt worden. Auf der Basis des privaten Grundeigentums konnte der ursprünglich gemeineigene Boden über die kurze Phase arabischen Einflusses in die Hände der DOAG und in den neunziger Jahren durch Dekrete und Verträge in den Besitz des Deutschen Reiches gelangen. Nach einer kurzen Phase zwischenzeitlicher Sonderverträge wurde 1894 das Allgemeine Preußische Landrecht in den Stadtgebieten Deutsch-Ostafrikas rechtskräftig (43). Der nun freie Bodenmarkt wurde vom Forstassessor Krüger im Grundbuch verwaltet. Ab diesem Zeitpunkt war die Verwaltung der Ware Bauland als wichtige Voraussetzung der modernen Stadtplanung in den Aufgabenbereich der staatlichen Behörde eingegliedert (44). Es war die Auffassung der neuen Herren, daß "die bisherige Unsicherheit im Grundbesitz die Baulust sehr herniederdrückte. Es begnügten sich selbst Araber und Inder oft mit einer Hütte, während jetzt in Dar es Salaam z.B. überall Steinhäuser entstehen. Ein Segen wird es für die Negerbevölkerung sein, wenn ...die Erwerbung des Grund und Bodens erleichtert wird. Nur der seßhafte Neger kann zu einem brauchbaren, tüchtigen Arbeiter erzogen werden" (45).

Plan I-4
Der Baulinien-Entwurf von 1891 für Dar es Salaam

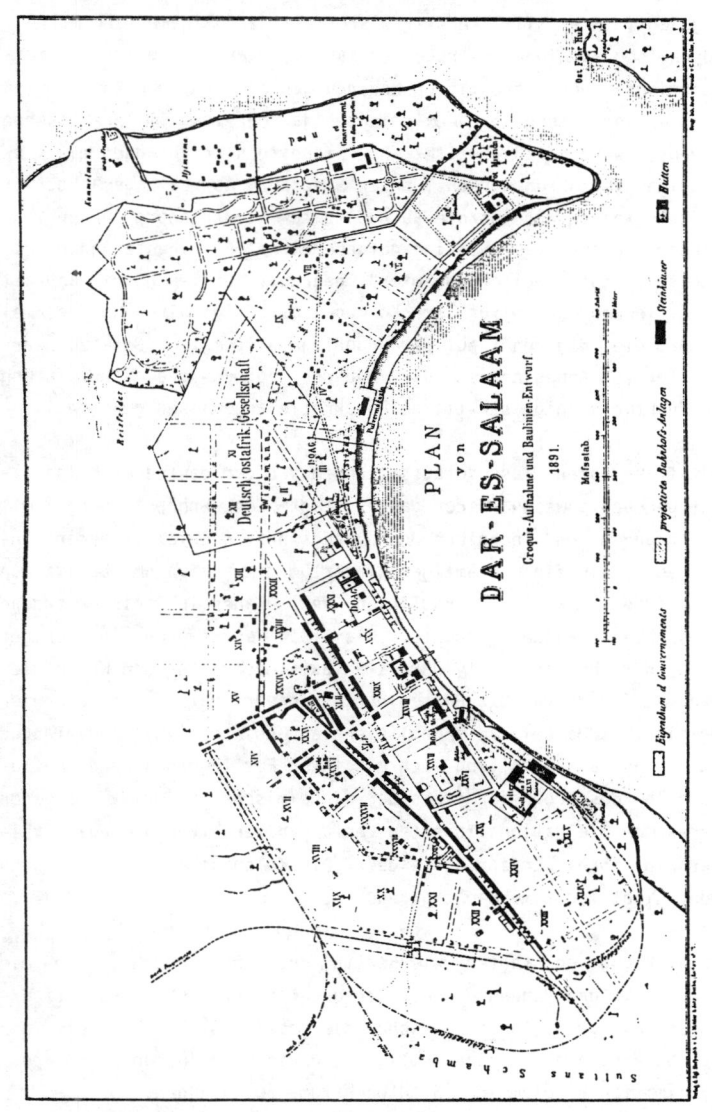

Quelle: Deutsches Kolonialblatt 1891, Anhang zu S.336 f.

Mit den Fluchtliniengesetzen in Preußen und Baden wurden dort erstmals wichtige städtebauliche Ordnungsaufgaben in die Hand der Gemeindebehörde gelegt. Sie sollte künftig als Garant des allgemeinen Interesses den dynamisch auseinanderstrebenden Kapitalinteressen die allgemeinen Produktions- und Investitionsbedingungen sichern. Die Kompetenzen der kommunalen Verwaltung, sie existierte ja bereits im preußischen Strukturtypus, wurden ausgeweitet. Die bisherigen Erfahrungen mit verwaltungsmäßigen Verfahren wurden für den Städtebau nutzbar gemacht. In jener Zeit beginnend wird Städtebau und später Stadtplanung in den führenden Ländern Europas als ständige Aufgabe einer fest bestehenden Behörde (meist "Stadterweiterungsämter" genannt) betrieben, die Schritt für Schritt flächendeckend für ihre Kommune zuständig wird und einmal erkannte Probeme dauerhaft auf der Grundlage allgemeiner Gesetze bearbeiten sollte. Von Anbeginn ist die moderne europäische Stadtplanung auf diese funktionsfähige staatliche Bürokratie angewiesen gewesen.

In Ostafrika waren diese Voraussetzungen vor der deutschen Kolonialzeit nicht gegeben gewesen. Weder gab es Städte der Größenordnung, mit denen Erfahrungen und Techniken des Umgangs hätten erlernt werden können. Noch gab es ein finanzkräftiges Bürgertum mit privatem Besitz an Produktionsmitteln, das die Baulinien des Planes in Stein gewordene Straßenprospekte verwandeln konnte. Bis 1914 entstanden an wenigen Straßen in der heutigen City Dar es Salaams Geschäfts- und Wohnhäuser von Indern und Europäern. Die Hütten der Afrikaner entstanden überwiegend ungeplant außerhalb des Baulinienplan-Gebietes (46). Die Planung der Stadt Dar es Salaam vollzog sich mit ihren Festlegungen und Auflagen außerhalb des Lebensbereiches der einheimischen Majoriät und gegen ihre Interessen. Die rationalisierten Verfahren der Planung lagen völlig außerhalb ihres Erfahrungsfeldes. Die Kolonialbehörde trat ihnen als fremde, nicht-legitime Macht gegenüber.

Die Entwicklung von Städten, wie Berlin und Frankfurt/M., war die Folge eines tiefgreifenden Wandels der gesellschaftlichen Produktionsverhältnisse. Die große _Industrie_ schuf die sozialen Zustände, die der Städtebau beherrschbar machen sollte, und die materiellen Grundlagen, um die schlimmsten Probleme des Stadtwachstums aufzufangen.
Das Wachstum Dar es Salaams hingegen war in den Anfangsjahren hybrid

(47); eine Stadt, die von der Verwaltung und Schutztruppe lebte. Bis zum Anfang des Weltkriegs I stieg dann die Bedeutung des Warenumschlags der Hafenstadt. Von den etwa 25.000 Einwohnern waren die 2.750 Asiaten hauptsächlich im Handel tätig, während die 21.000 Afrikaner in untergeordneten Berufen als Boys, Handwerker, Arbeiter, Träger und Askaris ihr Geld verdienten. 4.000 Afrikaner hatten nur vorübergehenden Aufenthalt in der Stadt. 49 % der afrikanischen Bevölkerung waren Männer, nur 35,8 % Frauen und 15,2 % Kinder (48).

Das Eigentum an Kapital war primär auf Europäer und später dann auch Asiaten beschränkt. Es war jedoch die afrikanische Bevölkerung, die mit der "Verordnung betreffend die Erhebung einer Haus- und Hüttensteuer" von 1899 gezwungen wurde, den sich etablierenden behördlichen Unterdrückungsapparat zu finanzieren. Die herrschenden Interessen waren die einer reaktionären Siedlergemeinschaft und der Deutsch-Ostafrikanischen Gesellschaft, die sich der staatlichen Bürokratie und des Militärs, beide oft kaum geschieden und in Personalunion, als Hebel zur Durchsetzung ihrer Interessen bedienten (49). Im Deutschen Reichstag wurden diese Zustände als Militarismus und Bürokratismus in der Kolonie gebrandmarkt. D. Bald stellte zum Ausbau des repressiven preußischen Verwaltungssystems in Dar es Salaam fest: "Die mit Absicht vorgenommene Ausrichtung der Deutsch-Ostafrikanischen städtischen Kommunalverwaltung nach dem preußischen Vorbild brachte es mit sich, daß reformerische Ansätze ihre Barriere immer an der Realität im Reich finden mußten" (50). Vor diesem politischen und ökonomischen Hintergrund muß die Ausweitung der kommunalen Staatsfunktionen auf die Stadtplanung in Dar es Salaam gesehen werden.

Die eruptive Ausweitung der Produktivkräfte in Europa war die Grundlage für das sprunghafte Wachstum einiger Städte gewesen, die bevorzugte Standorte der großen Industrie waren. An ihren Erscheinungsformen entzündete sich eine ideologische Auseinandersetzung zwischen konservativen und fortschrittlichen Städtebauern und Geisteswissenschaftlern, ob man mit oder gegen die Großstadt menschliche Siedlungsformen gestalten sollte. Von den Städtebauern wurde diese Auseinandersetzung mit Argumenten ausgetragen, die mit ein und demselben Planungskonzept konservative und fortschrittliche Ziele verfolgten. Die konservative Großstadtkritik und die Protagonisten der modernen Stadtplanung des 20. Jahrhunderts, das Völkische und die sozialistischen Utopien finden sich wieder hinter der Gartenstadtbewegung, der Nachbarschaftsplanung und der Entwicklung vom Fluchtlinienplan zum Bebauungsplan (51).

In Dar es Salaam kam typischerweise die völkische Seite dieses Widerstreits zum Tragen, die am ehesten der reaktionären Grundeinstellung der kolonialen Siedlerschicht entsprach. Die Innenstadt wurde nach Gesichtspunkten der Stadtbaukunst mit Straßenachsen und Diagonalen gestaltet, die "nach landesherrlicher Tradition", wie Fehl/Rodriguez-Lores formulierten, auf öffentliche Plätze bezogen waren. Die gestaltete Mitte grenzte sich mit dem längs gelegten Bahnhof und der "Gürtel Straße" - wo später der Cordon Sanitaire die Rassentrennung markierte - gegen die ungeplanten Hütten der Afrikaner ab. Gemeinsame Wurzeln mit der konservativen Gartenstadtplanung eines Theodor Fritsch werden erkennbar (52).

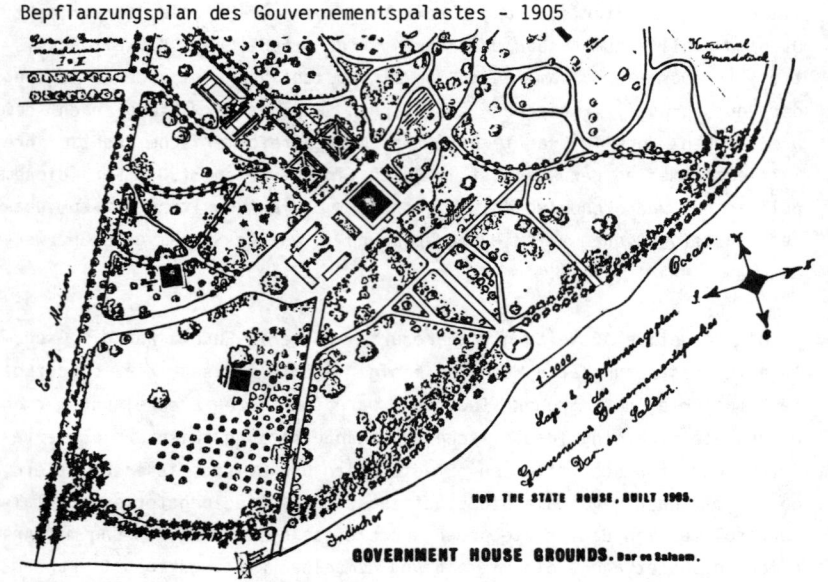

Plan I-5
Bepflanzungsplan des Gouvernementspalastes - 1905

Quelle: Archivfoto des Originals

Jenseits dieses Gürtels, hinter dem geplanten Bahnhofsriegel im Westen, wurde 1914 der erste Bebauungsplan für die afrikanischen Arbeitskräfte geplant, der heutige Stadtteil Kariakoo (von "carriers corps", s. Plan III-6). Die rigide Netzstruktur von Kariakoo stand in deutlichem Gegensatz zum durchgrünten, herrschaftlichen Osten der Stadt, wo die Europäer exklusiv wohnten und der residenzartige Gouverneurspalast errichtet wurde (s. Plan I-5).

Die Planung von Kariakoo gründete auf dem Baurecht von 1914, das die Stadt erstmals systematisch in drei Zonen einteilte:

Zone I war als Wohngebiet der Europäer reserviert (53).

Zone II umfaßte das Geschäftsviertel, wo keine afrikanischen Häuser gebaut werden durften.

Zone III war den Afrikanern vorbehalten.

Zwischen Zone I und II war eine "Neutrale Zone" bindend vorgeschrieben, wo keine neuen Gebäude errichtet werden sollten. Mit den Bauordnungen von 1891 und 1914 und den ausführenden Stadtplanungen schuf sich die koloniale Siedlergemeinschaft ihr ´Wohnzimmer´.

Wie auch in der britischen Kolonialzeit (54) wurde die Politik der Rassentrennung nicht rechtlich festgeschrieben, sondern durch städtebauliche und baurechtliche Auflagen de facto erzwungen. Dem afrikanischen Bevölkerungsteil blieben nur die durch keine Bauvorschriften reglementierten Randbereiche der Stadt als Siedlungsraum. Die auch heute noch feststellbare soziale und rassische Segregation der Stadt hat ihre Ursprünge in dieser Kolonialpolitik (55).

Die zunächst ungeplante Siedlungsentwicklung der Afrikaner fand im Westen der Stadt auf der sog. "Schöller Shamba" statt. 1.600 Hütten waren dort entstanden. Für die Ausweitung des staatlich geplanten Stadtgebietes wurde dieses Land 1914 für 500.000 Rupien aufgekauft. Die Begründung des Bezirksamtes für diese Maßnahme war: "Eine Trennung zwischen Eingeborenen und Europäern, wie sie in der Bauordnung beabsichtigt ist, wird sich nur durchführen lassen, falls der Grund und Boden der Eingeborenenstadt in fiskalischem Besitz ist" (55). Für die Planung des aufgekauften Gebietes waren nicht hygienische Gesichtspunkte entscheidend, denn ein Abwassersystem war nicht vorgesehen.

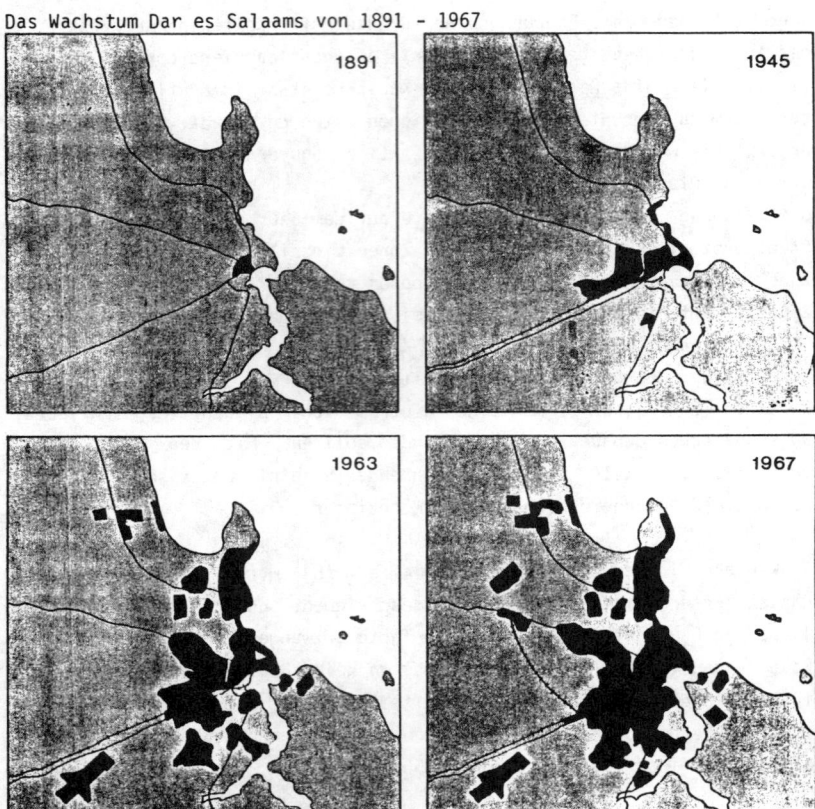

Plan I-6
Das Wachstum Dar es Salaams von 1891 - 1967

Quelle: Dar es Salaam Master Plan 1968

Die Stadtplanung in Dar es Salaam während der deutschen Kolonialphase, die mit dem 1. Weltkrieg zu Ende ging, war somit durch drei Interessen bestimmt:
1. Absicherung der ökonomischen Interessen der Kolonialherren über den freien Bodenmarkt,
2. Absicherung der politischen Herrschaft über die schrittweise Durchdringung der traditional geregelten Lebensbereiche und Herrschaftsstrukturen durch die staatliche Planungsbürokratie,
3. Gestaltung der Stadt nach den Vorstellungen der Kolonialherren mit

den jeweiligen Stadtplanungsmethoden, die im Deutschen Reich aktuell waren.

Mit dem Ende des 1. Weltkrieges wechselte die Herrschaft über "Deutsch-Ostafrika" zu den britischen Siegern. 1920 wurde Tanganyika vom Völkerbund als britisches Mandatsgebiet anerkannt. Bis zur Unabhängigkeit 1961 blieb es unter britischer Herrschaft. Der völkerrechtliche Status Tansanias hatte restriktive Auswirkungen auf die britischen Kolonialinteressen im Mandatsgebiet (57), das "für größere internationale Kapitalanlagen kein Vertrauen besaß", wie Gouverneur Twining feststellte (58). Die in deutscher Zeit mit dem Bau der Mittelbahn (59) und des Hafens begonnene Entwicklung Dar es Salaams wurde in britischer Zeit nur zögernd im Schatten der Nachbarkolonie Kenia fortgesetzt. In den 20er und 30er Jahren war die Stadtentwicklung ganz von den Wirkungen der weltweiten Wirtschaftsdepression geprägt (60). Nach dem einzigen, aber nicht zuverlässigen offiziellen Bericht aus den 30er Jahren waren damals 25 % der 6.000 männlichen, erwachsenen Arbeitskräfte arbeitslos (61). Innerhalb der 40 Jahre britischer Mandatszeit wuchs Dar es Salaam von einer Stadt mit 20.000 Einwohnern auf ca. 160.000 Stadtbewohner an.

Graphik I-2
Die Bevölkerungsentwicklung von DSM unter britischer Herrschaft

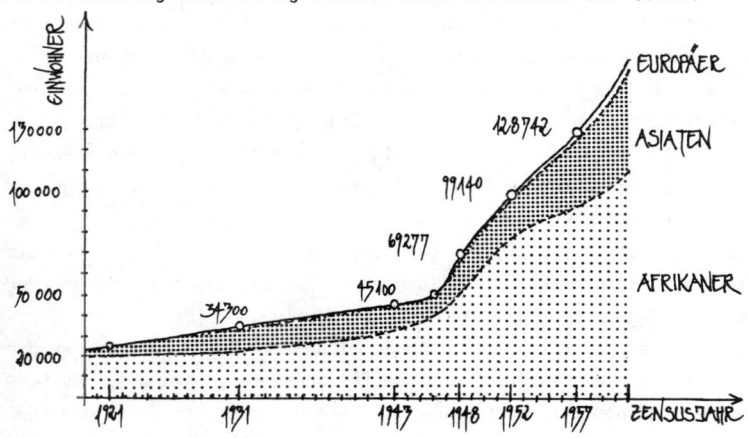

Quelle: Der Verf. nach Zensusdaten

Erst nach Ende des 2. Weltkrieges stieg mit dem internationalen Wirtschaftsaufschwung und dem wiedereinsetzenden Exporthandel über die Hafenstadt Dar es Salaam die Bevölkerung der Stadt sprunghaft auf 69.277 Einwohner an (62). In den Jahren 1951 - 1956 wurde der Hafen in größerem Umfang (1.000 m Kaimauer, 6 Liegeplätze) weiter ausgebaut, blieb aber in seiner Bedeutung hinter Mombasa in Kenia zurück (63). Mit den steigenden Handels- und Wirtschaftsaktivitäten der Briten setzte ein beträchtlicher Zustrom britischer Kriegsteilnehmer und asiatischer Neueinwanderer ein (64). Zu diesen Quellen des Stadtwachstums kam eine steigende Immigration von Afrikanern aus der Subregion nach Dar es Salaam. Leslie gab das jährliche Bevölkerungswachstum in dieser Zeit mit 6.000 Einwohner an. Bis zum Ende der britischen Mandatszeit sei es dann auf 2.000 - 3.000 Einwohner pro Jahr zurückgegangen (65).

Bei einem Gesamtwachstum der Stadt von 9,5 % p.a. am Ende der 40er Jahre betrug das Wachstum des afrikanischen Bevölkerungsanteils 11,1 %. 78 % des Wachstums bestand aus Immigranten. Eine spätere Untersuchung der Wanderungsbewegung zeigte, daß der größte Teil der Zuwanderer damals noch aus der Nachbarregion kam (s. Graphik I-3) (66), während heute Fernwanderungsbewegungen stark zugenommen haben. Dar es Salaam war aber bereits damals der einzige wirtschaftliche Brennpunkt der britischen Kolonie.

Der wesentliche Hebel für die Steuerung der Stadtentwicklung Dar es Salaams im Interesse der Mandatsmacht war das neue Bodenrecht. Das Land Ordinance von 1923 wandelte alles nicht bereits in Privatbesitz befindliche städtische Land in öffentliches Eigentum um, das künftig als Pachtland vergeben wurde. Damit gewann die Verwaltung die Möglichkeit, für Baugrundstücke unter bestimmten Auflagen (Standards) für festgelegte planungsrechtliche Stadtgebiete (zones) auf unterschiedlich lange Zeit Nutzungsrechte (right of occupancy) zu vergeben. Die "Township Rules" von 1930 legten die Grundlagen für die Systematisierung der Stadtentwicklungspolitik und die "Township Building Rules" für ein geregeltes Baugenehmigungsverfahren. In Section 3 der Building Rules wurden "native one-storied buildings" aus dem Geltungsbereich des Gesetzes herausgenommen und damit eine gesonderte Behandlung nach dem Zonierungskonzept ermöglicht.

Graphik I-3

Wanderungsbewegungen nach Dar es Salaam/1948 - 1957

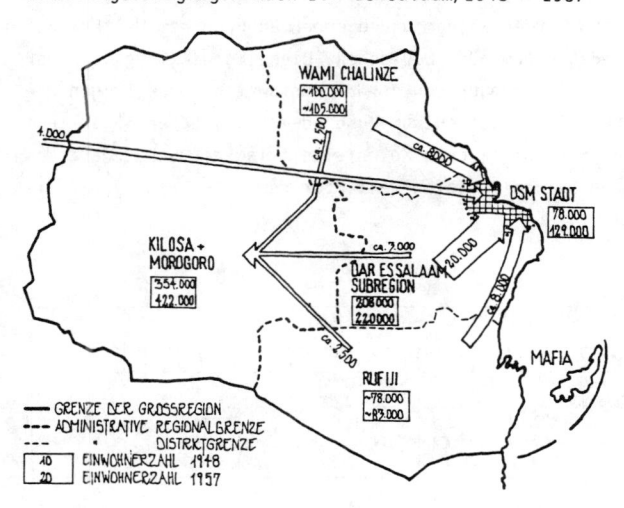

Quelle: Zeichnung des Verf. nach Daten der UN, 1968, tab. 2 und tab. 3

Dieses Instrumentarium, das im ersten Master Plan für Dar es Salaam von 1949 breite Anwendung fand, erlaubte es, eine rassische Segregation in verschiedene Wohnviertel auch ohne offene Rassengesetzgebung abzusichern. Trotz formaler Rechtsgleichheit verdrängten unerschwingliche Pachtzins- und Baustandardfestlegungen Afrikaner in die für sie vorgesehene Zone III. Die für geringe Baustandards allein zulässigen einjährigen Pachtverträge ("Kiwanja-tenure") bewirkten, daß Afrikaner keine größeren, langfristigen Investitionen in ihre Häuser und immobile Unternehmen tätigten. Ihre auch aus diesem Grund verfallenden Gebäude wiederum waren einer erhöhten Gefahr der Beseitigung im Rahmen von "Redevelopment"-Maßnahmen ausgesetzt (68). Diesem fatalen Zirkel wurde die afrikanische Bevölkerung durch die Übertragung des britischen Pachtrechts unterworfen. Auf diese Weise wurde eine wirtschaftliche Konkurrenz für die britischen Siedler durch die breite afrikanische Bevölkerung sehr erschwert.

Die indische Konkurrenz genoß aufgrund Artikel 7 des Mandatsstatuts besondere Vorrechte. Auf dieser Grundlage zogen zwischen 1921 und 1931 4.000 Inder neu nach Dar es Salaam und übernahmen nach dem Weltkrieg I große Teile des Feindeigentums der Deutschen. Diese Entwicklung war der Anfang eines bis heute andauernden Verdrängungswettbewerbes gegen die afrikanischen Bewohner in Stadtzentrum und dem city-nahen Stadtteil Kariakoo. Am Ende der britischen Kolonialzeit lag der Schätzwert der Grundstücke in diesen beiden Gebieten weit über dem aller anderen Stadtteile (s. Tab. I-3).

Tabelle I-3

SCHÄTZWERT DER GRUNDSTÜCKE IN DAR ES SALAAM - 1960 / £ pro acre				
LAGE	NUTZUNG	DICHTE	WERT	LAGE IN STADT
HAUPTSTRASSE	GESCHÄFTSVIERTEL	HOCH	50.000 - 80.000	CITY
OYSTER BAY	EUROP. WOHNGEBIET	SEHR NIEDRIG	750 - 2.500	VORORT
KARIAKOO	{ GESCHÄFTSSTRASSEN	SEHR HOCH	10.000 - 12.000	CITY - NAH
	{ AFRIK. WOHNGEBIET	SEHR HOCH	5.000 - 10.000	CITY - NAH
ILALA	AFRIK. WOHNGEBIET	HOCH	500	VORSTADT

Quelle: K. Schneider, Wiesbaden 1965, S. 84

Der Verdrängungswettbewerb um den Grund und Boden wurde mit jeder Ausweitung der "Township-Boundary" auf weitere traditionale Siedlungsgebiete übertragen. Der kapitalistische Bodenmarkt und die darauf aufbauende Stadtplanungspolitik waren wesentliche Ursachen für die Ausbreitung von Squatter-Gebieten in britischer Zeit. "It was clearly uneconomic to keep a building worth 33.000 pounds on land worth 20.000 pounds and pay 500 pounds per year in rates", schrieb 1956 der Stadtplanungsdirektor Dar es Salaams (69). Es war eher eine Bestätigung als Entkräftung der diesbezüglichen kritischen Untersuchungsergebnisse der East African Royal Commission von 1953, wie Gouverneur Twining auf den Kommissionsbericht reagierte: "I must also make the point that it is not correct to say that urban expansion has been only at the expense of the African or that Africans prefer to build outside the towns...Moreover, African interests are certainly not ignored when township boundaries have to be expanded" (70).

Nach der formellen Etablierung der britischen Kolonialverwaltung vergingen in den Wirren der Nachkriegszeit noch 10 Jahre, bis die Behörde den ersten größeren Bebauungsplan für den Stadtteil Ilala vorlegen konnte. Diese erste Phase britischer Stadtplanung stützte sich auf die deutsche Planung von 1914, die als "Modellstadt" dem zuständigen britischen Beamten vor Augen schwebte. Es galt zunächst diese bestehende Planung umzusetzen. Ein fachfremder Beamter war mit zwei Vermessungsgehilfen aus deutscher Zeit für die Stadtplanung und Bauaufsicht zuständig. Gegenüber dem afrikanischen Bauboom verhielt man sich angesichts dieser geringen Planungskapazitäten flexibel und pragmatisch, indem man Einjahrespachtverträge abschloß. Härte zeigte man hingegen bei der Implementierung der Neutralen Zone Mnazi Mmoja (s. Foto auf Titelseite). Afrikanische Hütten wurden ohne Kompensation abgerissen. Vermutlich auf Weisung der Behörde wurde im Slumgebiet von Gerezani sogar ein Feuer gelegt; eine Maßnahme, die der Master Plan 1949 später "besonders löblich" nannte (71).

In der zweiten Phase britischer Kolonialplanung begannen die Planungskonzepte des Mutterlandes Fuß zu fassen. 1925 nahm ein erfahrener Bauinspektor in Dar es Salaam seinen Dienst auf, sodaß in der folgenden Zeit neue Planungen in Angriff genommen werden konnten. Ein erster Bebauungsplan für den Stadtteil Ilala wurde 1929 begonnen, um den "Haufen Eingeborener" ("batch of natives", so das Behördenpapier!), die aus dem cordon sanitaire vertrieben worden waren, in räumlicher Nähe zu den Arbeitsplätzen im Hafen anzusiedeln. Zudem sollte die lange Liste der anhängigen Grundstücksnachfragen befriedigt werden. In kürzester Zeit entstand hier eine zweite Schachbrettsiedlung nach dem Muster von Kariakoo. Man wies nun - entsprechend der Maxime der Charta von Athen, daß "an erster Stelle im Stadtbau das Ordnen der Funktionen steht" (72) - reine Wohngebiete neben Flächen für tertiäre Nutzungen aus; letztere getrennt für Afrikaner, Asiaten und Europäer.

Die Vorteile der einfachen Netzstruktur Ilalas lagen auf der Hand: Der Aufwand für Planung, Vermessung und Bebauung war minimiert. Die Bebauung mit dem rechtwinkligen, traditionellen Gebäudetyp der Küstenregion, dem Swahili-Haus, ermöglichte hohe Dichten ohne Restflächen. Der gestalterische Charakter Ilalas war und ist bis heute steril, rationell und ordentlich. Solche Gesichtspunkte wie minimaler Aufwand und Ordnung haben das stadtplanerische Konzept für Ilala bestimmt. Mit dieser Siedlungsstruktur wurde zugleich ein politisches Exempel der Ordnung statuiert.

Der Swahili-Haustyp

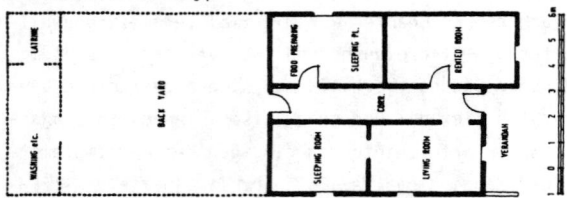

In der dritten Phase britischer Kolonialplanung wurde das restriktive Stadtplanungsinstrumentarium ohne nennenswerte Innovationen in ein neues Planungsrecht gegossen. Das Recht von 1936 ermächtigte dazu, das Stadtgebiet zwar nach Flächennutzungen, nicht jedoch nach Wohndichten und Baustandards zu zonieren, wie es die Kolonialregierung beabsichtigte. Hierfür mußten weitere Bauvorschriften herangezogen werden (73). Auf der Grundlage des restriktiven "Town Development (Control) Ordinance" von 1936 entstand später der Master Plan 1949. In der Zwischenkriegszeit wurde kein größerer Bebauungsplan mehr erstellt; nur Anfänge von Vororten wurden in Sea View und Oyster Bay geplant. Dies waren herrlich gelegene Quartiere für die europäische Oberschicht, denen das Gartenstadt-Konzept E. Howards zugrunde lag (vergl. Plan III-6).
Für eine effektive Stadtplanung fehlten in dieser Zeit noch Fachleute und Ressourcen. Die Bodenpreise waren absurd hoch: "So absurdly high are the rates involved in these land transactions that under the present circumstances it is impossible for us to prepare a planning scheme for Dar es Salaam on modern lines because the cost of acquiring land, which would then be inevitable, would be prohibitive" (74).

Mit dem explosionsartigen Wachstum Dar es Salaams nach dem Weltkrieg II wurde ein nicht mehr bloß reaktives Stadtplanungsinstumentarium für notwendig gehalten. Die Einrichtung eines speziellen Government Townplanning Department trug dem 1947 Rechnung, und damit begann eine vierte Phase nunmehr zielgerichteter Stadtplanungspolitik. Aus dieser Behörde unter kommissarischer Leitung der britischen Consulting Gibb & Partners ging 1949 der erste Masterplan für Dar es Salaam hervor, auf den später gesondert eingegangen werden soll.

Über die gesamte Zwischenkriegszeit bis in die 50er Jahre blieb Dar es Salaam überschaubar gegliedert in vier Stadtteile: das Zentrum, das Industriegebiet, die umliegenden geplanten Wohnsiedlungen und - teils innerhalb der förmlichen Stadtgrenze, teils außerhalb - ländliche Siedlungen (s. Plan I-7).

Das Zentrum war im Westen durch den cordon sanitaire begrenzt, der es vom Afrikanerviertel räumlich und sozial trennte; im Norden breiteten sich damals noch ungeplante Freiflächen aus; im Osten bildete der Botanische Garten einen Puffer zwischen dem indischen Geschäftszentrum und dem Europäerviertel. Außerhalb entstand das weitere Europäerviertel Oyster Bay. Seit Ende des ersten Weltkrieges dehnte sich das indische Geschäftsgebiet stark aus und expandierte entlang der heutigen Uhuru Street in das benachbarte Afrikanerviertel Kariakoo und später nach Norden in das Dorf Kisutu. In beiden Gebieten führte die kommerzielle Expansion zu Verdrängungen der dortigen Bevölkerung.

In der Bestandsaufnahme des Master Plan 1949 wurden 2.000 Läden im Zentrum gezählt (75). Durch seine ausschließlich steingebaute Struktur mit mehrgeschossiger Überbauung hob sich das Zentrum auch baulich von anderen Stadtteilen ab. Die Höhe der Überbauung und die Dichte der Nutzung waren weitgehend durch die Bodenrente bestimmt (s. Tab. I-3 und Karte II-1 weiter unten). Abstrakte Marktgesetze begannen, das Erscheinungsbild der Stadt zu prägen.

Außerhalb der geplanten Stadt bestanden seit vorkolonialer Zeit ländliche Siedlungen und Dörfer, die im Zuge der städtischen Expansion zu Stadtteilen von Dar es Salaam wurden, wie Upanga, Kigogo, Msasani, Keresani und Kisutu (76). Die Erwähnung auch dieser traditionalen Siedlungsprozesse unmittelbar außerhalb der förmlichen Stadtplanungsgrenze ist aus zwei Gründen im Rahmen dieser Studie wichtig: Zum einen stoßen hier zwei völlig unterschiedliche Herrschafts- und Sozialstrukturen aufeinander; ich werde in Kapitel II darauf zurückkommen. Zum anderen werden diese Siedlungen mit ihrer Form des traditionalen Bodenrechts schon bald von der expandierenden und geplanten Stadt geschluckt, was weit-

Plan I-7.
Dar es Salaam in den 30er Jahren

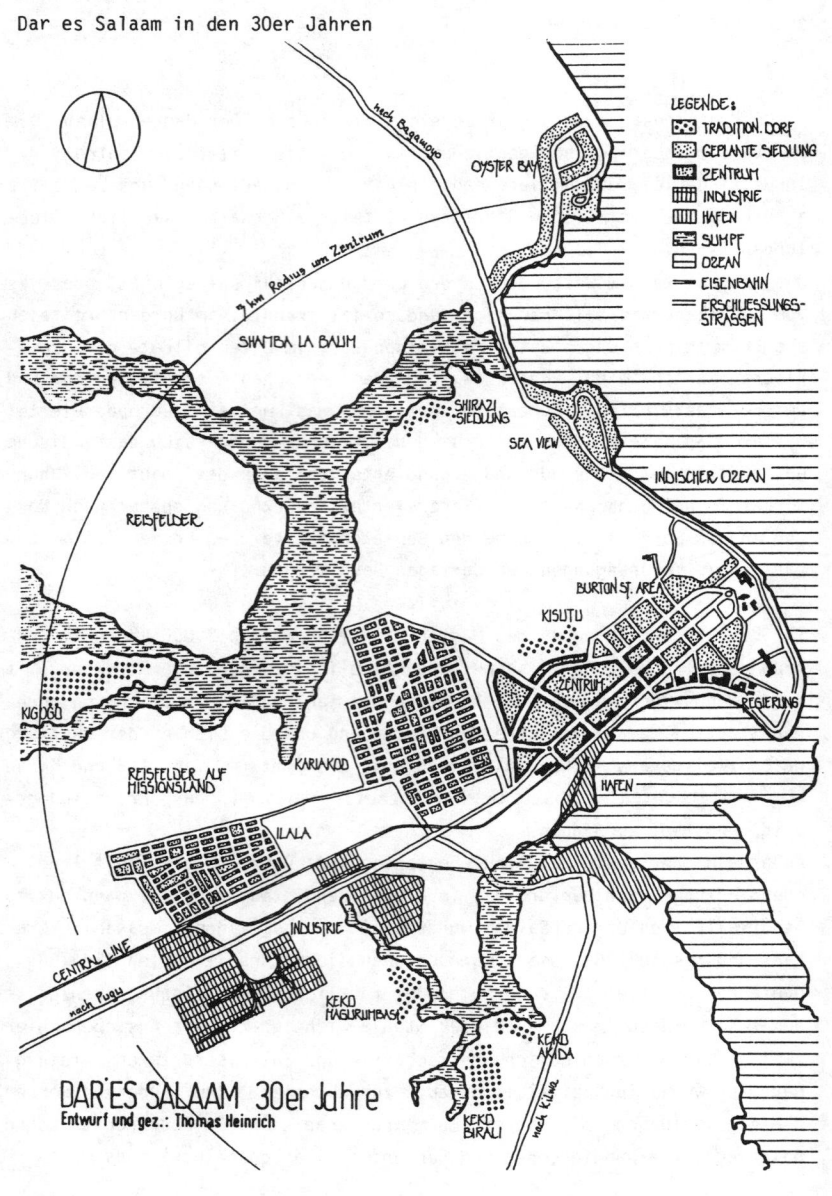

reichende, planungsrechtliche Folgen hat.

Das Industriegebiet schließlich lag seit der deutschen Kolonialzeit konzentriert an der Pugu Road entlang den Eisenbahngleisen der Central Line. Seine Bedeutung als Standort primärer Produktion war nie groß. Leslie berichtete aus dem Jahr 1956/57, daß 19 % aller 16 - 45-jährigen Männer damals arbeitslos waren und nur ca. 35 % der afrikanischen Gesamtbevölkerung als "ständig Beschäftigte" im Labour Department gemeldet waren (77). Der Rest arbeitete informell oder hatte keine Arbeit. Die ca. 35 % oder 35.000 ständig Beschäftigten verteilten sich auf untergeordnete Tätigkeiten in der Administration, im Hafen, in privaten Haushalten und in der Industrie (78).

Soweit wurde hier die sozial-räumliche Heterogenität der Stadt in jenen Jahren dargestellt. Sie fand ihren Ausdruck in der sozial-räumlichen Separierung der Teilgebiete, im Nebeneinander von städtisch-verdichteten und ländlichen Stadtgebieten und vor allem in der Segregation der Rassen und sozialen Schichten.

Das Entstehen großer Squattergebiete wird erst nach dem 2. Weltkrieg als Folge des wiedereinsetzenden Exporthandels und Warenumschlags in Dar es Salaam ein unumgängliches Problem für die Stadtplanung (79). Zahlen aus den Anfangsjahren der ungeplanten Siedlungen sind m. W. nicht erhältlich und kaum zu erheben gewesen, da sich die bauliche Struktur der Squattersiedlungen nicht von ländlichen Siedlungen und Dörfern unterschied, an die sie sich oft räumlich anlagerten.

Die erste Schätzung des Ausmaßes der Squattersiedlungen für das Jahr 1960 ging von 5.000 Gebäuden in Dar es Salaam aus (80). Eine umfassendere Studie der Town Planning Division von 1962 schlüsselte die Schätzung näher auf (s. Tab. I-4).

Tabelle I-4

DIE LAGE DER 'IRREGULÄREN' SIEDLUNGEN IN DSM ZUR ZEIT DER UNABHÄNGIGKEIT	
ALTE DÖRFER INNERHALB DER GEPLANTEN STADT	2330 GEBÄUDE
" " AUSSERHALB " "	400 "
SQUATTER-GEBIETE IM ENGEN SINN	3560 "
VERSTREUTE LÄNDLICHE SIEDLUNGEN	710 "

Quelle: Studie des Stadtplanungsamtes Dar es Salaam, 1962

Nimmt man eine durchschnittliche Belegung von 8 Personen/Einheit an, ergibt dies eine Squatterbevölkerung von ca. 40.000, respektive 56.000, was einem Drittel der Gesamtbevölkerung entspräche. Die Anfänge dieser problematischen Entwicklung wurden Ende der 40er Jahre deutlich. Mit ad hoc-Planungen allein konnte der umfassende Planungsanspruch nicht aufrechterhalten werden. Die britische Mandatsverwaltung ergriff daher in der 4. Phase ihrer Planungspolitik mehrere Gegenmaßnahmen:

1. Mit dem "Colonial Development and Welfare Fund" wurden finanzielle Mittel bereitgestellt, und es wurden in großem Maßstab einfache Typenhäuser, sog. "Quarters", in Dar es Salaam gebaut. Quarters mit 1 bis 3 Räumen wurden in Magomeni nach englischem Vorbild der "terraces" gebaut (644 Einheiten; s. Plan I-8); in Ilala als Bungalows mit relativ hohem Standard; in Temeke als Doppelhäuser mit gehobenem Standard. Insgesamt wohnten 1956/57 ca. 5.500 Einwohner, 6 % von Dar es Salaam, in Quarters (81). Leslie stellte in seinen Beobachtungen aus dem Jahr 1956/57 die soziale Desintegration und Vereinzelung in den Quarters, wie auch in den anderen geplanten Gebieten (!) Dar es Salaams fest: "Oyster Bay has become as much a desparate dormitory suburb as Temeke or Ilala Quarters, as devoid of any community of interests or desire to get together or know one´s neighbour" (82).

2. Die rechtlichen Grundlagen der Landvergabe und Wohnnutzung wurden flexibel je nach Konfliktsituation und politischer Durchsetzbarkeit und Opportunität angewandt, modifiziert oder außer acht gelassen. Bis in die 50er Jahre der britischen Herrschaft wurden in Dar es Salaam afrikanische Stadtbewohner je nach Opportunität umgesiedelt oder vertrieben, wenn ihr Gebiet für andere/höhere Nutzungen vorgesehen war und keine formellen Rechtsansprüche geltend gemacht werden konnten. Oft wurden, wie oben belegt, für derartige Maßnahmen keine Kompensationen bezahlt. Erst als sich 1954 die Afrikaner in der TANU (83) politisch zu organisieren begannen und der Widerstand wuchs, wurden Kompensationen für Squatterumsetzungen zugestanden.

In der Praxis blieb staatliche Kontrolle und Planung bis zum Master Plan 1949 auf das steingebaute Zentrum in Dar es Salaam und die wenigen Vorort-Schemes beschränkt. Es gab zwar Gesetze und Vorschriften, wie die Verwaltung mit den ungeplanten Gebieten verfahren sollte, sie wurden aber nicht strikt befolgt. Es gab ein "Overcrowding Law" (1946), aber auch dies wurde kaum angewandt (84). Es gab "Building Regulations", die aber in der Praxis mehr oder weniger Papier blieben.

Durch abgestufte Baugenehmigungsstandards und Kurzzeitpachtverträge wurde das unkontrollierte Siedeln auf vermessenen Grundstücken in weiten Teilen der Stadt seit Ende der 40er Jahre formell legalisiert und registriert. Durch die abgestuften Standards wurde eine Aufteilung der Stadt in geplante, legale Gebiete und weite ungeplante und illegale Slumgebiete, die jederzeit vom Abriß bedroht waren (wie in Nairobi und Kampala), vermieden. Der formelle Planungsanspruch nach dem Vorbild des Mutterlandes konnte so aufrecht erhalten werden. Für die Armutsbevölkerung in Dar es Salaam brachte die koloniale Stadtplanung jedoch kaum eine Verbesserung ihrer Lebensverhältnisse, wie die East African Royal Commission 1953-55 offiziell feststellte: "Conditions of life for the poorer Asians and the majority of Africans in the towns have been deteriorating over a considerable period and their deterioration has not yet been arrested" (85).

Allerdings gab es im Gegensatz zu Städten wie Kampala (Uganda) und Nairobi (Kenia) in Dar es Salaam-Stadt eine große Zahl afrikanischer Bauherren, die mit einfachen Baumaterialien (Holz und Lehm) eigene Häuser erstellten. Nach Leslie gab es um 1957 mehr als 8.000 Hausbesitzer in Dar es Salaam, die ihre Gebäude schrittweise verbesserten. Unter herrschaftspolitischem Gesichtspunkt hatte das den erwünschten Effekt, daß eine afrikanische Hauseigentümerschicht herangezogen und politisch stillgestellt wurde (86).

3. Es wurde ein "Government Town Planning Department" geschaffen, mit dessen Aufgaben zunächst kommissarisch das 1947 in Dar es Salaam eröffnete Büro von Sir A. Gibb betraut wurde. 1948/1949 erstellte diese Consulting den ersten Master Plan für Dar es Salaam, der die Ausweisung künftiger Erweiterungsgebiete im Hinblick auf die Verteilung der Nutzungen, Dichtezonen und Haupterschließungen steuern sollte. Auf diesen "Plan für Dar es Salaam" und die vierte Phase erheblich gesteigerter Stadtplanungsaktivität in Dar es Salaam in den 50er Jahren werde ich im nächsten Kapitel eingehen.

Plan I-8
Magomeni Nachbarschaftssiedlung für 17.000 E. und angrenzende Quarters

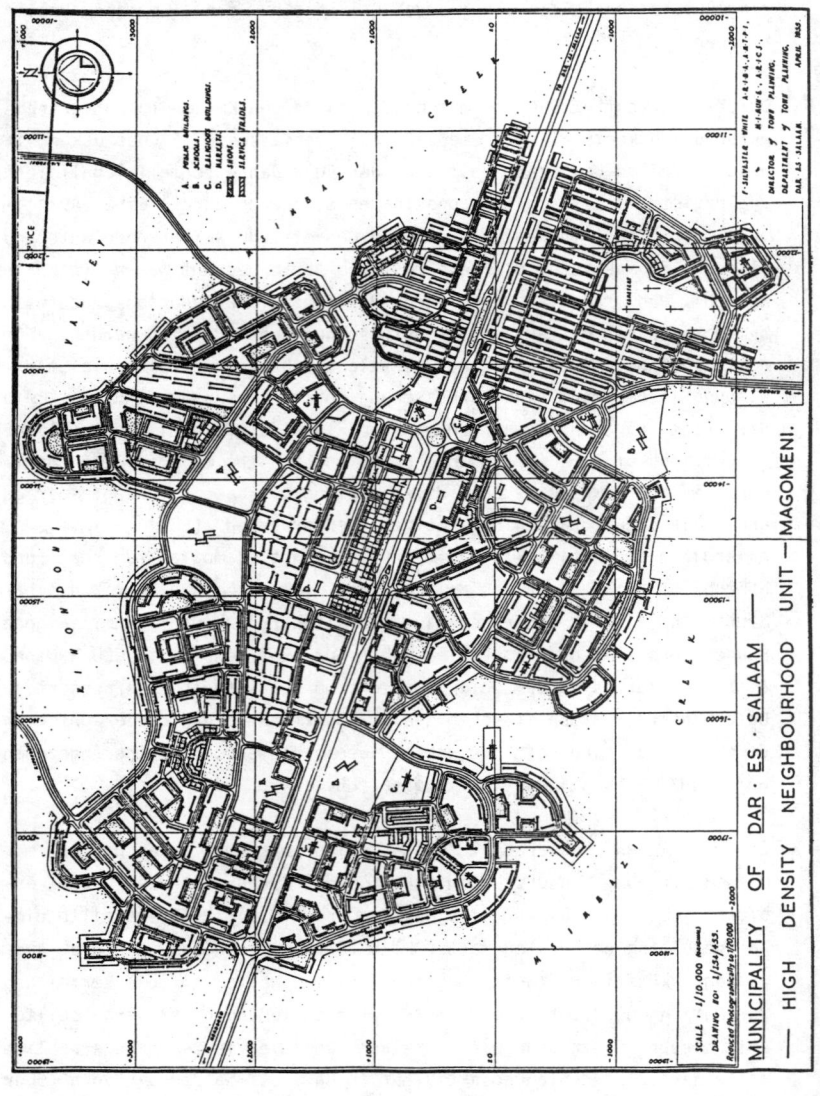

Quelle: Annual Report of the Town Planning Dept., Dar es Salaam 1956

2. Der erste Dar es Salaam Master Plan: Sir Alexander Gibb und "Ein Plan für Dar es Salaam"

Der erste Master Plan für Dar es Salaam wurde 1948/49 vom englischen Planungsbüro Gibb and Partners erstellt. Sein voller Titel war "Tanganyika Territory - A Plan for Dar es Salaam / Interim Town Planning Report"(87). Er war kein voll ausgearbeiteter Master Plan, sondern konzentrierte sich im wesentlichen auf einen Zonierungsplan, der ein Bestandteil des herkömmlichen Masterplanes war.
Der Plan von 1949 war einerseits eine direkte Antwort auf den oben dargestellten Problemdruck in Dar es Salaam und lag andererseits im generellen Trend der praktischen Planungspolitik in der Kolonialmacht :
- 1942 stellte die M.A.R.S.-Gruppe einen Masterplan für London vor (88)
- Masterpläne wurden im Zusammenhang mit den New Town Planungen nach dem "New Towns Act" von 1946 gebräuchlich
- Im "Town and Country Planning Act" (TCPA) von 1947 wurde in Großbritannien erstmals jede Grafschaft und grafschaftsfreie Stadt verpflichtet, einen Entwicklungsplan aufzustellen, "indicating the manner in which the local planning authority proposes that land in their area should be used"(89). Das TCPA schuf in Großbritannien die Grundlage für das damals neue Instrument der Entwicklungsplanung durch development plans, die mit bewußt gering differenziertem zoning die künftige Entwicklung der Stadt steuern sollten (90).

Mit dem Dar es Salaam Master Plan 1949 wurden zentrale Gedanken des europäischen Planens nach Dar es Salaam übertragen. Parallel zur Arbeit am Master Plan legte Sir A. Gibb 1949 in Zusammenarbeit mit H.L. Ford ein "Draft Proposal for a Town and Country Planning Ordinance" (TCPO), ein neues Planungsrecht für Tanganyika vor. Das Vorwort hierzu bezog sich explizit auf das TCPA 1947 Großbritanniens. Hier wird die Übertragung von Stadtplanungskonzeptionen aus Europa auf die unterschiedliche Entwicklung Dar es Salaams ganz deutlich.

Der Dar es Salaam Master Plan 1949 wurde eingeleitet durch eine breite Darstellung der historischen Entwicklung der Stadt, aus der die Hauptprobleme deutlich werden sollten, vor die sich die Consultants gestellt sahen:

1. Nach 1945 sei die Bevölkerungszahl Dar es Salaams sprunghaft gestiegen, was zu Bodenpreisen in der City führte, die z. T. höher waren als im Zentrum von London oder anderer europäischer Städte. Dies mache es unmöglich, die Stadt nach modernen Gesichtspunkten zu planen. Das Bodenrecht stelle sich daher als ein vordringliches Problem (91).

2. Trotz aller Planungsanstrengungen in deutscher Zeit sei das Durcheinander afrikanischer und arabischer Hütten und indischer Geschäftsbauten "labyrinthartig". "Menschen, die in einer derartigen Kakophonie des Straßenlärms und Straßengeschreis gelebt haben, könnten sich keinen Begriff von der wohltuenden Ruhe eines Wohngebietes machen, solange sie sie nicht erfahren hätten" (92).

3. Es fehlten jegliche Abwassersysteme mit ernsten hygienischen Folgen für die Stadtbevölkerung.

Der Master Plan stellte die Auswirkungen einzelner großer Investitionen der Kolonialmacht auf das Wachstum Dar es Salaams deutlich heraus. Aus diesem Kontext leitete er die Forderung ab, daß die Stadtentwicklungsplanung für Dar es Salaam eigentlich nicht auf das räumliche Planungsgebiet beschränkt werden könne, sondern die Analyse des funktionalen Verflechtungsraumes in die Planung mit einzubeziehen sei. Ohne eine ökonomische Analyse des Territoriums, ja der "interterritorialen Wirtschaftsbeziehungen" sei Stadtentwicklungsplanung in Dar es Salaam kaum möglich (93). Aufgrund entgegengesetzter politischer Vorgaben blieb der Plan jedoch auf die lokale Bewältigung des Wachstums durch Flächenausweisungen beschränkt. Satellitenstädte wurden für Dar es Salaam als Entlastungsstrategie zwar diskutiert, aber nicht realisiert.

Mit dem Zeitverzug von ca. 5 Jahren begann Mitte der 50er Jahre eine systematische Stadtplanungspolitik in Dar es Salaam. Diese Zeit nach dem Weltkrieg II verstrich, bis die entsprechenden Planungskapazitäten aufgebaut waren (vgl. Tab.I-5). Dann erst, nach dem großen Wachstumsboom (1949-1952) ging man daran, der Entwicklung sowohl mit konstruktiven Bebauungsplänen als auch restriktiven Zuzugsbeschränkungen und Abrißmaßnahmen zu begegnen.

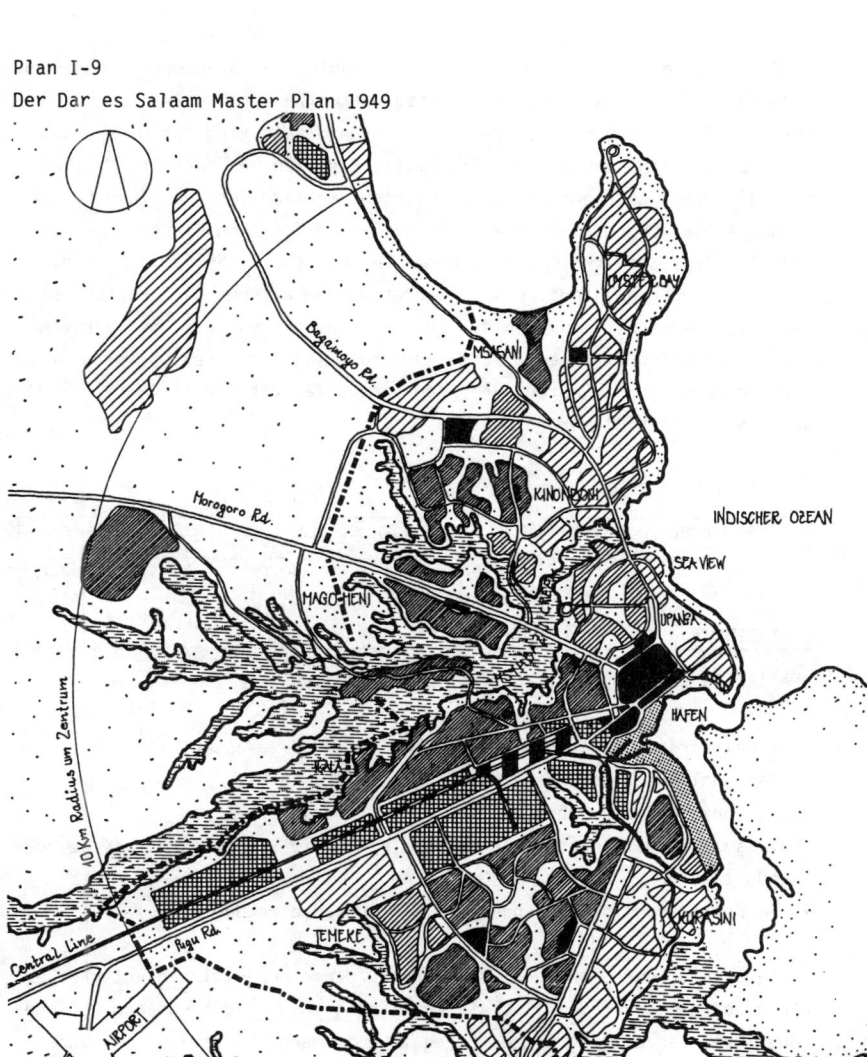

Plan I-9
Der Dar es Salaam Master Plan 1949

Die Prognose des Master Plan 1949 faßte eine Stadtbevölkerung von 200.000 E. für einen nicht näher festgelegten Zeitpunkt ins Auge. Die Stadterweiterungsplanung entwarf von Grüngürteln eingeschlossene Wohnvororte, wie Kinondoni, Magomeni, Oyster Bay, Temeke, Kurasini und Upanga, die heute auch entsprechend bestehen. Erstaunlich ambitiöse Entwürfe wurden in kürzester Zeit von einem kleinen Team von Planern im territorialen Dept. of Town Planning unter Leitung von F. Silvester White angefertigt und realisiert. Das Verfahren der Umsetzung des Master Plan ging vom begrenzt flexiblen Master Plan-Konzept aus, das über einen gezeichneten Entwurf (scheme) zügig zum detaillierten Bebauungsplan (lay out) konkretisiert wurde (94). Man versuchte, der Stadtentwicklung jeweils einen Schritt voraus zu sein.

Tabelle I-5

DER BEAMTENSTAB IM TERRITORIALEN DEPT. OF TOWN PLANNING - 1956	
DIRECTOR	1
TOWN PLANNING OFFICER	4
TECHNISCHE ZEICHNER	2
HILFSZEICHNER	1

Quelle: Tanganyika, Dept. of Town Planning, 1956, S. 7

Vier Leitvorstellungen bestimmten den Entwurf des Master Plan 1949:
- die räumliche Trennung der städtischen Funktionen,
- die Zonierung der Wohngebiete,
- die sozialpolitischen Hoffnungen, die an die Nachbarschaftsidee geknüpft waren
- die Gestaltungsvorstellungen der Gartenstadtbewegung.

Innerhalb der Township Boundary wurden die Funktionen entsprechend der arbeitsteiligen Gesellschaft räumlich getrennt ausgewiesen. "Generous open spaces form the segregation between the various use zones", so der Master Plan (95). Reine Wohngebiete mit einem Marktzentrum lagen gesondert von den Arbeitsplätzen der Industrie. Ein kommerzielles Geschäftszentrum bildete die City der Stadt. Hier war nach Berechnungen des Master Plan die Grenze der vertretbaren Flächenausnutzung erreicht. Zur Entlastung wurde vorgeschlagen, 30 % des künftigen tertiären Bedarfes in dezentrale Lagen der Wohnvororte zu verlagern (96). In einigen dieser Vororte wurden sie auch an vorgesehener Stelle realisiert.

Wie Plan I-9 zeigt, waren die Wohnvororte mit jeweils ca. 20.000 E. als sozial homogene Quartiere gleicher Wohndichte geplant. Der Master Plan steuerte diesen Sortierungsprozeß über die Zonierungsplanung. Je eine bestimmte Zone wurde den verschiedenen Rassen vorbehalten: "Low density residential - generally assumed as for European housing. Medium density residential - assumed as for Asian housing. High density residential - for African housing" (97). Die Bevölkerungsgruppen verteilten sich entsprechend dieser Planung in den folgenden Jahren auf die drei Zonen.

Eine Rassentrennungspolitik war in Tanganyika offiziell niemals proklamiert worden, wie der Master Plan betonte, aber der stille Zwang der ökonomischen Verhältnisse führte auf eleganterem Weg zum selben Ziel: "Although we have not adopted racial zoning as such in the scheme we have assumed that the low, medium and high density zones will be occupied in the main by Europeans, Asians and Africans respectively" (98). Zudem hoffte man über Auflagen des Master Plan im Zusammenwirken mit den restriktiven Bauvorschriften der Township Building Rules den Anteil der Afrikaner in der Stadt langsam zurückdrängen zu können: "The African population will appear inordinately high but we believe that this will in fact be lower, when the area is developed" (99). Der hier verwendete Begriff der Entwicklung war also in der Realität gleichbedeutend mit Verdrängungsprozessen in überfüllte, geplante Afrikanerviertel, Wuchermieten, separierte Boys Towns und Quarters abseits der Europäerviertel: "In addition we have advocated the provision of boys towns and if this is acted upon and found successful there will again be an appreciable decrease in African population in the Low Density Zone" (100).

Man kann heute nicht sicher sein, ob es tatsächlich Ernst oder blanker Zynismus war, wenn S. White im Zusammenhang mit der Zonierungsplanung in Tanganyika an die aristotelische Idealstadt erinnerte: "One third for the administration, one third for the gods and one third for the workers" (101).

Intern waren die Vororte untergliedert in Nachbarschaften, entsprechend der "modernen Stadtplanung", wie es im Master Plan hieß (102).

Nach der damals in den Industrieländern allgemein geteilten soziologischen und stadtplanerischen Grundauffassung wollte man räumlich abgeschlossene und erfahrbare Siedlungseinheiten schaffen, um auf diesem Wege eine soziale Integration der Bewohner herbeizuführen. Leslie bemerkte hierzu: "...it was the fundamental object of the plan that each suburb should be so self-sufficient as to develop a corporate spirit of its own." Und er fügt aus der Sicht von 1956 sogleich hinzu: "This may in time become so: at present it is not" (103).

Plan I-10
Der Stadtteil Temeke eingeteilt in Nachbarschaftseinheiten

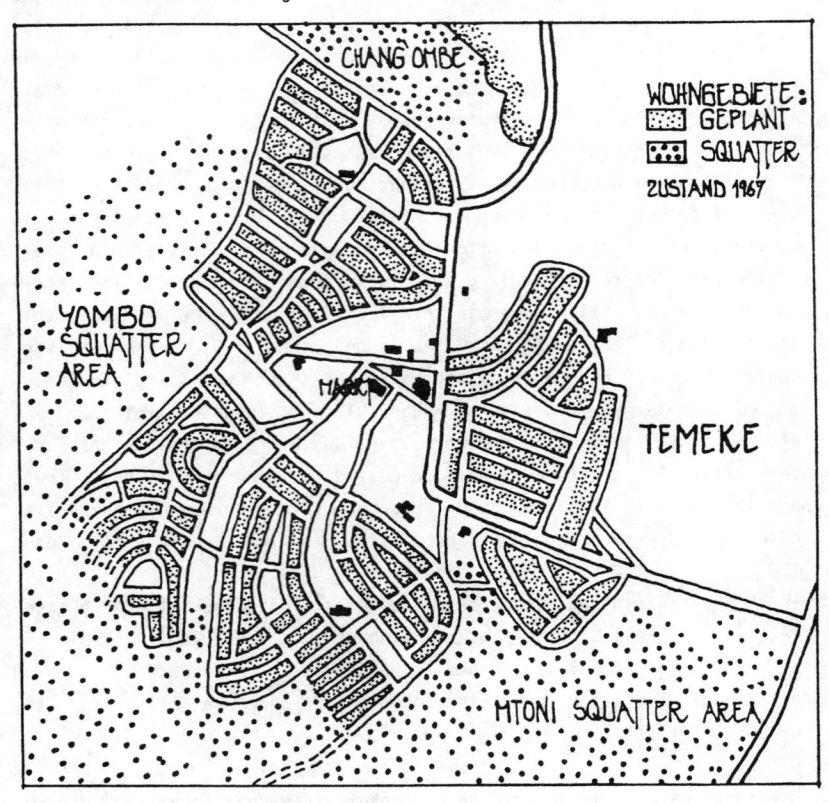

Quelle: Zeichnung d. Verf.

Der Stadtteil Temeke sollte nach dem Master Plan z. B. aus dreizehn solcher Nachbarschaften bestehen, die in drei cluster um ein Marktzentrum herum gruppiert waren (s. Plan I-10). Der ideologische Gehalt der Nachbarschaftsidee ist aus europäischer Sicht bereits hinreichend kritisiert worden (104). Im afrikanischen Kontext aber kommt noch eine zweite ideologische Schicht hinzu: Nachdem die koloniale Stadtplanungspolitik die engen sozialen und tribalen Beziehungen der afrikanischen Bevölkerung, die auch nach der Immigration in die Stadt bestehen blieben, zerstört hatte, indem man den traditionalen Nexus durch die moderne Stadtverwaltung ersetzt hatte, sollten anschließend in den "von oben" geplanten Nachbarschafts-Siedlungen über räumliche Planung soziale Beziehungen quasi auf dem Reißbrett wiederhergestellt werden. Der gewachsene soziale Zusammenhang der Afrikaner, der über traditionale Sitten und Herrschaftsformen vermittelt war, wurde durch koloniale Politik zerstört. Durch koloniale Stadtplanungsanordnungen war dieser soziale Nexus nicht zu reparieren. Nachbarschaftsplanung in Dar es Salaam war eben dieser Versuch, eine zerstörte Sozialordnung mit den Mitteln staatlicher Verwaltung, Bodenrecht und Stadtplanung in der den herrschenden Interessen angepaßten Weise wiederherzustellen.

Die räumlichen Gestaltungsprinzipien Sir A. Gibbs für die Planung der Afrikaner- und Inderviertel waren ganz aus dem europäischen Blickwinkel abgeleitet. Die in den 40er und 50er Jahren nach dem Gartenstadtkonzept geplanten Afrikanerviertel zeigten im Gegensatz zu den Planungen der 20er Jahre entsprechend formal inspirierte Straßenführungen (s. Plan I-10). Durch die Dichte der Bebauung fielen diese anspruchsvolleren Planungen aber deutlich gegen die Europäerviertel ab. Statt der klimatisch wichtigen Durchgrünung der Wohnstraßen wurden Freiflächen bestenfalls (wie in Temeke) als Grüngürtel an den Rand der Quartiere gedrängt. Entsprechend dieser Standardabstufung der europäischen zu den afrikanischen Quartieren waren auch die Niveaus der Infrastrukturversorgung abgestuft. Nicht eine Auseinandersetzung mit den kulturellen Eigenarten der Ethnien bestimmte die Planung, sondern man ging vom Standard städtebaulicher Gestaltung in Europa aus. Zu Ilala - neben Kariakoo mit damals 14.600 E. immerhin dem größten Afrikanerviertel in Dar es Salaam - begnügten sich die Consultants mit der Feststellung, das sie "nicht genug Informationen über das Gebiet hätten" (105).

Zusammenfassend ist zum Master Plan 1949 festzustellen, daß er den Beginn für eine zukunftsorientierte Stadtplanung in Dar es Salaam darstellte. Sein Problembewußtsein war teilweise, was z. B. den nationalen Kontext anging, größer als das seiner Nachfolger in den 60er und 70er Jahren, aber auch selektiver. Ins Blickfeld des Interesses wurde nur gerückt, was der Mandatsmacht wichtig schien, während die Afrikanerviertel mit 75 % der Stadtbevölkerung ein fremdes, manipulierbares Blindfeld blieben. Zwar wurden auch ungeplante Afrikanerviertel gestaltet, aber dies geschah nicht im Interesse der Bewohner, sondern um die europäische Ordnung und "gesunde Verhältnisse" in das afrikanische Labyrinth zu bringen. Die Planungsinstrumente waren dem gängigen Arsenal europäischer Planung entnommen und unangepaßt übertragen worden: "das Ordnen der Funktionen" der Charta von Athen, die Gartenstadtbewegung E. Howards als Reaktion auf die industrielle Großstadt Englands, das schematische Drei-Klassensystem der Zonenplanung, die Nachbarschaftsplanung als technische Sozialmontage eines zerstörten sozialen Zusammenhangs in Dar es Salaam (106).

Der Master Plan wurde in der zweiten Hälfte der 50er Jahre zum Leitplan einer arbeitsfähigen, territorialen Stadtplanungsadministration. Anders als T.J. Kent seine Funktion in den Industrieländern charakterisierte (vgl. Fußn.(138)), mußte er im kolonialen Dar es Salaam nicht erst als Verständigungsinstrument gegensätzlicher Einzelkapitalien dienen; vielmehr zogen hier 1.700 Europäer an einem Strang. Und anders als bei den nachkolonialen Masterplänen wurde der Master Plan 1949 von britischen Beamten umgesetzt, die die gleiche kulturelle und professionelle Sprache sprachen, wie die Consultants des Master Plan.

Trotz der beachtlichen Leistungen des Master Plan 1949 und der daraus abgeleiteten Planungen gelang es gegen Ende der britischen Mandatszeit immer weniger, mit dem geltenden Planungsrecht von 1936 und dem Master Plan einen Sprung vor der Stadtentwicklung zu bleiben. Dennoch wurden die Fundamente für ein in der Kolonialzeit funktionierendes Planungssystem geschaffen. Der weitgehend informelle Master Plan 1949, der nicht einmal publiziert und von der Lokalbehörde nur pauschal abgesegnet werden mußte ("broadly accepted"), hatte nach Meinung des damaligen

Plan I-11
Der Dar es Salaam Master Plan 1954

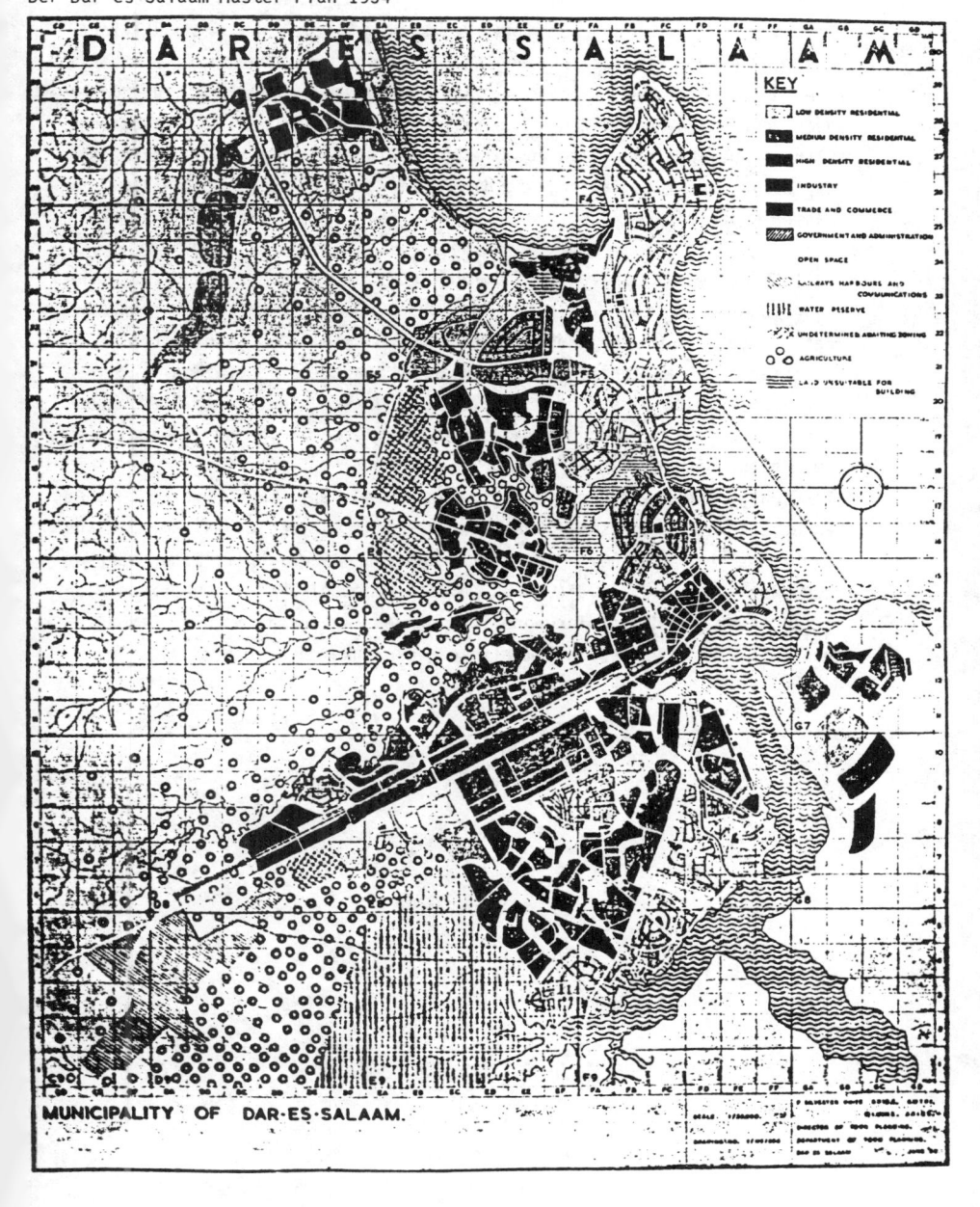

Planungsdirektors aber einige Mängel: Er hatte erstens zu wenig planungsleitende Kraft; zweitens trug er dem Stadtwachstum außerhalb der Township Boundary nicht Rechnung; drittens war er zu wenig detailliert, z.B. was die Verkehrsplanung anging (107). Aber es wurden auf territorialer und städtischer Ebene neue Planungsbehörden geschaffen, aus denen nach der Unabhängigkeit das zentrale Ministerium (MLHUD) und städtische Planungsausschüsse entstanden. Die Entwicklung der Stadtplanung in Dar es Salaam war somit eng mit der Arbeit der britischen Consultants am Master Plan 1949 verknüpft.

1956 wurde mit Beratung des Colonial Office in London und auf der Grundlage des Master Plan 1949 ein neues TCPO erarbeitet und verabschiedet. Es gab der Masterplanung mit der Ausweisung von rechtlichen Planungsgebieten außerhalb der förmlichen Stadtgrenze neue Möglichkeiten der Stadtentwicklungsplanung. Zugleich wurde der staatliche Planungsanspruch auf das Stadtumland ausgeweitet mit der Folge der Illegalisierung neuer Siedlungen.
In Ermangelung des neuen Planungsrechts, das erst 1956 verabschiedet wurde, konnte ein "small scale Master Plan" für Dar es Salaam, der aus siebzehn Einzelplänen im Maßstab 1:5.000 und einem schriftlichen Ergänzungstext bestand (108), 1954 nicht verabschiedet werden (siehe Plan I-11). Aber die Masterplanung blieb auf der Tagesordnung der Stadtplanungspolitik in Dar es Salaam bis in die nachkoloniale Zeit.

I.3 PLANUNGSTHEORETISCHE ASPEKTE ZUR KRITIK DER MASTERPLANUNG DURCH CONSULTINGS

Im folgenden Teil werden die Medien des internationalen Planungstransfers- der Master Plan und Consultings- analysiert. Nach der Darstellung der Aktualität dieser Medien für die Stadtplanung in Dar es Salaam werden deren strukturelle Merkmale herausgearbeitet. Bereits auf dieser Ebene der Analyse können erste Restriktionen für einen sinnvollen Technologietransfer über diese Medien deutlich gemacht werden, der, erstens realistische Planungsmittel und -technologien, zweitens, anwendbare Planungsmethoden und, drittens, geeignete Planungsziele bereitstellen sollte.

1. Der Master Plan als Instrument der Stadtplanung in Dar es Salaam

Als nach dem Ende des 2. Weltkrieges die städtische Bevölkerung Tanganyikas schneller als zuvor wuchs, war die kleine britische Stadtplanungsabteilung - 1952 gegründet und bestehend aus einem Director und Seniorplanner, vier Stadtplanern, einem Planungsassistenten und zwei Zeichnern - bald überlastet. Die jährlichen Berichte der Abteilung führten in jenen Jahren ständige Klage über den Mangel an fachlichen Mitarbeitern zur Bewältigung des Urbanisierungsproblems (109). So war es nicht verwunderlich, daß im "Annual Report" von 1952 Stolz anklang in der strammen Aufzählung der Planungserfolge: 80 % des im Dar es Salaam Master Plan von 1949 als bebaubar ausgewiesenen Landes sei bis zum einzelnen Grundstück in Skizzenform entworfen, 70 % in endgültiger Form, 65 % sei als Plan genehmigt und 60 % bereits im Feld vermessen (110). War damit der Beweis angetreten, daß der Master Plan die geeignete Voraussetzung für gute Planung auch der kolonialen Wachstumsstädte war?

Master Plans in mehr oder weniger detaillierter Form entstanden erstmals in den 40er Jahren - vereinzelt auch früher, wie 1930 in Kampala (111) - für viele britische Kolonialstädte. Nairobi erhielt 1948 einen Master Plan, Dar es Salaam 1949. Für 34 kleinere Städte und Siedlungen des Territoriums wurden Pläne gefertigt, die offiziell Master Plan genannt wurden aber eher Bebauungspläne waren. Offensichtlich wurden damals große Hoffnungen in das neue Stadtplanungsinstrumentarium gesetzt.

Das beachtliche Planungspensum von ca. 40 Plänen war jedoch nicht ohne Hilfe aus dem Mutterland zu bewältigen gewesen. 1947 wurde deshalb Sir Alexander Gibb nach Dar es Salaam geholt, um den ersten Master Plar zu erarbeiten. Die Planungshilfe, die die örtliche Administration aus England erhielt, war hochwillkommen und aus deren fachlicher Sicht problemlos: Sir Gibb sprach in jeder Hinsicht die Sprache der Kolonialadministration. Ein Transfer strukturell neuer Planungstechnologie fanc nicht statt.

Fünf Jahre später, 1954, wurde eine in der Literatur zu diesem Thema m.W. bislang nicht erwähnte Überarbeitung des Planes von 1949 vorgenommen. Diesmal wurde der Master Plan 1954 vom neu geschaffenen Dept. of Town Planning unter Silvester White vor Ort geplant. Ziel und Planungsmethodik entsprachen dem Master Plan 1949.

Der Master Plan 1968 war der erste Plan für Dar es Salaam nach der Unabhängigkeit 1961 (112). Der für eine Langzeitperspektive von zwanzig Jahren angelegte Plan sah einen Bevölkerungszuwachs Dar es Salaams von 728.000 Einwohnern bis 1989 vor (113). Die gesamte Entwicklung sollte "stringent" geplant und kontrolliert werden. Staatliche Wohnungsbauprogramme für "core-houses" sollten hierzu einen wesentlichen Beitrag leisten. Das Konzept des Master Plan 1968 arbeitete mit den Mitteln physischer Planung. Flächennutzungs- und Infrastrukturplanung waren die wesentlichen Instrumente einer kontrollierten Stadtentwicklung. Soziale Programme zur Verbesserung der Beschäftigungs- und Versorgungslage der Bevölkerung wurden nicht als Teil der Stadtentwicklungsplanung angesehen.

Ein Jahr vor der Verabschiedung des Master Plan 1968 hatte Präsident Nyerere in der Erklärung von Arusha das Konzept einer ujamaa-sozialistischen Entwicklung zur offiziellen Leitlinie tansanischer Politik erhoben(114). Der Master Plan 1968 nahm hierauf nur rethorisch Bezug. Stattdessen planten die kanadischen Consultants eine am Vorbild der westlichen Länder orientierte Stadtentwicklung. Dies wurde aus der entsprechenden Behandlung der Stadtteile unterschiedlichen Standards deutlich. Für die mittlerweile stark angewachsenen ungeplanten Wohngebiete (squat-

ter areas) der vorwiegend afrikanischen Stadtbevölkerung wurde ein umfangreiches Umsiedlungs-, Abriß- und Neubauprogramm entworfen. 11.000 Häuser sollten beseitigt (cleared) und in neuer Form ersetzt werden (115).
Die geplante ethnische und soziale Segregation des Master Plan 1949 wurde, i.G. zu der Auffassung von J. Doherty, nicht weitergeführt (116). Sie wurde durch die soziale Mischung innerhalb der Distrikte mit rund 40.000 Einwohnern (s. Plan I-12) abgelöst; nur auf der kleineren Quartiersebene (ca. 2.000 Einwohner) hingegen wurde die soziale Segregation in homogene Wohngebiete unterschiedlichen Standards weitergeführt.

Plan I-12
Ein Wohndistrikt für ungefähr 30.000 Einwohner im DSM Master Plan 1968

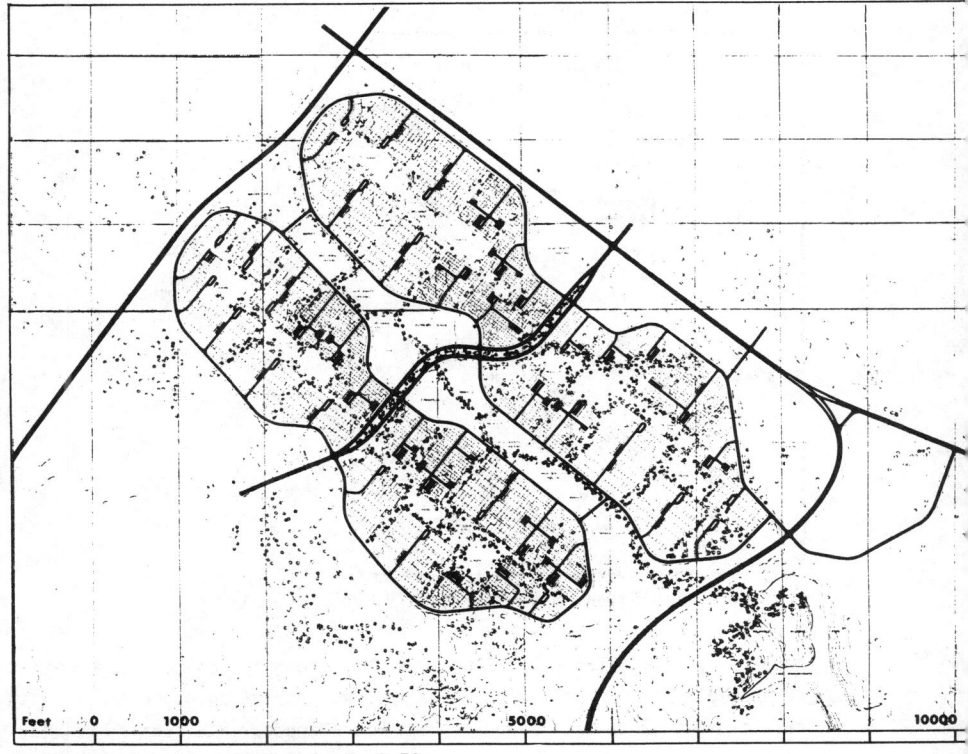

Quelle: Master Plan 1968, Vol. I, S.72

Das Leitbild der Großstadt westlicher Industrieländer kam in einer strikten Funktionstrennung der urbanen Nutzungsbereiche zum Ausdruck. Besondere Bedeutung maßen die Consultants der repräsentativen Gestaltung der Central Area bei. Eine Orientierung auf autochthone, afrikanische Stadtentwicklungsziele im Geiste von Arusha war von den Consultants nicht ernsthaft angestrebt, sodaß Doherty mit Recht feststellen konnte, daß "sie für die Erhaltung des status quo planten" (117).

Zehn Jahre später, 1978, war die Bevölkerung des engeren Stadtgebietes von Dar es Salaam bereits auf 782.000 Einwohner gestiegen, weit mehr als in den vorhergehenden Masterplänen prognostiziert (s. Graphik I-4). 60 % dieser Stadtbevölkerung lebten mittlerweile in Squattergebie-

Graphik I-4

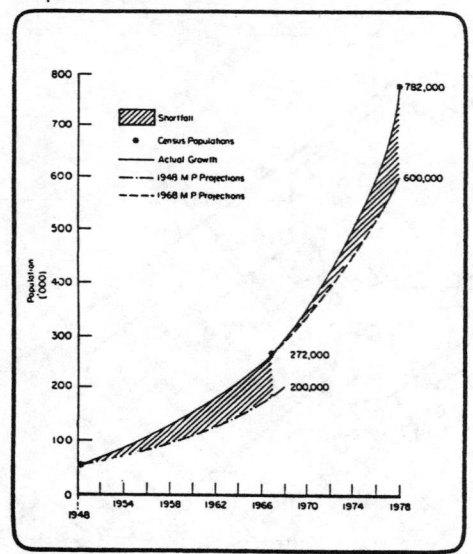

Quelle: Dar es Salaam Master Plan 1979, Vol. I, S.41

ten, obwohl im Master Plan 1968 die Verhinderung dieser ungeplanten Wohngebiete das Hauptziel war: "The clearance of squatter areas, with resettlement or on-site redevelopment where appropriate shall be carried out. Re-occurrance of such areas shall be prevented by strict control and the provision of serviced land on a sufficient scale" (118).

Nicht zuletzt aufgrund dieser Entwicklung Dar es Salaams wurde die nach zehn Jahren Laufzeit übliche Revision ("Review") des geltenden Master Plan für sinnvoll gehalten.

Der Master Plan 1979 ist der zentrale Gegenstand dieser Arbeit. Mit über 1 mio. DM Planungskosten und einem jährlichen Investitionsvolumen von 55 mio. DM für die Implementierung stellte er eine beträchtliche Investition in die Stadtplanung Dar es Salaams dar. Von Schweden finanziert und, wie seine Vorläufer, von einer internationalen Consulting-Firma (aus Kanada) geplant, wurde er als wichtigster Referenzrahmen für die nationale Stadtplanungspolitik in Dar es Salaam und die internationale Programmierung der Entwicklungshilfe für die größte und wichtigste Stadt Tansanias angesehen. Wie im Master Plan 1968 fand ein Technologietransfer stadtplanerischer Methoden aus einem Industrieland in ein Entwicklungsland statt.

Der Master Plan 1979 war das Entwicklungsprogramm für die Stadt und die umgebende Region von Dar es Salaam. Er bestand, wie seine Vorgänger, aus einem Stadtentwicklungskonzept über zwanzig Jahre, aus einem detaillierteren Fünfjahres-Entwicklungsprogramm und mehreren technischen Ergänzungsbänden. Das oberste Ziel des Planes war eine kontrollierte Stadtentwicklung (119). Das Mittel zur Erreichung dieses Zieles war eine integrierte physische Planung und die Förderung koordinierter Planung und Implementierung durch abgestimmte, umfassende Entwicklungsrichtlinien.

In der Presseerklärung zum Inkrafttreten des Planes bekräftigte die zuständige Ministerin, "the Plan is in keeping with national policies and economic realities. Planning standards, especially those relating to the provision of open space and recreational facilities and those relating to urban land use relationship reflect this philosophy" (120).

Es bestand also eine offensichtliche Kontinuität der Stadtentwicklungsplanung in Dar es Salaam von der britischen Mandatszeit bis in die

Gegenwart des unabhängigen, sozialistischen Tansania. Kontinuität bestand zunächst einmal in der Anwendung des jeweils gleichen Planungsinstrumentes aus den Industrieländern in Dar es Salaam: dem Master Plan. Er determinierte Funktion und Erscheinungsbild der Hauptstadt und aller großen Städte eines Landes, das -aus der kolonialen Abhängigkeit entlassen- seine Identität suchte (s. Tab.I-6).

Tabelle I-6

STADTENTWICKLUNGSPLÄNE FÜR DIE REGIONALHAUPTSTÄDTE TANSANIAS - STAND 1978			
STADT	ART DER PLANUNG	AUTOR	JAHR DER PUBLIKATION
DSM	MP	CONSULTING	1968 / 1979
TANGA	MP	EXPERTEN IM MINISTERIUM	1975
MOSHI	MP	" "	1974
ARUSHA	MP	CONSULTING	1976
MUSOMA	ILUP	EXPERTEN IM MINISTERIUM	1978
MWANZA	ILUP	" "	in ARBEIT
KIGOMA	ILUP	LOKALBEHÖRDE	in ARBEIT
BUKOBA	ILUP	EXPERTEN IM MINISTERIUM	1978
TABORA	MP	" "	1972
SHINYANGA	ILUP	FORMAL: REGION ; REAL: MINIST.	in ARBEIT
SINGIDA	ILUP	LOKAL (ENTWICKLUNGSHELFER)	in ARBEIT
DODOMA	MP	CONSULTING	1976
MOROGORO	MP	EXPERTEN IM MINISTERIUM	1974
SUMBAWANGA	ILUP	LOKAL	1977
MBEYA	MP	EXPERTEN IM MINISTERIUM	1975
IRINGA	MP	LOKAL (ENTWICKLUNGSHELFER)	in ARBEIT
SONGEA	MP	EXPERTEN IM MINISTERIUM	1977
MTWARA	ILUP	" "	1978
LINDI	ILUP	" "	1978
ABKÜRZUNGEN: MP = MASTERPLAN ILUP = INTERIM LAND USE PLAN			

Quelle: Eigene Erhebung

Zahlreiche andere Entwicklungsländer beschritten ebenso diesen Weg, ihre Städte mit einem Master Plan, einem "Plan Directeur", einem "Esquema Director" oder "Plano Diretor", erstellt von Consultants aus Industrieländern, kontrolliert entwickeln zu wollen. Beispiele hierfür sind aus den letzten Jahren die Städte Kaduna, Abuja, Ajoda, Owerri u.a. (Ende der 70er Jahre) in Nigeria, Khartoum und Kassala (1980/81) im Sudan, Ismailia (1977) und die Entlastungsstädte um Kairo in Ägypten, Bissau (Anfang 80er Jahre) in Guinea Bissau, Addis Ababa (1986) in Äthiopien.
Standen die Ziele und Methoden des Master Plan wirklich "in Übereinstim-

mung mit den nationalen politischen Zielen und ökonomischen Realitäten" der Entwicklungsländer, wie der Master Plan 1979 behauptete?

Wie Kommentare bereits zu Anfang der 70er Jahre deutlich machten, wurden die Erfolge der Masterplanung seit längerer Zeit kritisch gesehen. Die Weltbank schrieb in ihrem "Sektor Papier" von 1972: "Comprehensive urban plans have tended to be unrealistic in terms of resources and implementation capacity, and out-of-date by the time they are completed. They have had little influence on decision making. Urban administration is woefully lacking in capacity to deal with the problems and highly fragmented" (121).

Kritik am Sinn der Masterplanung für Dar es Salaam wie für die Städte der Entwicklungsländer allgemein kam vereinzelt und meist anknüpfend an die offensichtlichen Fehlschläge dieser Planungen auf. Drei Ebenen der Kritik am Master Plan-Transfer können unterschieden werden:
1. Die Kritik an einzelnen Plänen und speziellen Mißerfolgen von Masterplanungen (planorientierte Kritik).
2. Die grundsätzliche Kritik am Planungsinstrumentarium (methodische Kritik).
3. Die aus einem noch zu klärenden Entwicklungsbegriff abgeleitete Kritik am staatlichen Planungsanspruch (paradigmatische Kritik).
Die bisherigen Veröffentlichungen zur Masterplanung bleiben vorwiegend planorientiert mit der vorherrschenden Aussage, daß diese Pläne wenig handlungsleitende Kraft entwickelt hätten (122).

Das der Masterplanung zugrundeliegende Paradigma, das aus den Industrieländern in Städte der Peripherieländer, wie z.B. Dar es Salaam, unhinterfragt übertragen wurde, blieb auch in kritischen Analysen dieses Transfers ausgespart. Das Paradigma besagt, daß "Planung als die bisher letzte und damit auch am weitesten fortgeschrittene politische Problemlösungsstrategie dieser Gesellschaften angesehen werden muß" (123). Mit "diesen Gesellschaften" meinte Naschold die Industrieländer. Gilt das Paradigma des Planungsfortschritts uneingeschränkt auch für Peripherieländer und die Entwicklung ihrer Städte?

Die Stadtplanungspraxis in Dar es Salaam geht bis heute ohne Abstriche davon aus. Der Master Plan wird als der wirksame Leitplan mit indikativer Funktion innerhalb einer deduktiven Planungssequenz gesehen (s. Graphik I-5). Auf der Grundlage seiner Vorgaben wurden Bebauungs-

Graphik I-5
Schema eines deduktiven Planungsprozesses

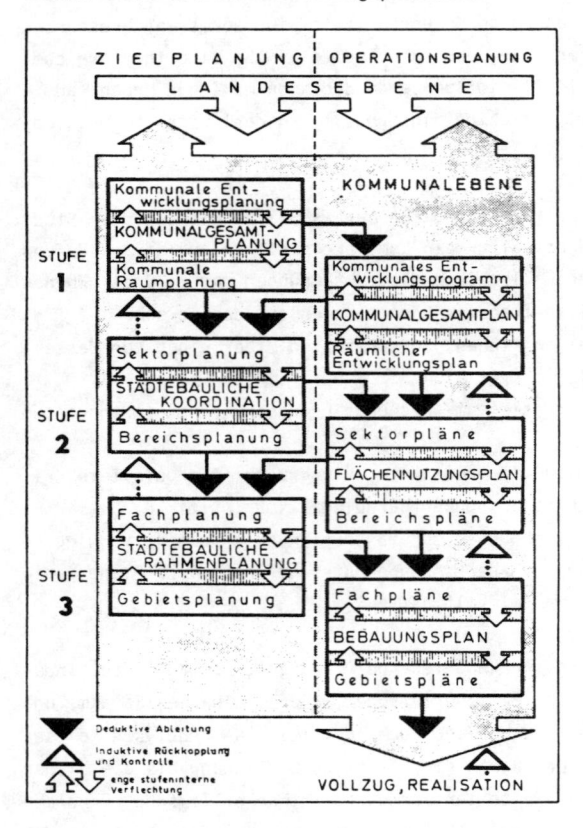

Quelle: D. Reinborn "Kommunale Gesamtplanung", Univ. Hannover 1974, S.149

pläne, "lay out plans", erstellt. Große Stadtplanungsprojekte wie z.B. Redevelopment Schemes wurden aus ihm abgeleitet. Internationale Entwicklungsprojekte wie Sites & Services-Programme bezogen sich auf ihn als

Referenzrahmen.

Träger des gesamten Planungsprozesses ist in Tansania fast ausschließlich die staatliche Administration. In ihrem Auftrag wurden für große Projekte private, ausländische Consultants tätig. Partizipation der Betroffenen am Planungsprozeß fand nicht statt und war nicht vorgesehen.
Eine Stadtentwicklungspolitik, die dem Paradigma des Planungsfortschrittes in Entwicklungsländern kritisch gegenübersteht, hätte aber zu fragen, ob spontane, in einen politischen Diskussionsprozeß eingebundene Basisaktivitäten der Bevölkerung, die für konkrete Problemlagen umsetzbare Lösungen bieten, nicht sehr viel größeres Gewicht und Planungsrelevanz im Planungsprozeß haben müßten.

Da Masterplanung ein zentrales Instrument der Umsetzung des staatlichen Planungsanspruchs darstellt, ist es sinnvoll, ihren Ursprüngen und Funktionen in den Industrieländern nachzuspüren. Von dort aus kann dann die Problematik des Tansfers in einem völlig anderen gesellschaftlichen Kontext genauer beleuchtet und die Fragestellung präzisiert werden.

2. Ursprünge und Konzept der Masterplanung in den Industrieländern

Über die Entwicklung des Master Plan-Instrumentariums innerhalb der anglo-amerikanischen Planungsdiskussion wurde bisher wenig publiziert, obwohl seine Ursprünge in den USA bereits über ein Jahrhundert zurückliegen. Dort hatte er eine sehr viel größere Bedeutung und breitere Anwendung gefunden als in Großbritannien, wo er nur eine speziellere Verbreitung in der New Town-Bewegung nach 1946 fand. Für amerikanische Städte wurden zwischen 1915 und 1925 ca. 200 Pläne dieser Art angefertigt, allerdings mit mäßigem Erfolg (124).
Es war die amerikanische Version des Master Plan, die den Planungen für Dar es Salaam zugrunde lag. Vielschichtig, schillernd und wenig abgegrenzt blieb die begriffliche Fassung dessen, was mit dem Master Plan gemeint war. Selbst die Bezeichnung Master Plan, die wahrscheinlich 1915 von E.M. Bassett, einem amerikanischen Juristen, geprägt wurde (125), ist oft gleichbedeutend mit anderen verwendet worden: "Master

Plan is the traditional phrase, while sometimes "city plan" and "comprehensive plan" are used" (126). Andere gebräuchliche Namen für den Master Plan sind der "General Plan" oder einfach "The Plan". Die synonymen Bezeichnungen deuten bereits auf die verzweigten Wurzeln des Master Plan hin, wie später noch deutlich werden wird.

Einer der ersten Pläne - wenn nicht der erste, der als Master Plan bezeichnet werden kann - war der für Boston, "the most beautiful city in America", 1872 von Robert M. Copeland erstellt (127). Dieser Plan - und damit der Ursprung der Masterplanung - geht somit auf die frühesten Tage der 1893 aufblühenden "City Beautiful-Bewegung" in Amerika zurück, die die früheste Wurzel der amerikanischen Stadtplanungsdisziplin war. Diese im Kern konservative Bewegung forderte comprehensive plans oder Master Plans für die architektonische Gestaltung der wuchernden Städte. Stadtplanung sollte "aus der Politik herausgehalten, den korrupten Lokalbehörden entzogen" und deswegen an unabhängige Consultants vergeben werden (128).

Von dem auf die physische Gestalt einer Stadt beschränkten Gesamtentwurf löste sich der Master Plan nach dem 1. Weltkrieg und dann besonders während der Großen Depression der 30er Jahre. Nach dem 1. Weltkrieg wurden in den USA zahlreiche Master Plans von Consultants angefertigt (129). Der Hintergrund hierfür war ein wachsendes Interesse an der Effektivität öffentlicher Verwaltung und speziell ihrer Ausgabenpolitik im Rahmen der New Deal Politik Roosevelts. Hinzu kamen in der Zeit der Depression die enormen sozialen Aufgaben, vor die die Lokalbehörden gestellt waren. Die "Chicago-Schule" in der Stadtsoziologie war in den 20er und 30er Jahren Ausdruck dieser gesellschaftlichen Problemlage. Der Master Plan mit umfassender (comprehensive), nun über den bloßen physical plan hinausgehender Zielsetzung schien die neuen sozialen Aufgaben optimal zu erfüllen. Mit der Anwendung des neuen Planungsinstrumentariums entstand eine leistungsfähige Planungsbürokratie. Beide - der Master Plan und die Bürokratie - sind entstehungsgeschichtlich eng aufeinander verwiesen.

Die Gesetzgebung jener Jahre präzisierte erstmals rechtlich die Funktion des Master Plan. Im "Standard City Planning Enabling Act" wurde

1928 festgeschrieben, daß der Master Plan ein umfassender Entwicklungsplan ("a comprehensive scheme of development") sein sollte. Und weiter hieß es, "an express definition has not been thought desirable or necessary" (130). Lediglich einige physische Entwicklungsmaßnahmen wurden als notwendige Bestandteile des Master Plan aufgezählt. Diese definitorischen Ungeklärtheiten des Master Plan-Begriffs trugen wesentlich zur Beliebigkeit der Anwendung auch in Dar es Salaam bei. Die Gefahr einer beliebigen Verengung des Master Plan auf die lediglich festgeschriebene physische Planung war mit dem Gesetz von 1928 nicht ausgeschlossen. Auf diesem Gesetz fußend folgten, wie T.J. Kent es ausdrückte, 20 Jahre der Konfusion, in denen das Konzept des Planes unter amerikanischen Stadtplanungsämtern und Planern verschieden interpretiert wurde. In der Zeit nach dem 2. Weltkrieg entstanden in größerer Zahl Master Plans für amerikanische Städte wie Cleveland, Detroit, San Francisco, Seattle und Cincinnati. In den 50er Jahren (McCarthy Ära) wurde die Funktion des Master Plan im Sinne der reaktionären Politik jener Jahre eng begrenzt. Der General Plan sollte auf die physische Planung der Stadt beschränkt bleiben (131). Weitere Untersuchungen müßten klären, inwiefern die Masterplanungen der 60er Jahre in den USA eine Reaktion auch auf die "riots" der Schwarzen und die "Entdeckung" der Slums als Problem der amerikanischen Großstädte waren.

In <u>Großbritannien</u> hatte der Master Plan nicht die Bedeutung wie in Nordamerika. Aber auch hier erlangte er wie in Nordamerika größere Bedeutung durch den sprunghaft gestiegenen Planungsbedarf nach dem 2. Weltkrieg.
Das einflußreiche "Uthwatt Committee" von 1943 ist wohl der Beginn einer Bewegung im britischen Planungsrecht gewesen, die auf einen umfassenden Stadtplanungsansatz abzielte. Die Kommission empfahl für die kontrollierten und effektiven Wiederaufbauarbeiten der Kriegsschäden ein "comprehensive planning system" anzustreben. Im selben Jahr wurde das zentrale Ministerium für Town and Country Planning gegründet.
Der "Town an Country Planning Act" (TCPO) von 1947 bereitete die rechtlichen Grundlagen für diese Tendenz zur Entwicklungsplanung. Der Master Plan oder "development plan", wie er im TCPO 1947 hieß, sollte "die Art und Weise anzeigen, in der die lokale Planungsbehörde die Nutzung des

Baulandes im Einzugsgebiet vorschlägt (proposes!)". In der Planungspraxis verfestigte sich jedoch dieses als indikativer Plan gedachte Instrument. Die einflußreiche "Planning Advisory Group" kommentierte diesen Prozeß zwanzig Jahre später so: "They were in fact to serve essentially as land - use allocation maps providing the basis for development control. The original intention was that the allocations should be drawn in with a "broad brush"...But the statutory definition and the notational techniques adopted have resulted in a constant tendency towards greater detail and precision. The plans have thus acquired the appearance of certainty and stability which is misleading...In practice the plans are most precise when they reflect the pattern of existing use and far less clear in depicting future changes (132)".

Im "New Town Act" von 1946 wurde der Master Plan speziell für die Planung von Satellitenstädten zur Entlastung von London und Glasgow gefordert. Zwar waren bereits früher Master Plans für Dublin und Greater London (von Abercrombie) angefertigt worden. Aber erst innerhalb des New Town Programmes wurde dieser Plan auf breiter Front in Großbritannien angewandt. Bis in die 60er Jahre hatten der Master Plan und der Development Plan dann eine zentrale Funktion in Großbritannien. Stadtentwicklungsplanung war als Aufgabe in die Hände der kommunalen Behörden mit dem Ziel gelegt, durch die Kontrolle der privaten und öffentlichen Flächennutzungen ("zoning") die Entwicklungsszenarien des Master Plan kontrolliert umzusetzen.

Im Unterschied zu Nordamerika hatte der Master Plan in der britischen Planungspraxis bis 1968 durch seine rechtliche Bindungswirkung und seinen Detaillierungsgrad eine petrifizierte Form erhalten. Allerdings gab es auch in Nordamerika über die Frage, inwieweit der Plan indikativ oder präskriptiv sein sollte, kontroverse Auffassungen (133). In Großbritannien hatte die starre und präskriptive Form dieser Pläne zur Folge, daß die Vorgaben des Langzeitplanes mit der sich ändernden Realität in Konflikt traten. Das erforderte einen ständigen Prozeß der Anpassung jedes einzelnen Projektes. Dieser Prozeß der "Substanziierung", wie David es formulierte, stellte hohe Anforderungen an die Implementierungsbehörden: "Wie auch von englischer Seite eingeräumt wird, arbeitet das englische System nur unter Einsatz eines hochqualifizierten Beamtenstabes zufriedenstellend" (134).

Diese Erfahrungen aus den beiden hochentwickelten Herkunftsländern der Masterplanung sprachen nicht gerade für deren Übertragbarkeit in ein Entwicklungsland wie Tansania. Das zeigen - trotz der dort unvergleichlich geringeren Wachstumsdynamik der Städte - die Planungsprobleme, die selbst in Großbritannien und Nordamerika auftraten: "The result has been that they have tended to become out of date - in terms of technique in that they deal inadequately with transport and the inter-relationship of traffic and land use; in factual terms in that they fail to take account quickly enough of changes in population forecasts, traffic growth and other economic and social trends; and in terms of policy in that they do not reflect more recent developments in the field of regional and urban planning" (135). In der Planungspraxis Nordamerikas wurde der Master Plan meist unzureichend implementiert und auf seine zoning-Komponente (die grobe Flächennutzungsplanung) reduziert (136).

Aber der Master Plan stellte in den Jahren nach dem 2. Weltkrieg, in denen auch Dar es Salaam stark anwuchs, und in den 60er Jahren, als Tansania gerade unabhängig geworden war und nach Wegen zur Bewältigung des Stadtwachstums suchte, den aktuellen Stand der Planungsdiskussion in jenen Industrieländern dar. Die theoretische Reflexion der Planungsmethodik erreichte jedoch erst in den 60er Jahren eine große Intensität. Die inhaltliche Präzisierung und Kritik des bis dato unterschiedlich interpretierten und relativ unreflektiert angewandten Masterplanes wurde durch die wirtschaftliche Prosperität der Nachkriegsjahre gefördert, eine Zeit, die M. Webber als das "Goldene Zeitalter der Stadtplanung" bezeichnete. Während dieser Zeit der Planungseuphorie in den wirtschaftlich starken Industrienationen erlebte die Intention der umfassenden Planung ("comprehensive planning") ihren letzten Höhepunkt. Die Mittel für ihre Realisierung schienen zur Hand zu sein. In den Industrieländern war mit dem Master Plan eine fachgeschulte Planungsbürokratie als spezialisierter Teil einer effektiven staatlichen Administration entstanden. Das Planungsrecht war über Jahrzehnte verfeinert und den dortigen Erfahrungen angepaßt worden.

Auch die metatheoretischen Grundlagen für die Planungsdiskussion waren aus der kritischen Auseinandersetzung mit den positivistischen Sozialwissenschaften und der Indienstnahme der wirtschaftswissenschaftlichen Kosten-Nutzen Analyse für die Stadtplanungstheorie und -praxis gewachsen (137). Große Hoffnungen wurden in das comprehensive planning als Planungsmethode gesetzt.

In dieser Zeit definierte T.J. Kent, ein amerikanischer Praktiker der Stadtplanung, den Master Plan als Instrument zur integrierten physischen, wirtschaftlichen und sozialen Entwicklung von Städten:
"The general plan is the official statement of a municipal legislative body which sets forth its major policies concerning desirable future physical development; the published general plan document must include a single unified general physical design for the community, and it must attempt to clarify the relationships between physical development policies and social and economic goals". Er sei ein "statement of willful intention" (138) (Hervorhebungen vom Verf.).

Das generelle Ziel des Master Plan war somit die möglichst umfassende, integrierte, d.h. sektorübergreifende Planung auf gesetzte explizite politische Ziele hin. Diese beiden Hauptbestimmungsmerkmale des Master Plan sollen nachfolgend schärfer gefaßt werden, da die Problematik des Stadtplanungstransfers nach Dar es Salaam aus diesem Anspruch der metropolitanen Stadtplanung *) erwächst.

Der Master Plan in der dargestellten Form steht planungstheoretisch im Spannungsfeld von drei grundsätzlichen, konkurrierenden Planungskonzepten:

1. "Comprehensive planning", umfassende Planung, hat den Anspruch, die relevanten Sektoren des gesellschaftlichen Systems in Beziehung zueinander zu setzen und daraus Planungen zu entwickeln, aus denen Entscheidungsträger rationale Handlungskonzepte ableiten können. Planung hat hier einen über die physische Planung hinausgehenden politisch-sozialen Anspruch (139).

----

*)Mit Metropolen werden künftig Städte der Industrieländer bezeichnet.

2. "Mixed scanning" stellt einen Planungsansatz mittlerer Reichweite dar, der die Gesellschaft auch analytisch in ihren Zusammenhängen in Betracht ziehen will. Er geht jedoch ohne den fixierten Generalplan problemorientiert vor. Etzioni nannte dies den "Dritten Weg" der Planung (140).
3. "Inkrementalistische Planung" stellt den wiederholten und pragmatischen Versuch dar, innerhalb eines festen politischen Zielrahmens die besten Problemlösungen für isolierte Aufgaben aus einer begrenzt gehaltenen Zahl von Handlungsalternativen zu finden. Die richtige Lösung wird abgelehnt und stattdessen einem ständigen Prozeß von Vermutungen und Widerlegungen (K. Popper) unterworfen. Diese positivistische Planungsmethode des "Sich-Durchwurstelns" (K. Popper, C. Lindblom) kann als "partieller" und "inkrementalistischer" Planungsansatz gefaßt werden (141).

Die Bestandteile des Master Plan-Instrumentariums können, wie in Tabelle I-7 dargestellt, zusammengefaßt werden. Um ihre ideellen Funktionen erfüllen zu können, hat die Masterplanung folgende prozedurale Charakteristika aufzuweisen:
1. Der Master Plan war zu allererst als Kommunikationsinstrument zwischen den Planungsbeteiligten - Consultants, Politikern, lokaler Verwaltung und zentralem Ministerium - auf der Suche nach den geeigneten Entwicklungsperspektiven für die Stadt gedacht.Er legte den Zusammenhang zwischen übergeordneten Zusammenhängen und Planungszielen möglichst in Alternativen offen.
2. In dieser Funktion diente er als Lerninstrument für die Planungsbeteiligten, besonders die Nicht-Fachleute und politischen Entscheidungsträger, im Umgang mit den Problemen einer Stadt.
3. Der vom City Council der Stadt (USA) oder dem Zentralministerium (GB) - also politischen Entscheidungsträgern und nicht von Fachleuten -verabschiedete Plan stellte ein Angebot an private Investoren dar, Projekte im Rahmen des Planes zu realisieren. Der privat Implementierungsdruck sollte durch den Plan kanalisiert werden. Die staatliche Verwaltung übte über den Plan eine regulative Funktion aus, statt der eines Trägers von Planung und Realisierung.
4. Der Master Plan sollte für die öffentliche Hand ein Finanzierungs- und Referenzrahmen sein.

Tabelle I-7

Die Bestandteile des Master Plan-Instrumentariums	
politische Planung "policies plainly stated"	-Darlegung umfassend ausgearbeiteter Entwicklungsalternativen für den Entscheidungsprozeß der Legislative -explizite Darlegung der Entwicklungsziele
methodische Langzeitplanung "scenario planning"	-Einführung von Langzeitüberlegungen in die Bestimmung von aktuellen Maßnahmen -die Entwicklungsprognose ("forecast") -die Stadt in der Region (regionalintegrierte Planung)
physische Planung "physical planning"	-eine grobe Flächennutzungsverteilung in der Stadt, evtl. als "zoning plan" -städtebauliche Vorgaben ("civic design") -Planung öffentlicher Versorgungseinrichtungen ("public utility plan")
integrierte Planung "integrated planning"	-der Plan als Kommunikationsinstrument zwischen Legislative, Exekutive und Consultative -fachübergreifende Planung sozialer, wirtschaftlicher und physischer Entwicklungsaspekte

Quelle: d. Verf.

3. Voraussetzungen und Problematik des Transfers der Masterplanung

Bis hierher sind die Entstehungsgeschichte des Master Plan-Instrumentariums in den Industrieländern, seine definitorischen Ungeklärtheiten sowie Inhalt, Methodik und Funktion des Master Plan unter anglo-amerikanischen gesellschaftlichen Bedingungen dargestellt worden. Der planungstheoretische Status des Master Plan wurde fixiert und die Bedeutung der Masterplanung in Ostafrika, besonders in Tansania, bis heute geklärt.

Für den zentralen Gegenstand dieser Arbeit, die Frage nach der Problematik des Planungstransfers, ist es sinnvoll, nun die Voraussetzungen zu resümieren, auf denen der Master Plan in den Industrieländern beruhte:

1. Der Master Plan hatte eine historisch wechselnde, aber jeweils sehr konkrete, kompensatorische Funktion innerhalb der wirtschaftsliberalen anglo-amerikanischen Ökonomien. Die "City Beautiful"-Bewegung wurde erwähnt, in der er die Häßlichkeit der wachsenden Industriestädte mildern sollte. In der Phase der großen Depression traten soziale Fragen in den Vordergrund, und er diente nun als Instrument für Investitions- und Arbeitsbeschaffungsmaßnahmen. In dieser Zeit verselbständigte er sich als Vehikel für spezielle Anlagesektoren durch z.B. eigenständige "Traffic Master Plans". In anderen Phasen, wie der McCarthy-Ära, wurde er seiner sozialen Komponente beraubt oder erhielt, wie in den 60er Jahren, besonderen Stellenwert innerhalb unumgänglicher Sozialprogramme. O. Koenigsberger sah zu Recht in dieser kompensatorischen Funktion als Auffangplanung die Aufgabe der Masterplanung begründet: "The idea of the Master Plan was founded on the (im Orig. "three", d. Verf.) assumption of .... the existence of a society which considered economic initiative the prerogative of the individual and relegated public action to matters of economic sub-structure and to the relief of distress" (142).
Der Master Plan diente unter diesen gesellschaftlichen Bedingungen als Bezugsrahmen für die Initiativen und Investitionen privater Investoren, Anleger und Kapitalbesitzer. In der Planwirtschaft Tansanias müßte diese Funktion des Master Plan in einem deduktiven, staatlichen Handlungskontinuum vom umfassenden Entwicklungsplan bis zur Ausführung aufgehen.

2. In den Industrieländern, besonders in Großbritannien war mit dem Master Plan-Instrumentarium oder ihm vorausgehend eine fachgeschulte Pla-

nungsverwaltung als spezialisierter Teil einer effektiven und alle Sektoren abdeckenden staatlichen Administration entstanden. Fachliche Kompetenz konnte sich entfalten auf der Grundlage eines über Jahrzehnte autonom entwickelten Planungsrechtes.

3. Der Master Plan hatte zwar eine wechselnde und weitgehend auch ungeklärte Funktion in der kommunalen Stadtentwicklungspolitik, aber das Verhältnis zwischen Exekutive und Legislative, zwischen Fachbürokratie und politisch über den Plan entscheidender Bürgervertretung war eindeutig geklärt. Die herrschenden Interessen setzten sich nicht direkt, sondern innerhalb eines ausdifferenzierten gesetzlichen Rahmens und einer funktionierenden Kompetenzverteilung durch.

Obwohl der Master Plan auf der Grundlage dieser Voraussetzungen in den Industrieländern und ihren gesellschaftlichen Bedürfnissen angepaßt zur Anwendung kam, waren die Erfahrungen mit diesem Planungsinstrumentarium - wie oben dargestellt - dort eher negativ. Der Master Plan war "subject to constant discomposure by intruding events" (143). "The mechanistic and imaginative character of the plan" wurde kritisiert (144) und seine Wirkung wurde in Frage gestellt, denn "when the plan is set down at one time, all the opponents are brought out simultaneously, threatening the plan as a whole" (145). Hayuma resümierte ein Buch der amerikanischen Planer Banfield und Wilson, in dem es heißt, daß wahrscheinlich vor dem Ende des 2. Weltkrieges nicht eine einzige Stadt in Nordamerika durch den Master Plan wesentlich beeinflußt wurde (146).

Was trotz dieser Mißerfolge den Master Plan für die Peripherieländer (aus der Sicht der Industrieländer allein oder auch der der sich entwickelnden Länder?) so attraktiv machte, war, daß sich mit ihm die Chance einer geplanten Fortschrittsperspektive zu verbinden schien. Die Szenarios dieser Pläne, die über 20 Jahre die künftige Entwicklung der Städte auf einen wünschenswerten Kurs festlegten, beflügelten die Aufbruchserwartung der jungen Nationalstaaten und gaben den Entscheidungen der Regierungen vermeintlichen Halt und Kontinuität. Der Master Plan schien somit vom Ansatz her das ideale Planungsinstrumentarium für Tansania zu sein, um kolonial geprägte Strukturen zu verändern und in einem Wurf die "truly African city" zu suchen. Und er lieferte - meist ohne ausreichendes Verständnis der ausländischen Consultants von den lokalen Zwängen und Gegebenheiten - scheinbar auch den Weg dorthin (147). Die Erkenntnis, daß damit der zweite Schritt vor dem ersten gemacht wurde, setzte eine ernüchternde Einsicht in die Grenzen des Machbaren voraus, die bis heute noch aussteht.

Nicht nur mangelnde Erfahrung, sondern auch wirtschaftliche und politische Interessen hinter dem Planugstransfer standen bisher in den Industrieländern und den Peripherieländern gegen diese Einsicht.

Zudem waren die Entwicklungsprobleme in Dar es Salaam so groß, daß der erste Schritt - ein überschaubares Set implementierbarer Projekte unter gegebenen Rahmenbedingungen - zu wenig zu sein schien.

Der Master Plan konnte jedoch nur praktisch relevant werden, wenn das "statement of willful intention" implementierbar gemacht würde. Für die Realisierbarkeit des Master Plan bestanden jedoch offensichtlich große Unterschiede zwischen den gesellschaftlichen Voraussetzungen in den genannten Ursprungsländern des Master Plan und Tansania:

1. Tansania entwickelte sich auch nach der formalen Unabhängigkeit auf der Grundlage einer weltmarktabhängigen Ökonomie. Mitte der 70er Jahre wurden zwischen 57% (1976/77) und 88% (1975/76) der Entwicklungsinvestitionen Dar es Salaams vom Ausland finanziert (148)! Unter diesen Bedingungen konnte nicht von einer stetigen, langfristig planbaren Stadtentwicklungsplanung, wie in den Industrieländern, ausgegangen werden.

2. Die Stadt Dar es Salaam hatte, wie oben dargestellt, über viele Jahre keine kommunale Autonomie, die es erlaubt hätte, innerhalb fest umrissener, finanzieller Möglichkeiten und Zuständigkeiten die Umsetzung des Master Plan zu betreiben.

3. Die Balance der Macht oder die nationale politische Kompetenzverteilung zwischen Exekutive und Legislative sowie zwischen Professionals, Politikern und Bürokratie konnte sich in den wenigen Jahren der Unabhängigkeit nicht so weit geklärt haben, daß ein so langfristig angelegter, indikativer Plan ausreichende Bindungswirkungen entfalten konnte. Dazu wären klar definierte Entscheidungs- und Kompetenzstrukturen notwendig, die in den Industrieländern in weit größerem Maße bestanden.

4. Sachkompetenz oder zumindest langjährige Erfahrung im Umgang mit Stadtplanung und den Problemen einer komplexen Großstadt konnten in Tansania bis heute noch nicht so weit gewachsen sein, wie in den Industrieländern.

5. Eine aus nationalen Bedürfnissen gewachsene und fortentwickelte Struktur der Rechtsgrundlagen städtischer Planung, der Bodenordnung und des Baurechts konnte es aufgrund der kolonialen Geschichte Tansanias nicht geben.

Um einige dieser Defizite eines jungen Entwicklungslandes auszugleichen, mußte Tansania auf ausländische finanzielle, technische und personelle Hilfe zurückgreifen, wenn das Ziel einer nach dem Master Plan langfristig und umfassend geplanten Stadt erreicht werden sollte.

Ein UN-Bericht meinte allerdings einen Wandel der "traditionellen Form des Master Plan", wie F.S. Chapin sie nannte, feststellen zu können, die auf eine restriktive Flächennutzungsplanung orientiert war. Es zeichne sich ein neuer auf gelenkte Entwicklung ausgerichteter, "more positive development plan" ab. Mit einem derartigen Trend der Stadtentwicklungsplanung würden in den Peripherieländern mit einem Zeitverzug von 10 Jahren Erfahrungen nur nachvollzogen werden, die in Amerika Ende der 50er Jahre aufkamen und in Großbritannien durch die Planning Advisory Group (1965) initiiert worden waren (149). Der neue Plantyp wurde in dem UN-Bericht wie folgt charakterisiert: "Such a plan emphasizes development action mainly directed at priorities of social and economic change, of selected capital investment in the physical infrastructure, of administrative and fiscal reorganization, of coordinated action by resources" (150).

In den tansanishen publizierten Einschätzungen zur Masterplanung hat diese Entwicklung zu einem "neuen" Master Plan noch keinen Niederschlag gefunden. Bislang wurde dort keine systematische Kritik an ihnen veröffentlicht. Aus verstreuten kritischen Anmerkungen werden jedoch folgende Hauptlinien der tansanischen Position gegenüber der Masterplanung deutlich:

1. Der Master Plan setzte, so Hayuma, einen langsamen und stetigen Wandel voraus. Dieser sei so in Tansania nicht gegeben. Vielmehr seien besonders in Dar es Salaam rasche Bevölkerungszuwächse zu verzeichnen, die eine Langzeitplanung viel weniger anwendbar machten. Der Master Plan sei gegenüber den sich verändernden Situationen in Dar es Salaam unflexibel gewesen.

2. Der Master Plan sei gegenüber der Stadtentwicklung weitgehend restriktiv geblieben. Eine aktive Förderung bestimmter Entwicklungen habe er nicht in Gang gesetzt. Kulabe meinte sogar, "Master Plans....have become in many cases a substitute for action" (151).

3. Der Master Plan sei in der Planungspraxis Dar es Salaams bislang immer ein isolierter Versuch gewesen, Stadtentwicklung durch die technische Lösung spezifischer, identifizierter Probleme lösen zu wollen, ohne die ökonomischen und sozialen Ursachen hierfür in ausreichendem Maß zu berücksictigen. Planung sei als technische Übung losgelöst von den politischen Rahmenbedingungen betrieben worden.

4. Die Consultants sähen ihre Arbeit mit der Abgabe des Master Plan als beendet an. Das Hauptproblem der Implementierung überließen sie den lokalen Behörden. Denen aber fehlten für diese Aufgabe die notwendigen Mittel. "Planners must not retreat into technical specialism but make the political questions of implementation their central preoccupation" (152).

5. Die Arbeit am Master Plan und das fertige Planwerk sei nicht Teil eines Entscheidungsprozesses gewesen, in den die tansanische Regierung einbezogen gewesen sei. Das zuständige Ministerium habe keine effektive Kontrolle über die Consultants ausgeübt (153).

Zusammenfassend kann festgestellt werden, daß der Master Plan zuerst in den Industrieländern zur Anwendung kam. Je nach den besonderen, historisch wechselnden, gesellschaftlichen Verhältnissen wurden seine Inhalte und Aufgaben angepaßt. Obwohl die Voraussetzungen in den Industrieländern für das anspruchsvolle Planungsinstrumentarium gegeben waren, war der Master Plan dort wenig erfolgreich.

Seit der Kolonialzeit findet der Master Plan auch in Afrika (und anderen Erdteilen) weite Verbreitung. Die gesellschaftlichen Voraussetzungen für diese Art der Stadtplanung waren nach der Unabhängigkeit in Tansania jedoch andere als im kolonialen Mutterland. Dennoch wird bis heute und für die absehbare Zukunft an der Masterplanung festgehalten (siehe Tab. I-6). Sie wird als notwendig und sinnvoll erachtet und nur vereinzelt kam in Tansania Kritik daran auf. Die fehlenden Planungsvoraussetzungen glaubt man durch internationale Hilfsprogramme und den Einsatz von Consultants kompensieren zu können.

Ein Ende der Masterplanung und der Erstellung dieser Pläne durch ausländische Consultings ist auch nach den Erfahrungen mit dem Master Plan 1979, die in dieser Studie reflektiert werden, nicht in Sicht. Die Überarbeitung des Master Plan 1979 durch ausländische Consultings wurde bereits 1981 wieder in die langfristige Haushaltsplanung der tansanischen Regierung für die Jahre 1980 bis 1990 aufgenommen (vgl. Tab. III-15). 122,7 mio. TShs. sind nach den Vorstellungen der tansanischen Regierung bis 1990 für Masterplanungen vorgesehen.

Das Thema dieser Studie bleibt über den Master Plan 1979 hinaus auch für die 80er Jahre zumindest in Tansania aktuell.

4. Experten und Consultants als Planer in Tansania

Aus den Darlegungen zum Master Plan wurde deutlich, daß er ein Planungsinstrument mit hohen Anforderungen ist, der ein beträchtliches Maß an gesellschaftlicher Entwicklung voraussetzt. Die Entscheidung für den Master Plan implizierte in Tansania, wie in den meisten afrikanischen Ländern, von vornherein die Abhängigkeit von ausländischen Consultants. Das zeigt bereits ein näherer Blick auf das Potential an ausgebildeten Fachleuten, auf das Tansania seit der Unabhängigkeit (1961) bis heute zurückgreifen konnte.

1962 standen für die Bewältigung der urbanen Probleme in Tansania keine ausgebildeten Administratoren und Fachleute zur Verfügung (siehe Tab. I-8). Die ersten mittleren und höheren afrikanischen Regierungsbeamten wurden erst 1955 in der Kolonialverwaltung eingestellt: ein Afrikaner im höheren und 47 im mittleren Verwaltungsdienst. 1961 war die Situation kaum anders: Alle 78 höheren Beamten waren Briten, ebenso die Staatssekretäre, Unterstaatssekretäre und Provinzkommissare. Von den 264 Beamten der mittleren Laufbahn waren 16 Tansanier, wohingegen die untere Beamtenebene vollständig mit 77 Afrikanern besetzt war. Nur 2.000 Afrikaner hatten 1960 einen dem Abitur vergleichbaren Abschluß, und von den wenigen tansanischen Universitätsabgängern war nur ein geringer Prozentsatz (16 % der Ingenieure) afrikanischer Herkunft; die Mehrheit stellten tansanische Inder (154).

Mitte der 60er Jahre, als die Arbeit am Master Plan 1968 begann, war die Afrikanisierung des gesamten Beamtenapparates zwar vorangeschritten, aber an graduierten Fachleuten bestand weiterhin großer Mangel. Die Nationalisierung der Administration fand vorwiegend in verwaltenden Tätigkeiten statt. Von den 57 Stellen für Ingenieure und Vermesser waren 17 vakant geblieben und nur 3 von Tansaniern besetzt (155). In dieser Ausgangslage wurde im 1. Nationalen Fünfjahresplan (1964 - 69) das Ziel gesteckt, bis 1980 den Bedarf an ausgebildeten Fachleuten allein mit nationalen Kräften zu decken - ein Ziel, das nicht erreicht wurde (156). Ca. 30 % der Positionen von Professionals und hohen Verwaltungsbeamten sind noch heute vakant. Die Ausbildung an Fachkräften hielt mit dem schneller steigenden Bedarf nicht Schritt.

Tabelle I-8

DAS POTENTIAL AN TANSANISCHEN FACHLEUTEN IM STADTPLANUNGSBEREICH - 1962			
FACHRICHTUNG	AFRIKANER	ASIATEN	EUROPÄER	GESAMT
ARCHITEKTEN GRAD.	0	2	9	11
BAUINGENIEURE GRAD.	1	22	61	84
VERMESSER	1	1	92	94

Quelle: G. Tobias, DSM 1963, op. cit. C. Pratt, Cambridge 1976, S. 93

Mitte der 70er Jahre, als die Vorbereitungen zum Master Plan 1979 anstanden, war der Bedarf an Architekten, Bauingenieuren und Stadtplanerr weiter gestiegen. Ein großer Teil der ersten Generation der tansanischen Fachleute arbeitete in hohen Verwaltungs- und Regierungsstellen, ohne jemals praktische, planerische Erfahrungen im Feld gesammelt zu haben. Das Potential an tatsächlich für die Praxis zur Verfügung stehenden Architekten und Planern war daher geringer als in Tab. I-9 ausgewiesen. Es wird deutlich, daß das Regierungsprogramm , für die Regionalhauptstädte Tansanias Masterpläne (oder zumindest deren weniger anspruchsvolles Substitut: "Interim Land Use Plans") zu erstellen, mit nationalen Fachkräften allein nicht zu verwirklichen war. Allein für die Erstellung der Pläne, ohne begleitenden Koordinations- und Durchführungsaufwand, war Tansania bereits auf internationale Planungshilfe angewiesen. Es wurde auf Jahre hinaus finanziell (157), personell und planungsmethodisch von den Industrieländern abhängig und vergab damit die Chance, die in der Suche nach angepaßteren Alternativen lag.

In Dar es Salaam arbeiten ausländische Consultants u.a. an sektoralen Planungen zur Abwasserbeseitigung, Elektrizitätsversorgung, zum Öffentlichen Transportwesen und Hafenausbau sowie dem übergreifenden Master Plan für die Stadt. Auf letzteren bezieht sich diese Arbeit. Der Dar es Salaam Master Plan 1968 wurde von Kanada finanziert und dessen Fortschreibung durch den Master Plan 1979 von Schweden. Für die Ausarbeitung beider Pläne wurden kanadische Consultings über ein Wettbewerbsverfahren für die Planung unter Vertrag genommen: 1968 die Firma Project Planning Associates Ltd. (PPA), 1977 die Consulting Marshall Macklin Monnaghan Ltd. (MMM). Aufgrund der schlechten Erfahrungen mit den Consulting-Planungen für Dar es Salaam wie für andere Städte Tansanias (158) ist es naheliegend, der These nachzugehen, daß bereits die Erstellung dieser Pläne durch ausländische Consultings negative Auswirkungen auf das Konzept der Masterplanung hatte.

Tabelle I-9

DAS POTENTIAL AN TANSANISCHEN STADTPLANUNGSFACHLEUTEN – 1975

QUALIFIKATION		TANSANIER	NICHT-TANSANIER	BESCHÄFTIGTE GESAMT	VAKANT
MIT HOCHSCHUL-BILDUNG	ARCHITEKTEN	17	26	43	23
	STADTPLANER	14	8	22	26
	BAUINGENIEURE	111	92	203	58
	LANDVERMESSER	99	0 (?)	99	87
GRADUIERT	BAUZEICHNER	10	2	12	34
	ING.-TECHNIKER	363	9	372	273
	VERMESSUNGSTECHN.	115	0	115	98
	STADTPLANER	70	0	0	?

Quelle: United Rep. of Tan., DSM 1979, Vol. III, Part 4, Appendix 1

Innerhalb des Systems des Mittel- und Personaltransfers von Industrie- auf Entwicklungsländer sind Consultants - jedenfalls nach westdeutschem Sprachgebrauch - zu unterscheiden von Experten, integrierten Experten und Entwicklungshelfern.

Als "Experten" gelten hierbei Personen, die aufgrund spezieller Fachkenntnisse und beruflicher Erfahrungen zur Erfüllung einzelner, zeitlich und sachlich klar definierter Aufgaben oder Projekte in Länder der Dritten Welt gesandt werden. Ihre Auftraggeber sind in aller Regel (staatliche oder nicht-staatliche) Entwicklungshilfeorganisationen der Industrieländer; ihnen vor allem - und nicht den Institutionen des Gastlandes - sind sie für ihre Tätigkeit Rechenschaft schuldig. Ihre Entsendeorganisationen sind nicht von Folgeaufträgen unmittelbar abhängig, da sie ständige vertraglich gesicherte Auftragnehmer der staatlichen Entwicklungshilfe sind oder - im Fall der Nicht-Regierungsorganisationen (NRO) - ihre eigene Finanzierung mitbringen. Das Einkommen der Experten ist, selbst an den Maßstäben des Herkunftslandes gemessen, meist sehr großzügig.

Das Konzept des "integrierten Experten" gibt es in der westdeutschen Entwicklungshilfe seit 1975. Ein integrierter Experte wird vom Gastland unter Vertrag genommen und arbeitet dort meist auf einer Planstelle. Er ist in mehrfacher Hinsicht besser in die dortige Situation eingepaßt als ein herkömmlicher Experte: Sein Gehalt und Lebensstandard sind weniger kraß vom Durchschnitt des Gastlandes abgehoben; er arbeitet mit dem dort üblichen Ausstattungsstandard und ist stärker in seine soziale Umgebung eingebunden. Seine Verantwortlichkeit ist mehr auf das Gastland bezogen als auf die Entsendeorganisation in der Heimat, die ihm lediglich die Einkommensdifferenz zwischen seiner bisherigen Tätigkeit und dem lokalen Gehalt ausgleicht ("topping-up").

"<u>Entwicklungshelfer</u>" arbeiten integriert im Gastland als Fachleute ohne Erwerbsabsicht. Früher wurden sie meist ohne berufliche Ausbildung und Erfahrung dort eingesetzt, wo Hilfe am nötigsten war. Inzwischen ist die Anforderung an ihre Qualifikation stark gestiegen. Sie arbeiten voll integriert und gering bezahlt.

"<u>Consultants</u>" sind Mitarbeiter privatwirtschaftlicher Beratungsfirmen (Consulting = Abk. aus dem engl. Consulting Engineers). Für die Auslandstätigkeit bringen diese Büros i.allg. große Erfahrung im Verfahrensumgang mit den besonderen Problemstellungen in Entwicklungsländern mit. Sie treten als privates Unternehmen meist direkt, manchmal auch im Unterauftrag staatlicher und multinationaler Entwicklungsorganisationen an die Gastländer heran.

Die strukturellen Vorteile der Consultant-Tätigkeit liegen primär in den Durchführungsbedingungen des Hilfe-Transfers. Das Antragsverfahren für Consultant-Projekte ist im Vergleich zur staatlichen "Zusammenarbeit" kürzer. Consultants treten unmittelbarer, persönlicher mit Regierungsstellen im Gastland in Kontakt (was auch gewichtige gesellschaftliche Nachteile hat). In der Projektdurchführung unterliegen sie weniger den bürokratischen Durchführungsbestimmungen der internationalen Entwicklungszusammenarbeit. Dieser organisatorische Vorteil kommt besonders dann zum Tragen, wenn die Consulting nur im staatlichen Auftrag des Nehmerlandes tätig wird (wie es z.B. beim Dar es Salaam Master Plan 1979 der Fall war). In diesem einseitigen Abhängigkeitsverhältnis wird ihre Arbeit freier vom Einfluß wirtschafts- und außenpolitischer Interessen der Industrieländer. Sie können flexibler auf die Wechsel der offiziellen Entwicklungspolitik und der Projektsituation vor Ort reagieren. Innerhalb des institutionellen Projektumfeldes im Gastland haben sie den Vorteil, nicht-integriert zu arbeiten. Aus dieser Position heraus ist es für sie sehr viel leichter, die verschiedenen sektoralen, am lokalen Entwicklungsprozeß beteiligten Institutionen von außen (meist von oben aus dem Zentralministerium) zu koordinieren als es eine z.B.

in ein City Council integrierte Institution könnte (159). Die relative Autonomie und der leistungsfähige "Back-Stopping-Service" ihres Büros zu Hause geben den Consultants wichtige Vorteile in ihrer Arbeit.

Diesen mehr im organisatorischen Bereich liegenden Vorteilen des Technologietransfers durch Consulting-Unternehmen stehen negative Merkmale gegenüber, die ebenfalls strukturell bedingt sind und durch persönliches Engagement der Consultants nur relativiert werden können: Consultings arbeiten unter privatwirtschaftlichen Bedingungen. Wegen ihrer hohen Betriebskosten, speziell der Personalkosten, sind sie auf die effektive Abwicklung des Projektes besonders angewiesen. Das erfordert den spezialisierten und betriebswirtschaftlich kalkulierten Kurzzeiteinsatz ihrer Fachleute vor Ort. Gewisse Abstufungen sind hier zu machen zwischen den relativ kleinen deutschen Consultings und den großen Beratungsunternehmen in den USA und Kanada, die eine ungleich höhere Arbeitsteilung innerhalb eines Projektes erreicht haben. Diese Firmen haben bis zu 1.000 Mitarbeiter und eigene spezialisierte Fachabteilungen bis hin zu Graphik- und Lay-Out-Abteilungen (160). Die Consultants dieser Büros müssen oft mit minimalen Vor-Ort-Kenntnissen in wenigen Wochen spezialisierte Teilaufgaben innerhalb eines für sie fremden, komplexen Projektumfeldes lösen. Hier liegt ein wesentlicher Unterschied zu Experten, die ein Projekt über einen längeren Zeitraum betreuen. Das Consulting-Management muß bestrebt sein, so viele Arbeitsschritte wie möglich in das Heimatbüro zu verlagern (161).

Diese aus der privatwirtschaftlichen Organisationsstruktur der Consultings entspringenden Zwänge fördern einen unterbundenen Technologietransfer. Dabei werden Leistungen im Gastland erbracht, ohne dabei auch Fähigkeiten und Einsichten in Zusammenhänge mitzuliefern. Der Technologietransfer wird durch seine Organisationsform und die Bedürfnisse des Industrielandes geprägt. Hier liegt eine Ursache für die Tendenz innerhalb des Stadtplanungtransfers, den Planungsvorgang von der Durchführungsorientierung abzukoppeln. Das fertige, möglichst beeindruckende Plandokument wird zu einem Ziel für sich.
Zwei weitere strukturelle Gründe sprechen für diese Tendenz der Consulting-Planung zum "Dokumentismus" innerhalb des Stadtplanungstransfers:

- Consultants stehen unter Akquisitionszwang. Professionell dargestellte Pläne sind für sie überlebenswichtig zur Bewerbung um künftige Aufträge (162).
- Consultants müssen sich nicht primär gegenüber dem Gastland, sondern ihrer eigenen Firma legitimieren. Die Firma ist in der Regel der Zentral- oder Regionalregierung verantwortlich und nicht der Lokalbehörde. Entsprechend ihrer nicht-integrierten Tätigkeit und ihrer Verantwortlichkeit gegenüber hohen Regierungsstellen stehen sie nicht unter unmittelbarem Problemdruck und dem Zwang zur Implementierbarkeit ihrer Planung. Das fördert die Tendenz, den teuren Personaleinsatz auf den schlüssigen, fertigen Plan zu orientieren.

Consultants konkurrieren in bezug auf ihre inhaltlichen Leistungen und ihre Projektabwicklung mit anderen international tätigen Konkurrenzunternehmen. Ihre Leistungen müssen primär marktwirtschaftlich orientiert sein. Dadurch sind Konflikte zwischen dem Unternehmenskalkül und dem entwicklungspolitisch als eigentlich richtig erkannten Projektansatz zumindest angelegt. Das Unternehmenskalkül legt einen kalkulierbaren, sektoralen Projektansatz nahe. Für sektorübergreifende Programme hingegen ist der Mann/Monat-Einsatz kaum noch zu kalkulieren. Drohen die Personalkosten zu hoch zu werden, müssen projektbegleitende Leistungen eingeschränkt werden, wie z.B. das arbeitsintensive Counterpart-Training, die Stärkung der administrativen Strukturen im Gastland oder eine u.U. zeitaufwendige Überzeugungsarbeit gegen vorherrschende politische und fachliche Anschauungen.

Die ganz unterschiedlichen Vertrags- und Arbeitsbedingungen zwischen Consultants und den anderen Organisationsformen des Hilfe-Transfers prägen strukturell die Inhalte des Transfers, das professionelle Selbstverständnis, die Motivation und das entwicklungspolitische Engagement, das in die Projekte einfließt. Planung durch internationale Consultants fördert in methodischer und inhaltlicher Hinsicht eine bestimmte Art von Technologietransfer, den unterbundenen Technologietransfer.

Eine Studie von Mushi zeigte, daß dieser Zusammenhang für die Auswahl und das Design der internationalen Projekte durch die zuständigen tansanischen Behörden nachrangig war gegenüber unmittelbar drängenden Kriterien wie Kreditbedingungen oder der Frage, welche politischen Bindungen mit der "Hilfe" verbunden sind und ob auch lokale Kosten übernommen werden. "There was much less emphasis on the question of technology and the potential of aid to contribute to the transformation of the economy. It also appeared that the chance of a project being included in the plan depended largely on whether it could be sold to a donor" (163).

Aus der Sicht des Geber- und des Nehmerlandes sprachen die organisatorischen Gesichtspunkte der Projektabwicklung, so Mushi, eher für die Beauftragung ausländischer Consultant-Firmen und einen überschaubaren Projektansatz. Diese Art des Technologietransfers werde durch ein falsches Verständnis der tansanischen Entscheidungsträger gefördert, das von der Annahme ausgehe, daß technische Lösungen für die Implementierung aller politischen Entscheidungen taugen, bzw. daß politische Ziele und die Wahl der Technologien zwei Paar Schuhe seien (164).

Das fortgesetzte Engagement internationaler Consultants im Planungsbereich hat vier wesentliche Gründe:
1. Oben erwähnte organisatorische Vorteile erleichtern die Abwicklung der Projekte.
2. Durch einen gestiegenen Planungsanspruch in Tansania stieg die Abhängigkeit von ausländischer Hilfe. Besonders die Erweiterung des tansanischen Planungsfeldes zu einer integrierten Raumordnungsplanung hin hat nach 1969 hierzu beigetragen.
3. Consultant - Planungen bilden oft den obligatorischen Referenzrahmen für weitere Entwicklungsprojekte in diesem Bereich. Sie legitimieren die Programme der Regierung nach außen gegenüber internationalen Geberländern.
4. Durch die Delegierung von u.U. politisch heiklen Planungsaufgaben an Consultants wird Konfliktstoff aus der staatlichen Administration ausgelagert. Sie erleichtert eine innenpolitische Legitimation der Regierung und ersetzt zugleich Verwaltungsdefizite.

Über die positiven und negativen Erfahrungen mit der Consultant-Tätigkeit in Tansania allgemein liegen disparate Aussagen verschiedener Autoren vor (165). Eine erste Ebene der Kritik bezieht sich grundsätzlich auf den Sinn und Wert des Technologietansfers über Consultants. Sie beruht meist auf der Analyse einzelner Projekte, wie bei Hayuma, Coulson, Doherty oder Tschannerl, die ganz verschiedene Fachrichtunger vertreten. Offizielle und generelle Äußerungen von Institutionen mit einschlägigem Überblick, wie ein Bericht zur tansanischen Landesentwicklungsstrategie 1980 von USAID, sind seltener: "The infusion of technical expert assistance frequently creates more problems than it solves" (166).

Auf dieser Ebene der Kritik werden unterschiedliche Aspekte hervorgehoben, die weder Consultant-spezifisch noch durch deren Tätigkeit strukturell begründet sind:
- Der entwicklungspolitische Ansatz der Technischen Zusammenarbeit, der die Probleme vor Ort oft nur vordergründig oder gar nicht löst. Projekte werden bestenfalls für die Betroffenen gemacht, aber nicht durch sie und mit ihnen.
- Die technologische Abhängigkeit, die durch das punktuelle Engagement von Consultants im isolierten Projektansatz eher vertieft wird (167).
- Die fachlichen Inhalte der Projekte und Programme, die nicht implementierbar oder zu wenig praxisbezogen sind, also unangepaßte Konzepte darstellen.
- Die finanziellen Verpflichtungen, die das Nehmerland eingeht.
- Die schlechte institutionelle Einbindung der Projekte in die Verwaltungsstrukturen und Finanzplanungen vor Ort.
- Die kognitive Fixierung der lokalen Fachleute auf die Technologie der Industrieländer. Dies führe zu einer Erosion lokaler Initiativen und des Selbstvertrauens.
- Die kulturelle Prägung der Erwartungshaltungen und des Anspruchsniveaus der Eliten durch den Lebensstandard ausländischer Fachleute.
- Verkürzungen des Projektansatzes aufgrund der begrenzten Kenntnislage vor Ort. Consultants werden nur das zum Gegenstand des Projektes machen, was sie während ihres Kurzzeiteinsatzes und aufgrund der Datenlage überhaupt erst als Problem erkennen.

Eine zweite, wesentliche Ebene der Kritik wird - nicht überraschend für ein Land mit sozialistischen Aspirationen - am Ideologietransfer festgemacht: "The consultant is not a mere technocrat; he is an agent of social change who cannot fulfill his mission unless he has an emotional commitment to, not just an intellectual appreciation of the aims of society for which and in which he works. Without such a commitment, a foreign consultant or adviser in present-day Tanzania is not only useless - he is dangerous" (168). In der Tat sind im unterbundenen Technologietransfer die oft latent bleibenden Leitbilder aus den Industrieländern hinter den Plänen und Planungsmethoden das, was hängen bleibt. Mehr als einzelne Planelemente prägen sie die Einstellungen und das künftige Handeln.

Aufgrund einer Umfrage unter fünf deutschen Consultingfirmen resümierte R. Dietrich: "Was die fachplanerischen Methoden anbelangt, so ist bei uns der Eindruck entstanden, daß im wesentlichen auch andernorts angewandt wird, was für die Planungstätigkeit in hochindustrialisierten Gegenden entwickelt wurde. Und es scheint zu funktionieren, was immer man darunter verstehen mag" (169).

Auch die Übertragung westlicher Leitbilder ist sicher nicht exklusiv für Consultant-Projekte typisch. Sie gilt mehr oder weniger für die gesamte Technische Zusammenarbeit. Aber ein Ideologietransfer ohne echten Technologietransfer - die Vorspiegelung einer nur scheinbaren Leistungsfähigkeit westlicher Stadtplanungsmethoden und speziell der Beherrschbarkeit der Stadtentwicklungsprobleme durch den Master Plan, ohne den Zwang zu dessen Implementierung - ist umso eher möglich, je mehr die "Hilfe" von außerhalb der Bedingtheiten vor Ort kommt, wie eben bei der Arbeit der Consultants. Sie stellt sicher die am wenigsten integrierte Form des Hilfe-Transfers dar und bleibt daher am stärksten auf ihr eigenes, zweifellos meist hohes, technisches und wissenschaftliches "know-how" fixiert.

In Veröffentlichungen von Consultants über ihre Arbeitsprobleme werden immer wieder die gegensätzlichen Anforderungen betont, vor die sie sich durch ihre Auftraggeber gestellt fühlen: den Wissenschaftsanspruch auf der einen Seite und die Forderung nach Praxisbezug auf der anderen (170). Den Anspruch auf "Arbeiten nach dem Stande der heutigen Wissenschaft" und die Forderung nach "raschem Durchstoßen zur Projektebene" vermeinen die Consultants von den Trägerorganisationen zu spüren. Unklar bleibt in den Veröffentlichungen bei dieser begrifflichen Gegenüberstellung, was mit Wissenschaftlichkeit gemeint ist.

In der vorliegenden Arbeit wird die These vertreten, daß nicht die Wissenschaftlichkeit dem Praxisbezug im Wege steht, sondern vielmehr gerade eine wissenschaftlich und entwicklungstheoretisch unzureichend ausgewiesene Stadtplanungsmethodik innerhalb des spezifischen Planungstransfers über Consultants den Praxisbezug eigentlich verhindert. Die Masterplanung durch Consultants ist hierfür ein case in point.

II. Die Stadtplanungspolitik Tansanias im Spannungsfeld zwischen politischer Programmatik und gesellschaftlichem Wandel

1. Die Fragestellung des Kapitels

Der "Ujamaa-Sozialismus" ist seit 1967 das offizielle entwicklungspolitische Leitziel im unabhängigen Tansania (1).In diesem Jahr verkündete Nyerere die "Erklärung von Arusha" (2), die bis heute Grundlage dieser Politik ist. Diese Erklärung war der Versuch, nach Jahrzehnten der Entfremdung und Unterdrückung durch die Kolonialmächte eine eigenständige Entwicklung zu begründen. Angesichts der Erfahrung der über mehrere Generationen aufrecht erhaltenen ökonomischen, politischen und kulturellen Fremdbestimmung war es nur logisch, daß die kritische Intelligenz des Landes sich mit einer in ihrem Verständnis afrikanischen Version des Sozialismus von der europäischen Dominanz absetzen wollte. Durch Rückgriffe auf traditionale Werte der Bantu-Gesellschaft (3) versuchte sie, diesem Sozialismus ein Fundament zu geben. Zu einem tatsächlichen Fundament konnte sie aber nur werden, indem diese Werte des Gemeinsinns im Volk ihre lebendige Kraft bewiesen. Um die Inhalte des Manifestes zu bestätigen, mußte die Entwicklung daher "von unten" kommen. Auch die wirtschaftliche Armut des Landes zwang zu einem Entwicklungskonzept, das sich primär auf die Arbeitskraft der Bevölkerung statt auf Investitionskapital stützte.

Die Erklärung von Arusha bekommt im Zusammenhang mit der Stadtplanungspolitik dadurch aktuelle Bedeutung, daß der Transfer der Stadtplanung aus den Industrieländern nach Tansania nach der Unabhängigkeit fortgesetzt wurde und damit vom Ansatz her eine Planung "von oben" weiter Bedeutung behielt, in der der Staat, seine Planungsverwaltung und formale Pläne Träger der Entwicklung waren. Wurde damit nicht die Bevölkerung entgegen der Absicht der Erklärung von Arusha wieder zum Objekt staatlicher Stadtplanungspolitik? Mit dem Staat als Kolonialstaat aber hatte die Bevölkerung schlechte Erfahrungen gemacht und mit seinem Verwaltungsapparat mit abstrakten Verwaltungsregeln konnte sie keine Identifikation verbinden. Für die Beurteilung des Stadtplanungstransfers ist es daher auch interessant, ob die "Erklärung" sich auf solche möglichen Widersprüche in der sektoralen Politik einließ, sodaß selbst von diesem Grundsatzmanifest her eine Kritik am Planungstransfer begründet werden kann.

Ein weiterer Aspekt in der Betrachtung des Planungstransfers gewinnt dadurch an Interesse, daß Stadtplanung auf keinen Fall auf eine bloße Technik verkürzt werden darf, die gegenüber wechselnden gesellschaftlichen Herrschaftsverhältnissen neutral ist. Vielmehr ändern sich mit bestimmten Planungskonzepten die Formen der Planungsverwaltung, die Rollen- und Machtverteilung zwischen Fachleuten, Betroffenen und Politikern sowie die politische Kultur des Umgangs in der Gesellschaft. Wo in vorkolonialer Zeit Glaube und allgemein anerkannte sittliche Normen die Siedlungsgemeinschaften regelten, setzten sich mit dem Entstehen des Kolonialstaates kalkulierende Interessen hinter abstrakten Ordnungen und Gesetzen durch (4). Masterplanung als eine bestimmte Form der Stadtplanung förderte in kolonialer und nachkolonialer Zeit spezifische Interessen und nicht ein abstraktes Gemeinwohl. Es wird zu zeigen sein, wie sie welchen Interessen diente. Es wäre zu kurz gegriffen, diese Indienstnahme als unmittelbare Instrumentalisierung darzustellen. Vielmehr verdrängten Marktgesetze, Katasterwesen, Zonierungsbestimmungen, Antragsverfahren und andere Begleiterscheinungen der "modernen" Stadtplanung alte Ordnungsinstrumente für die Regelung gesellschaftlicher Interessenunterschiede. Max Weber beschrieb diese "Entzauberung der Welt" als "Ersatz der inneren Einfügung in eingelebte Sitte durch planmäßige Anpassung an Interessenlagen"(5). Dieser gesellschaftliche Wandel durch den Stadtplanungstransfer soll im dritten Unterkapitel geklärt werden, um dann im vierten das dadurch stabilisierte Interessenfeld zu sondieren.

2. Die Bedeutung der Politik des Ujamaa-Sozialismus für die Stadtentwicklungsplanung in Dar es Salaam

1962 - ein Jahr nach der Unabhängigkeit Tansanias - hat Nyerere zum ersten Mal die Philosophie des Ujamaa-Sozialismus zusammenhängend dargestellt. G. Grohs beschrieb in der Einleitung der deutschen Übersetzung von "Ujamaa - Grundlage des afrikanischen Sozialismus" Nyereres frühes Konzept folgendermaßen:
"Der Grundgedanke dieser Rede besteht darin, daß im traditionellen Afrika in der Familienorganisation "Großfamilie", zu der Eltern, Kinder, Großeltern, Enkel und die Geschwister der Eltern und Großeltern gehören, bereits die Idee des Sozialismus enthalten war: "Ujamaa, then, or familyhood describes our socialism." Das Swahiliwort jamaa bedeutet Familie und setzt gleichzeitig die Gleichheit seiner Mitglieder voraus, denn jamaa bedeutet auch "Leute gleicher Art"" (6). Auf der Grundlage der traditionalen Lebensgemeinschaften wollte Nyerere die junge, unabhängige Nation entwickeln. Begriffe wie "Brüderlichkeit" und "Gemeinsamkeit" bekamen zentrale, oft geradezu beschwörende Bedeutung. Sozialismus wurde als eine Einstellung beschrieben:"Sozialismus ist wie Demokratie - eine Geisteshaltung" (7).

1967 verkündete Nyerere in der tansanischen Stadt Arusha die "Erklärung von Arusha". Sie ist bis heute das Grundsatzdokument der offiziellen tansanischen Politik (8). Diese zweite Konzeption des Ujamaa-Sozialismus stellte eine Weiterentwicklung der Gedanken von 1962 dar. Die "Erklärung von Arusha" benannte die Widersprüche und Konflikte der nachkolonialen Gesellschaft deutlicher. Es wurden "aktive Staatsinterventionen" in die nun nicht mehr - wie 1962 - in traditionaler Gemeinschaftlichkeit befriedete Gesellschaft gefordert, um Ausbeutung und Diskriminierung in der Gesellschaft zu beseitigen:
"That is the responsibility of the state to intervene actively in the economic life of the nation so as to ensure the wellbeing of all citizens, and so as to prevent the exploitation of one person by another or one group by another, and so as to prevent the accumulation of wealth to an extent which is inconsistent with the existence of a classless society" (9).

Nyerere selbst bezeichnete die "Erklärung von Arusha" als eine "declaration of intent; no more than that" (10). Er beanspruchte nicht, eine Gesellschaftstheorie des postkolonialen Tansania entworfen zu haben. Es ist wichtig, diesen Anspruch des Ujamaa-Konzeptes festzuhalten, damit nicht zu hohe Erwartungen oder zu konkrete Handlungsanweisungen erwartet werden. Es bestand allerdings der Anspruch, sektorale Planung, wie z.B. die Stadtentwicklungsplanung, als politischen Prozeß zu entwerfen, der an programmatischen Zielsetzungen orientiert ist. Ich werde auf diesen Anspruch daher zunächst eingehen, bevor ich zu einzelnen stadtplanungsbezogenen Aussagen des Ujamaa-Sozialismus-Konzeptes komme.

Seit der "Erklärung von Arusha" sind die politischen Aussagen dieser auch international weit beachteten Rede offizielle Referenzgrundlage für Politik und Planung. Jedes Projekt, jede Maßnahme bezieht sich - zumindest rhetorisch - auf die "Erklärung von Arusha". So auch der Master Plan 1979 für Dar es Salaam, der eingangs unter der Überschrift "Objectives and Organization" diesen Zusammenhang zwischen der vorliegenden Stadtentwicklungsplanung und der "Erklärung von Arusha" herstellte:
"The development of this plan has taken place within the text of current government policy in Tanzania, as expressed in the principles of the Arusha Declaration" (11).

Nimmt man diesen Anspruch ernst - was später noch anhand des Master Plan zu untersuchen sein wird - wird Stadtplanung als politische Planung verstanden. "Politische Planung" ist durch drei Merkmale gekennzeichnet:
1. Sie versucht neue gesellschaftliche Ziele in die politische Praxis einzuführen.
2. Sie organisiert institutionelle Neuerungen und Handlungsprogramme unter der Leitlinie allgemeiner Wertvorstellungen.
3. Die Programmorientierung hat Vorrang vor einzelnen, sektoralen Gesichtspunkten bei der Allokation der Mittel (12).

Bevor die wesentlichen Merkmale des Ujamaa-Sozialismus kritisch dargestellt werden, ist es sinnvoll auf der Grundlage der bisherigen Ausführungen die Fragestellung zuzuspitzen, um nicht den zahlreichen Kritiken des Ujamaa-Sozialismus eine weitere hinzuzufügen (13). Die Klärung der planungsrelevanten Aussagen der "Erklärung von Arusha" ist notwendig für die Auseinandersetzung mit dem Master Plan 1979. War das Manifest ausreichend bestimmt, um für die Ebene der sektoralen Planung im Sinne einer politischen Planung bedeutsam sein zu können? Oder war die "Erklärung von Arusha" ein leicht mißbrauchbares, legitimatorisches Mäntelchen für eine im Kern technokratische, modernisierungsorientierte Stadtplanung der kanadischen Master Plan-Consultants (14)?

Die Erklärung ist geprägt durch den Willen, mit eigener Anstrengung und Kraft aus dem Zustand innerer Armut und externer Abhängigkeit herauszukommen. Dieses Ziel der "self reliance" wird zum Zentralbegriff des tansanischen Ujamaa-Sozialismus und konkrete entwicklungspolitische Vorstellungen auf diesem Weg hat J. Nyerere in eindrücklichen Bildern zu einem nationalen Programm zusammengefaßt:

- Traditionale Grundsätze der Vergesellschaftung, die begrenzt innerhalb der "jamaa" (Kiswahili: Großfamilie) Geltung hatten, sollten auch stammesübergreifend für die Gesamtgesellschaft Gültigkeit haben. Diese Grundsätze sind gegenseitige Achtung, der allgemeine Besitz an Grund und Boden, von dem jedem so viel zusteht, wie er selbst auch tatsächlich bearbeiten kann sowie die Verpflichtung aller sowohl grundsätzlich zur Arbeit als auch dazu, die Erträge der eigenen Arbeit mit der Gemeinschaft zu teilen.
- Die Gleichheit der Bürger und der Ausgleich der Lebenschancen in den nationalen Teilräumen.
- Durch eigene nationale Anstrengungen sollte die Abhänigkeit von ausländischem Geld und Kapital abgebaut werden. Das Land sollte sich aus eigener Kraft entwickeln. "Vertrauen auf die eigene Kraft" oder "self reliance" sei der geeignete Weg heraus aus der Entwicklung in Abhängigkeit.
- Die Entfaltung der nationalen Produktivkräfte sollte mit der Entwicklung der Landwirtschaft beginnen. Durch die Kooperation von geplanten ruralen Zentren sollte eine ländliche Industrialisierung in der Form binnenmarktorientierter Kleinindustrien ermöglicht werden. Das Ziel waren sich selbst versorgende, ländliche Wirtschaftsgemeinschaften.
- Mit der Nationalisierung der Industrien zwei Wochen nach der Erklärung von Arusha wurden die wesentlichen Produktivkräfte unter die Verantwortung staatlicher und parastaatliche Organe gestellt.

- Die Masse der Bevölkerung sollte an den gesellschaftlichen Entscheidungen beteiligt werden (15).

Auf der Grundlage dieser politischen Leitvorstellungen des Ujamaa-Sozialismus entwickelte Nyerere die Bedeutung und Funktion der Stadt innerhalb der tansanischen Gesellschaft. Bislang, so Nyerere, lag der Schwerpunkt der Entwicklung in den städtischen Gebieten. Für die Stadt bedeutete dies, daß die meisten Investitionen in die städtischen Räume flossen, in die städtische Infrastruktur, dort wo die Industrien liegen sollten. Die umfangreichen, ausländischen Kredite hätten jedoch mit den Exporterlösen der Landwirtschaft bezahlt werden müssen. Diesen Zusammenhang bezeichnete Nyerere als ein Stadt-Land-Ausbeutungsverhältnis, das auf Jahrzehnte keine Verbesserung für die Lebenssituation der Bevölkerung auf dem Lande gebracht habe. In der "Erklärung von Arusha" hieß es hierzu:
"It means that the people who benefit directly from development which is brought about by borrowed money are not the ones who will repay the loans. The largest proportion of the loans will be spent in, or for, the urban areas, but the largest proportion of the repayment will be made through the efforts of the farmers" (16).

Aus dieser Analyse wurden dann jedoch keine Sanktionen gegen die Stadt oder Forderungen nach einer arbeitsintensiven Stadtentwicklungspolitik abgeleitet, sondern lediglich die dargestellten, generellen Schlußfolgerungen gezogen. Das entsprach dem Anspruch der "declaration of intent" und auch der auf Harmonisierung ausgerichteten tansanischen Kultur.

Auch der für die Stadtentwicklungsplanung zentrale Konflikt zwischen ökonomischer Wachstumsorientierung und dem sozialpolitischen Ziel der Egalität wurde in den Reden Nyereres nur allgemein angesprochen: "It (die "Erklärung von Arusha", d.V.) is a commitment to the belief that there are more important things in life than the amassing of riches, and that if the pursuit of wealth clashes with things like human dignity and social equality, then the latter will be given priority" (17).
Auf der Grundlage dieser Absichtserklärung wurde dann im 2. Fünfjahresplan eine sehr restriktive Mittelzuteilung für die Städte Tansanias ins Auge gefaßt. Nur insgesamt 10 % des Entwicklungshaushaltes sollten für die Städte ausgegeben werden. Eine in dieser Weise auf den Abbau regio-

naler Disparitäten ausgerichtete Mittelverteilung hätte grundlegende Neuorientierungen für die Stadtentwicklungsplanung erfordert. Die Umsetzung dieser Politik in den 70er Jahren wird in Kap. V noch untersucht werden.

Die generellen Perspektiven, die das Ujamaa-Konzept zur Lösung des Stadt-Land-Ausbeutungsverhältnisses anbot, waren aus der geschichtlichen Erfahrung des Agrarlandes abgeleitet und blendeten daher den damals noch relativ unbedeutenden, "modernen" Gesellschaftsbereich, die Stadt, weitgehend aus. Als Nyerere 1967 das Ujamaa-Konzept entwarf, gab es die Stadtentwicklungsprobleme Dar es Salaams in den heutigen Ausmassen noch nicht. Zu dieser Zeit wurden ungefähr 40% des BIP im agrarischen Sektor erwirtschaftet und weniger als 10 % im industriellen Sektor. Ca. 96 % der Bevölkerung arbeiteten in der Landwirtschaft (18). Dar es Salaam war allerdings schon 1967 mehr als viermal so groß wie die nächstgrößere Stadt.

In dieser Problemlage der 60er Jahre und vor dem Erfahrungshintergrund der ländlich geprägten Tradition in Tansania entwarf die "Erklärung von Arusha" eine agrarsozialistische Entwicklungsstrategie. G. Hyden hat darauf hingewiesen, daß ..."the challenges of ujamaa were essentially confined to the peasant mode of production" (19). Städte und ihre Probleme des rapiden Stadtwachstums wurden in der Ujamaa-Programmatik nur bezogen auf das Land unter dem Gesichtspunkt des sozialen Ausgleichs zwischen Stadt und Land aufgegriffen.

In der Stadt vollziehen sich jedoch zuerst die gesellschaftlichen Veränderungen von der traditionalen Agrargesellschaft zur über den Markt vermittelten, "modernen" Gesellschaft; vom Arbeiten und Leben in der Gemeinschaft zu Lohnarbeit und Individualisierung; von der traditionalen Herrschaft zur rationalen Verwaltung; von unmittelbaren zu gesellschaftlich vermittelten Formen der Produktion und Reproduktion. Angesichts dieses urbanen gesellschaftlichen Wandels reichte die auf die agrarische Gesellschaft abzielende Ujamaa-Konzeption nicht mehr aus. Immer wichtiger werdende Fragen gegenüber der Urbanisierungsproblematik bleiben heute offen:
1. Sollten Städte (als Agglomerationen mit relativ hoher Verdichtung ohne landwirtschaftliche Produktion) überhaupt um jeden Preis weiterent-

wickelt oder nicht-funktionsfähige Städte infolge gezielter Umverteilungen der staatlichen Investitionen bewußt in Kauf genommen werden? Oder sollte versucht werden, die bisherige Form ihrer Entwicklung gar abzubrechen durch eine ländliche Industrialisierungsstrategie oder eine "Ujamaaisierung" der Städte, d.h. die Auflösung der verdichteten Stadtgebiete durch in die Fläche expandierende, agro-industrielle Strukturen?

2. Falls die Städte als günstige Standorte für Industrien weiterentwikkelt werden sollten, wo sollten dann die Ressourcen herkommen, für welche Infrastrukturmaßnahmen, auf welchem Niveau? Auf einem Niveau vergleichbar den ländlichen Räumen, um regionale Entwicklungsdisparitäten abzubauen? Bedeutet das nicht: neue Baustandards, neue Stadtplanungskonzepte und die staatlich geförderte Entfaltung der Basisproduktivkräfte der Stadtbevölkerung, wie sie von Nyerere als Schlüssel zur Entwicklung der ländlichen Gebiete in self-reliance gefordert worden war?

3. Welche Inhalte und Strategien der Stadtentwicklungsplanung wären notwendig, um Städte self-reliant zu machen und sie ohne metropolitane Vorbilder und Technologien zu entwickeln? Wer innerhalb der städtischen nationalen Staatsklasse konnte bei gegebenem Stand der Produktivkräfte Träger dieser Ideen und Pläne sein? Welche Fachleute sollten planen? An welchen Leitbildern sollten sie sich orientieren?

Die "Erklärung von Arusha" stellte konkreten Widersprüchen in Tansania allgemeine, moralisch begründete Entwicklungsprinzipien gegenüber. Das war aus der Sicht Nyereres logisch und ausreichend, da er die Widersprüche nicht als antagonistisch, als Ausdruck widersprechender Klasseninteressen sah. Anhand der regionalen Umverteilungspolitik wird dargestellt werden, wie die Staatsklasse sich aus ihren Interessen heraus in den folgenden Jahren zu dem von Nyerere beschriebenen Land-Stadt-Ausbeutungsverhältnis praktisch verhielt. Die "Erklärung von Arusha" ließ ihr jedenfalls für die Gestaltung der praktischen Politik weite Interpretationsmöglichkeiten.

In einigen Aspekten hat Nyerere in den 15 Jahren nach Arusha die Programmatik des Ujamaa-Sozialismus verdeutlicht oder revidiert. Die internen Widersprüche der nationalen Entwicklung wurden in neuerer Zeit deutlicher herausgestellt. In seiner Rede auf der FAO-Konferenz in Rom,

1979, forderte Nyerere eine ausgearbeitete "Wachstumsstrategie", um den bisherigen "Fluß des Reichtums, der von den ländlichen Gebieten in die Städte floß, umzuleiten". Er sagte dort weiter: "Man kann nicht ländliche Entwicklung als eine Ergänzung haben, als Zusatz zu den anderen Regierungsmaßnahmen...ländliche Entwicklung muß die Beschreibung einer ganzen Wachstumsstrategie sein - ein Ansatz zur Entwicklung, und das Prisma, wodurch die ganze Politik beurteilt wird und Prioritäten gegeben werden..." (20).

Die Rede blieb jedoch ohne konkreten Bezug auf Tansania; es wurde hier wie in anderen Reden nicht deutlich, welche restriktive, in die Interessen der Staatsklasse und der städtischen Privilegierten einschneidende Stadtentwicklungspolitik daraus zu folgen habe. Restriktionen der urbanen Entwicklung hätten zumindest in Betracht gezogen und kritisch bewertet werden müssen.

Zu einer wesentlichen Überarbeitung der Ujamaa-Programmatik ist es auch nach der Präsidentschaft Nyereres bis heute nicht gekommen. Es fehlt ein ökonomisch ausgewiesenes, nationales Akkumulationsmodell, das die Stadt und das Land unter den produktiven Möglichkeiten der Nation im Zusammenhang entwirft. Das Modell müßte die Entwicklung des Peripherielandes Tansania unter Bedingungen ökonomischer Abhängigkeit von den Industrieländern und dem Weltmarkt diskutieren und den Zielkonflikt des ökonomischen Wachstumspostulates gegenüber dem politischen Ziel des Abbaus regionaler Disparitäten austragen (21). Die Klärung des gesellschaftlichen Interessenfeldes, in dem das Modell stünde, wäre von grundlegender Wichtigkeit zur Einschätzung seiner Realisierungschancen.

Die Kompromißlosigkeit des self-reliance Postulats in der "Erklärung von Arusha" ist mitlerweile durch die ökonomischen Zwänge einer weltmarktintegrierten Ökonomie und die hohe Abhängigkeit von internationalen Entwicklungsinvestitionen aufgelöst worden. Heute ist das Ziel der self-reliance in der Praxis nur noch eine konzessive Absichtserklärung. Die Höhe der Auslandsfinanzierung des nationalen Entwicklungsplanes liegt in der Höhe von 60 %. Entwicklungsprojekte in Dar es Salaam wurden Ende der 70er Jahre nach Angaben des Dar es Salaam Master Plan 1979 zu 76 % vom Ausland finanziert (22). Große Projekte sind in diesem Ressourcentransfer leichter zu verwalten als die differenzierte Unterstützung von Basisinitiativen vor Ort.

Zusammenfassend ist festzustellen, daß die "Erklärung von Arusha" drei allgemeine Orientierungspunkte für die Stadtentwicklungsplanung in Dar es Salaam vorgab:
1. Planung und Implementierung sollten soweit möglich mit eigenen, nationalen Kräften betrieben werden: Self-reliance.
2. Die Entwicklungsinvestitionen in die Stadt Dar es Salaam sollten sehr begrenzt bleiben, um einen Ausgleich der Lebenschancen in den nationalen Teilräumen herbeizuführen: Egalität.
3. Die Betroffenen sollten und mußten aktiv in den materiellen Entwicklungspozeß einbezogen sein, weil sie die wichtigste Ressource des armen Landes darstellten: Partizipation.

Den Weg zu diesen Stadtentwicklungszielen gab die "Erklärung von Arusha" nicht an. Das war auch nicht ihr Anspruch. Welche gesellschaftliche Gruppe aber sollte den neuen Weg der Planungspolitik bestimmen? Dies nicht im Widerstreit der gesellschaftlichen Interessen geklärt zu haben, ist der zentrale Mangel des Ujamaa-Konzeptes.
Die bürokratisch organisierte Spitze des Staates- die Bürokratie im engen Sinne, die Politiker und die Staatspartei -,nicht eine organisierte Basis, wurde zum Sachwalter des Ujamaa-Sozialismus. Die Interessen dieser urbanen gesellschaftlichen Schicht konnten aber nicht mit den restriktiven Zielen für die Stadtentwicklung übereinstimmen, die in Arusha gesetzt worden waren.

Vielfältige "Sachzwänge" eines unterentwickelten Landes gaben Vorwände, um von der "declaration of intent" abzuweichen:
1. Statt einer langfristigen Zielorientierung hatten aktuelle Zwänge, wie z.B. die Verfügbarkeit internationaler Geldquellen, der Stand der Vorbereitung einzelner Projekte, die Interessen der Industrie - länder und die Durchsetzungsfähigkeit bestimmter Politiker, entschei - denderen Einfluß auf die praktische Entwicklungspolitik.
2. Die unberechenbare Abhängigkeit von externen Mitteln zur Finanzierung von Projekten bestimmte die Projektstruktur.
3. Der unkoordinierte Einsatz zahlreicher Experten- und Planungsteams

und
4. die mangelhafte Effizienz und Koordination der am Planungsprozeß beteiligten tansanischen Stellen sowie
5. die schlechte Mittelausstattung und Qualifikation der Planungsämter bestimmten die Orientierung der Planung.

Zentrale Positionen im Staatsapparat eröffneten die Möglichkeit, unter drängenden "Sachzwängen" Entscheidungen im eigenen Interesse zu fällen oder technokratisch zu verfahren. Für diese Entscheidungen war der Hinweis auf Arusha nicht mehr als ein verschleierndes Mäntelchen. Welche objektiven Interessen verbanden andererseits den Experten einer Consultant-Firma aus einer führenden Industrienation mit den Zielen von Arusha, auf die alle Planungen sich verbal bezogen? Die tatsächliche Stadtentwicklungspolitik in Dar es Salaam wurde über die Masterplanung entscheidend von den Consultings geprägt. Die auf diese Weise praktizierte Stadtplanungspolitik und die postulierten Ziele von Arusha führten in verschiedene Richtungen.

Um Stadtplanung als politischen Vorgang konzipieren zu können - im Gegensatz zu technokratischen Planungsansätzen (23) - muß eine Politik vorgegeben sein, die operationalisierbar ist, und muß Planung von einem gesellschaftlichen Konsens ausgehen können. Die Annahme, daß ujamaa - die Kultur der Gemeinschaftlichkeit des vorkolonialen Tanganyika - diesen gesellschaftlichen Konsens stiften könne, war der zentrale Trugschluß der Erklärung von Arusha.

3. Gesellschaftlicher Wandel durch den Stadtplanungstransfer

Im ersten Kapitel waren die Geschichte und Strukturen des Stadtplanungstransfers nach Tansania untersucht worden. Anschließend wurden die entwicklungspolitischen Zukunftsvorstellungen der unabhängigen Nation kritisch dargestellt. Vor dem Hintergrund der Befunde des ersten Kapitels ergaben sich Zweifel an der politisch-praktischen Tragweite und Schärfe der Erklärung von Arusha. Angesichts des massiven Technologietransfers in der Stadtplanungspolitik Dar es Salaams und des großen Einflusses ausländischer Consultings bleibt gegenüber der "declaration of intent" erstens die Frage nach dem politischen Subjekt und zweitens nach den geeigneten Mitteln für die geplante Neuorientierung der Politik offen. Die Geschichte und die bis heute aktuellen Strukturen des Stadtplanungstransfers sprechen gegen eine partizipative Planung"von unten" und eine Stadtentwicklung in "self reliance".
Es ist von daher sinnvoll, den gesellschaftlichen Wandel, den die Planungsmethodik aus den Industrieländern voraussetzte und selbst beförderte, daraufhin zu untersuchen, ob er geeignet war, die Kräfte für eine Entwicklung"von unten" und für soziale Gleichheit zu stärken.

Dazu soll nun zuerst die Übertragung des gesellschaftlichen Wertesystems der modernen Stadtplanung der Industrieländer mit ihren Folgen für die tansanische Gesellschaft diskutiert werden. Zunächst wird dieser "Einbruch der Moderne" inhaltlich gefaßt, um dann die Auswirkungen auf das traditionale Herrschafts- und Sozialsystem der ursprünglichen Küstenbewohner darzustellen, die mit einem anschaulichen Begriff von Max Weber als "Entzauberung der Welt" bezeichnet werden können. Anschliessend wird auf die politischen Interessen eingegangen werden, die im Zuge des gesellschaftlichen Wandels im nachkolonialen Tansania dominierenden Einfluß gewannen.

Auf der Grundlage der kapitalistischen Durchdringung der ursprünglichen Produktionsverhältnisse im vorkolonialen Tansania wurde eine entsprechende Neuordnung des gesellschaftlichen Überbaus notwendig. Traditionale Sitten und Regelmechanismen der Vergesellschaftung wurden außer Kraft gesetzt zugunsten der allgemeinen, formalen Gesetzte des Kapitalverkehrs. Zentrale gesellschaftliche Bereiche, wie die Besitz- und Herrschaftsverhältnisse, wurden Kriterien rationaler Entscheidung unterworfen und in der Kompetenz des Zentralstaates vereinigt. Der Zentralstaat mit seiner bürokratisch organisierten Verwaltung mußte nun als Garant der allgemeinen Reproduktionsbedingungen des Kapitals auch räumliche Siedlungsprozesse steuern, die vormals in den internen Herrschaftsbereich segmentärer, gesellschaftlicher Gruppen fielen. Wie 25 Jahre stabiler politischer Entwicklung in Tansania beweisen, war er in der Aufgabe des "nation building" durchaus erfolgreich gewesen, in sektoralen Bereichen der Regional- und Stadtplanungspolitik jedoch weit weniger, wie noch zu zeigen sein wird. Auf dem geringen Niveau gesellschaftlichen Reichtums und ohne nennenswerte Industrialisierung entstand nach der Unabhängigkeit eine wachsende Diskrepanz zwischen den knappen staatlichen Ressourcen und dem extensiven Kompetenzanspruch der tansanischen Bürokratie in diesem sektoralen Bereich.

Die These drängt sich auf, daß die Steuerungsprobleme der Stadtentwicklung Dar es Salaams im Kern aus der Überfrachtung des jungen Staates mit Planungskompetenzen zu erklären sind, denen er aufgrund seiner Organisations- und Ausstattungsdefizite nicht nachkommen konnte. Mit den ererbten Methoden der westlichen Stadtplanung wurden die Möglichkeiten des Staates für eine zentrale Planung der Gesellschaft weit überdehnt. Die Masterplanungen für Dar es Salaam haben das in den Squattergebieten manifeste Steuerungsdefizit nur mit aufwendigen Planfolien verschleiert. Eine nationale Stadtentwicklungspolitik fand in der Praxis nicht statt.

Der in der Kolonialzeit erzwungene gesellschaftliche Wandel fand in der raschen Urbanisierung prägnanten Ausdruck. In der Stadt wurden für Migranten zuerst und am schärfsten die Veränderungen gegenüber der traditionalen ländlichen Gesellschaft spürbar, aus der sie zugereist kamen. Außerhalb des förmlichen Stadtplanungsgebietes oder der rechtlichen Stadtgrenze lebten die Afrikaner in der sozialen Ordnung ihrer Stammesverbände. Dies waren segmentäre Gesellschaften ohne gemeinsame, zentrale Staatsorganisation, die nur in kleinen Gruppen zu zwei oder drei Stämmen in ganz eigentümlichen "utani"-Gemeinschaften (24) locker miteinander verbunden waren.
In Dar es Salaam kamen durch Migrationsbewegungen die Angehörigen die-

ser Stammesvielfalt zusammen. 1956 waren nach Leslie 67 Stämme (von insgesamt 115) in Dar es Salaam vertreten (25), die sich dort bis in jüngste Zeit räumlich segregiert in verschiedenen "tribal pockets" nachweisen ließen. "When Dar es Salaam was a very small town, and most of the immigrants came by foot, the earliest entrants naturally set down their loads at the first opportunity, on the side of town nearest the direction of their coming. As others followed them, and went to the addresses of those already there, and then hived off and built themselves houses nearby, there was a perceptible polarization of tribes, each group tending to inhibit the quarter nearest their place of origin" (26). Heute muß aber von der Tendenz einer räumlichen Desintegration der Stämme ausgegangen werden (27). Die fortschrittliche Regierung des unabhängigen Tansania unterstützte diesen Detribalisierungstrend mit Nachdruck.

In den Heimatgebieten der Migranten, aber auch im unmittelbaren ländlichen Umland um Dar es Salaam waren traditionale Führungspersönlichkeiten die anerkannten Autoritäten bei der Wahl des Wohnstandortes. Dies war entweder der "pazi", das Oberhaupt eines Stammes, der "jumbe", der Vorsteher eines Dorfes oder der "mwenyeji", der Gründer einer Niederlassung. Entsprechend stellte Vincent fest: "When a migrant first came to town, his tribal identification was of overwhelming importance" (28). Zahlreiche Stadtteile des heutigen Dar es Salaams, wie Mtoni, Kipawa, Keko Maghurumbasi, Kiwalani u.a., sind seit der frühen Kolonialzeit als tribale Siedlungskerne unter diesen traditionalen Autoritäten entstanden. Mit der schrittweisen Ausweitung der förmlichen Stadtplanungsgrenze und der Indienstnahme traditionaler Autoritäten nach dem britischen "indirect rule-Konzept" erhielt das Bau- und Planungsrecht des kolonialen Zentralstaates auch für diese ländlichen Siedlungen mit problematischen Folgen für die afrikanische Bevölkerung Gültigkeit. Neben den neuen Herrschaftsverhältnissen förderten urbane Produktionsverhältnisse und das städtische Milieu die Auflösung bisher verbindlicher Ordnungen und Orientierungen:
- Mit der Größe der Stadt wuchs die soziale Unüberschaubarkeit.
- Die Immigranten suchten die Anonymität der Stadt.
- Neue soziale Bezugsgruppen entstanden durch Arbeitsverhältnisse in einer arbeitsteiligen, urbanen Ökonomie.
- Traditionale Sitten und Kulturen wurden säkularisiert.

Ende der 50er Jahre zeigten nach der Studie des damaligen, kolonialen Verwaltungsbeamten Leslie die geplanten Vororte von Dar es Salaam "kaum irgendeinen sozialen Zusammenhang", während er im ländlichen Umland und den "Überresten der Slums" in Dar es Salaam durchaus lebendig war(29). Die Gründe für diese negativen, sozialen Erscheinungen in den geplanten Stadtteilen sah Leslie im abrupten Entstehen der Siedlungen, in der schematischen Form der Parzellierung und dem formalen Verfahren der Grundstückszuweisung; mithin als eine Folge der modernen Stadtplanung der Industrieländer selbst.

Die Technologie und Methodik der Stadtplanung aus den Industrieländern war einerseits ein ganz entscheidendes Mittel zur Durchsetzung des erwünschten, gesellschaftlichen Wandels im Kolonialland, andererseits setzte der Technologietransfer einige der dargestellten Wandlungsprozesse zwangsläufig voraus. Masterplanung war ohne geregelte Besitzverhältnisse, die Gültigkeit formaler Gesetze und Verfahren, eine ausdifferenzierte Bürokratie und die Konzentration von Kompetenzen nicht möglich. Nicht erst die Anwendung spezifischer Stadtplanungstechnologien schuf bestimmte Herrschaftsverhältnisse, sondern die Planungstechnologie selbst setzte eine neue berechnende, methodisiernde, entpersönlichende, wissenschaftliche Beherrschung der Stadt voraus. Der Stadtplanungstransfer förderte so das Eindringen einer neuen, gesellschaftlichen Rationalität nach Tanganyika.

Die scheinbar auseinanderfallenden Ausprägungen des gesellschaftlichen Wandels, die hier für das Kolonialland Tanganyika festgestellt werden, faßte M. Weber als Folgen eines universalhistorischen Prozesses der "Rationalisierung", der wegen seiner technischen Überlegenheit der Problembewältigung und höheren Berechenbarkeit des sozialen Handelns, die er ermöglicht, immer weitere Bereiche der Gesellschaft ergreift. Diese Gesellschaftsbereiche werden Maßstäben rationaler Entscheidungen unterworfen, statt - wie in der traditionalen Gesellschaft - durch Glaube, Sitte und Gebräuche geregelt zu sein. Durch das Vordringen einer spezifisch technischen Rationalität beförderte dieser Prozeß eine allein von Kriterien der Nützlichkeit geleitete, rationale Wahl von Mitteln zur Erreichung von gesetzten Zielen ("Zweckrationalität")(30).

Der Rationalisierungsprozeß in Tanganyika war - wie auch von Weber begrifflich vieldeutig angelegt - ein mehrdimensionaler gesellschaftlicher Vorgang. Er umfaßte sowohl Verschiebungen der subjektiven Einstellungen, wie die schrittweise Entpersönlichung der sozialen Beziehungen, die Ablösung traditionaler Werte und Glaubenssätze durch gesatzte Ordnungen, den Bedeutungsverlust traditionaler Statuszuweisungen zugunsten neuer Orientierungen an Professionalität, fachlicher Kompetenz und technisch-rationaler Kontrolle der Entwicklung als auch den gesellschaftlichen Wandel der Herrschafts- und Rechtsverhältnisse.
Der gesellschaftliche Wandel in der Stadt, der durch die Übertragung der Stadtplanungspolitik aus den Industrieländern nach Dar es Salaam vorangetrieben wurde, wird hier als ein Aspekt dieses Rationalisierungsprozesses verstanden.

Der durch den Stadtplanungstransfer beabsichtigte gesellschaftliche Wandel war auf Seiten der Kolonialmacht mit drei Erwartungen verbunden gewesen:
1. Eine fremde Gesellschaft sollte politisch beherrschbar werden und für das privatwirtschaftlich organisierte Wirtschaften sollten entsprechende allgemeine Reproduktionsbedingungen des Kapitals in der Stadt geschaffen werden.
2. Die Komplexität des urbanen Systems sollte kontrollierbar werden.
3. Die Dimension Zukunft sollte planbar werden, indem die Voraussetzungen für eine kontrollierte Stadtplanung - Berechenbarkeit, Regelgebundenheit, öffentliche Zuständigkeiten, Legitimität der rechtlichen Ordnung und Professionalität - in staatlicher Hand geschaffen wurden.

Im Rückgriff auf die Geschichte der Übertragung der modernen Stadtplanung in Tansania war in vorangestellten Kapiteln die Frage geklärt worden, wie unter der Kolonialherrschaft mit der schrittweisen Übertragung ihrer Stadtplanungsmethoden effektive und soziale Steuerungsmechanismen des urbanen Wachstums geschaffen wurden. Es wurde gezeigt, daß mit dem kolonialen Verwaltungssystem eine im Sinne der Kolonialmacht durchaus effektive Stadtplanung für Dar es Salaam betrieben wurde, gemessen an der Größe und Ausstattung der zuständigen Planungsbehörde, daß aber Effektivität durch eine diskriminierende Beschränkung auf die

Interessen der Kolonialsiedler erkauft wurde.
Mit diesem Rekurs wurde die seit den 40er und 50er Jahren diskutierte Fragestellung, wie in sog. unterentwickelten Gesellschaften ein Wandel zu modernen Gesellschaften mit hoher Problembewältigungskapazität erreicht werden könne, auf den Bereich der Stadtplanung in Dar es Salaam zugespitzt (31). Seither sind prinzipielle Einwände gegen die Dynamik und Überlegenheit der modernen Gesellschaft geltend gemacht worden, die sagen, "vor allem die Annahme ....., daß eine Gesellschaft umso eher in der Lage ist, kontinuierlich zu wachsen, je weniger traditionell sie ist, erwies sich als falsch" (32). Dies ist auch ein Thema für die Beurteilung des aktuellen Stadtplanungstransfers nach Dar es Salaam.

Im einzelnen sollen, auf die heutige Stadtplanung im unabhängigen Tansania bezogen, folgende Fragestellungen geklärt werden:
1. Hat der fortgesetzte Stadtplanungstransfer nach der Unabhängigkeit die gesellschaftlichen Rahmenbedingungen für eine effektive und soziale Stadtentwicklungspolitik "von unten" in Dar es Salaam ermöglicht, wie sie die Erklärung von Arusha gefordert hatte? Welche Voraussetzungen in anderen gesellschaftlichen Subsystemen braucht die moderne Stadtplanung und speziell der Master Plan, damit es in diesem Gesellschaftsbereich nicht - mit den Worten von S.N. Eisenstadt - zu einem "Zusammenbruch der Moderne" kommt? Die bloße Zerstörung traditionaler Formen der Vergesellschaftung und ihre anschließende Rationalisierung, so die zentrale These Eisenstadts gegenüber W.Rostow und anderen Vertretern der Modernisierungstheorie, führt jedenfalls nicht ohne weiteres zur Herausbildung lebensfähiger moderner Gesellschaften (33).
2. Ist die Fortsetzung des Rationalisierungsprozesses im ujamaa-sozialistischen Tansania für eine effektive und soziale Stadtplanung wünschenswert?

Was die neue Verteilung der sozialen Chancen durch den Stadtplanungstransfer aus den Industrieländern anbelangte, zeitigte er in Dar es Salaam die ambivalenten Resultate, die nach Meinung M. Webers für diesen Prozeß der Rationalisierung kennzeichnend sind. Danach ist einerseits ein Zuwachs an formaler Rationalität im gesellschaftlichen Handeln zu verzeichnen, der besonders in der Berechenbarkeit und Kontinuität des staatsbürokratisch organisierten Planungsapparates zum Ausdruck kam. Zugleich war im Zuwachs an formaler Rationalität die Tendenz zu einer zunehmenden Anwendung von bloß formalistischen Regelements und Verfahren nach reinen Nützlichkeitsgesichtspunkten der Beamten angelegt, wie z.B. im Bürokratismus der Staatsbeamten. Durch diese Ausblendung ethischer (weil unformaler!) Gesichtspunkte stieg die Gefahr,daß besessene Privilegien und Besitzverhältnisse im Gegensatz zu den vorkolonialen Herrschaftsformen immer weniger in Betracht gezogen wurden und dadurch für die Betroffenen manifeste Unterprivilegierungen bis hin zu Ausbeutungsverhältnissen festgeschrieben wurden. M.Weber bezeichnete dies aus der Sicht der Betroffenen als abnehmende materiale Rationalität. Er hat auf die Ambivalenz zwischen formaler und materialer "Gerechtigkeit" im Anschluß an marxistische Analysen deutlich hingewiesen: "Insbesondere ist den besitzlosen Massen mit einer formalen ´Rechtsgleichheit´ und einer ´kalkulierbaren´ Rechtsfindung und Verwaltung, wie sie die ´bürgerlichen´ Interessen fordern, nicht gedient. Für sie haben naturgemäß Recht und Verwaltung im Dienst des Ausgleichs der ökonomischen und sozialen Lebenschancen gegenüber den Besitzenden zu stehen, und diese Funktion können sie allerdings nur dann versehen, wenn sie weitgehend einen unformalen, weil inhaltlich ´ethischen´ (´Kadi-´) Charakter annehmen" (34).

Diese gegenläufige Abhängigkeit von formaler und materialer Rationalität war ein durchgängiger Befund in Webers universalhistorischer Gesellschaftsanalyse (35). Sie hat auch für den gesellschaftlichen Wandel in der Folge des Stadtplanungstransfers nach Dar es Salaam erklärende Kraft. Während der Transfer westlicher Stadtplanungsmethodik seiner inneren Logik zufolge das Ziel haben muß, unformale (z.B. Planung"von unten"), ethisch begründete (z.B. Erklärung von Arusha) oder aus subjektiven Interessenlagen heraus entwickelte Stadtentwicklungskonzepte (z.B. der vielen Squatter) zu beseitigen, ist in der Erklärung von Arusha ein entgegengesetztes Entwicklungskonzept - wenn auch nur vage umrissen - dargelegt. Beide Konzepte scheinen auf unterschiedlichen Ebenen entweder einen Gewinn an technischer Berechenbarkeit und Planbarkeit (formaler Rationalität) oder an realisierten ethischen Werten (materialer Rationalität) anzustreben.

Diese Ambivalenz soll anschließend anhand der Entwicklungen der Verrechtlichung und Bürokratisierung anschaulicher gemacht werden.

Mit der Abwanderung in die Stadt begab sich der tansanische Bauer
seines primären Reproduktionsmittels, des freien Grund und Bodens. Er
verlor das nach alter Sitte geregelte, allgemeine <u>Nutzungsrecht des
Bodens</u>, nach dem er Besitzer des Teils am Gemeineigentum war, den er jeweils bearbeitete und bebaute. Innerhalb der förmlich festgelegten
Stadtgrenze jedoch konnte er sich entweder als freier, von traditionalen Bindungen unabhängiger Lohnarbeiter niederlassen oder mußte Bodeneigentum erwerben, um durch Landwirtschaft seinen Lebensunterhalt zu verdienen. Entsprechende Optionen standen ihm formal für ein freies Mietverhältnis oder den Erwerb von Baugrund offen. Allerdings war er nun in
der Stadt dem freien Bodenmarkt ausgesetzt (s. Karte II-1) und der
staatlichen Administration, die ihn verwaltete. Aus dieser subjektiven
Interessenlage heraus verkehrte sich die formal erworbene Freiheit in
der Stadt in eine neue, materiale Abhängigkeit vom kapitalisierten
Grundstücksverkehr.

Karte II-1
Kapitalisierte Standortgunst und Bodenwerte in der City Dar es Salaams
zur Zeit der Unabhängigkeit

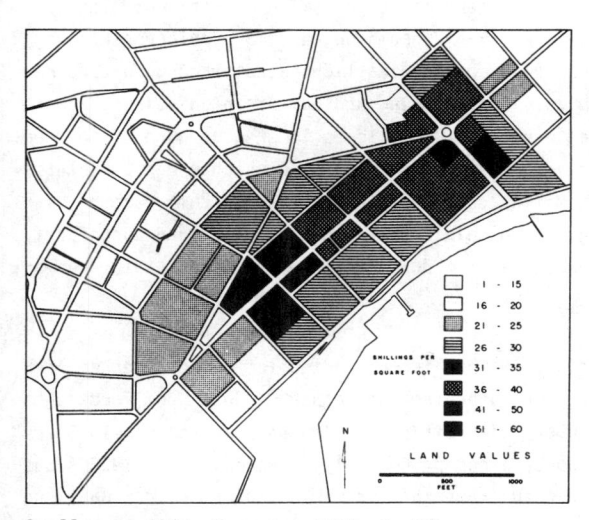

Quelle: De Blij, Evanston 1963, S. 51

Die regelgebundene Herrschaft der staatlichen Bürokratie in der Stadt stellte formal eine Befreiung aus der Willkür dörfllicher Verhältnisse dar. Auf der anderen Seite machte sich für den Migranten in der urbanen Anonymität der Verlust überschaubarer Sippenverbände mit gegenseitigen Verantwortlichkeiten schmerzlich bemerkbar. Mit der Ausdehnung des Geltungsbereiches legitimer Herrschaft des Staates wurden persönliche Bindungen aufgelöst und durch allgemeine Gesetze und Auflagen im Interesse partialer, kolonialer Siedlergruppen ersetzt. Neuen Mächten und ohne Ansehen der Person geltenden Gesetzen fand sich der afrikanische Immigrant in der Stadt mittelbar, unpersönlich aber berechenbar gegenübergestellt. Sie wurden für ihn zur diskriminierenden Sanktion, zur "versachlichten Gewaltherrschaft"(36).

Gesetze und Vorschriften und die sie exekutierende Bürokratie waren ständig präsent, aber die Träger der Herrschaft wurden zu anonymen Mächten. Sie hatten allgemeine, unterschiedslose Geltung; der staatliche Apparat war umfassend zuständig und so organisiert, daß er erkannte Probleme bis zur Lösung bearbeiten konnte, aber einklagbar wurden diese Rechte kaum. Nicht mehr persönlicher Status und Autorität bestimmten den Einfluß des Einzelnen, sondern das Eigentum an Kapital erschloß unter bestimmten staatlichen Rahmenbedingungen (z.B. Zonierungsplanung) neue Handlungsmöglichkeiten. Während staatliche Stadtplanung für den Kapitalbesitzer geradezu zur Voraussetzung und zum Garanten seiner Verwertungschancen wurde, legte sie den Mittellosen immer neue Hürden in den Weg. Wie anhand der vorangestellten Kolonialgeschichte Dar es Salaams dargestellt, wurde das Mittel der Stadtplanung bis hin zum Master Plan als Anpassungsplanung an Kolonialinteressen konzipiert und ausgeführt, die in der britischen Kolonialzeit nur durch den Mandatar-Status etwas abgepuffert waren.

Die Rechtsverhältnisse im förmlichen Stadtgebiet waren berechenbarer als auf dem Land, aber nicht unbedingt gerechter. Seit dem deutschen Baurecht von 1914, über die britischen "Township Rules" von 1920 für Dar es Salaam, das "Town Development Control Ordinance" von 1936, das "TCPO" von 1956 bis hin zum Baurecht für Dar es Salaam wurden Bau- und Planungsgesetzgebungen auf Tanganyika übertragen, die Vorlagen der Mutterländer kopierten (37). Über das formale Boden- und Planungsrecht der modernen Stadtplanung wurden in Dar es Salaam die unsozialen Verdrängungsprozesse ermöglicht, die sich an Kapitalverwertungsinteressen orientierten statt an der traditionalen Ethik der Sicherung des Gemeinwohls (38).

Durch die neuen Rechtsverhältnisse wurde der Prozeß der Verteilung sozialer Chancen einerseits geregelter und formeller, andererseits aber durch bürokratische Auflagen, Standards, Abgaben und Verfahren vermittelter und weniger durchschaubar. Die Wohnungsprobleme besonders der afrikanischen Mehrheit der Stadtbewohner konnte nicht mehr in direkter Absprache und Aktion bewältigt werden, sondern erforderten die Bearbeitung auf dem Amtsweg "ohne Ansehen der Person". Die Versorgung mit Wohnfolgeeinrichtungen fiel nun in öffentliche Zuständigkeit. Sie wurde in Dar es Salaam über Anliegergebühren direkt (ohne Quersubventionierung zwischen den förmlichen Bauzonen) finanziert, sodaß die Afrikanerviertel nahezu unversorgt blieben (39).

Ein Grundstück im Grundbuch eingetragen zu bekommen, war zwar frei von Willkür, aber durch die Regelungen der Zonierungsplanung hochgradig diskriminierend.

Anhand dieser Skizze des gesellschaftlichen Wandels werden die Ambivalenzen der Übertragung von Stadtplanungsmethoden aus den Industrieländern nach Dar es Salaam deutlich. In den 50er Jahren begann eine effektive Stadtplanungsadministration nach britischem Muster und mit britischen Planern und Consultants in Tanganyika wirksam zu werden. Für die mittlerweile sehr dynamische Stadt Dar es Salaam war ein Planungssystem vom Stadtentwicklungsplan bis zum Bebauungsplan entstanden. Die sozialen Konflikte, die bei der Umsetzung des Planungssystems auftraten, konnten durch ein flexibel angelegtes formales Rechtssystem (z.B. das für Tanganyika typische Kurzzeitpachtrecht für geringe Baustandards) stillgestellt werden. Mentale Anpassungsleistungen der afrikanischen Bevölkerung an diesen Modernisierungsprozeß wurden mit ökonomischem und politischem Zwang durchgesetzt.

Für die Kritik des Master Plan 1979 im nachkolonialen Tansania ist festzuhalten, daß der Prozeß der Rationalisierung fortgesetzt wurde mit einem Verwaltungssystem nach britischem Vorbild, bis heute nahezu unveränderten Bau- und Planungsgesetzen und der Konzentration der Kompetenz für Planen und Bauen bis zum einzelnen Grundstück in staatlicher Hand. Er führte jedoch nicht zu der erhofften Kontrolle und Planbarkeit der Stadt - zu der formalen Rationalität -, wie später noch im Detail zu zeigen sein wird. Dies lag auch an Unvereinbarkeiten im gesellschaftlichen Wandel in Tansania. Bald nach der Unabhängigkeit wurden in Tansania zwar die Produktionsmittel einschließlich des Grund und Bodens verstaatlicht und die politischen Zielsetzungen radikal verändert, aber die durch und durch von den Kolonialmächten geformte politische Infrastruktur und ihre Methoden und Ziele der Stadtplanung wurden unverändert belassen. Stadtplanung war nicht mehr ein inhärenter Teil eines alle gesellschaftlichen Bereiche umfassenden Wandels. Es blieb nach der Unabhängigkeit gleichsam das formale Gerippe einer von außen oktroyierten Rationalisierung in Teilbereichen der Gesellschaft bestehen, während "Arusha" in eine andere Entwicklungsrichtung deutete.

Neben diesen gesellschaftlichen Unvereinbarkeiten waren fehlende materielle und personelle Ressourcen eine zweite Ursache für den unangepaßten Planungstransfer. Es fehlte die entsprechende Ausstattung für eine funktionierende Stadtplanungsbürokratie, wie sie die westliche Stadtplanung voraussetzt. Es gab keine tansanischen Fachleute und keine Erfahrung im Umgang mit komplexen Stadtplanungsmethoden. Ausländische Fachleute mit Zeitverträgen und ausländische Consultings aus verschiedenen Ländern, Kulturen und Gesellschaftssystemen mußten ohne sektorales Gesamtkonzept mit einzelnen Aufgaben der Stadtplanung betraut werden.

Drittens gibt es erhebliche Funktionsmängel des aus der Kolonialzeit ererbten administrativen System,das jedoch eine Voraussetzung ist, um die Leitplanung in einem deduktiven Konkretisierungsprozeß in einzelne Maßnahmen umzusetzen. Die bürokratische Struktur hierfür ist vorhanden, aber trotz wiederholter, problembewußter Verwaltungsreformen gibt es weder ausreichend kompetente Fachressorts noch eine effektive Zusammenarbeit der Verwaltungsebenen noch eine klare Kompetenzverteilung in einzelnen Fragen. Mehrfachzuteilungen der gleichen Grundstücke ("letter of offer") durch das zentrale Ministerium und die dezentralen Land Offices z.B. sind keine Seltenheit. Für relativ komplexe Einzelprojekte wie die Planung eines innerstädtischen Eisenbahnindustriegleises vom Industriegebiet nach Wazo Hill war es 1977 über Monate nicht möglich, die entsprechenden Entscheidungsträger an einen Tisch zu bekommen.

Viertens fehlte die inhaltliche Repräsentanz der formalen Zuständigkeiten im bürokratischen System, die neben einer entsprechenden Ausstattung und Fachwissen auf allen Verwaltungsebenen auch die materielle Absicherung der Beamten und ein spezifisches, am bürokratischen Verfahren orientiertes Arbeitsethos der Beamten voraussetzte. Durch die gallopierende Inflation der letzten Jahre ist mit den sinkenden Reallöhnen auch das Arbeitsethos der Beamten auf ein Minimum gesunken.

Bislang kann in Tansania daher nur von einer Rationalisierung von Teilbereichen der Gesellschaft gesprochen werden, die sich auf das formale, manchmal nur auf dem Papier stehende Gerüst der Institutionen und auf bloße Planungsabsichten beschränkt. Durch beide inhaltlichen Reduktionsprozesse ist die Masterplanung in Dar es Salaam charakterisiert. Die Eingangsthese der Überfrachtung des tansanischen Planungssystems durch zu hohe Erwartungen an seine Leistungsfähigkeit kann nun weiter präzisiert werden. Die internationalen Planungshilfen, wie z.B. Master Plan - Projekte, gleichen die Defizite des überkommenen Planungssystems aus den Industrieländern nicht aus, sondern verschärfen geradezu Partialisierungstendenzen im gesellschaftlichen Rationalisierungsprozeß. Es entstehen isolierte, komplexe Planungen, die jedoch nur formal den Bedarf nach Leitplanung abdecken und nur formal Antworten auf tiefer wurzelnde materiale Probleme geben. Dem Zuwachs an Plänen entspricht nicht ein Gewinn an Effektivität in der Stadtplanung in Dar es Salaam. Die Stadtplanung der Industrieländer verbessert in der Praxis nicht die Funktionsfähigkeit des urbanen Systems in Dar es Salaam. Im nachfolgenden Kapitel wird in der Auseinandersetzung mit dem Dar es Salaam Master Plan 1979 dargestellt werden, wie die eindimensionale Konzeption des Master Plan-Transfers als technisch orientierte Planungshilfe zum Scheitern verurteilt ist, solange sie nicht Teil eines entsprechenden umfassenden Wandels in allen Teilbereichen der Gesellschaft ist, der die Anpassung des sozialen Verhaltens, der politischen Kultur und des Rechts- und Verwaltungssystem mit umgreift.

Ob der spezifische Modernisierungsprozeß in Tansania in der Kolonialzeit sinnvoll war, kann nicht die Frage sein, da er nur eine Folge der fundamentalen Umwälzung der Produktionsverhältnisse war. Ob er im unabhängigen, sozialistischen Tansania in der Weise forgesetzt werden muß, wäre die allgemeine, aktuelle Frage, die jedoch zu global gestellt ist, um sie hier beantworten zu können. Im Rahmen der Kritik der Stadtplanungspolitik in Dar es Salaam wäre zu präzisieren, ob auf dem Weg des gesellschaftlichen Wandels in isolierten Gesellschaftsbereichen, der durch die Masterplanung fortgesetzt wird, die Probleme der Großstadt Dar es Salaam eher bewältigbar werden, als mit angebbaren alternativen Konzepten städtischer Planungspolitik. Die <u>Alternative</u> liegt mit der Erklärung von Arusha in genereller Form auf dem Tisch. Anknüpfend an traditionale Bestände in der tansanischen Gesellschaft wäre sie weiterzuentwickeln und an neue, politische Zielsetzungen und gesellschaftliche Problemstellungen anzupassen.

Heute ist die Ethik der persönlichen Verpflichtung gegenüber der Gemeinschaft in einer Großstadt wie Dar es Salaam schon weit aufgelöst worden. Traditionelle Weltbilder wurden säkularisiert(40). Im Zuge dieses gesellschaftlichen Wandels wurde der Staat zum alleinigen Sachwalter des sozialen Gemeinwohls. Stadtentwicklung und soziale Dienste sind heute zu öffentlichen Aufgaben geworden, die der Master Plan 1979 für den staatlichen Vollzug vorbereiten sollte. Sehr weit, zu weit für ein unterentwickeltes Land wie Tansania ,ist die Daseinsvorsorge aus der Hand der Betroffenen entrissen worden. Es ist die Frage, ob es Tansania sich beim jetzigen Stand der gesellschaftlichen Armut und der Funktionsschwäche der staatlichen Institutionen leisten kann, persönliche Verantwortlichkeiten der Gesellschaft gegenüber durch staatliche Zuständigkeiten zu ersetzen. In Dar es Salaam, wo 60 % der Bevölkerung bereits informell siedeln und große Teile der Bevölkerung informellen Erwerbstätigkeiten nachgehen, ist der alleinige Kompetenzanspruch des Staates in der Steuerung des Stadtentwicklungsprozesses bereits weit ausgehöhlt. Lassen sich angesichts dieser globalen Trends alternative Wege der Entwicklungsplanung in Dar es Salaam angeben, die mit verringertem staatlichen Anspruch die Stadtentwicklungsprobleme besser bewältigen? Darauf wird nach der Kritik des Master Plan 1979 in Kapitel VI eingegangen werden.

4. Die tansanische Staatsklasse

Abschließend soll auf das gesellschaftliche Interessenfeld eingegangen werden, in dem sich der Prozeß der Rationalisierung bis heute vollzieht. Am Anfang des gesellschaftlichen Wandels stand die Usurpation. Die durch Karl Peters ins Werk gesetzte Erschleichung der ost-afrikanischen Gebiete schuf Ausbeutungsverhältnisse, die in deutscher Kolonialzeit nur durch einen militärisch-administrativen Kontrollapparat zu beherrschen waren (41). Die britische Herrrschaft beruhte dagegen auf einer Mandatsverfassung, die die Rechte der Kolonialmacht einschränkte. Unter diesen Reglementierungen waren die Investitionsinteressen des britischen Kapitals gering. Entsprechend gering waren die Mittel für den Aufbau einer effizienten Kolonialverwaltung und die Ausbildung eines afrikanischen Fachbeamtentums. Die Einführung britischer Eigentums- und Rechtsverhältnisse und des britischen civil service war für die Durchsetzung von partikularen Interessen eingerichtet. Die ökonomischen und sozialen Chancen waren ungleich verteilt. Stadtplanung in Dar es Salaam brachte den afrikanischen Stadtvierteln keine neue, urbane Qualität, keine Abwasserversorgung, Strom und Straßenbeleuchtung, sondern bestenfalls Erdstraßen in den Afrikanervierteln zur Anbindung an die Arbeitsstätten, Anliegergebühren und Kleinkredite zur Erfüllung der kolonialen Baustandards. Nicht die Herrschaftsverhältnisse wurden durch den britischen Kolonialstaat berechenbarer, sondern die Ausbeutungsverhältnisse. Aus der politischen Auseinandersetzung mit diesem kolonialen System entstand 1954 der organisierte, politische Widerstand, die Tanganyika African National Union (TANU *)).

Die abhängige Kolonialentwicklung hatte keine mächtige afrikanische Bourgeoisie hervorgebracht. Die indische Zwischenschicht konnte im Rahmen der "indirect rule"-Politik der Briten und unter dem Schutz der Mandatsverfassung beträchtliche Teile des Handelskapitals an sich ziehen. Die Industrie und die großen Farmen waren in europäischer Hand. TANU, die nach der Unabhängigkeit die staatstragende Einheitspartei *) wurde, konnte sich daher nur aus der afrikanischen Kleinbourgeoisie rekrutie —

---

*) TANU wurde 1977 zur Chama cha Mapinduzi (CCM) umorganisiert

ren. Ihre Zusammensetzung war sehr heterogen vom Lehrer und Intellektuellen über den Ladeninhaber bis zum Verwaltungsangestellten (42). Ihre Interessen mußten gegen die polit-ökonomische Herrschaft der Europäer und ihre indische Klientel gerichtet sein. Ihre Machtbasis konnte nur in der Eroberung des politischen staatsbürokratischen Apparates liegen, der über die politische Macht Zugang zu neuen Revenuequellen versprach. Diese afrikanische "petty bourgeoisie", wie Shivji sie charakterisierte, entwickelte sich nach der Unabhängigkeit zu einer Staatsklasse mit spezifischer Bewußtseinslage und politischen Orientierungen. Sie war weder gewohnt in ökonomischen Kategorien zu denken, noch konnte sie eine direkte Gewaltherrschaft handhaben. Sie stützte sich ganz und gar auf bürokratische Entscheidungsprozesse und den technokratischen Apparat (43).

Zur Durchsetzung ihrer Ziele bediente sich die nationale petty bourgeoisie der vorhandenen staatlichen Ordnung. Aufgrund ihrer sozialen Lage war sie in teilweise widersprüchlicher Weise westlich orientiert. Ihre begrenzte europäische Bildung und ihr urbaner Lebensstil förderte die Verdrängung traditionaler Werte. Ihr Mangel an modernen Fachqualifikationen warf sie einerseits zurück auf ein bürokratisches Politikverständnis, andererseits erforderte das Fehlen einer dynamischen Industriebourgeoisie die enge Zusammenarbeit mit einem parastaatlichen Unternehmenstyp (44) und die Überantwortung der sektoralen Politik an internationale Experten und Consultants. Mit der formellen Unabhängigkeit wechselten die Repräsentanten der politischen Ordnung, aber aus der Interessenlage der Mehrheit dieser Repräsentanten heraus war keine Umwälzung des gesellschaftlichen Herrschaftssystems notwendig. Das britische Bau- und Planungsrecht, die britische Planungsbürokratie, britische Planungskonzepte und internationale Consultings können daher bis heute die Stadtplanung in Dar es Salaam bestimmen. Die Grundlage spezifischer Produktionsverhältnisse, auf der die Elemente des kolonialen Rationalisierungsprozesses entstanden waren, wurde nicht hinterfragt: der bürokratische Staatsapparat als alleiniger Garant für die allgemeinen Produktionsbedingungen der kapitalistischen, freien Privatproduzenten mit versachlichten Verwertungsinteressen. In der tansanischen Verteilung der gesellschaftlichen Rollen und sozialen Chancen nach der formellen Unabhängigkeit und nach "Arusha" war da nur der mächtige Staatsapparat, der den dynamischen Entwicklungsprozeß selbst in die Hand nahm, sich aber zur Schaffung eines dynamischen Wachstums auf eine transnationale Herrschaftsallianz stützen mußte.

Er tat dies, indem er die gesellschaftlichen Produktionsmittel an sich zog, ohne sie zu demokratisieren:
1963 wurde (fast) alles Land in gesellschaftliches Eigentum überführt und der Staat wurde zum Sachwalter des allgemeinen Interesses.
1971 wurden im ganzen Land registrierte Gebiete geschaffen, in denen Land nur noch mit staatlichem Rechtstitel in Besitz genommen werden durfte. Die gesamte Coast Region, in der Dar es Salaam lag, wurde eine solche "compulsory registration area".
1967 leitete die "Erklärung von Arusha" die Verstaatlichung aller entscheidenden Produktionsmittel ein.
1971 wurden alle Gebäude mit einem Wert über 100.000 TShs. verstaatlicht, was die Position der indischen Besitzerschicht schwächte.

Im Zuge dieser Verstaatlichungspolitik wuchs die Bedeutung des Staatsapparates weit über seine Leistungsfähigkeit hinaus. Um den Anforderungen gerecht werden zu können, mußte er internationale Kooperationsformen eingehen, in denen Entwicklungskredite, Experten und Consultants eine wichtige Rolle spielten. Die Funktion der nationalen Führungsschicht in dieser Kooperation ist mehr oder weniger auf eine "Revenue-Beschaffungsfunktion" beschränkt (45). In der Stadtentwicklungspolitik für Dar es Salaam wird diese Beschränkung deutlich. Eine autochthone Stadtentwicklungspolitik wurde bis heute nicht entworfen. Dennoch versuchte die Staatsbürokratie, immer weitere Bereiche der städtischen und ländlichen Entwicklung etatistisch zu durchdringen (46). Mit der Ausweitung der Staatsfunktionen konstituierte sich in Abhängigkeit vom internationalen Kapital in den Industrieländern, der Weltbank und dem Internationalen Währungsfond eine nationale Führungsschicht, die sich des Erbes des kolonialen Rationalisierungsprozesses als Herrschaftsinstrument bediente: die Staatsklasse.

Sie besteht aus den höheren und mittleren Beamten in der staatlichen Administration, den Parteifunktionären und dem Militär. Ihre Revenuequellen sind das Staatseinkommen aus Steuern und Abgaben, spezielle Sozialvergütungen, internationale Entwicklungskredite und - quasi als soft ware - das interne Herrschaftswissen über die Entscheidungskanäle und Ansatzpunkte persönlicher Einflußnahme. Der Zugang zur Staatsklasse eröffnete quer zur formalen Rechtsgleichheit und zu förmlichen Verwaltungsverfahren informelle Gratifikationschancen. R. Stren hat das anhand der Zuteilung von sites & services-Grundstücken in Dar es Salaam gezeigt, die an die oberen Schichten statt an die untere soziale Zielgruppe gingen, weil, so Strens These, "access to the bureaucracy is one of the most central criteria for the allocation of wealth and power in urban Tanzania today" (47).

Dieser Zugang eröffnete informelle Wege neben den offiziellen Grundstückszuteilungen; er ermöglichte die Duldung des Squatting der Mächtigen in besten Lagen und die Umgehung von bereits verabschiedeten Projekten der Masterpläne. Das Wissen über formalisierte Verwaltungsverfahren und Entscheidungskanäle ist heute in Tansania zu einer eigenständigen Revenuequelle in der Hand der Staatsklasse geworden.

In dieser Situation ergaben sich zwangsläufig besondere Legitimationsprobleme, die teilweise durch Ideologiebildungen abgepuffert wurden (vgl. Fußn. II-14). Eine zweite Form der Legitimationsbeschaffung bestand in der Absicherung der Politik durch Consultant- und Expertenplanungen. Konfliktbeladene Entscheidungen in der Stadtentwicklungspolitik in Dar es Salaam wurden internationalen Consultings überlassen und mit deren professionellem Renommee legitimiert. Zugleich dokumentierte die umfangreiche Masterplanung scheinbar betriebsame Arbeit der Behörden an den Problemen. Tatsächlich wurde jedoch durch die Vergabe wichtiger Politikbereiche an Consultings "Entwicklung, Modernisierung, gelenkter sozialer Wandel etc. ...... zu marginalen Residuen politischen Handelns, bestenfalls als Aufgabe für "Entwicklungshilfe" an ausländische Staaten und Institutionen delegiert" (48). Die Suche nach angepaßten Stadtplanungstechnologien und -inhalten wurde von der Technik der Herrschaftssicherung verdrängt.

Vor dem Hintergrund der Funktionsschwächen des tansanischen Herrschaftssystems und der Konstitution einer außenabhängigen Staatsklasse sind zwei stadtentwicklungsrelevante Perspektiven zu erwarten:

1. Die soziale Ungleichheit in Dar es Salaam wird nicht nur durch die derzeitige ökonomische Krise zunehmen (49), sondern auch durch die Funktionsschwächen des staatsbürokratischen Systems (50). Unter den gesellschaftlichen Bedingungen Tansanias spielen das formale Rechtssystem und bürokratische Verfahren einer Staatsklasse in die Hand, die sich aufgrund sinkender Realeinkommen (auch der Beamten selbst!) mit diesen Instrumenten neue Revenuequellen erschließt. Die seit 1978 ständig zunehmende Korruption ist eine Folge der ökonomischen Krise. Nyerere hat diese Entwicklung immer wieder moralisch gebrandmarkt: "Indeed, we have reached the stage where our greatest danger is a new one. The thing which could now do most to undermine our socialist development would be failure in the battles against corruption, against theft and loss of public money and goods, and other abuse of public office, or against slackness in fulfilling the duties for which people are being paid" (51).

2. Grundsätzlich neue Ansätze für eine autochthone Stadtplanungspolitik in Dar es Salaam sind nicht wahrscheinlich, da sowohl die soziale Gegenmacht als auch die nationale Autonomie für eine eigenständige Politik fehlt, um auf eine Reform zu drängen. Eine neue Situation könnte sich ergeben, wenn das Investitionsinteresse der Industrieländer in die urbane Entwicklung Tansanias weiter nachließe und so der tansanischen Staatsklasse Entwicklungsressourcen, Revenuequellen und vorformulierte Leitkonzepte der Stadtentwicklungspolitik entzogen würden.

5. Zusammenfassung

In diesem Kapitel wurden die Rahmenbedingungen untersucht, von denen angenommen werden konnte, daß sie die Stadtplanungspolitik in Dar es Salaam maßgeblich bestimmen würden. Es wurde gezeigt, daß die Neu-Orientierung der nationalen Politik nach der förmlichen Unabhängigkeit der Nation nicht auf eine Reform der Stadtplanung drängte. Die "Erklärung von Arusha" entwarf ein globalpolitisches Konzept, das wegen seiner eindrücklichen Überzeugungskraft eine starke, Einheit-stiftende Wirkung auf die Entwicklung der jungen Nation hatte. Das Manifest besaß aber nicht die analytische Schärfe, um auch für die sektorale Politik neue Bezugspunkte zu schaffen.

Da Tansania in seiner kolonialen Geschichte keine nationalen fachlichen Planungskompetenzen hatte herausbilden können, wurden die Stadtplanungskonzepte der kolonialen Vergangenheit weiter verfolgt, ohne daß dieses koloniale Erbe als Widerspruch zur Politik des Ujamaa-Sozialismus empfunden wurde. Die Arbeit der zahlreichen Planungs-Consultings wurde als technische Hilfestellung verstanden, die vermeintlich für beliebige politische Ziele instrumentalisierbar war.

Der Grundwiderspruch zwischen dem Sozialismus-Konzept der Erklärung von Arusha und dem fortgesetzten Transfer der Masterplanungen nach Tansania wurde nicht gesehen: Während auf der einen Seite "die Entwicklung eines Landes durch die Menschen, nicht durch Kapital erreicht (wird) werden sollte"(52) -also von unten durch die Basisproduktivkraft der Gesellschaft- war der Master Plan ein Instrument der staatlichen Planungsverwaltung, um Stadtentwicklung langfristig und kontrolliert nach vorgezeichneten Planungsszenarios von oben zu entwickeln. Spontane Entwicklungsinitiativen außerhalb des Plans haben darin prinzipiell keinen Platz.

In seiner Funktion als Leitplan der staatlichen Planungsbehörde setzte der Master Plan spezifische gesellschaftliche Herrschaftsverhältnisse voraus. Die Theorie des Ujamaa-Sozialismus gab keine Kategorien her, um diesen gesellschaftlichen Wandel zu problematisieren, sondern sie bestand darauf, daß Sozialismus eine Form des Zusammenlebens (53) und eine Frage des Bewußtseins der Menschen sei. So konnte sich mit dem Planungstransfer unhinterfragt ein Bedeutungs- und Machtgewinn der staatlichen Institutionen vollziehen. Die staatlichen Entscheidungspositionen wurden von einer afrikanischen Mittelschicht bezogen und ausgebaut, die zumeist keine wirtschaftlichen Revenuequellen hatte. Entgegen der Ideologie des Ujamaa-Sozialismus, nach der "die Prinzipien, auf denen die traditionale Großfamilie gründete, reaktiviert werden müssen"(54), wurden diese Prinzipien im Gegenteil durch interessengebundene Gesetze, Planungs- und Verwaltungsaufgaben, staatsbürokratische Verfahren und internationale Kooperationen entwertet und ersetzt.

Die wichtigste Aufgabe der Stadtplanung in einem unterentwickelten Land wie Tansania- die gerechte Verteilung knapper Güter und Lebenschancen - wurde als sozialpolitische Aufgabe unkenntlich, indem Stadtplanung als technische Aufgabe begriffen wurde (55). So konnte es kanadischen Consultings überlassen bleiben, für diese Aufgabe unter zweckrationalen Gesichtspunkten die geeignetsten Mittel bereitzustellen, aus denen sich die Entscheidungsträger in Tansania - frei von traditionalen Bindungen - unter Bezug auf zweckrationale Kriterien bedienen konnten. In der Stadtplanung in Dar es Salaams galt es nunmehr primär, mit internationalen Projekten, Consultants und Experten den im Vordergrund stehenden Master Plan umzusetzen, statt politische Globalziele in der Stadtentwicklung konkret werden zu lassen.

Zweitens erwuchsen der tansanischen Staatsklasse aus dem Rationalisierungsprozeß neue Revenuequellen und Mittel der Herrschaft, die innerhalb der Stadtentwicklungspolitik als planungstechnisch unverzichtbar gerechtfertigt werden konnten. Ohne kritische Öffentlichkeit in der zu ungefähr 90% ländlichen Bevölkerung mit einer breiten städtischen Armutsbevölkerung (vgl. Kap. IV.2.4.) wurden diese scheinbar sachgesetzlichen Erfordernisse einer kontrollierten Stadtentwicklungspolitik gegen politische Kritik immun.

III. Darstellung und Kritik des Dar es Salaam Master Plan 1979

1. Die Fragestellung des Kapitels

In Dar es Salaam ist seit der britischen Kolonialzeit bis heute der Master Plan das übergeordnete Steuerungsinstrument der Stadtentwicklung geblieben. Er ist Gegenstand dieses Kapitels. Die zwei Masterpläne für Dar es Salaam nach der Unabhängigkeit wurden im Rahmen der Entwicklungshilfe für Tansania international ausgeschrieben, finanziert und durchgeführt. Umfang und Anspruch dieser Pläne waren nur unter bestimmten gesellschaftlichen Voraussetzungen durchführbar, zu denen besonders eine entwickelte politische Infrastruktur sowie die stetige Verfügbarkeit von Ressourcen gerechnet werden müssen. Wo diese gesellschaftlichen Voraussetzungen fehlen, stellt sich die Frage, ob der in diesem Sinn unangepaßte Transfer westlicher Modelle der Stadtplanung durch ausländische Consultants schon vom Ansatz her unzweckmäßig war und darüber hinaus von sinnvolleren Alternativen ablenkte (1). Die Entscheidung über den Import westlicher Technologien durch tansanische Entscheidungsträger war immer zugleich eine Frage von politischer Macht und persönlich vermittelten Interessen. Die Wahl der Stadtentwicklungskonzepte bestimmte ganz wesentlich die offizielle Stadtentwicklungspolitik. Die Rahmenbedingungen des anspruchsvollen Master Plan-Unternehmens weisen so in vielfältiger Form über den fachlichen Aspekt der Stadtplanung hinaus. Aus diesen grundsätzlichen Überlegungen heraus ist es unzureichend, die Kritik am Master Plan 1979 auf seine innere Stimmigkeit, Plausibilität und Wünschbarkeit der entworfenen Stadtentwicklungsziele allein zu beschränken.

Um dem Dar es Salaam Master Plan 1979 gerecht werden zu können, werden in dieser Arbeit zwei unterschiedliche Ansätze der Kritik verfolgt: ein planimmanenter und ein soziopolitischer Ansatz. In diesem Kapitel steht die immanente Kritik im Vordergrund. Sie akzeptiert Planung zunächst als das, was allem Anschein nach in der tansanischen Stadtentwicklungspolitik - entgegen dem offiziellen Anspruch! - darunter verstanden wird: technische Planung (2). Unter diesem eingeschränkten Erkenntnisinteresse sind sechs übergeordnete Aspekte der Kritik am Master

Plan 1979 zu untersuchen:
- Welche Funktion hatte er und welchen Zweck verfolgte er innerhalb des tansanischen Stadtplanungssystems?
- Auf welchen Planungsgrundlagen und -voraussetzungen baute er auf?
- Welche Stadtentwicklungsprobleme identifizierte er und wie wurden sie gewichtet?
- Wie grenzte er den räumlich-funktionalen Planungsgegenstand ab?
- Welche Ziele der Stadtentwicklung wurden entworfen und wie waren sie im Lichte der "Erklärung von Arusha" und der im Plan identifizierten Probleme zu bewerten?
- Welche Methoden und Mittel wurden vorgeschlagen, um diese Ziele zu erreichen?

Ausgangspunkt der Kritik am Master Plan sind die "Terms of Reference", die die tansanische Regierung für das Projekt vorgab. Sie legen deren Vorstellungen und Erwartungen zur Funktion des Planes und zum Umfang der notwendigen Leistungen fest. Vor dem Hintergrund der Resümees der ersten beiden Kapitel, die die strukturellen Arbeitsbedingungen der Consultants und die Interessen der tansanischen Staatsklasse herausstellten, ist nun zu klären, ob von der Regierung nun präzisere Vorstellungen zur Stadtentwicklungspolitik formuliert wurden, die die Consultants auf politische Ziele festlegten. Oder blieben auch für den Master Plan weite Ermessensspielräume offen, so daß wiederum selbst die wichtige Aufgabe der politischen Orientierung in der Masterplanng den kanadischen Consultants überlassen blieb?
Wie dem auch sei - die Kritik der Terms of Reference wird dies klären - sind bereits aufgrund der Definition des Master Plan-Instrumentariums in Kap.I.3.1 zwei strukturelle Unvereinbarkeiten zwischen den Zielen der offiziellen tansanischen Politik und den Konzepten der Consultants zur Stadtentwicklungspolitik Dar es Salaams zu erwarten.

Die erste Inkompatibilität erwächst aus der Unterschiedlichkeit der Funktion und der Voraussetzungen der Masterplanung in Tansania und den Industrieländern. Die zweite Inkompatibilität ist eine Folge des Auseinanderfallens von Politik und instrumentellem Fachwissen in der Stadtentwicklungsplanung für Dar es Salaam durch ausländische Consultants. Die Darstellung und Kritik des Master Plan wird hierauf eingehen.

Im wesentlichen wurde an den Master Plan die Erwartung geknüpft, für mindestens zehn Jahre im voraus Stadtentwicklungsziele mit indikativer oder gar imperativer Bindungswirkung zu entwerfen, die durch die lokale Planungsverwaltung implementiert werden sollte. Beide Alternativen der Bindungswirkung des Master Plan kamen an einem grundsätzlichen Dilemma nicht vorbei: Je mehr die Bindungswirkung des Master Plan indikativ, d.h. nur bedingt gültig für die periodische Abstimmung der Handlungsträger war (wie in den Vereinigten Staaten), desto flexibler blieb der Plan. In gleichem Maß stiegen aber auch die Anforderungen an die Verwaltung zu intersektoraler Kommunikation und korporativem Handeln. Präskriptive Langzeitplanung hingegen erkaufte voll determiniertes, zielgerichtetes Handeln einer ausführenden Verwaltung mit hoher Inflexibilität gegenüber Unstetigkeiten (3). In diesem Spannungsfeld wird die Funktion des Master Plan kritisch zu überprüfen sein.

Die schwachen Voraussetzungen des Planungssystems in Tansania - unter diesem Begriff sind hier Pläne, Planer und die administrative Infrastruktur zusammengefaßt - beschränkten die Möglichkeiten der Masterplanung, während die hohen Erwartungen an diese Art der Langzeitplanung zu Überschätzungen des Möglichen führten. Der Planungstransfer über privatwirtschaftliche Consultings unterlag besonders stark diesem Erwartungsdruck, und seine organisatorischen Merkmale - Kurzzeiteinsatz, internationale Konkurrenz der Consultings, Akquisitionsdruck - verstärkten zusätzlich den Trend zu überzogenen Planungen (4). In dieser Weise bildeten die Voraussetzungen des Planungssystems einerseits und die Form des Planungstransfers andererseits weitere Pole des Spannungsfeldes, die eine realistische Masterplanung erschwerten. Wurden die Leitvorstellungen der Consultants zur Stadtentwicklung und ihre erlernte und eingeübte Planungsmethodik durch die restriktiven Bedingungen vor Ort beim Entwurf des Master Plan wesentlich korrigiert?

Die Inhalte jeglicher Planung werden entscheidend dadurch geprägt, was als Problem der Stadtentwicklung überhaupt erkannt wird. Um Probleme erkennen zu können, müssen sie im Interessenfeld der Planer liegen. Normative Prämissen und Werturteile gehen bereits in die Problemdefinition ein (5). Probleme, die in den Industrieländern unerträglich wären, sind in Tansania akzeptierter Alltag. Marginalien unterhalb des vermeintlich Planungsrelevanten, wie die Verfügbarkeit von Baumaterialien, sind für einzelne Familien hingegen u.U. überlebenswichtiger als große Infrastrukturprojekte. Aus welchem situativen Lebensarrangement, welcher kulturellen Tradition und Gewohnheit Probleme definiert werden, die auch die der Zielbevölkerung sein sollen, muß besonders für Consultings, die in Kurzzeiteinsätzen ihre hochbezahlten Fachleute für spezialisierte Problemlösungen einfliegen, wegen ihrer organisationsstrukturellen Zwänge und interkulturellen Entfremdungen ein kaum zu bewältigendes Rätsel bleiben. Wie lösten die kanadischen Consultants dieses Problem einer problemorientierten Planung? Was definierten sie als Probleme, auf die sie dann ihre Planung orientierten? War ihre Planung überhaupt in dem Sinn problemorientiert, daß sie die Problemanalyse "als ersten Schritt der eigentlichen Planungsarbeit" ansahen (6)?

A. Waterston hat auf ein gar "dreifaches Planungsdilemma" hingewiesen, in das Methodenkonzepte geraten, die alternativ zu dem von ihm befürworteten problemorientierten Ansatz stehen (7). Er unterschied den konventionellen Ansatz, der von bestimmten Zielsetzungen ausgeht, und den Ansatz, der bei den verfügbaren Ressourcen beginnt, von einer partiellen, oft intuitiven Planung. Entsprechend den unterschiedlichen Ansätzen wird der Planungsgegenstand des Projektes ganz verschieden ausfallen. Bereits in die Bestimmung des Planungsgegenstandes gehen in dieser Weise neben kulturellen Wertungen auch planungsmethodische Prämissen der Consulants ein. Entscheidungen über den Planungsansatz müssen bei Projektbeginn von den Consultants getroffen werden, sofern sie nicht durch die Terms of Reference vorentschieden sind. Holistische Ansätze, die vorgeben, zunächst die Gesamtheit der Probleme klären zu wollen, um dann den Planungsgegenstand zu definieren, bleiben wenig handlungsrelevante "Papierübungen", wie M. Safier speziell auf Masterplanungen gemünzt feststellte (8). Aus dieser Erkenntnis heraus entwickelte er und vor ihm zuerst O. Koenigsberger Anfang der 60er Jahre das Konzept des "Action Planning" als Alternative zum Master Plan (9). In diesem Konzept wurden unmittelbar vorhandene Handlungsmöglichkeiten der öffentlichen Verwaltung zum Kriterium der Problemanalyse und der Bestimmung des Planungsgegenstandes. Diese bewußte Konzentration auf den handlungsorientierten Ansatz ist aus der praktischen Erfahrung in Peripherieländern gewachsen, weil immer die Gefahr besteht, daß "die Planer sich irgendwo im Stadion befinden, aber nicht dort, wo das Spiel stattfindet" (10).

Wie die Vertreter des Action Planning selbst anführen, war auch ihr Konzept in der Praxis (z.B. in Calcutta) nur wenig erfolgreich (11). Entscheidend ist jedoch für die Methodenkritik des Master Plan 1979, ob dort dieser enge Zusammenhang von Problemanalyse, Zieldefiniton und Mittelwahl erkannt wurde. In jedem Fall steht die Problemanalyse am Anfang und determiniert den Plan, ganz gleich ob sie wie beim "Action Planning" in der Form einer "Hypothese" in den Plan eingeht (12) oder der Versuch einer "systematischen Problemsuche" unternommen wird (13). Auf diesen Zusammenhang hin und auf die Transparenz, mit der das Methodendilemma behandelt wurde, wird der Master Plan 1979 untersucht werden müssen.

Die systematische Kritik an der Masterplanung ist nicht ohne eine immanente Inhaltskritik begründbar. Es muß dargelegt werden, ob und wo die Strategien des Master Plan im einzelnen keine Problemlösung darstellen können und daher einen anderen Ansatz erfordern. In ihm stünde dann prinzipiell das gesamte Planungssystem - vom Bodenrecht über das Katasterwesen, die Bebauungs-, Flächennutzungs- und Infrastrukturplanung bis hin zur Stadtentwicklungsplanung - zur Disposition.

Die Unzweckmäßigkeit der bisherigen Masterplanung durch ausländische Consultants ist sowohl von tansanischen Kritikern (14) als auch in allgemeiner Form von Regierungsseite bereits Anfang der 70er Jahre festgestellt worden: "A programme has been devised to provide each of the growth towns with a proper Master Plan...The former practice of retaining consultants to provide plans has now been abandoned in favour of supplementing the government´s own planning staff to do this task"(15). Die Gründe, die zu dieser negativen Einschätzung der Consultantplanung führten, blieben damals unerwähnt, und ebenso unklar ist die Entscheidung von 1977, nun doch wieder auf Consultants zurückzugreifen. Erhebliche Inkonsistenzen in den Regierungsentscheidungen sind offensichtlich, und es liegt nahe, anzunehmen, daß jene "Anonymisierung der Verantwortung", also Legitimationsprobleme, und auch die Finanzierbarkeit des Master Plan selbst und daraus ableitbare Entwicklungshilfeprogramme eher als inhaltliche Überlegungen die wesentlichen Kriterien für die Neuauflage der Consultant-Panung waren (16). Die Analyse der Terms of Reference wird dies näher untersuchen.

Dieses Kapitel will die Grenzen des Master Plan-Instrumentariums unter tansanischen Bedingungen offenlegen und die inhaltlichen Prägungen aufspüren, die durch die besondere Form des Planungstransfers über ausländische Consultants in die Planung eingeflossen sind. Aus der Kritik sollen in einem nachfolgenden Kapitel dann Ansätze für eine autochthone Stadtentwicklungspolitik entwickelt werden.

2. Die "Terms of Reference" des Master Plan

Im Februar 1977 hatte das zuständige Ministerium in den "Terms of Reference" die offiziellen Zielsetzungen für das Master Plan-Projekt festgelegt. Auf 17 Seiten waren dort die Gründe für die Notwendigkeit der Überarbeitung des alten Master Plan 1968 umrissen und spezielle Ausführungen zu den Themen Wohnungspolitik (Appendix No. 1), Straßen und Verkehr (Appendix No. 2), öffentliche Einrichtungen und Infrastruktur (Appendix No. 3) gemacht sowie eine Liste der im Dar es Salaam Master Plan 1968 implementierten Projekte zusammengestellt worden (Appendix No. 4). In Annex I waren zudem Umfang und Ziel des Projektes beschrieben worden (17). Im Endbericht des Master Plan wurden die "Terms of Reference" nicht abgedruckt, sondern lediglich im "Interim Report I" sehr verkürzt wiedergegeben (18).

Die eminent wichtigen, offiziellen Vorgaben der Regierung für das Master Plan-Unternehmen hatte ein damals im Ministerium arbeitender Stadtplanungsexperte aus der DDR maßgeblich formuliert. So waren bereits die Inhalte der Ausschreibung des Projektes vom Einfluß ausländischer Experten bestimmt.

Die "Terms of Reference" legten den <u>Projektrahmen</u> in vier Punkten fest:
1. Der Master Plan 1979 sollte kein vollständig neuer Plan sein, sondern eine Weiterführung des vorhergehenden ("an extension of that plan"). Das Projekt wurde als "Review of the Master Plan" bezeichnet.

2. Es sollten die wesentlichen politischen Veränderungen seit dem Master Plan 1968 eingearbeitet werden, nämlich:
   a) die Auswirkungen der Hauptstadtverlegung nach Dodoma
   b) die neue Wohnungspolitik seit 1972, derzufolge ungeplante Squattersiedlungen nicht mehr beseitigt, sondern durch "upgrading"-Maßnahmen saniert werden sollten.
   c) die Verwaltungsreform von 1972 ("Decentralisation"), dergemäß Dar es Salaam ein Teil der Regionalverwaltung Dar es Salaam wurde, kein eigenständiges, legislatives "City Council" mehr hatte (19) und das förmliche Stadtplanungsgebiet jeweils vergrößert worden war.
3. Neben den politischen und administrativen Neuerungen seien in der Stadt selbst dynamische Veränderungen eingetreten, die "nicht immer in genauer Übereinstimmung mit dem Master Plan gewesen waren" (20). Die Stadtentwicklungsmaßnahmen seien nicht in dem Umfang durchgeführt worden, wie es der Master Plan 1968 vorgesehen hatte. Gründe hierfür seien Haushaltsengpässe und eine generell verschlechterte Wirtschaftslage gewesen.
4. Für die Bearbeitung des Master Plan sollte ausdrücklich auf den "Integrierten, Regionalen Entwicklungsplan" für Dar es Salaam von 1975 Bezug genommen werden, der also als wichtig und bindend angenommen wurde (21).

Der Umfang der Consultants-Tätigkeit wurde in mehreren Punkten knapp umrissen:
Die physische Entwicklung Dar es Salaams und speziell Entwicklungen, die nicht entsprechend dem Master Plan 1968 liefen, sondern mit ihm "unvereinbar" waren, sollten auf ihre Folgewirkungen hin untersucht werden. Veränderungen der "Stadtentwicklungskonzepte, Prioritäten und Ziele, die sich in der offiziellen tansanischen Anschauung seither geändert hatten, waren festzustellen und in Erwägung zu ziehen" (22). Entsprechend dieser neuen Ausgangslage war eine Aktualisierung und Überarbeitung des Master Plan 1968 vorzunehmen. Folgende Aspekte wurden zur besonderen Beachtung hervorgehoben:
- "das Bevökerungswachstum und die Beschäftigungsmöglichkeiten
- die Luft-, Boden- und Wasserverschmutzung
- die Gründung von Satelliten-Dörfern und ihre möglichen Auswirkungen

auf das Wachstum der Stadt Dar es Salaam
- ein schnelles Land-Stadt-Transportsystem" (23).

Der Master Plan 1979 sollte die Entwicklung Dar es Salaams in drei Phasen mit unterschiedlichem Zeithorizont aufzeigen: In einem Langzeitplan bis zum Jahr 2000, einem am Langzeitplan orientierten Entwicklungsplan über fünf Jahre und einem Interim-Plan über zehn Jahre, der auch als Bezugsrahmen für die staatliche Finanzplanung dienen sollte. Für alle drei Planungsphasen war ein Flächennutzungsplan und eine Zusammenstellung der jeweils notwendigen öffentlichen Investitionen zu erstellen. Besonders der Entwicklungsplan über fünf Jahre war mit einem detaillierten Investitionsplan zu koordinieren.

Zu den Hauptproblembereichen, die "besondere Beachtung" im Master Plan finden sollten, wurden nähere Ausführungen in den vier APPENDICES gemacht:
a) Dem unkontrollierten Wachstum der Squattergebiete sei angesichts der öffentlichen Armut nur durch eine Kombination von privaten und öffentlichen Anstrengungen zu begegnen. Die öffentlichen Mittel sollten für Bebauungspläne und Basisinfrastrukturen verwendet werden, um privaten Initiativen dann Selbsthilfe-Wohnungsbauprogramme mit Regierungsunterstützung auf geplanten und versorgten Grundstücken zu ermöglichen. Nur so sei der im Master Plan 1968 festgestellte Bedarf von 6.000 neuen Wohneinheiten pro Jahr und die Sanierung der bestehenden Wohngebiete zu realisieren. Die bisher erzielten Erfolge, so stellte die Regierung fest, blieben weit hinter den damals gesteckten Zielen zurück. "A well balanced site and service supply programme is currently the only possibility to contain the expansion of squatter areas" (24). Vom Master Plan-Review nun wurden die Ausweisung der Wohnerweiterungsflächen auf der Grundlage einer umfassenden Flächenbewertung und eine Kostenschätzung für die Entwicklung dieser Gebiete erwartet.

b) Beim Ausbau der Verkehrsinfrastruktur wurde der Schwerpunkt auf das öffentliche Bussystem gelegt. Daneben wurden die Ziele Verbesserung des bestehenden Straßennetzes, Ausweisung von ausreichenden Flächen für den ruhenden Verkehr außerhalb des Straßenraumes und - zunächst überraschend - die maximale Trennung des Autoverkehrs vom Fußgänger- und Fahrradverkehr gesteckt. Der Review sollte zu diesen Punkten Vorschläge erarbeiten.

c) Im dritten Problembereich der <u>öffentlichen Einrichtungen und Infrastruktur</u> wurde die optimale Ausnutzung der bestehenden Einrichtungen ins Auge gefaßt. Um die wachsende Lücke zwischen Bedarf und staatlicher Versorgungsleistung zu decken, wurde vom Master Plan eine Bewertung der künftig infrastrukturell zu erschließenden Wohngebiete verlangt mit Aussagen darüber, welche potentiellen Gebiete wegen zu teurer Wasser- und Abwasserversorgung und Müllbeseitigung ungeeignet seien.
Für die Durchführung der Planung wurde vorgeschlagen, zwei "Interim Reports" im Zeitraum von fünf und zehn Monaten herauszubringen, die als geeignete Grundlage einer begleitenden Erörterung der Consultant-Planungen durch die zuständigen, tansanischen Stellen erachtet wurden. Außerdem sollte sich ein Sonderkommittee aus Repräsentanten der Ministerien mit dem Fortgang der Planungen beschäftigen.

d) In den "Terms of Reference" wurde wiederholt auf die geringe Implementierungsrate des Master Plan 1968 hingewiesen. Die allgemeine ökonomische Situation des Landes und nicht der Master Plan 1968 wurden als Grund hierfür genannt. APPENDIX No.4 führte in Listenform die realisierten <u>Projekte des Master Plan 1968</u> auf. Daraus wird deutlich, daß im Zeitraum 1970 - 1977 knapp 616 mio. TShs. zur Implementierung des Master Plan 1968 ausgegeben worden sind. Der Master Plan 1968 hatte 300 mio. TShs. für die erste Entwicklungsphase zwischen 1969 und 1974 veranschlagt (25). Die hohe, realisierte Investitionssumme ist jedoch nicht mit einer hohen Planerfüllung gleichzusetzen, denn 89 % der Gesamtsumme fielen allein auf vier große, international finanzierte und durchgeführte Infrastrukturprojekte. Die Verfügbarkeit externer finanzieller und technischer Hilfe war in der Mehrzahl der Projekte ausschlaggebend für deren Implementierung. Die Programmierung dieser Projekte erfolgte, nur was die Weltbank-finanzierten "sites and services" und "upgrading-Projekte" anging, in Übereinstimmung mit dem Plan, während der Infrastrukturausbau kaum am Plan orientiert war.

Bei kritischer <u>Wertung</u> der "Terms of Reference" wird erkennbar, daß die tansanische Regierung für den Master Plan 1979 hinsichtlich des Planungsansatzes, der Ziele und der Mittel zur Realisierung der Planungen keine Vorgaben machte, die aus einem autochthonen Stadtentwicklungskonzept abzuleiten wären, das die "Erklärung von Arusha" in praxisrelevante Anweisungen übersetzte. Es war den Consultants überlassen, welche Folgerungen sie aus dem wenig erfolgreichen Master Plan 1968 zogen und wie sie sich eine ujamaa-sozialistische Stadtentwicklung vorstellten. Die "Terms of Reference" waren technischer Art. Der Anspruch Tansanias auf eine politische Planung, die sich an expliziten gesellschaftspolitischen Zielen orientierte und nicht <u>allein</u> aus den in der Bestandsaufnahme erhobenen Mängeln eines Ist-Zustandes die Entwicklungsplanung ableitete, wurde nicht eingelöst. Doherty wies daher zu Recht darauf hin, daß "in such a situation, capitalist town planners can happily operate in Tanzania, as they do in advanced capitalist countries, in the interests of the ruling class as they are not called upon to reject their imbibed ideology and plan for revolutionary change" (26). Da konkrete politische Ziele der Masterplanung aus der offiziellen Politik nicht abgeleitet werden konnten, hätten die Consultants sie nur aus der Problemlage in Dar es Salaam heraus entwickeln können. Das war kaum möglich und war von der Regierung auch nicht gefordert gewesen.

Die <u>Leitbilder</u> der Stadtentwicklung, soweit sie aus den "Terms of Reference" überhaupt erkennbar sind, waren an anderen Consultant-Planungen orientiert. Das überzogene Verkehrskonzept mit z.T. kreuzungsfreien Straßen, Ampelanlagen, Parkierungsmöglichkeiten war weder aus den Stadtentwicklungsproblemen heraus entwickelt noch stellte es einen nennenswerten Problemschwerpunkt dar. Es ist anzunehmen, daß der Master Plan für Dodoma hier Pate stand, der in diesem Punkt wiederum an Planungen für die New Towns in England orientiert war (27). Das tansanische Leitbild der Stadt war von den Vorbildern der Industrieländer beherrscht.

Die "Terms of Reference" nahmen auf den <u>Ansatz der Masterplanung</u> kaum Einfluß. Implementierungsengpässe wurden zwar dargestellt, durch Hinweise auf die schwierige Wirtschaftslage des Landes jedoch eher verschleiert. Es wurden keine planungsrelevanten Schlußfolgerungen gezogen, die das anstehende Projekt entweder auf einen problemorientierten, ressourcenorientierten oder handlungsorientierten Ansatz festlegten.

Der Entwurf eines Entwicklungsszenarios, welches das Wünschbare, das eigentlich Notwendige, statt das Machbare plante, war somit vorprogrammiert. Es war zwar plausibel, ein solches Szenario zu planen, aber die Zweckmäßigkeit war angesichts äußerster Mittelknappheit doch fraglich.

Die Wahl der **Mittel zur Implementierung** des Master Plan wurden nur vage angesprochen. Staatlich finanzierte Projekte sollten die Voraussetzungen für Selbsthilfeprojekte im individuellen Wohnumfeldbereich schaffen. Damit war angesichts der sozialen Lage der Armutsbevölkerung in Dar es Salaam (28) weder eine realistische noch eine strikt an den politischen Leitzielen Tansanias orientierte Strategie vorgegeben. In realistischer Einschätzung der Möglichkeiten des Landes hatte die Arusha Declaration eine arbeitsintensive statt kapitalintensive Entwicklung gefordert: "Between money and people it is obvious that the people and their hard work are the foundation of development" (29). Die "Terms of Reference" blieben jedoch auf einen konventionellen, "von oben" mit staatlichen Mitteln kontrollierten, geplanten, finanzierten und implementierten Stadtentwicklungsprozeß orientiert, wie ihn das Leitbild der Industrieländer vorgab.

Die Stärkung der staatlichen Planungsinstitutionen wurde in den Terms of Reference nicht angesprochen. Die Notwendigkeit eines Counterpart-Trainings oder die Stärkung der administrativen Infrastruktur als unverzichtbare Mittel der Planimplementierung blieben unerwähnt. Dennoch kam es dann im Projekt zu einem hier nicht näher bewerteten "on the job"-Training von maximal fünf Planern aus dem Ministerium.

Die Regionalbehörde Dar es Salaam, die erst im Zuge der begonnenen Arbeit am Master Plan von den Consultants um **Kommentare** gebeten wurde, wo die wesentlichen Implementierungsprobleme des alten Master Plan gelegen hätten, antworteten darauf im Februar 1978: "The main problem in implementing the Master Plan appears to be the gap between what is desirable and what is feasible. In order to reduce this gap the Review of the Master Plan has to start up with a realistic assessment of available funds" (30). Zudem wurden dort folgende Hinweise gegeben:
- Die bestehende Verwaltungsstruktur wurde als Problem der Implementierung gesehen, da die lokale Implementierungsbehörde zu wenig in den Planungsprozeß einbezogen sei.

- Ein Training der Lokalbehörde im Umgang mit dem Plan wurde als notwendig erachtet. Die Vorgabe von "decision patterns" in der Koordination der verschiedenen Implementierungsbehörden wurde den Consultants empfohlen. Eine Liste der komplexen Verantwortlichkeiten wurde beigelegt.
- "Thresholds", d.h. unteilbare und für die Gesamtplanung unvermeidliche Einzelinvestitionen des Infrastrukturausbaus sollten kenntlich gemacht werden.
- Planungen sollten in detaillierte Entwicklungsschritte zerlegt werden.
- Es wurde vor einem schönen, aber nicht implementierbaren Planwerk gewarnt (31).

Zusammenfassend kann festgestellt werden, daß, erstens, das zuständige Ministerium kein inhaltliches Leitbild tansanischer Stadtentwicklungsvorstellungen entwarf. Der alte Master Plan wurde (ohne "aber") am Standard der Industrieländer gemessen: "Dar es Salaam's Master Plan has undoubtedly a good quality according to advanced North American standard and pattern"(32). Stadtplanung wurde als technische Aufgabe verstanden. Eine Kritik am Master Plan, die darauf abhebt, daß dort kein authentisches politisches Konzept der Stadtentwicklung entworfen wurde, trifft somit primär die Regierung.

Zweitens waren die Festlegungen der Terms of Reference auf einzelne physische Probleme und diesbezügliche Zielvorstellungen konzentriert, ohne den Kontext der Planungsvoraussetzungen - Planer, Pläne, administrative Infrastruktur - als damit zusammenhängendes Problem zu definieren. Die Masterplanung war von Anfang an auf ein in sich stimmiges Planwerk als Projektziel verkürzt worden.

Drittens blieb die zuständige Implementierungsbehörde, die Stadtverwaltung von Dar es Salaam, aus der Formulierung der Terms of Reference ausgeschlossen und wurde erst im Zuge des Planungsprozesses von den Consultants als zusätzliche Informationsquelle angesprochen. Der Planungsprozeß selbst war aufgrund der institutionell zersplitterten Zuständigkeiten für die Programmierung (Ministerium), Planung (Consultants) und Implementierung (City Council) in wenig sinnvoller Weise organisiert.

3. Das Konzept des Master Plan

3.1. Der Planungsprozeß

Das Angebot der kanadischen Consulting auf die Ausschreibung hin sah eine Planungsdauer von siebzehn Monaten für den Master Plan vor. In dieser Zeit sollte ein Kernteam von zwei Fachleuten der Firma, die über rund 300 Mitarbeiter in Kanada verfügte, ständig vor Ort arbeiten. Ungefähr 80 % der Planungstätigkeit sollte in Dar es Salaam abgewickelt werden, indem die Fachexperten der Firma für gezielte Kurzzeiteinsätze nach Dar es Salaam einflogen (33). Der im Angebot vorgesehene Einsatzplan der Consultants ist aus Tabelle III-1 ersichtlich.

Tabelle III-1

EINSATZPLAN DER CONSULTING-MITARBEITER VOR ORT		
EXPERTE	ANWESENHEIT IN MANN/MONATEN	MANN/MONATE IN KANADA
PROJEKT MANAGER	3	zus. 3
RESIDENT *	15	
ECONOMIST	3	1
TRANSPORTATION ENGIN.	7	3
ENGINEERING	12	3,5
PLANNING STAFF	14,5	2,5
RESOURCE STAFF	2	0
GESAMT	56,5	13,0

Quelle: Marshall, Macklin, Monaghan Ltd., Toronto 1977.

Die Planung wurde Anfang 1978 begonnen und im Oktober 1979 abgeschlossen. Am Planungsprozeß wurde eine kleine Zahl von maximal fünf tansanischen Counterparts beteiligt. Das von den Consultants ursprünglich angebotene "extensive participation programme proposed throughout the work programme" kam m.E. nicht zustande. Die Finanzierung der Planung war durch eine nicht-rückzahlbare Kapitalhilfe ohne Auflagen aus Schweden gesichert. Die Honorarkosten wurden mit 3,15 mio TShs. angegeben zuzüglich Aufwandsentschädigungen von 0,81 mio. TShs..

Die Arbeit der Consultants wurde besonders in der Erhebungsphase durch schlechte Voraussetzungen erschwert: Es fehlte an Daten, Grundlagenplänen und Sachausstattung. Das einzige Geländefahrzeug der Stadtpla-

nungsbehörde wurde zeitweilig den Consultants zur Verfügung gestellt, wodurch in dieser Zeit für die Behörde eine Kontrolle der Stadtentwicklung im Feld unmöglich wurde.
Die Consultants arbeiteten im Ministerium. Das City Council wurde nur punktuell bei Grundlagenermittlungen und später mit der Bitte um Kommentare zu Zwischenberichten in die Planung einbezogen. Im Council bedeutete dies eine erhebliche Mehrbelastung der an sich schon kaum funktionsfähigen Behörde.
Grundlagenpläne - z.B. über das bestehende Abwassersystem aus der Kolonialzeit - mußten in der Planbestandsliste gesucht werden, ohne in den überquellenden Planschränken aus der Kolonialzeit auffindbar zu sein. Die Informationen flossen nahezu ausschließlich in Richtung der Consultants. Durch die Inanspruchnahme der unzureichenden lokalen Planungskapazitäten behinderte der Master Plan für einige Monate die Planung in der Stadt, die pro Monat damals um ca. 5.500 Einwohner wuchs. Der Planungsprozeß entsprach mehr einem "hit and run"- Unternehmen als einer integrierten Planung, wie sie in Kap.I skizziert worden war und wo auch die strukturellen Ursachen für diese Art der nicht-integrierten Consultingplanung abgeleitet worden waren.

In einer zweiten Phase der Arbeit am Master Plan wurden zwei "Interim Pläne" im August 1978 und November 1978 an die Planungskörperschaften verteilt. Der erste faßte die erhobenen Planungsgrundlagen mit der Bitte um Kommentare zusammen. Der zweite stellte drei Entwicklungsalternativen zur Diskussion. Eine Alternative wurde von den Consultants empfohlen und dann auch vom Ministerium und dem Urban Planning Committee der Lokalbehörde verabschiedet.
Das abschließende Master Plan-Dokument bestand aus ca. 350 Seiten mit 35 Plänen, gegliedert in einen Hauptband, 4 technische Ergänzungsbände und einem Projekt-Implementierungsprogramm für die erste Entwicklungsphase (1979 - 1984).

3.2. Aufbau und methodisches Konzept des Master Plan 1979

Der Hauptband des Master Plan ist in fünf Kapitel unterteilt, die mit einem Einleitungsteil und Schlußfolgerungen versehen sind. Der Plan beginnt mit einer kurzen Auflistung allgemeiner Planungsziele. Das erste Kapitel stellt eine Bestandsbeschreibung dar. Aus ihr werden dann unter Zugrundelegung von drei alternativen Hypothesen Entwicklungsprojektionen entworfen, von denen eine als die wahrscheinlichste für das Entwicklungsszenario für die kommenden zwanzig Jahre angenommen wird. Anschließend werden die verfahrensmäßigen und administrativen Voraussetzungen dargestellt, um das Szenario in die Praxis überführen zu können. Am Ende des Hauptbandes sind die Planungsziele und -standards aufgelistet, die bei der Verabschiedung des Planes formell zur Kenntnis genommen werden sollen ("recognized"). Planungsziele gehen einerseits in der Form von Hypothesen über quantitative Zielprojektionen des Wachstums und andererseits als zu beachtendes und daher auch darstellungslogisch am Ende angehängtes Inventar eines Entwurfes ein.

Der Zweck des Master Plan ist es, so steht es im Hauptband, "to provide a development programme for the Dar es Salaam urban area and Region, including a unified general physical design for the urban area and a comprehensive set of development guidelines" (34). Der Master Plan greift also eine partielle Problemdimension heraus, die entsprechend dem anglo-amerikanischen "physical planning" auf die Flächennutzungsplanung und Infrastrukturanordnung beschränkt ist. Er setzt an empirisch feststellbaren Einzelphänomenen an und will einen sektoral gegliederten Katalog einzelner Projekte erstellen, die zur Behebung der mit dem Stadtwachstum sich dynamisch verändernden Defizite notwendig sind. Nicht beabsichtigt ist in einem derartigen Ansatz, alle sektoralen Faktoren der Stadtentwicklung - wie z.B. Wohnungsproduktion, Beschäftigungsverhältnisse, Bodenrecht und das Steuersystem - im Zusammenhang intersektoral verknüpft zu behandeln, um vorgegebene Ziele durch umfassende ("comprehensive") Planung zu erreichen (35).

Die Beschränkung auf bestehende, sachliche (physische) Problembereiche bringt den Vorteil der Überschaubarkeit und Umsetzbarkeit. Dies ist für schwache Planungsbürokratien und zeitlich begrenzte Experteneinsätze, wie bei der Consultant-Planung, sicher hilfreich. Das Anliegen einer politischen Planung, die aus einem gesellschaftlichen Diskurs entwickelte und allgemein als vordringlich akzeptierte Hauptziele (z.B. Beschäftigungsprogramme) durch den integrierten Einsatz aller verfügbaren Mittel zu erreichen versucht, ist mit dem partiellen Ansatz nicht einzulösen.

Der auf die physische Stadtplanung eingeengte Ansatz wird nichtsdestoweniger im Master Plan mit hohen politischen Ansprüchen verknüpft: Die Erklärung von Arusha - verstanden als "Arbeitermitbestimmung", "soziale Integration" und "Minimierung der Unterschiede in den Versorgungsstandards" - soll planungsleitend wirksam werden (36). An anderer Stelle wird der Anspruch einer an die tansanischen Realitäten angepaßten Planung bekräftigt: "The Plan reflects planning done within the context of national policies and economic realities. In other words, emphasis is not on the transposition of Western standards into an environment where national priorities are, in fact, at variance with those standards" (37). Der Anspruch einer angepaßten Planung soll besonders in der Abkehr vom Konzept der Funktionstrennung, das seit der "Charta von Athen" in der Flächennutzungsplanung der Industrieländer große Bedeutung hat, konkret werden.

In der Bestandsaufnahme werden die vorhandenen Flächennutzungen mit Angaben zur Größe und Dichte quantitativ beschrieben und die physischen Infrastrukturnetze dargestellt. Mängel des Bestandes werden ohne Bezug auf irgendwelche Parameter entweder aus anderen Untersuchungen zitiert oder als rechnerische Defizite kurz angesprochen. Die rechnerischen Defizite sind aus detaillierten Eigenerhebungen gewonnen, die in den "TECHNICAL SUPPLEMENTS" (TS) wiedergegeben sind. TS 1 ist eine auf physische Merkmale beschränkte, empirische Zustandsbeschreibung der Stadt und der Institutionen der Stadtplanung. TS 2 gibt die Bevölkerungs- und Sozialstatistik mit Daten zum Bevölkerungswachstum und zur Beschäftigungsentwicklung in Dar es Salaam wieder. TS 3 arbeitet die umfangreichen Daten der innerhalb des Projektes erhobenen Verkehrszählung aus, und TS 4 analysiert die bestehenden öffentlichen Versorgungseinrichtungen. Alle Bestandsaufnahmen zielen darauf ab, eine Prognose der physischen Entwicklung der Stadt vornehmen zu können. Auch die Sozialdaten in TS 2 werden nur als Bevölkerungsquantitäten und Arbeitsplätze umgerechnet in Flächenbedarfe relevant. Die Bestandsaufnahme war bereits in ganz rudimentärer Form im Interim Report No. 1 veröffentlicht und dann erst im Endplan umfassend dargestellt worden.

Ohne dieses Zahlenmaterial über den Bestand und eine diskutierbare Problembeschreibung veröffentlicht zu haben, waren den tansanischen Entscheidungsträgern bereits im Interim Report No. 1 und No. 2 alternative Entwicklungshypothesen zur Diskussion vorgelegt worden. Im Interim Report No. 1 wurden in Tabellenform drei Alternativen des quantitativen Wachstums vorgestellt: Trendentwicklung (= maximales Stadtwachstum), geringe Dezentralisierung, starke Dezentralisierung (= geringes Stadtwachstum). Die mittlere Alternative der geringen Dezentralisierung wurde ohne weitere Ausführungen als die wahrscheinlichste gewählt. Auf dieser Hypothese aufbauend entwarf Interim Report No. 2 dann auf vierzig Seiten wiederum alternative Szenarien, um das angenommene Bevölkerungswachstum in der Fläche unterzubringen (vgl.Kap. III.3.4). Viele der impliziten Annahmen, die in die Szenarien eingingen, mußten den tansanischen Entscheidungsträgern undurchschaubar bleiben, da sie umfassende Kenntnisse des Bestandes, der Entwicklungsdynamik, der regionalpolitischen Begleitmaßnahmen bis hin zur staatlichen Investitionspolitik voraussetzten. Um diese Datenkomplexität zu reduzieren und die zur Partizipation aufgeforderten tansanischen Stellen nicht zu überfordern, wurden die Prognosealternativen von den Planern selbst entschieden, dann offiziell bestätigt und damit zur Grundlage weiterer Planung. Das rechnerische Ergebnis aus diesem Bündel von Annahmen, Hypothesen und Prognosen bildet den Ausgangspunkt des komplexen Stadtentwicklungsplanes: die Prognose für das Stadtentwicklungsszenario.

Der Master Plan untergliedert das Entwicklungsszenario bis zum Jahr 1999 in drei Entwicklungsphasen, die unterschiedlich detailliert ausgearbeitet werden. Für die erste Phase über fünf Jahre (1979 - 1984) ist ein detaillierter Entwicklungsplan inklusive einem Entwicklungsprogramm mit Maßnahmenkatalog und Finanzplanung entworfen (38). Die zweite Phase (1984 - 1989) und die dritte Phase (1989 - 1999) sind auf der Ebene eines Flächennutzungskonzeptes gehalten, das die Größe und Lage der Stadterweiterungsflächen festlegt, die Nutzungen einander zuordnet und die entsprechenden Infrastrukturen auslegt. Für diese späteren Phasen des Planes sind überschlägige Kostenrahmen berechnet.

Gegenüber den "wechselnden Situationen" und der "Unverläßlichkeit der Vorhersagen" will der Master Plan ein "dynamisches Steuerungsinstrument (dynamic guide)" sein, das sich ändernden Gegebenheiten anpassen kann (39). Mit diesem Instrument soll es möglich werden, daß "sämtliche neuen Stadtentwicklungen (Wohnen, Industrie, Institutionen oder von anderer städtischer Art) auf ordentlich vergebenen und vermessenen Grundstücken stattfinden werden" (40). Allerdings sei dazu eine "effektive politische Führung und Kontrolle" notwendig, ohne die die Ziele des Planes wahrscheinlich nicht erreicht werden" (41). Im Einzelnen müsse
- der Fortschritt des Planes durch "ständige rigorose Plankontrolle ("monitoring")" auf Kurs gehalten werden,
- nach fünf Jahren eine umfassendere Evaluierung des Masterplanes vorgenommen werden und nach zehn Jahren eine vollständige Überarbeitung ("full scale review"),
- ein neues Koordinierungskommitee ("Public Utilities Coordinating Committee") aller für die Infrastrukturversorgung zuständigen Institutionen geschaffen werden,
- eine generelle Aufwertung und bessere Ausstattung des City Council in die Wege geleitet werden,
- die Besteuerung von öffentlichen Versorgungsleistungen effektiver gestaltet werden, um so diese Leistungen finanzieren zu können (42).

Aus der Darstellung des Aufbaus und der Methode des Master Plan wird soweit bereits deutlich, daß es sich um einen konventionellen Planungsansatz handelt. Weder eine politische Verständigung zwischen allen Planungsbeteiligten über die brennendsten Probleme der Stadtentwicklung leitet die Planung noch die Klärung des Handlungsbedarfes der Stadtplanungsbehörde. Die umfassende Erhebung des Ist-Zustandes, der als hochgerechnetes Zukunftsszenario bestimmte Maßnahmen auf breiter Front notwendig mache, steht am Anfang der Planung. Die Planung - so die implizite Annahme - ergibt sich sachlogisch aus der Bestandsaufnahme. Die Grenzen dieses Ansatzes werden bereits in Anfängen deutlich:

1. Der <u>Zweck des Master Plan</u> ist auf die Steuerung der physischen Entwicklung der Stadt eingeengt. Soziale und ökonomische Faktoren der Stadtentwicklung werden vernachlässigt und auch nicht als Determinanten der physischen Entwicklung in eine umfassende Planung (comprehensive

planning) eingebracht. Die soziale Lage der breiten Armutsbevölkerung z.B. geht in den Plan nicht ein. Dadurch werden sozialökonomische Zusammenhänge zerrissen. Einerseits wird darauf hingewiesen, daß 65 % der Bevölkerung in Squattergebieten leben, also unregistriert, und die Beschäftigungsrate von geringen 18.7 % (1966) noch auf 15,2 % (1979) der Stadtbevölkerung fiel; andererseits wird die effektivere Besteuerung als eine realistische Voraussetzung für die kontrollierte Stadtentwicklung angenommen (43). Hier werden ganz wesentliche nicht-physische Determinanten der Stadtentwicklung außer Acht gelassen, die in Kap.IV dieser Studie dargestellt werden, und administrative Grenzen überschätzt, die einer effektiven Besteuerung von Squattern gegenwärtig noch entgegenstehen. Das Ziel einer kontrollierten Stadtentwicklung ist mit physischer Planung allein in Dar es Salaam nicht zu erreichen.

2. Der methodische **Anspruch auf eine politische Planung**, der durch Verweis auf Arusha und Arbeitermitbestimmung im Master Plan angekündigt ist, wird nicht eingelöst. Er bleibt hohl und vollkommen im Rahmen konventioneller Planung, insofern die Partizipation der tansanischen Entscheidungsträger, der Counterparts und natürlich der Bevölkerung am Planungsprozeß auf ein Minimum reduziert war. In keiner Weise sind die Teilziele des Master Plan an übergeordneten gesellschaftlichen Normen orientiert. Die Normen des Ujamaa-Sozialismus - Dezentralisierungspolitik, Land-Stadt Ausgleich, Partizipation, Beseitigung sozialer Ungleichheit - gehen nur als von anderer Seite zu erbringende Randbedingungen für das technisch-quantitativ entworfene Szenario in den Master Plan ein. Er stellt weder ein Konzept restriktiver Stadtplanung mit dem Ziel der Stadt-Land Umverteilung noch ein Modell sozialer Umverteilung dar. Der Master Plan muß daher als adaptive Planung charakterisiert werden, die pragmatisch Entwicklungsprobleme der Stadt aufgreift und zur Lösung geeignete Projekte vorschlägt. Den Entwicklungstrend der Stadt ursächlich zu verstehen und zu beeinflussen, ist nicht beabsichtigt. Er wird einfach fortgeschrieben. Planung versucht in konventioneller Weise, dem "Zug der natürlichen Entwicklung die lenkende Hand zu bieten" (44). Inwieweit die Erklärung von Arusha in einer neuen inhaltlichen Form der Flächennutzungsanordnung im Plan Niederschlag fand, wird in Kap.III.3.4 untersucht werden.

3. Die vorgeblich umfassende Bestandsaufnahme ist nicht umfassend, sondern das Resultat von impliziten Selektionsprozessen und Werturteilen der Consultants (45). Zum einen erfaßt der Master Plan nur die formelle Seite der städtischen Ökonomie mit zehn oder mehr Beschäftigten/Betrieb (46). Der informelle Sektor, über den 40% der Bevölkerung ihr Überleben sichern, wird nur einmal im gesamten Plan dahingehend erwähnt, daß der statistische Fehlbedarf an Tertiärflächen "auf die wahrscheinliche Existenz eines großen informellen Marktes hindeutet" (47). Auch das informelle Siedeln wird nur quantitativ zur Kenntnis genommen; seine Ursachen, Eigengesetzlichkeiten und Potentiale werden nicht erwähnt.

4. Die Abgrenzung des Planungsgegenstandes - der Stadt Dar es Salaam - ist das Resultat bestimmter inhaltlicher Vorentscheidungen, die im Plan nicht dargestellt werden. Der Abgrenzung der Stadt als einheitliches geographisches und administratives Gebiet liegt ein formaler "klassifikatorischer Ansatz" zugrunde. Er grenzt die Stadt vom Umland ab und definiert das Planungsgebiet analog der rechtlichen Verwaltungsgrenzen(48). Diesem Ansatz stünde der "funktionale Ansatz" gegenüber, der von der formalen Gebietsabgrenzung ausginge, dann aber internationale und nationale Determinanten der Stadtentwicklung und regionale Verflechtungsaspekte ernst nähme und soweit möglich in die Planung einbezöge (49). In Kap. V werden die funktionalen Bezüge der primate city im nationalen Verflechtungsraum, die weit über die räumliche Gebietseinheit Dar es Salaam hinausgreifen, ausführlich dargestellt werden.

Diese Vorentscheidung über den Planungsgegenstand hat weitergehende Auswirkungen auf das gesamte Planungskonzept. Im Gegensatz zum raumbezogenen Ansatz würde der funktionale Ansatz versuchen, auf einzelne wichtige Entwicklungsdeterminanten schwerpunktartig Einfluß zu nehmen. Die Selektivität dieses Ansatzes folgt den reduzierten Möglichkeiten der Planungsinstitution gegenüber einem notwendigerweise ausgeweiteten Planungsgegenstand. Der funktionale Ansatz wird in der Stadtplanung in Peripherieländern in dem Maß notwendig, in dem regionale und nationale Determinanten der lokalen Entwicklung nicht - wie in den Industrieländern - durch effektive Planungssysteme auf diesen drei Ebenen mehr oder weniger integriert bearbeitet werden. Die methodischen Auswirkungen der beiden Ansätze auf das jeweilige Gesamtkonzept der Planung sind in Tab. III-2 dargestellt.

Tabelle III-2

Unterscheidungsmerkmale des raumbezogenen und des funktionalen Stadtplanungsansatzes	
Raumbezogener Ansatz	Funktionaler Ansatz
Grenzt das Planungsgebiet nach räumlich-verwaltungstechnischen Kriterien ab.	Grenzt das Planungsgebiet nicht ab, sondern orientiert Planungsgegenstand an funktionalen Problemursachen.
Zielt auf optimale Flächenzuordnungen und Infrastrukturversorgung hingenommener Zuwächse ab.	Zielt auf politisch wünschbare Zuwächse ab, für die Realisierungsstrategien entworfen werden.
Entwirft im Plan ein Langzeit-Flächennutzungskonzept für wünschbaren Zielzustand.	Entwirft flexible, wechselnden Problemlagen anpaßbare Handlungskonzepte gegen unerwünschte Entwicklungen.
Plant ganzheitlich, flächendeckend.	Plant selektiv, auf Problemursachen beschränkt, orientiert an vorhandener Planungskapazität.
Lokale Planung für die Gebietseinheit Stadt.	Stadtübergreifende, integrierte Planung für Stadt und Umland.
Hat affirmative Wirkung auf den Entwicklungstrend.	Strebt restriktive Wirkung an gegenüber politisch nicht gewünschter Entwicklung.
Erfordert hohen Planungsaufwand im Vorlauf und hohe Kontrolleistungen der Verwaltung in der Implementierung.	Erfordert konzentrierten Planungsaufwand im Vorlauf. Planung folgt realer Entwicklung näher "auf dem Fuß". Erfordert hohe politische Entscheidungs- und Entschlußfähigkeit der Verwaltung.
Sektorales Planungsverständnis.	Integriertes Planungsverständnis.

Quelle: Zusammenfassung aus Heidemann/Ries, Eschborn 1979

Mit dem klassifikatorischen Ansatz werden im Master Plan bestimmte Determinanten der Stadtentwicklung aus der Planung ausgeklammert, die so entscheidend sind, daß sie die Verläßlichkeit des Szenarios in Frage stellen. Interessanterweise wird dies im Master Plan, Kapitel "Implementierung und Kontrolle", auch en passant so gesehen: "Work on the Plan has shown the unreliability of predictions due to the vigorous and changing situation...The implications of uncontrolled in-migration, fluctuations in the availability of funding and matters completely beyond the control of the central government, such as oil prizes or the world prize of coffee, make predictions suspect" (50). Auf eben diesen suspekten Prognosen gründet aber das gesamte Szenario des Master Plan, ohne die regionalen und überregionalen Determinanten der Prognose jemals zum Gegenstand der Planung zu machen. Erwartbare Abweichungen der späteren Entwicklung vom Szenario müssen - so der Plan - durch begleitende Entwicklungsbeobachtung ("monitoring") aufgefangen werden. Das spezifische Problem der Stadtentwicklungsplanung in Peripherieländern, Planung unter unstetigen Rahmenbedingungen, wird an die lokale Planungsbehörde verdeckt zurückgegeben! Der Planungstransfer ist strukturell unangepaßt. Der Master Plan ist nicht - wie er beansprucht - "planning under uncertainty" (51); er versucht Stabilität durch die Suggestivkraft von Szenarios herzustellen. Wo diese zerbrechen, wird der Plan unflexibel. Der lokalen Planungsbehörde werden Anpassungsleistungen an das Szenario aufgelastet, für die das Planwerk selbst keine Hilfestellung gibt. Da zudem das städtische System weitgehend extern determiniert ist (Migration, Inflation, Krise), stehen Anpassungsmaßnahmen oft gar nicht in der Macht der lokalen Planung.

5. Der Master Plan erhebt den Anspruch, "auf realistische Finanzierungsmöglichkeiten gegründet zu sein" (52). Der <u>Ressourcenbezug</u> des Planes wird jedoch allein auf der Ebene einer staatlichen Haushaltsrechnung hergestellt. Der Plan folgt damit dem Konzept hoheitlicher Planungskompetenz (53). Die Bestandsaufnahme listet die staatlichen Infrastrukturinvestitionen der vergangenen Jahre auf und die Planung geht von diesen Summen, die im günstigen Jahr 1976/77 im Verhältnis 45% zu 55% aus nationalen und internationalen Mitteln bestanden, als auch künftig verfügbare Investitionsmasse aus. Der Plan ist damit nur vordergründig ressourcenbezogen, da zu große Unwägbarkeiten in Kauf genommen werden, die diese Trendverlängerung des Ressourcenpotentials in Frage stellen:
- Sind auch künftig internationale Investitionen im selben Umfang für die urbane Entwicklung Tansanias verfügbar?
- Sind diese Mittel, die auf Jahre im voraus international ausgehandelt und gesichert werden müssen, rechtzeitig verfügbar, sodaß sie sich in das Szenario einfügen lassen?
- Kann der Mittelbedarf überhaupt als berechenbar angenommen werden, wie im Plan, obwohl in der tansanischen Praxis Inflation und Kostensteigerungen das Szenario ständig entwerten (54)? Fast jährlich wurde der tansanische Shilling in den 80er Jahren kräfig abgewertet.

Die Ressourcenbedarfsberechnung des Master Plan ist relativ wertlos. Sie trägt abstrakt einem verständlichen, staatlichen Planungsbedürfnis Rechnung und dient als Referenzgrundlage für die internationale "Entwicklungshilfearena" (G.Hyden).

6. Der Implementierungsbezug des Master Plan ist ebenfalls nur vordergründig hergestellt, indem institutionelle Arrangements als dringend notwendig vorgeschlagen werden. Das "Public Utilities Coordinating Committee" ist zunächst nicht mehr als ein zusätzliches administratives Organ und eine weitere Aufblähung des öffentlichen Sektors. Inhaltlich ist mit der Verwaltungsumbildung nicht weniger als eine Innovation der gesamten administrativen Kultur hin zu einem umfassenden ("comprehensive") Planungshandeln gefordert. Die "planende Verwaltung" der Industrieländer aus jüngster Zeit ist das implizite Leitbild dieser Innovation (55). Ihr zufolge muß die Bürokratie selbst zunehmend politische Entscheidungen zwischen konfligierenden Zielen entwerfen, weil langfristige Ziele für das immer komplexere Stadtsystem nicht mehr formulierbar sind. Dieses Dilemma trifft in besonderem Maß für eine Stadt wie Dar es Salaam zu. Der Master Plan verschleiert jedoch dieses Dilemma, in das konventionelle Planung geraten ist, durch die Stilisierung von Szenarien, aus denen Planungshandeln vorgeblich langfristig ableitbar sei. Mit dem vorgeschlagenen Koordinierungskommitee wird verschleiert, daß der Master Plan der Stadtverwaltung mehr als Koordination abverlangt, nämlich politische Steuerungsaufgaben. Die Realisierbarkeit dieses Leitbildes muß unter tansanischen Bedingungen allgemein bezweifelt werden und wird im besonderen durch das methodische Instrument der Masterplanung nicht gefördert. Dazu wurde die Arbeit am Plan selbst zu wenig als Lernprozeß des gesamten administrativen Systems aufgefaßt, um in der Planungspraxis dann einen korporativen Umgang mit dem fertigen Planwerk erwarten zu können. Die Stärkung kompetenter Planungsinstitutionen wurde nicht als Teil des Master Plan-Projektes konzipiert. Im Gegenteil war die Arbeit der Consulting am Master Plan aufgrung ihrer organisatorischen Einsatzbedingungen weitgehend aus dem tansanischen Planungssyssem ausgegliedert (vgl. Kap I.3.4). Das "Public Utilities Coordinating Committee" kam später formal als Gremium nie zustande.

Der Master Plan ist also weder ressourcen- noch implementierungsbezogen. Ihm fehlt generell die Problemorientierung. Statt dessen ist er an dem im Plan selbst als wünschbar entworfenen langfristigen Szenario orientiert. Der Entwurf eines unflexiblen Rahmenplanes ist der letztendliche Zweck des Master Plan 1979 und nicht die Steuerung des Stadtentwicklungsprozesses unter sich ändernden Problemen und Prioritäten. Das Wünschbare droht in der Praxis zum Ersatz für das beschränkt Machbare zu werden. Die Konzentration auf den Gesamtentwurf lenkt ab vom Entwurf erster praktischer Schritte (56).

Die "Erklärung von Arusha" distanzierte sich aus Einsicht in die staatlichen Möglichkeiten von Vorstellungen, die die Durchführung von Entwicklungsprogrammen als eine exklusiv hoheitliche Aufgabe ansahen, die mit staatlichen Mitteln zu finanzieren sei. Die Initiative der Bevölkerung wurde für unverzichtbar und legitim innerhalb einer ujamaa-sozialistischen Gesellschaftsordnung erklärt. In der proklamierten Politik waren die Basisproduktivkräfte der Bevölkerung somit ein wesentliches Mittel zur Entwicklung unter Bedingungen öffentlicher Armut. Aus diesem Verhältnis von Staat und Gesellschaft heraus wäre dann aber auch die Funktion der Masterplanung in Tansania zu bestimmen gewesen.

In den Industrieländern hingegen war die Funktion der Masterplanung aus dem besonderen Charakter des Staates als Versorgungsstaat in einer kapitalistischen Gesellschaftsordnung bestimmt, in der die Bürger prinzipiell nur nach einem privaten Verwertungs- und Nützlichkeitskalkül handeln. Planung und Implementierung sind der hoheitlichen Funktion des Staates vorbehalten, der das ideelle Allgemeininteresse der privatwirtschaftlich orientierten Einzelinteressen sicherstellen soll (57). Die staatliche Verwaltung und öffentlichen Finanzen sind die Mittel des Versorgungsstaates, auf die der Master Plan in den Industrieländern immer orientiert war. Seine Funktion innerhalb dieses Verhältnisses von Staat und Gesellschaft war in der Praxis die der "Auffangplanung" der Externalitäten eines dynamischen privatwirtschaftlichen Gesellschaftssysstems (58).

7. In Tansania nun sollte das Fachwissen international ausgewiesener Consulting-Firmen eine Masterplanung ermöglichen, die die hohen, früher auch in Industrieländern an das Instrumentarium geknüpften Erwartungen von staatlicher Seite befriedigen sollte: Stadtentwicklung sollte umfassend und langfristig auf Ziele orientiert steuerbar werden. Die Consultants brachten hierzu ihr <u>instrumentelles Fachwissen</u> ein, während die Ziele aus dem politischen System erwartet wurden.
Stadtentwicklungsplanung mit diesem Anspruch und unter den tansanischen

Bedingungen würde jedoch ein weit komplizierteres Zusammenwirken von instrumentellem Fachwissen und Politik erfordern, als es eine konventionelle Planung für den sektoralen Verwaltungsvollzug darstellt:

a. Die Stadt müßte als komplexes, interdependentes System begreifbar und manipulierbar gemacht werden, statt Planung auf die Beeinflussung einzelner physischer Soll-Größen zu beschränken.

b. Die Beziehung zwischen "Consultative", Legislative und Exekutive müßte so geordnet sein, daß das Planungssystem auf dynamische Veränderungen mit neuen Zielen und darauf abgestimmten Plänen und Verwaltungsmaßnahmen reagieren könnte.

c. Das in Fachressorts aufgeteilte Verwaltungssystem mit regelhafter Kompetenzabgrenzung müßte zu integriertem, normativem Handeln befähigt werden. Das setzt einen zeitaufwendigen, administrativen Lernprozeß bereits bei der Erstellung des Planwerkes voraus, den die Planung durch ausländische Consultants innerhalb eines vernünftigen Kostenrahmens nicht leisten kann.

d. Fachplanung und politische Investitionsentscheidungen müßten kontinuierlich auf gleiche politische Ziele koordiniert werden. Der Master Plan stellt dagegen eine unflexible Szenario-Planung dar, die nicht geeignet war, diesen dynamischen Anpassungsprozeß zu leisten. Weder die Regierung noch eine gute Masterplanung hat Einfluß auf die Verfügbarkeit und Stetigkeit der finanziellen Mittel in Tanzania.

e. Es müßte eine rationale Form des gesellschaftlichen Diskurses gefunden werden, um die abstrakt gehaltenen politischen Globalziele des Ujamaa-Sozialismus in konkrete Stadtplanungsprogramme zu übersetzen. Die Consultant-Planung ist nicht legitimiert und geeignet, diese politische Willensbildung zu leisten.

Die Funktionsmängel der Consulting-Masterplanung setzen dem Anspruch auf umfassende Stadtentwicklungsplanung systemische Grenzen. Sie sind auch durch methodische Korrekturen am Master Plan nicht zu überwinden. Er bleibt - entgegen falscher Assoziationen zur Benennung - in der tansanischen Praxis eine konventionelle, physische Planung. Allerdings ist er auch nicht mit Flächennutzungsplanung oder Infrastrukturplanung gleichzusetzen. Zur Steuerung und Kontrolle der Stadtentwicklung und zur Verbesserung der Funktionsfähigkeit des gesamten - physischen, sozialen, ökonomischen und politischen - Stadtsystems ist er ungeeignet. Er erfüllt auch nicht modernisierungsorientierte Erwartungen an die bessere Nachvollziehbarkeit, stärkere Zweckorientierung und höhere Effizienz in der Stadtplanung, kurz einen Zuwachs an "zweckrationalem Handeln" in der Stadtplanung. Welche partiellen Leistungen aus dem Gesamtanspruch des Master Plan, den u.a. Perloff und Kent für die Industrieländer formulierten (59), werden aber durch den Dar es Salaam Master Plan 1979 abgedeckt, die unverzichtbar sind? In welchem Umfang können sie in Tansania auf absehbare Zeit nur durch Consultants erbracht werden? Antworten darauf werden die nachfolgenden Überlegungen bringen.

3.3 Langzeitplanung durch Stadtentwicklungsszenarios - die Prognose

Konventionelle Planung versteht sich als rationale Mittelwahl für gesetzte Ziele. Die Ziele können unterschiedliche Reichweite haben. Solange der "natürliche Trend" der Entwicklung nicht durch politische Entscheidungen gelenkt und zentriert wird, ist das beschränkte Ziel dieser Planung die Befriedigung quantitativer Bedarfsgrößen. Der Bedarf ergibt sich unter der Annahme kalkulierbaren Wachstums aus der Prognose. Die Prognose ist Mathematik unter Zugrundelegung von Hypothesen. Die Hypothesen stehen am Anfang des Planungsprozesses. Über die Hypothesen gehen politische Urteile in die als vermeintlich sachgesetzlich und daher unstrittig immunisierte Zielbestimmung konventioneller Planung ein. Wenn auf ihnen aber komplexe Szenarien künftiger Entwicklung aufgebaut werden, wie im Master Plan, ist im Falle nicht realisierter Hypothesen das Planwerk nur um den Preis umfassender Neuplanung ("Review") revidierbar. Neben dem weiter oben dargestellten allgemeinen Methodendilemma der konventionellen Planung sind die Hypothesen im besonderen die Achillesferse der Prognose.

Tabelle III-3

HISTORISCHES BEVÖLKERUNGSWACHSTUM DAR ES SALAAMS (URBAN AREA) / 1884 - HEUTE									
1884	1948	1957	1967	1978	1984	1884-1967	1957-1967	1967-1978	1979-1984
10.000	69.227	128.742	272.515 (747.792)	782.000	1.183.000	7%	8%	7,8%	7,1%

Quellen: Tanzania Notes and Records No. 71, S. 1 - 20
Dar es Salaam Master Plan 1979, Vol. I, S. 41
Zensus 1967 und 1978

Zum Zeitpunkt der Arbeit am Master Plan waren keine gesicherten Bevölkerungsdaten über Dar es Salaam verfügbar. Erste, vorläufigen Ergebnisse des nationalen Zensus 1978 wurden erst Anfang 1979 veröffentlicht. Die Ausgangsdaten im Master Plan für die Planung der Szenarios waren daher keineswegs gesichert. Zunächst waren sie aus älteren, hochgerechneten Erhebungen und Luftbildauswertungen gewonnen. Für die erfaßten Gebäude wurden Belegungsziffern angenommen, um zu Wohnbevölkerungszahlen zu kommen. Daraufhin wurde der angenäherte Ist-Zustand von 1978 unter Fortschreibung vergangener Entwicklungstrends (s. Tab. III-3 und III-4) auf

1979 hochgerechnet. Das Ergebnis - 932.000 Einwohner in der Region, davon 849.000 Einwohner in der Stadt Dar es Salaam, bildete die Grundlage und den Ausgangspunkt der Prognose (60).

Diese Bevölkerungszahlen für 1979 würden eine jährliche Wachstumsrate der Regionalbevölkerung von 10,5% und der Stadtbevölkerung von 10,3% gegenüber dem Zensusjahr 1978 bedeuten. Die Ausgangsdaten für die Szenarien sind also hoch angesetzt. Abweichungen der globalen Basisdaten von einigen 10.000 Einwohnern sind möglich und würden sich in der Prognose progressiv fortschreiben. Speziellere Grundlagendaten zur Squatterbevölkerung sind aus Luftaufnahmen von 1975 geschätzt. Die damals gezählten Wohneinheiten sind mit einer angenommenen jährlichen Wachstumsrate von 6% auf 1979 hochgerechnet und mit einer durchschnittlichen Belegungsziffer von 11 Personen/Haus multipliziert worden, wodurch sich für 1979 eine Squatterbevölkerung von 478.489 Einwohnern ergab (61). Auch dieses Basisdatum ist vage, da infolge von jährlich steigenden Belegungsziffern pro Haus die (aus Luftaufnahmen nicht erkennbare) Wachstumsrate der Squatterbevölkerung (13% p.a.) doppelt so hoch ist wie die ihrer Gebäude (62).

Von den mit vielen Annahmen und Unsicherheiten beladenen Basisdaten für die Prognose ausgehend, prognostiziert der Master Plan die Zukunftsgrößen für die kommenden 20 Jahre. Der Ansatz für die Prognose wird wie folgt beschrieben: "Population projects for this Plan have, therefore, been based on an analysis of the historical migration patterns and natural increase components of the existing population of Dar es Salaam" (63).
Aus den bereits erwähnten drei Hypothesen für alternative Prognosen wird im Plan fast undiskutiert die mittlere als plausibel unterstellt, die davon ausgeht, daß "die Nettoimmigrationsrate nach Dar es Salaam hinein bis zum Jahr 1999 auf gegenwärtigem Niveau bei ca. 50.000 Personen p.a. bleiben wird" (64). Falls dies nicht über die vorausgesetzte Politik der Industriedezentralisierung realisiert werden kann, "müssen Maßnahmen zur Kontrolle der Migration nach Dar es Salaam durchgesetzt werden" (65).
Immer neue Annahmen müssen das als wünschbar ("desirable") vorausgesetzte Szenario stützen. Viele der Annahmen sind in Tansania bereits seit

vielen Jahren versucht und gescheitert, wie z.B. die Politik der Dezentralisierung und der Kontrolle der Migrationsbewegungen (vgl. Kap.V).

In quantitativen Größen stellt sich das bevorzugte Wachstumsszenario entsprechend Tabelle III-4 dar.

Tabelle III-4

DIE PROGNOSTIZIERTE BEVÖLKERUNGSENTWICKLUNG DAR ES SALAAMS BIS 1999

JAHR	'URBAN PLANNING AREA'		'RURAL PLAN. AREA'	GESAMTREGION
	STÄDTISCHE	LÄNDL. BEV.		
1979	849.000 6,9%	71.000	72.000	992.000
1984	1.187.000 5,7%	48.000	78.000	1.269.000
1989	1.546.000 4,4%	50.000	46.000	1.642.000
1999	2.368.000	29.000	64.000	2.461.000

Quelle: Master Plan 1979, Vol. I, S. 43
%-Zahlen vom Verfasser errechnet.

Für den Zeitraum der ersten 10 Jahre sieht es eine jährliche Wachstumsrate von 5,8% für die Region und 5,9% für die Stadt vor. Es wird angenommen, daß die Wachstumsrate Dar es Salaams kontinuierlich und merklich über die Jahre sinkt. Parallel zur Prognose der Bevölkerung werden alle weiteren sich daraus ergebenden Daten der Beschäftigungsentwicklung und der Investitionssummen zur Deckung des Flächen- und Infrastrukturbedarfes hochgerechnet.

Das Szenario des Dar es Salaam Master Plan 1979 steht auf tönernen Füßen. Die Annahmen, die die Prognose stützen, sind kaum ausgewiesen und aus dem beobachtbaren Entwicklungstrend vergangener Jahre nicht ableitbar. Das trifft besonders für die erwarteten Effekte der Dezentralisierungspolitik zu, die sich in einer deutlichen Abschwächung der Wachstumsraten Dar es Salaams von ca. 8% zwischen 1957 und 1978 auf nur noch 4,4% ab 1989 niederschlagen sollen. Auch die im Jahr 1978 bereits feststellbaren Hemmnisse beim Ausbau der neuen Hauptstadt Dodoma widersprechen solchem Dezentralisierungsoptimismus. Die von den Consultants mit Recht als "höchst wichtig" bezeichnete Prognose ist nicht aus sorgfältigen Analysen abgeleitet, sondern von dem Wunsch getragen, Wachstumshorizonte aufzuspannen, die nicht von vornherein das Master Plan-Instrumentarium als zwecklos erscheinen lassen, weil es diese Zuwächse nicht überzeugend kontrollieren kann. Einer Weltbankstudie zufolge ist dieser Prognose-Voluntarismus generell typisch für derartige Planungen (66). Das bis heute (1987) beobachtbare weitgehend unkontrollierte Wachstum liegt dann auch in der Größenordnung des maximalen Wachstumsszenarios. In dieser Wachstumsdimension sind zwischen 1979 und 1984 6.500 statt 5.000 neue Wohngebäude auf 526 ha statt auf 404 ha pro Jahr neu unterzubringen! Nicht Grenzen des Wachstums sind damit erreicht, sondern die Grenzen konventioneller Stadtplanung unter tansanischen Bedingungen.

Um dieses Wachstum zu bewältigen, muß Stadtplanung den Planungsgegenstand funktional definieren: Die Stadt und ihr "Kontraktionsraum" (Vorlaufer) werden Gegenstand umfassender Planung. Stadtentwicklungsplanung muß dem dynamischen Wachstumstrend gegenüber flexibel und handlungsfähig bleiben; Szenario-Planung hingegen "schwört" die Implementierungsbehörde tendenziell auf festgefügte Handlungsrahmen "ein". Stadtentwicklungspolitik muß sich den Hauptproblemen der Fehlentwicklung stellen und nach Maßgabe politischer Entscheidungen eingreifen; der Master Plan hält stattdessen die Fiktion einer umfassenden Planbarkeit aufrecht. Und nicht zuletzt müssen für konkrete Problemstellungen lokale, auch informelle Entwicklungspotentiale durch eine integrierte Problemsicht entdeckt werden; der Master Plan geht jedoch den Weg, globale Bedarfsprognosen mit staatlichen Ressourcenprognosen zu einem stimmigen Szenario zu verarbeiten. Entwicklungskontrolle findet auf dem Papier statt.

3.4 Entwicklung zwischen Ujamaa und Moderne - das Konzept der infrastrukturellen und räumlichen Stadtplanung

Mit dem Instrument der Masterplanung ist beabsichtigt, Mittel und Wege für ein geordnetes und kontrolliertes Flächenwachstum Dar es Salaams in der prognostizierten Größenordnung aufzuzeigen. Zum geordneten Wachstum gehört ganz entscheidend die Ausstattung der Flächen mit Infrastruktur- und Nachfolgeeinrichtungen. Neben der Stadtentwicklungsprognose sind die Flächennutzungs- und Infrastrukturplanung sowie die berechnete Ausweisung öffentlicher Einrichtungen Kernaufgaben herkömmlicher Masterplanung. Andere Funktionen können je nach inhaltlicher Zielbestimmung des Planes mehr oder weniger in den Vordergrund gerückt werden:
- die Regelung von Nutzungskonflikten im Bestand,
- die aktive Eindämmung des Stadtwachstums, besonders des ungeplanten Siedelns,
- die Sicherstellung einer ökologisch intakten Lebenswelt,
- die transparente Darstellung von notwendigen Einzelprojekten im Zusammenhang mit der Gesamtentwicklung als Referenzrahmen für internationale Finanzgeberländer.

In Kap. I.3.4 wurde bereits darauf hingewiesen, daß an sich untergeordnete Teilfunktionen des Master Plan innerhalb der "Entwicklungshilfearena" überragende realpolitische Bedeutung erlangen können, so z.B. der Master Plan als Voraussetzung und Bezugspunkt weiterer "Entwicklungshilfe" für die Stadt (67). Die Grundlage solcher nachgeordneter Teilfunktionen des Master Plan stellt aber immer das Flächennutzungsszenario dar.

Die Flächennutzungstruktur Dar es Salaams ist, wie Tab. III-5 zeigt, durch einen hohen Freiflächenanteil gekennzeichnet. Hohe Wohndichten in den Squattergebieten der Kernstadt liegen neben meist landwirtschaftlich genutzten Flächen im Randbereich des städtischen Planungsgebietes (U.P.A.). 76 % der Gesamtfläche der U.P.A. besteht aus derartigen Freiflächen. 13 % der Freiflächen sind versumpfte Flußmündungen, die auf absehbare Zeit nicht bebaubar sein werden. Über große Teile der restlichen Freiflächen werden Nutzungsrechte aus der landwirtschaftlichen Bearbeitung des Bodens abgeleitet. In diese unbebauten Reserven hinein müssen sich die jährlichen Bevölkerungszuwächse von 66.800 bis 100.000 Einwohnern p.a. ausdehnen (vgl. Tab.III-4). Früher ländliche Dörfer

Tabelle III-5

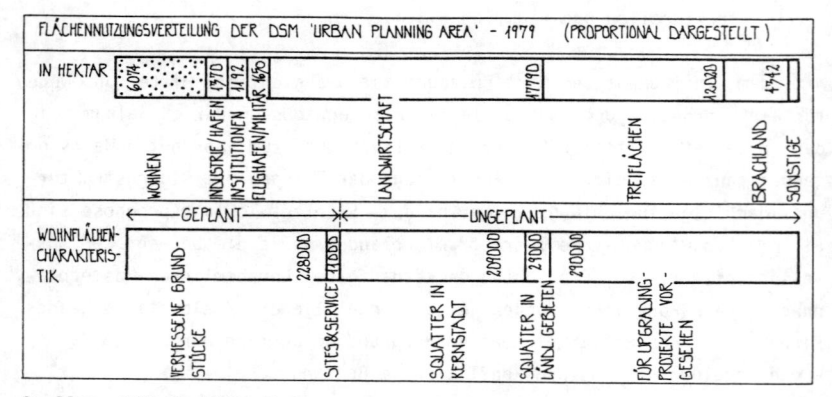

FLÄCHENNUTZUNGSVERTEILUNG DER DSM 'URBAN PLANNING AREA' - 1979 (PROPORTIONAL DARGESTELLT)

IN HEKTAR: WOHNEN 6074 | INDUSTRIE/HAFEN 1770 | INSTITUTIONEN 1192 | FLUGHAFEN/MILITÄR 1630 | LANDWIRTSCHAFT 17790 | TREIFLÄCHEN | BRACHLAND 12020 | SONSTIGE 4742

WOHNFLÄCHEN-CHARAKTERISTIK: ←GEPLANT→ ←UNGEPLANT→
VERGESSENE GRUNDSTÜCKE | SITES&SERVICE 228000 | SQUATTER IN KERNSTADT 207000 | SQUATTER IN LÄNDL. GEBIETEN 217000 | FÜR UPGRADING-PROJEKTE VORGESEHEN 210000

Quellen: DSM MP 1979, Vol. I, S. 16, 41; TS I, S. 25 ff.
Graphische Darstellung: d. Verf.

werden in die Kernstadt integriert und günstige Wohnlagen im Außenbereich rechtzeitig von wohlhabenden Squattern (mit eigenem PKW) bebaut. Die Probleme dieses Verdrängungsprozesses werden im Master Plan nicht dargestellt. Das Stadtwachstum erscheint als technisches Verteilungsproblem alternativer Nutzungen auf statistischen Flächen.

Das Bevölkerungswachstum Dar es Salaams wird über zwanzig Jahre mit zusätzlichen 1.519.000 Einwohnern prognostiziert, das sind durchschnittlich 75.950 neue Stadtbewohner p.a. über die Planungsperiode. Hierfür ist eine Flächenausdehnung des 1978 bebauten Stadtgebietes um jeweils 25 % in Fünfjahreszeiträumen geplant (vgl. Tab. III-6) (68). Bereits in der ersten Entwicklungsphase (bis 1984) soll das bebaute Stadtgebiet bis zu 16 km weit vom Zentrum aus in das Umland ausgedehnt werden.

Tabelle III-6

IM MASTER PLAN VORGESEHENE NEUERSCHLIESSUNGEN - 1979 BIS 1999 (IN HA)					
	WOHNEN	INDUSTRIE	INSTITUTIONEN	VERSORGUNGSZENTREN	TOTAL
BIS 1984	1.721	498	310	135	2.655
BIS 1989	2.052	708	380	40	3.180
BIS 1999	6.373	1.829	550	40	8.792

Quelle: DSM Master Plan 1979, Vol. I, S. 16, 56, 66, 75.

Der Master Plan 1979 sieht ein dreifach bandstadtartiges Wachstum entlang der drei Ausfallstraßen Dar es Salaams vor. Die Pugu-Hills bilden eine natürliche Grenze gegen eine weitere Ausdehnung ins Landesinnere. Das Gesamtbild der Stadt im Jahr 2000 soll eine fingerförmige Radialstruktur haben. Dieses Konzept entspricht vollständig der Planung des Master Plan 1968 (vgl. Plan III-1). Das Zentrum der Stadt bleibt als

Plan III-1
Die geplante Struktur des Wachstums von Dar es Salaam

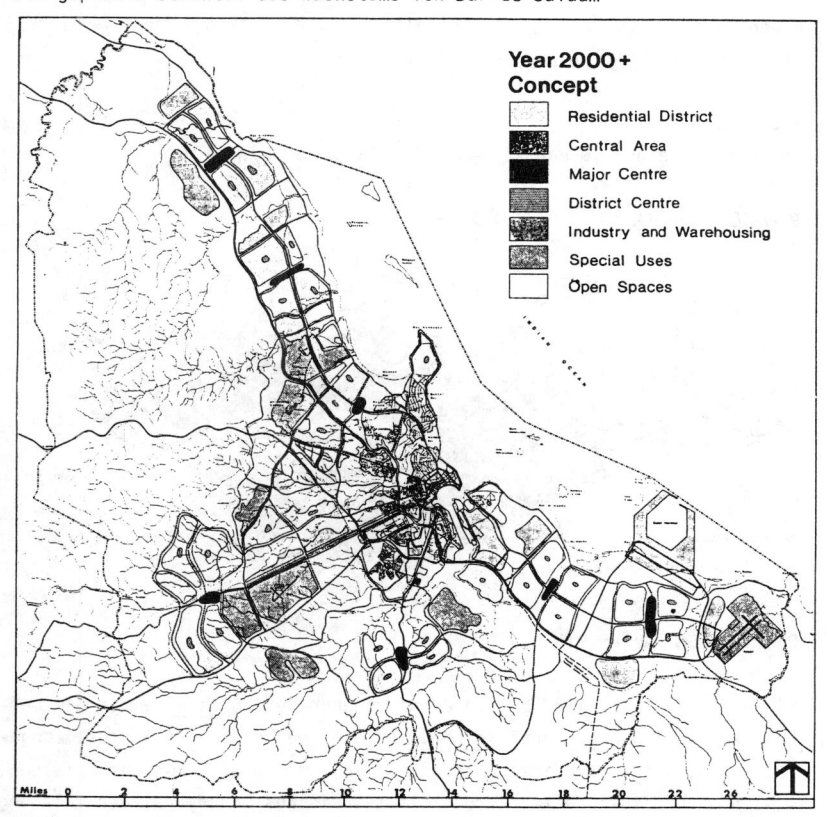

Quelle: DSM Master Plan 1968, Vol.I, S.58

Standort kommerzieller, politischer und kultureller Einrichtungen erhalten und wird über die Jahre zu großen Teilen mit acht bis zwölf Stockwerke hohen Gebäuden überbaut (69). Die übrigen Stadtgebiete werden weiterhin traditionell einstöckig mit freistehenden Wohngebäuden für sechs bis zwölf Personen bebaut. Die Durchschnittsdichten dieser neuen Wohngebiete in herkömmlicher Bauweise liegen zwischen 115 und 130 Pers./ha (70).

Die neugeplanten Stadtgebiete werden hierarchisch strukturiert, aufbauend auf den aus dem Ujamaa-Sozialismus abgeleiteten "10-Haus-Einheiten" (10-Cell-Unit) (vgl. Plan III-2).

Plan III-2
Der Entwurf einer 10-Haus-Einheit im DSM Master Plan 1979

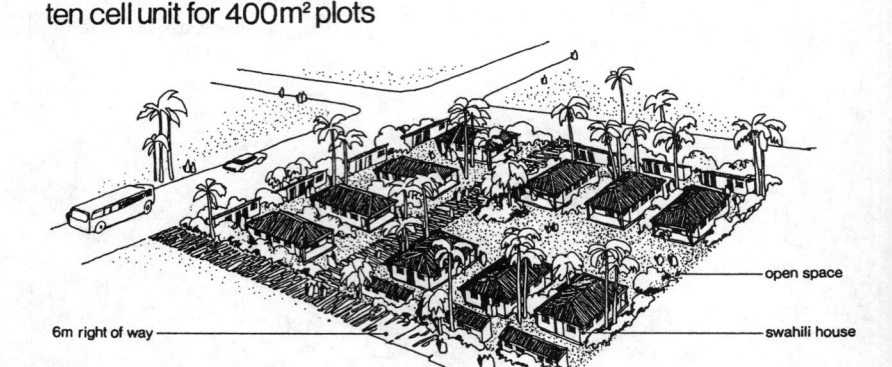

ten cell unit for 400m² plots

Quelle: DSM Master Plan 1979, TS 1, S.48

Einige dieser Einheiten bilden einen sogenannten "Cluster", von dem mehrere zu einer Nachbarschaftseinheit ("neighbourhood unit") zusammengefaßt sind. Eine Nachbarschaftseinheit soll ca. 5.000 Bewohner umfassen. 4 Nachbarschaftseinheiten werden als technisches Grundmodul der Planung herangezogen. 59 dieser "Module" sind für die neugeplanten Stadtgebiete vorgesehen. 2 Module bilden eine "Community"; sie sind mit einem Nebenzentrum bestehend aus Post, Markt, religiösen Einrichtungen und Versamm-

lungsstätten ausgestattet.
Ungefähr 5 dieser Communities bilden dann die größte Planungseinheit unter der Gesamtstadt, den "District", mit 200.000 bis 300.000 Einwohnern und einem eigenen City-Ergänzungszentrum. 5 neue Planungsdistrikte sind bis 1999 geplant (71). Durch die Neben- und Ergänzungszentren sollen die Verkehrsbelastung der Stadt und die Fahrtwege der Wohnbevölkerung verringert werden. In der Aufhebung der städtischen Funktionstrennung wird ein wesentliches Element ujamaa-sozialistischer Politik gesehen. Wohnen und Arbeitsstätten in Industrie, öffentlichen Institutionen und tertiärem Sektor sollen eng einander zugeordnet werden.

Die Wohngebiete werden nach folgenden Prinzipien ausgelegt: Die derzeitige durchschnittliche Wohndichte für die gesamte Stadt soll durch weniger dicht geplante neue Gebiete reduziert werden (72). Die Grundstücksgrößen sollen in drei Kategorien ausgewiesen werden: 400 qm, 800 qm und 1.600 qm. Die soziale Mischung soll in den Neubaugebieten durch Zuordnung von intern homogenen 10-Haus-Einheiten verschiedener Grundstücksgrößen erreicht werden (73). In der lokalen Planungspraxis ist die Politik des social mix z.B. für das Neubaugebiet Tabata 1978 an örtlichen Interessenwiderständen gescheitert. Für das Konzept der Nachverdichtung im Bestand ist die Mischung von Grundstücksgrößen und damit sozialen Schichten explizit ausgeschlossen (74). Homogene Privilegiertenviertel sind mit den sog. "Residential Buffer Areas" angelegt. Diese vom Staat nicht erschlossenen, reinen low density-Gebiete mit Minimalgrundstücken von 5.000 qm (!) für insgesamt 5.000 Menschen sollen "in Anerkennung der unvermeidlichen Entwicklung" - gemeint ist das illegale Siedeln der Einflußreichen - in unmittelbarer Nachbarschaft der kurz- und mittelfristig vorgesehenen Stadterweiterungen liegen (75). Die Interessen der herrschenden Schicht sind damit abgedeckt. Sie erhält große Baugrundstücke in unmittelbarer Nähe zu erschlossenen Wohngebieten und muß sich nicht mehr im Randgebiet der Stadt niederlassen.

Im Bestand wird je nach Stadtviertel in unterschiedlichem Maß nachverdichtet. 14 % des Bevölkerungszuwachses soll durch das sog. "infilling" im bestehenden Stadtgebiet untergebracht werden (76). In welchem Wohnquartier in die Lebensqualität nachteilig eingegriffen wird, um die Flächenexpansion einzudämmen, ist die entscheidende politische Dimension dieser Strategie. Durch Bebauung von Restflächen und großen Grundstükken werden unmittelbare Interessen der betroffenen Schichten im Quartier berührt. Auf diese politische Nagelprobe des Ujamaa-Sozialismus, die Auslegung der Grundstücksgrößen, ihre stadträumliche Verteilung und die Gebiete der Nachverdichtung, soll nun in einem Exkurs eingegangen werden.

Exkurs: Zum politischen Konflikt um die Verteilung sozialer Chancen in der physischen Planung

Es ist sowohl der generelle Anspruch des Master Plan als auch eine Voraussetzung für die Planbarkeit der riesigen Wachstumsdimensionen allgemein, daß die künftige Siedlungsentwicklung nur noch auf vermessenen Grundstücken geplant und kontrolliert stattfinden darf (77). Der Schwerpunkt der Grundstücksausweisungen soll - zumindest in den ersten Jahren - auf kleinsten Grundstücken liegen. Um die Frage nach der Größe der kleinsten Grundstücke entbrannte die einzige heftige Kontroverse, die zwischen tansanischen Offiziellen und den Consultants ausgetragen wurde. Während nämlich das Konfliktpotential der Nachverdichtung aufgrund der Interessenidentität der Consultants und der Staatsklasse problemlos ausgeräumt werden konnte, wie noch dargestellt werden wird, traf die Frage der Minimalgrundstücke auf gegensätzliche Standpunkte.

Im November 1978 brach diese Diskussion anläßlich der Vorstellung des INTERIM REPORT II zum Dar es Salaam Master Plan auf. Die Consulting schlug als kleinste Grundstücksgröße 288 qm vor. Bei dieser relativ hohen Dichte hätte eine Nachbarschaftseinheit inklusive Nachfolgeeinrichtungen eine Größe von 21 ha (78). Diese Wohndichte führte zu heftigen Reaktionen der indischen Planer (tansanischer Nationalität) im Ministerium. Derartige Dichten entsprächen nicht der "zukunftsorientierten Entwicklung Tansanias". Die Dichten müßten geringer und die Grundstücke größer sein. Die Consultants verwiesen dagegen auf die Gefahr uferloser Flächenexpansion, ohne dies jedoch präzise anschaulich machen zu können. Aufgrund dieser offiziellen Zwischenbesprechung wurden die Minimalgrundstücke auf 400 qm vergrößert und lagen damit über den Sites & Services-Grundstücken mit 288 - 350 qm in Dar es Salaam.

Durch die Vergrößerung der Grundstücke ergab sich die neue Flächenausdehnung einer Nachbarschaftseinheit von 33 ha, mithin eine zusätzliche Expansion der zu planenden Gesamtstadt von 57 % oder 2.800 ha über die gesamte Planungsperiode gegenüber der ursprünglichen Planung der Consultants! Die Consultants hatten in jener Kontroverse die Gefahr für die Realisierbarkeit ihrer Gesamtplanung sicher vor Augen, die in der Frage der Grundstücksgröße lag. Gegen die Vorstellungen und Interessen der tansanischen Staatsklasse konnten (und wollten?) sie sich jedoch nicht durchsetzen. Als privatwirtschaftlich organisierte Firma durfte die Consulting inhaltliche Fragen nicht soweit in den Vordergrund schieben, daß darüber Kontroversen offen ausbrechen könnten.

Die Verteilung der Dichten und der Nachverdichtungsgebiete im Stadtgebiet - ein soziales Verteilungsproblem - war der kontroverseste Punkt in den Diskussionen um das Planungskonzept zwischen Planern und Staatsklasse. Die Consultants stellten verschiedene Entwicklungsalternativen für Dar es Salaam vor, die sie mit Zahlen und Tabellen belegten, ohne allerdings jemals vorher im gesamten Planungsprozeß die Probleme der Stadt präzise und umfassend dargestellt zu haben. Die Alternativen variierten die vorgeschlagenen Wohndichten, die Nachverdichtungsraten, die Entwicklungsachsen mit Unteralternativen, sog. Optionen und sämtliche jeweils notwendig werdenden Infrastrukturmaßnahmen mit Kostenschätzungen (79). Alle Daten wurden mit einer Punktebewertung versehen in eine Matrix eingegeben, aus der hervorging, welche Alternative die beste sei. In INTERIM REPORT I schlug die Consulting eine Verdichtung der bestehenden Squattersiedlungen auf 400 Pers./ha (netto) vor (80). Im INTERIM REPORT II sah sie Nachverdichtungen in allen Gebieten allerdings mit Ausnahme von Oyster Bay und Upanga vor (81). Oyster Bay ist das Privilegiertenviertel Dar es Salaams mit Grundstücksgrößen um 4.000 qm; Upanga ist das Wohnviertel der Inder.

Im Endplan findet die Interessensymbiose der Staatsklasse mit der Consulting verschleiert und nur aus den Ergänzungsbänden erkennbar ihren Niederschlag (82). Im ersten Technischen Ergänzungsband werden die Nachverdichtungspotentiale der Stadtteile wie folgt analysiert: keine Nachverdichtung in Upanga und Oyster Bay, maximale Verdichtung in den

Squattergebieten (vgl. Tab. III-7)! Der soziale Verteilungskampf um die knappe Fläche ging voll zu Lasten der unteren Schichten. Aber diese Planung war nicht nur unsozial. Eine Nachverdichtung von Squattergebieten, wie Manzese - dem größten Squattergebiet Dar es Salaams - ist problematisch, weil es der dort lebenden Armutsbevölkerung Dar es Salaams ihre Subsistenzgrundlage entzieht: "Charasteric of Manzese, as well as more completely planned areas, is the use of unoccupied land for domestic agriculture. One informant pointed out that given the low employment and income levels of the Manzese area, this is an neccessity if the people are to maintain reasonable standard of living and a degree of autonomy" (83). Wider besseres Expertenwissen um die sozialen Folgen dieser politischen Entscheidung wurde die Konsultative, wie der Exkurs zeigte, zur Kollaborative der herrschenden Interessen.

Tabelle III-7

DIE NACHVERDICHTUNGSPOTENTIALE IN DSM AUS DER SICHT DES MASTER PLAN		
STADTVIERTEL	VORHANDENE BRUTTODICHTE (PERS./HA)	VERDICHTUNG IN %
OYSTER BAY	36	KEINE
UPANGA	81	KEINE
GEPLANTE GEBIETE MIT GROSSEN GRUNDSTÜCKEN	36-81	17%
KLEINEN GRUNDSTÜCKEN	81-141	7%
UPGRADING-GEBIETE	ca.100-170	11%
SQUATTERGEBIETE	ca. 77-200	33%

Quelle: DSM Master Plan, TS 1, S.34ff.; Vol.I, S.59

Die **Investitionskosten für die Infrastruktur** des geplanten Wachstums werden mit 1.697.790.000 DM oder 84.890.000 DM p.a. angegeben (84). Bereits in der ersten Entwicklungsphase fallen unverzichtbare Infrastrukturinvestitionen, wie z.B. eine Brücke, an, die "thresholds" für die geplante Stadterweiterung bilden. Die Brücke über den Hafen (s. Plan I-1) wäre notwendig, um das dort geplante Erweiterungsgebiet Kigamboni in der 2. Phase anbinden zu können. Ihre Kosten sind mit 32.500.000 DM veranschlagt (85). Mit dem Brückenbau, der nicht realisiert wurde, wären zugleich auch weite potentielle Squattergebiete in City-Nähe eröffnet worden, eine Gefahr, die der Planungsoptimismus des Master Plan übersah.

Andere Infrastrukturkosten entstehen unvermeidlich parallel zur Expansion des Stadtgebietes. Der Master Plan entwickelt keine Alternative zur Vermeidung dieses Kostenberges. Wie im Master Plan für Dodoma sollen mit hohem Aufwand öffentliche Bussysteme ausgebaut werden (86). Die Abwässer sollen bereits am Ende von Phase I (1984) über ein flächendeckendes System von Hauptkanälen von überall dort geklärt ins Meer abgeleitet werden, wo die Grundstücke Minimalstandard (400 qm und weniger) haben und eine örtliche Entsorgung nicht möglich ist. Das setzte ein weitgehend neu zu bauendes Kanalsystem voraus (87)! Einen ebenso frappierenden Entwicklungsoptimismus legen die Vorschläge zu den anderen Sektoren der Infrastrukturversorgung an den Tag. Die hohen Entwicklungserwartungen sind umso erstaunlicher, als der Master Plan zur Abwasserplanung seines Vorgängers feststellte, "...since 1969 none of the proposals listed above have been implemented...and none of the trunk sewers or treatment plants have been constructed" (88). Ist dem aufs Physische beschränkten Planungsansatz der Consulting tatsächlich entgangen, daß sowohl die binnenwirtschaftliche Stagnation als auch die Welthandelsbedingungen den Entwicklungsoptimismus in keiner Weise rechtfertigten? Oder ist eine Consulting aufgrund ihrer strukturellen Arbeitsbedingungen zu großtechnischen Lösungsvorschlägen geradezu gezwungen, weil sie sich auf die konkreten Implementierungszwänge und -restriktionen, gar nicht einlassen kann? Die spezialisierten Fachplaner der Firma werden ja nur für Wochen in das Projektland eingeflogen. Einiges spricht dafür, daß die Arbeitsstrukturen der Consultants die entscheidende Ursache für das unangepaßte Projektniveau sind.

Die nachfolgende Kritik am räumlichen Stadtentwicklungskonzept des Master Plan trifft zugleich das Instrumentarium allgemein, weil die Perspektive einer alternativen Entwicklung in dieser Art von Planung verschlossen beibt. Einem Sachzwang gleich wird das künftige Szenario positivistisch festgeschrieben.
Die Struktur des äußeren Wachstums der Stadt - hier das fingerförmige Konzept - bleibt undiskutiert gegenüber Alternativen, wie der reinen Bandstadt, der konzentrischen oder dezentralisierten Stadt, der Satellitenstadt und Mittelstadt oder der gestreuten Flächenstadt ("Ujamaa-Stadt"?) (89). Es wäre die Frage zu diskutieren gewesen, ob die auf un-

begrenztes Wachstum angelegten Stadtformen (das Fingerkonzept) für Dar es Salaam die geeignetsten sind. Ebenso undiskutiert bleibt die innere Organisationsform der Wohnflächenzuwächse. Im Master Plan gleicht sie einem planungstechnischen Baukastensystem. Es dient der Übersichtlichkeit des Zuwachses und der Berechenbarkeit des Bedarfes an öffentlichen Nachfolgeeinrichtungen und Infrastrukturen. Hierfür ist ein solches System planungstechnisch nützlich. Die Gliederungseinheiten werden im Master Plan jedoch nicht für die Organisation sozialer Prozesse und die Erschließung von Basisproduktivkräften zum kollektiven Ausbau der Wohnquartiere nutzbar gemacht. Stadtplanung bleibt auf der physischen Ebene stehen. Sie wird damit den tansanischen Rahmenbedingungen nicht gerecht.

Der Planungsschematismus der Consultants wurde an ihrer Einstellung gegenüber dem Mbezi Plannig Scheme besonders deutlich. Diese früher bereits im City-Council erarbeitete Planung wurde in das rigide Planungsschema nur soweit unumgänglich übernommen (90). Entwicklungshelfer in der lokalen Stadtverwaltung hatten 1978 die Stadterweiterungsplanung für den Stadtteil Mbezi teilweise bis hin zur Bebauungsplanung fertiggestelt (vgl. Fallstudie I). 77.000 Menschen sollten dort untergebracht werden. Dieser Plan war die erste lokale Planungsanstrengung in dieser Größenordnung und von höchstem Wert für den Aufbau lokaler Planungskompetenz. Der Master Plan integrierte den Mbezi Scheme nur widerwillig, quasi als Webfehler, in sein Konzept der Module und Nachbarschaften: "Where possible planning schemes that have not been surveyed and do not comply with the policies and development standards of this Plan should be redesigned and incorporated in this Plan" (91).
Sofern sich die komplexe Realität vor Ort dem Master Plan-Szenario nicht einfügen läßt, muß sie stimmig gemacht werden. Die Beziehung zwischen Realität und Planung verkehrt sich.

Das Szenario der künftigen Stadtentwicklung soll die Wachstumsberechnung der Prognose räumlich umsetzen. Das Ergebnis der Prognose wird als unvermeidlich vorausgesetzt, und vieles spricht dafür, daß ein Trend nach unten kaum zu erreichen ist (vgl. Kap.V). Ist es dann aber sinnvoll, den Planungsanspruch der Industrieländer fraglos auf Stadtzuwächse zu übertragen, die in jenen Ländern nie bewältigt werden mußten? Der

Master Plan hält Erwartungen aufrecht, die nicht eingelöst werden können. Er ist unrealistisch und fördert somit eine Tendenz zur Unplanbarkeit der Stadt. Diese Tendenz erwächst aus der Überschätzung sowohl der lokalen Planungskapazität als auch der nationalen Ressourcen zur Implementierung des Szenarios. In beiden Hinsichten ist durch die Masterplanung die internationale Abhängigkeit von den Industrieländern für die Zukunft bereits festgeschrieben.

Zum Konzept des Master Plan, wie dem Wachstum durch Stadtplanung zu begegnen sei, werden Alternativen nicht einmal in die Diskussion gebracht. Das Problembewußtsein vor Ort wird durch den Master Plan nicht geschärft und Perspektiven alternativer Planungspolitik nicht eröffnet. Die Lokalbehörde ist vor die Aufgabe gestellt, die Mechanik des Master Plan-Instrumentariums zu exekutieren. Wenn jedoch das Stadtwachstum kaum zu bremsen ist und sowohl aus der Erfahrung mit dem Master Plan 1968 als auch angesichts der krisenhaften Wirtschaftsentwicklung der Nation absehbar ist, daß die Handlungsspielräume der Lokalbehörde nicht ausreichen werden, um diese Wachstumsraten umfassend zu kontrollieren und zu planen, ist die Frage nach den Alternativen zur konventionellen Planung dringend geboten. Sie kann bei "unvermeidlichem" Wachstum nur in einer anderen Art von Planung liegen.

Es ist die Generalthese dieser Arbeit, daß der weit gespannte Anspruch des Staates auf seine alleinige Stadtplanungskompetenz mit den vorhandenen nationalen Ressourcen unvereinbar ist und daher unter tansanischen Bedingungen eher zur Disposition gestellt werden sollte, als weiterhin in die Fiktion der Planbarkeit zu investieren, die nur durch die Zusammenarbeit mit Consultings in der bisherigen Form aufrecht zu erhalten ist. Der Sinn umfassender Stadtentwicklungsplanung oder Masterplanung muß bezweifelt werden. Das Ziel rationaler Kontrolle der Stadtentwicklung nach dem Vorbild der Metropolen ist in Dar es Salaam nicht realisierbar. Ihm nachzuhängen ist kontraproduktiv, weil es machbare Wege zur Verbesserung der Funktionsfähigkeit Dar es Salaams verschüttet. Der unangepaßte Transfer nicht nur von Planungstechnik, sondern auch von Planungsansprüchen aus den Industrieländern lenkt von der besonderen Problemlage in Dar es Salaam ab, von den Planungsvoraussetzungen in Tansania und den politischen Zukunftshoffnungen der jungen Nation.

Die generelle Unangepaßtheit und mangelnde Problemorientierung der Masterplanung wird bis ins Detail deutlich. Vorhandene Entwicklungspotentiale, wie der informelle Sektor, werden nicht zur Kenntnis genommen. Er wäre für Wohnungs- und Infrastrukturprojekte aktiv zu fördern, um lokale Beschäftigungseffekte zu erzielen. Informelle Minibusunternehmen, sog. Dalla Dallas in Dar es Salaam, wären für die flexible Überwindung von Infrastrukturdefiziten sinnvoll, um auch hier lokale Einkommen zu schaffen. Komplementär zu diesen Einzelmaßnahmen wäre das Wachstum der Stadt durch eine restriktive Stadtentwicklungspolitik einzudämmen. Ein Anfang wäre mit der Entscheidung getroffen, die Brücke über den Hafen nach Kigamboni nicht zu bauen, um dort keine weiteren Expansionsflächen zu eröffnen. Die Indienstnahme natürlicher Siedlungsbarrieren - wie die "Creeks" in Dar es Salaam - für eine realisierungsfähige Stadtentwicklungspolitik der Eindämmung des Wachstums der primate city ist eine Alternative zur trendförmigen Szenario-Planung (vgl. Kap.VI).

Statt, wie im Master Plan, Kontrolle der Stadtentwicklung nur zu fordern, sind auf diese Weise konkrete Handlungsmöglichkeiten aufzuzeigen, um Kontrolle wirklich herzustellen.

3.5 Geplante Entwicklung als Anspruch, staatliche Kompetenz als
     Ideologie, Squatting als Norm - die Wohnungspolitik

Zur Zeit des Zensus 1978 wohnten ungefähr 56 % der Wohnbevölkerung in der Kernstadt Dar es Salaams auf ungeplanten Grundstücken, im ländlichen Umland innerhalb des Stadtplanungsgebietes gar annähernd 76 %. Stadtgebiete, die der Master Plan 79 als Erweiterungsflächen vorsieht, waren zum Zeitpunkt der Verabschiedung des Planes bereits illegal besiedelt. Beispiele für das teilweise auch spekulative Squatting in geplanten Flächen anderer Nutzung finden sich in den Stadtteilen Kipawa, das im Flughafenerweiterungsgebiet liegt, in Mbezi und Mbagalla, was den gesamten "Mbezi-Scheme" in Frage stellte, entlang der neugebauten Port Access Road und damit im Tabata Planungsgebiet sowie jenseits des Hafenbeckens in Kigamboni (s. Karte IV-1).

Die "normative Kraft des Faktischen" entwertet Entwicklungsplanung, weil nach tansanischem Bodenrecht der Zugriff zu bebauten und landwirtschaftlich genutzten Squatterflächen nur über Kompensationszahlungen möglich ist, falls die Besiedlung vor der des "land use scheme" lag. Wo aber sind die Mittel für umfangreiche Kompensationen und wo die administrativen Kapazitäten, um spekulatives Squatting nachzuweisen? Und wer setzt die "eviction order" durch, wenn - wie in Kimara - die Squatter aus einflußreichen Kreisen kommen?

Ohne die Lösung des Wohnungsproblems ist langfristige Stadtentwicklungsplanung in Dar es Salaam nicht möglich! Hier liegt eine im Planungstransfer zu beachtende und für die Masterplanung in Entwicklungsländern relevante Besonderheit vor, da in den Industrieländern das Wohnungsproblem und Squatting mit vorhandenen Mitteln zumindest potentiell berrschbar ist oder wenigstens - wie in den großen Städten der USA heute - als politischer Konfliktstoff marginalisiert werden kann. Die verheerenden Auswirkungen der Stadtflucht in den amerikanischen Städten - urban blight, grey areas, slums und riots - konnten in der Vergangenheit durch ein stärkeres Engagement der Zentralregierung im Rahmen der New Deal Politik aufgefangen werden. Bald gab es nach dem Housing Act von 1949 und 1954 ca. 170 verschiedene staatliche Programme in den USA, um das Urban Renewal-Programm ins Werk zu setzen. Die Mittel waren da. Die Masterpläne - damals eine Voraussetzung für die Inanspruchnahme zentralstaatlicher Gelder innerhalb des Programms - gründeten daher in den USA auf ausreichenden finanziellen Ressourcen (92). In Tansania hingegen stehen diese Mittel nicht zur Verfügung, um die Erscheinungsformen des urban blight wegzusanieren. Dort, wie in den meisten Entwicklungsländern, ist mittelfristig nicht absehbar, wie mit herkömmlichen Stadtplanungsmethoden Städte planbar werden sollen, in denen das Ungeplante zur vorherrschenden Norm geworden ist. Die Fragestellungen, die sich daraus für die Masterplanung ergeben, berühren die Zweckmäßigkeit dieses Instrumentariums insgesamt.

In Tansania stünde der Master Plan vor der Aufgabe, zunächst einmal an die vielfältigen Ursachen des Squatting heranzukommen, da deren Erscheinungsformen wegen ihres Umfangs nicht zu beseitigen sind. Der Master Plan hätte auf die sozialökonomischen Wurzeln des Squatting einzugehen. Solange die Masterplanung auf die Ausweisung von Flächennutzungen beschränkt bleibt und vorgibt, deren Umsetzung einem deduktiven Planungsprozeß überlassen zu können, plant sie ohne Realisierungschancen. Die Summe der drängenden Zwangssituationen von Zehntausenden überrollt den staatlichen Kompetenzanspruch auf rechtliche Planungsverfahren. Allerdings wäre eine noch so großzügige, direkte Hilfe für die einzelnen Bewohner aus zwei Gründen ohne einen übergeordneten Leitplan für die Gesamtstadt sinnlos:
- Nur ein geplantes sozialökonomisches und räumliches Umfeld macht wohnungspolitische Einzelmaßnahmen sinnvoll (Arbeitsmöglichkeiten in sinnvoller Entfernung, gesteuerte Expansion der Gesamtstadt, Zuordnung der Flächennutzungen, infrastrukturversorgtes Wohnen).
- Ein Gesamtkonzept muß die ständige Wiederholbarkeit der Einzelmaßnahmen sicherstellen (Verfügbarkeit der Mittel und des technischen Wissens, politischer Konsens über den Weg).

Eine übergeordnete Stadtentwicklungsplanung bleibt also notwendig. Nachfolgend wird untersucht werden, wie die Consultants den Master Plan innerhalb des engen Interdependenzverhältnisses von Einzelproblem (Wohnen), Hilfsprogramm (z.B. Upgrading), Gesamtproblem (Funktionsfähigkeit der Gesamtstadt) und Stadtentwicklungsprogramm konzeptionell anlegten.

3.5.1 Die Problemdefinition im Master Pan 1979

Die erste Fragestellung ist, wie das Wohnungsproblem im Master Plan beschrieben wird und aus welchen Ursachen heraus Squatting dort erklärt wird. Daran schließt sich die Frage an, wie die geplanten Siedlungsprozesse in dem erforderlichen Umfang mit den vorhandenen knappen Ressourcen verwirklicht werden sollen. Eine Neuorientierung ist hier dringend geboten gewesen, da der Vorläufer des aktuellen Master Plan noch von der Vorstellung ausging, daß das soziale, hygienische und politische Problem des Squatting nur durch dessen Beseitigung, durch "Resettlement", lösbar sei. Eine Antwort auf das Problem ist zudem für das Modell der Masterplanung unverzichtbar, da ihre Szenarios nur bei geplanter Entwicklung kalkulierbar bleiben.

Nachdem auch die seit 1972 verfolgte, positivere Stadtentwicklungspolitik gegenüber Squattern sich als unzureichend erwiesen hatte und regionale Dezentralisierungsmaßnahmen gescheitert waren, wird nun seit Jahren die Forderung nach einer neuen nationalen Wohnungspolitik erhoben, die tiefer greift. In einem Hintergrundpapier von B.K. Mathur aus dem zuständigen Ministerium heißt es entsprechend: "Housing has to be understood not as a separate need or service but as one essential link in the strategy needed to contain accelerating urbanisation, the population explosion and growing unemployment" (93). Der Zusammenhang von umfassender Stadtentwicklungsplanung, Wohnungspolitik und der sozialen Frage wurde damit neu in die Diskussion eingeführt. Sodann wurde in dem Hintergrundpapier eine mehr fördernde Wohnungspolitik ("supportive"; man beachte den Zusammenhang zur internationalen Diskussion) gegenüber den bisher auf Planung und Reglementierung beschränkten staatlichen Aktivitäten gefordert (94). Über die Stimulierung des Bausektors sollten Einkommen ermöglicht werden, die neue private Baukapazitäten freisetzen würden. Diese für Tansania damals neuen Gesichtspunkte wurden jedoch in jenem Papier mit unrealistisch hohen Baustandard-Vorstellungen und der fast schon obligatorischen Forderung nach der Gründung neuer Institutionen verbunden.

Das Thema einer neuen Wohnungspolitik war also zur Zeit des Master Plan 79 im offiziellen Gespräch, und die Vorschläge Mathurs und anderer fanden Eingang in ein bislang (bis 1984) nicht verabschiedetes Grundsatzpapier des Ministeriums zu einer neuen nationalen Wohnungspolitik (95). Dort wurden zwar wegweisende Neuorientierungen formuliert, jedoch kaum praktikable Wege für die Umsetzung breitenwirksamer Strategien genannt: Wohnungsprogramme für die untersten Einkommen (unter 1.000 TShs in 1980), Ausweisung von mehr Grundstücken, bessere Versorgung mit Baumaterialien, staatliche Hilfe zur Selbsthilfe in Baukooperativen, mehr Baukredite zu günstigeren Bedingungen, squatter upgrading, Reformen der Baubestimmungen aus den 30er Jahren...Alle diese wegweisenden Bausteine einer neuen Wohnungspolitik stellten zugleich eindringlich die Frage nach realistischen Wegen zu ihrer Implementierung. Das im Hintergrundpapier formulierte Bekenntnis, "the most obvious resource is people" (96), führte weder im Programm noch in der praktischen Wohnungspolitik zu einem neuen Ansatz für eine breit angelegte Strategie (97).

Vor dem Hintergrund dieses Diskussionsstandes im Land sahen sich die Consultants vor die Aufgabe gestellt, Bevölkerungszuwächse von 66.800 bis zu 100.000 E.p.a. auf realistische und geplante Weise in das Stadtsystem zu integrieren. "A Master Plan should indicate the manner in which the development and improvement of the entire Urban Area is to be carried out and regulated" (98). Bevor ich kritisch darstellen werde, wie der Master Plan diese Aufgabe zu bewältigen gedachte, ist es sinnvoll, auf seine Problembeschreibung und Ursachenanalyse einzugehen.

Der Plan beschreibt das Problem anhand von drei Merkmalen:
1. Auf 1.193 offizielle Baugenehmigungen kamen im Jahr 1977 ca. 2.200 ungenehmigte Wohnbauten (99).
2. Ungeplantes Siedeln breitete sich in großem Ausmaß aus; Squatter besetzten auch bereits geplante Flächen (100).
3. Die ungeplanten Gebiete sind vorwiegend sehr dicht bebaut; es fehlen Versorgungs- und Nachfolgeeinrichtungen (101).
Die Ursachen für diese vordergründigen Probleme werden an keiner Stelle im Hauptband und den Ergänzungsbänden zusammenhängend analysiert. Das Wohnungsproblem wird als quantitatives Defizit hingestellt. Detailanalysen über den ganzen Master Plan verstreut, lassen höchstens ein aus beliebigen Versatzstücken zusammengebasteltes Erklärungsmosaik der Consultants erkennen. Ein systematischer Erklärungsversuch wurde offensicht-

lich nicht angestrebt. Das Zahlenmaterial - zu großen Teilen aus dem Uhuru Corridor Plan (vgl. Kap. V.4.2) übernommen - wird deskriptiv ausgebreitet:

- Die private Wohnungsbauproduktion sei in den 70er Jahren gegenüber den Jahren 1955-64 in realen Werten zurückgegangen (102).

- Die öffentlichen Investitionen in diesem Sektor seien angesichts der generellen Wachstumsdynamik der Stadt zu gering gewesen, und "nur begrenzt sind Informationen erhältlich zur genaueren Vorausschätzung künftig vorhandener Finanzierungsvolumen" (103).

Die soziale Lage breiter Bevölkerungsschichten Dar es Salaams wird auch in Zusammenhängen, die dies dringend nahelegen, nicht erwähnt. So wird die Gebührenordnung für Bauanträge dargestellt, ohne sie mit schichtenspezifischen Einkommensverhältnissen zu konfrontieren und auf diese Weise erst bedeutsam zu machen (104). Die Darstellung der städtischen Beschäftigungsverhältnisse beschränkt sich auf eine unkritische Zahlen- und Trenddarstellung. 1978 genehmigte Industrieansiedlungslizenzen werden in zu erwartende Beschäftigtenzahlen hochgerechnet, obwohl jedem Informierten im City Council klar war, daß es sich bei vielen Lizenzanträgen um vorsorgliche Reservierungen für den Mbezi Scheme ohne ernste Bauabsicht handelte (vgl. Fallstudie I). Weder geht aus den Erläuterungen der Consultants hervor, daß von einer Beschäftigungskrise mit nachhaltigen Folgen für die Wohnungsversorgung der Bevölkerung auszugehen ist, noch wird irgendwo erwähnt, welche Vergleichszahlen einen ausgeglichenen Arbeitsmarkt bedeuten würden.

Die städtische Wohnungskrise wird in dieser Weise unvollständig dargestellt und erklärt. Nur andeutungsweise wird verschiedentlich auf tieferliegende soziale und ökonomische Zusammenhänge hingewiesen, die dann jedoch nicht weiter erhellt werden: "The unplanned residential areas in Dar es Salaam seem to have developed as a result of varied social and economic factors and are often the only housing option available to new residents" (105). Wie aber können neue Optionen eröffnet werden?

Die Antwort, die der Master Plan hierauf in unsystematischer Form anbietet, beruht im Kern auf dem Standbein der Sites & Services - Politik (s. Plan III-3 und III-4). Neben diesem auch in vielen anderen Entwicklungsländern verfolgten Konzept, das die Versorgung und Sanierung des Bestandes sowie die Neuausweisung minimal versorgter Zuwachsflächen vorsieht, wird besonders in der Anfangsphase des Master Plan auf die private Bautätigkeit vertraut, ohne hier jedoch bessere Rahmenbedingungen zu entwerfen. "A well balanced site and service supply programme", so auch das zuständige Ministerium, "is currently the only possibility to contain the expansion of squatter areas" (106). Dementsprechend sah der Master Plan in seiner ersten Phase für 1979-84 vor, 19 % des (unterschätzten) Bevölkerungszuwachses durch S & S-Programme zu versorgen. Der restliche Zuwachs sollte durch die kommunalen Erweiterungsplanungen im Mbezi Planning Scheme (80.000 E.), in Tabata (80.000 E.) und Mbagalla (40.000 E. einschließlich S & S) abgedeckt werden.

Mit diesem wohnungspolitischen Ansatz wird der Wohnungsbaumarkt baurechtlich gesehen aufgespalten in infrastrukturell vollversorgte und teilversorgte Gebiete (107). Der Master Plan hält somit an der staatlichen Baugenehmigungskompetenz fest, schränkt hingegen den Geltungsbereich der aus der Kolonialzeit stammenden Baunormen ein (108).

Die staatliche Planung für die Sites & Services-Programme und die private Bautätigkeit auf geplanten Stadterweiterungsflächen soll sich über eine Erhöhung der Gebühren und Abgaben für soziale Dienste und Leistungen amortisieren (109) und, so der Master Plan, durch die Anmahnung größerer Verwaltungseffektivität administrierbarer werden (110). Für die Achillesferse der Master Plan-Strategie, die schwache staatliche Planungsadministration, bringen diese Hinweise keine Hilfestellung. Weitere Überlegungen des Master Plan zu einer ordnungspolitischen Kontrolle der Migrationsbewegungen sind ebenfalls keineswegs neu und können angesichts jahrelanger Experimente mit derartigen Maßnahmen als untauglich angesehen werden (111).

3.5.2 Kritik des wohnungspolitischen Konzeptes des Master Plan 1979

Die Kritik des wohnungsbaupolitischen Konzeptes des Master Plan 79 kann auf drei Ansätze konzentriert werden:
- die Wohnbautätigkeit in den kommunal geplanten Stadterweiterungsgebieten (Bebauungspläne oder Lay-outs)
- die seit 1974 laufenden S & S-Programme und

- die Upgrading-Projekte bestehender Squattergebiete als besonderer Bestandteil der S & S-Programme

Diese Ansätze sollen nun auf ihren tatsächlichen Beitrag zur ersten Stufe des Master Plan-Szenarios 1979-84 untersucht werden.

Graphik III-1
Die Entwicklung der Bautätigkeit in den Städten Tansanias
(zu Preisen von 1966 in mio. TShs.)

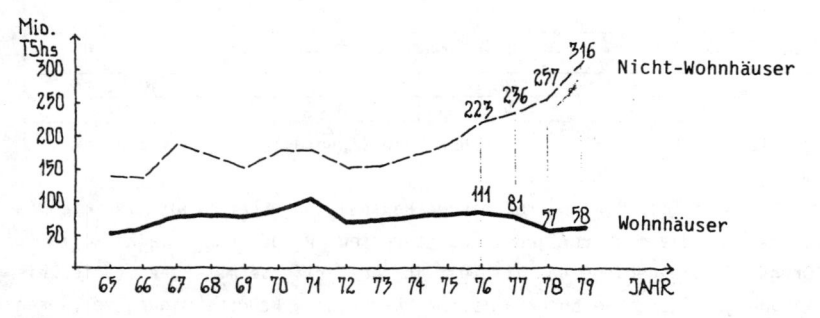

Mio. TShs
300
250 — Nicht-Wohnhäuser
200
150
100
50 — Wohnhäuser

65 66 67 68 69 70 71 72 73 74 75 76 77 78 79 JAHR

Werte: 223, 236, 257, 316 (Nicht-Wohnhäuser); 111, 81, 57, 58 (Wohnhäuser)

Quelle: Economic Survey 77/78, United Rep. of Tan., Table 6

Graphische Darstellung: der Verfasser

Die Einmessung herkömmlicher **Bebauungspläne** in den Stadterweiterungsgebieten Mbezi, Tabata und Mbagalla machte nach 1978 zügige, wenn auch hinter den Erwartungen zurückbleibende Fortschritte. In Mbagalla waren 1984 zwei und in Tabata drei Nachbarschaften fertig zur Vergabe an Interessenten und im ersten Teilgebiet vom Mbezi Scheme bereits alle 6.000 Grundstücke vergeben. Dennoch fand fast keine Bautätigkeit statt und lag damit im nationalen Trend eines stagnierenden, formellen Wohnbaumarktes (s. Graphik III-1). Der Stadt fehlten die Mittel, um ein Gebiet dieser Größe infrastrukturell zu erschließen, da dieses Bauland im Mbezi-Gebiet bis heute (trotz Verstaatlichung des Bodens 1963) in Privatbesitz ist und riesige Kompensationskosten bei der Übernahme des Landes anfallen. Zusammen mit anderen Entschädigungszahlungen belief sich die Summe der ausstehenden Kompensationen in Dar es Salaam 1983/84 auf 8.086.024 TShs. (112)! Die gesamten Erschließungskosten für 8.200 Grundstücke in Dar es Salaam waren im Entwicklungsplan 1979/80 mit 4.300.000

TShs. veranschlagt worden (113). Aus diesen Zahlen wird deutlich, in welchem Ausmaß die Stadt allein mit den Kosten für Kompensationszahlungen überfordert ist. Dennoch ist gerade das Mbezi-Gebiet für eine geplante Stadterweiterung besonders geeignet, weil es dort keine Squatter gibt. Der Privatbesitzer, ein alteingesessener Tansanier griechischer Abstammung, konnte nur mit Entschädigungszahlungen rechnen, solange das Land bei der Übergabe unbesiedelt war.

Tabelle III-8

DIE ZAHL DER BAUANTRÄGE AN DIE STADTVERWALTUNG DAR ES SALAAM, 1980-1983			
1980	1981	1982	1983
1711	1476	1486	1124

Quelle: Durchsicht der städtischen Verwaltungsakten durch Verfasser

Neben der völlig unzureichenden Haushaltslage der Stadt sind die Widerstände, die sich vor jedem Bauinteressenten auftürmen, ein weiterer Grund für die geringe Bautätigkeit in den fertig vermessenen Stadterweiterungsgebieten. Die bürokratischen Hürden der Baugenehmigungsverfahren sind hoch, die Baukosten für große Teile der Bevölkerung untragbar und selbst das notwendigste Baumaterial ist nicht auf dem Markt. Aufgrund dieser Zwänge wurden in den Jahren 1980-1983 pro Jahr nie mehr als 1.511 Bauanträge bei der Stadt eingereicht, wie Tab. III-8 zeigt. Die Tendenz ist sinkend. Die meisten dieser Anträge waren für einstöckige Wohnhäuser, darunter fast keiner für die Standardhäuser der NHC. Hinzu kommt, daß zwischem formellem Bauantrag und der realisierten Bautätigkeit in Dar es Salaam eine große Kluft liegt.

Tabelle III-9

IM DSM MASTER PLAN VERANSCHLAGTE, JÄHRLICHE WOHNUNGSBAUPRODUKTION IN DSM (Durchschnittliche Zahl der Fertigstellungen pro Jahr)			
AUF GRUNDSTÜCKSGRÖSSE	1979-1984	1984-1989	1989-1999
400 m² - VOLL VERSORGT	885	1 644	2 108
400 m² - TEILWEISE VERSORGT	1 926	2 049	3 009
800 m²	407	492	907
1600 m²	59	165	605
NACHVERDICHTUNG	1 606	1 205	402
"BUFFER AREAS" (ca. 5000 m²)	125	175	50
GESAMT	5.008	5.727	7.081

Quelle: DSM Master Plan, Vol.I, S.95

Die angespannte Finanzlage der Stadt und in der Folge die unzureichende Erschließung der vermessenen Stadterweiterungsgebiete sowie die enormen Restriktionen privater Bautätigkeit lassen einen nennenswerten Beitrag der Stadterweiterungsplanungen zum Master Plan-Szenario nicht erwarten. Tab. III-9 zeigt die im Master Plan dessen ungeachtet veranschlagte Wohnungsbauproduktion.

Sites & Services Programme sollen mit möglichst geringem Mitteleinsatz neue Wohnflächen erschließen und mit Infrastruktur einfachen Standards versorgen. Die Träger dieser Programme in Tansania, die Regierung in Zusammenarbeit mit der "International Development Agency" (IDA), formulierten hierfür drei Ziele:
1. Die Wohnungsprobleme der untersten Einkommensschichten sollten wirksam gemindert werden.
2. Es sollte ein wiederholbarer Ansatz für die effektive und dauerhafte Verbesserung bestehender "Slums" und die Kontrolle des Stadtwachstums entwickelt werden. Der Master Plan 79 ging soweit, von den Programmen zu erwarten, daß sie genügend Wohnbauflächen erschließen könnten, um für "alle neuen Squatterentwicklungen eine ausreichende Zahl an hochverdichteten Grundstücken zur Verfügung zu stellen, auf die diese Bevölkerungsteile umgesiedelt werden könnten" (114).
3. Die institutionelle und finanzielle Kapazität der staatlichen Administration zur Befriedigung des Wohnungsbedarfes sollte verbessert werden. IDA finanzierte ca. die Hälfte der Programme, um die Implementierungskapazität "von oben" zu stärken (115).

Tabelle III-10

GEPLANTER UMFANG DER IDA-FINANZIERTEN SITES & SERVICES PROJEKTE IN DAR ES SALAAM				
	1. PROJEKT: 1974-1977		2. PROJEKT: 1977-1982	
	S & S - GRUNDSTÜCKE	GEBÄUDE IN UPGRADING GEBIETEN	S & S - GRUNDSTÜCKE	GEBÄUDE IN UPGRADING GEBIETEN
DAR ES SALAAM	6.182	7.600	14.150	9.138

Quelle: IDA, Washington DC. 1977, Annex 1, Tabelle 3

Die hochgesteckten Ziele der seit 1974 laufenden ersten und zweiten nationalen Sites & Services Programme konnte nicht in dem Maß erreicht werden, wie ursprünglich geplant und in Tab. III-10 dargestellt. Die

Programmdurchführung verzögerte sich. Die Ziele wurden im zweiten Programm noch weiter heruntergesetzt, sodaß nur noch vermessene, unversorgte Grundstücke zur Verfügung gestellt wurden (116). Bis 1983/84 waren es 6.000 Grundstücke mit einem Kostenaufwand von 6.972.000 TShs. (750.000 US-$) (117). Knapp 20 % der Investitionskosten hatte das City Council zu tragen.

Plan III-3

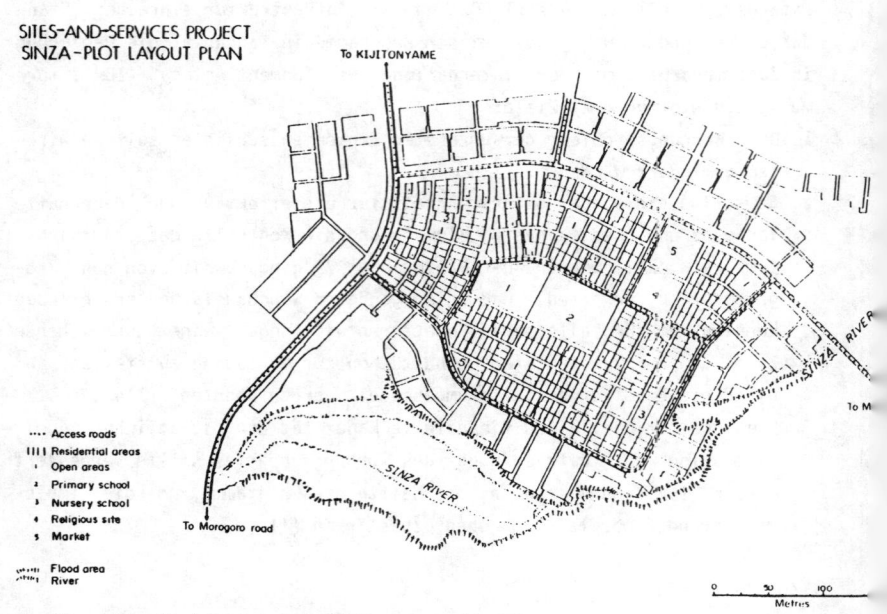

SITES-AND-SERVICES PROJECT
SINZA-PLOT LAYOUT PLAN

···· Access roads
IIII Residential areas
  ¹ Open areas
  ² Primary school
  ³ Nursery school
  ⁴ Religious site
  ⁵ Market

⋯⋯ Flood area
⁓⁓ River

Quelle: IDA, Washington DC. 1974, Karte 10.703

Die Projekte liegen innerhalb des bestehenden Stadtgebietes (s. Karte IV-1). Sie sind daher als sogenannte "infilling areas" Teil der ersten Stufe des Masterplanes (1979-84). Tabelle III-11 zeigt die vom Master Plan angenommene Zahl der Bewohner, die bis 1984 in den Sites & Services Gebieten untergebracht werden sollten. Die im Master Plan veranschlagten 50.200 E. könnten auf den bereitgestellten 6.000 Grundstükken angesiedelt werden.
Auch wenn die Programmziele nicht realisiert werden konnten, haben die

Sites & Services-Projekte dennoch einen wichtigen Beitrag zur Implementierung des Master Plan 1979 geleistet. Sie haben durch schnelle Ausweisung von Grundstücken die Zahl der Squatter leicht verringert.

Tabelle III-11

IN DER STUFE I DES MASTER PLAN (1979-1984) VORGESEHENE FLÄCHEN FÜR DIE WOHNZUWACHS-BEVÖLKERUNG		ZUWACHSBEVÖLKERUNG	
		ABSOLUT	%
GEPLANTER GESAMTZUWACHS		374.000	100
KOMMUNALE BEBAUUNGSPLÄNE FÜR STADTERWEITERUNGEN :	MBEZI	80.000	
	TABATA	80.000	60
	MBAGALLA	40.000	
ERWEITERUNGEN VORHANDENER STADTTEILE		43.800	13
SITES & SERVICES - GEBIETE IN "INFILLING AREAS"		70.200	19
UPGRADING IN "INFILLING AREAS"		12.800	4
"RESIDENTIAL BUFFER AREAS" ALS "INFILLING AREAS"		7.000	2
WOHNRAUM IN INSTITUTIONAL AREAS		18.000	5
SONSTIGE		4.200	1

Quelle: DSM Master Plan 1979, Vol.I, S.56-59, 43, TS 1, S.36

Dennoch bleiben erhebliche Zweifel, ob Sites & Services-Programme ein generelles Lösungsmodell für die Wohnungsprobleme und die geplante Stadtentwicklung in Dar es Salaam darstellen können und ob sie speziell ausreichen, die künftigen Stufen des Master Plan-Szenarios zu realisieren. Zwei Gründe nähren die Skepsis gegenüber dem künftig zu erwartenden Umfang dieser Programme:

1. Sie sind nur mit massiver finanzieller Unterstützung von außen durchführbar. Die Weltbank (IDA) will jedoch nach Auskunft ihres Regionaldirektors mit Auslaufen der ersten zwei nationalen Programme nicht weiter in diesen Sektor investieren. Er nannte hierfür drei Gründe:
-Tansania sollte besonders nach dem 2. Sites & Services Programm in der Lage sein, derartige Projekte selbst zu planen;
-die Kostendeckung der Programme sei sehr unbefriedigend gelaufen;
-und schließlich sei die Unterhaltung der erstellten Infrastruktureinrichtungen völlig unzureichend gewesen.
Aus diesen projektinternen Gründen und dem allgemeinen Rückzug der internationalen Geberinstitutionen aus urbanen Projekten werden die künftigen Stufen des Master Plan-Szenarios ohne weltbankfinanzierte Sites & Services-Programme implementiert werden müssen.

2. Die Zahl der tatsächlich bebauten Grundstücke in den Sites & Services-Gebieten - die "consolidation rate", wie sie die Weltbank nennt - liegt mit Sicherheit wesentlich niedriger als die der bereitgestellten Grundstücke. R. Stren schätzte den Anteil der tatsächlich bebauten Grundstücke 1979 auf 15 %. "29 % zeigen überhaupt keine Entwicklung" (118). Die bereits erwähnten Restriktionen für den Wohnungsbau in Dar es Salaam erfordern daher zusätzliche Programmkomponenten, um die im Master Plan vorgesehenen Wohnbauzuwächse zu realisieren.

Neben dieser Skepsis gegenüber dem quantitativen Beitrag der Sites & Services-Programme zur geplanten und kontrollierten Stadtentwicklung wird in der Literatur häufig die Frage nach der Zielgruppe aufgeworfen, die mit ihnen erreicht werden soll (119). Offensichtlich kamen in Gebieten wie Sinza die unteren Einkommensschichten nicht zum Zuge. Der Wert der Häuser liegt meist über 100.000 TShs. statt, wie geplant, unter 50.000 TShs.. Offensichtlich bedienten sich in den Sites & Services-Gebieten die sozialen Schichten, die Zugang zu den staatlichen Entscheidungskanälen hatten oder Teile der Staatsklasse selbst, wie z.B. der City Engineer von Dar es Salaam.

Über Kritiken am Sites & Services-Programm hinaus, die finanzielle Barrieren für eine breite Partizipation der Bevölkerung hervorheben, sollen hier die gesellschaftlichen Macht- und Einflußverhältnisse als Ursache betont werden. Sie konstituieren die Beamten des Staatsapparates als Staatsklasse an und für sich, deren Revenuen aus dem Zugang zu staatlichen Entscheidungskanälen entspringen, wie in Kapitel II.4 oben dargestellt. In den bürokratischen Zuteilungsverfahren für die Grundstücke der Sites & Services Gebiete Dar es Salaams materialisieren sich die Interessen der Staatsklasse und ihrer Klientel. Die Klassenverhältnisse in Tansania sind somit eine weitere Schranke für die geplante Entwicklung der Stadt, da große Teile der Bevölkerung aus dem zu engen legalen Wohnungsmarkt herausgedrängt werden. Hierauf hat besonders R. Stren hingewiesen: "While almost all of these policies (gemeint: die tansanische Wohnungspolitik insgesamt, d.Verf.) were progressive in the sense that they aimed to stop exploitation in general or to directly benefit lower income groups, their effect was to drastically increase the weight and complexity of the bureaucratic hurdles which an individual needed to overcome in order to get a service performed or a house legally built" (120).

Die Komplexität der staatlich reglementierten Finanzierungsmodalitäten, Kreditvergabeverfahren, Baugenehmigungsprozesse und die Verteilung von Baumaterialien begünstigen die einflußreiche Staatsklasse und schließen die unteren Schichten vom Wohnungsmarkt tendenziell aus. Der Master Plan schafft hier kaum die neuen Optionen für untere Schichten, sondern setzt nur die allgemeinen Zielmargen und Rahmenbedingungen, welche eben gerade die Staatsklasse begünstigen und die unteren Schichten in ungeplante Gebiete abdrängen. Sites & Services-Projekte eröffnen unter den gegeben sozialen und politischen Verhältnissen, die vom Master Plan unberührt bleiben, für letztere kaum neue Zugänge zum regulären Wohnungsmarkt.

Das dritte Standbein der Wohnungspolitik des Master Plan 1979 sind die upgrading-Projekte. Ungefähr 4% des Zuwachsbedarfes sollte so mit geplanten und versorgten Wohngrundstücken versehen werden. Ziel der upgrading-Maßnahmen kann bei den bestehenden Dichten in den Squattergebieten jedoch nur die Verbesserung der Infrastruktur sein. Sie soll, so der Master Plan, in allen Stadtteilen zumindest den Standard der Sites & Services Gebiete erreichen (121). Neue Grundstücke werden damit nicht geschaffen, und eine weitere Bruttozunahme der Wohnbevölkerung in diesen Gebieten erscheint mir weder wünschenswert noch realistisch, obwohl der Plan das so annimmt: "..even though an estimatet 8 % of the housing units will be removed for the construction of roads and services, a population increase of 8 % to 10 % is usually experienced after the upgrading has taken place. This increase is the result of the displaced people returning and of others being attracted by the new facilities" (122).
Upgrading-Projekte haben die Lebensbedingungen in den Squattergebieten Dar es Salaams zweifellos verbessert. Hierin liegt der Sinn dieser Projekte, nicht in der Spekulation auf ein zusätzliches "infilling". Die Projektrealität in Dar es Salaam zeigt, daß durch upgrading-Maßnahmen (z.B. in Mtoni) so viele Bewohner verdrängt wurden, daß für sie zusätzliche Sites & Services Projekte (in Mbagalla) geplant werden mußten.

Plan III-4

Hanna Nassif - ein typisches upgrading-Gebiet in Dar es Salaam

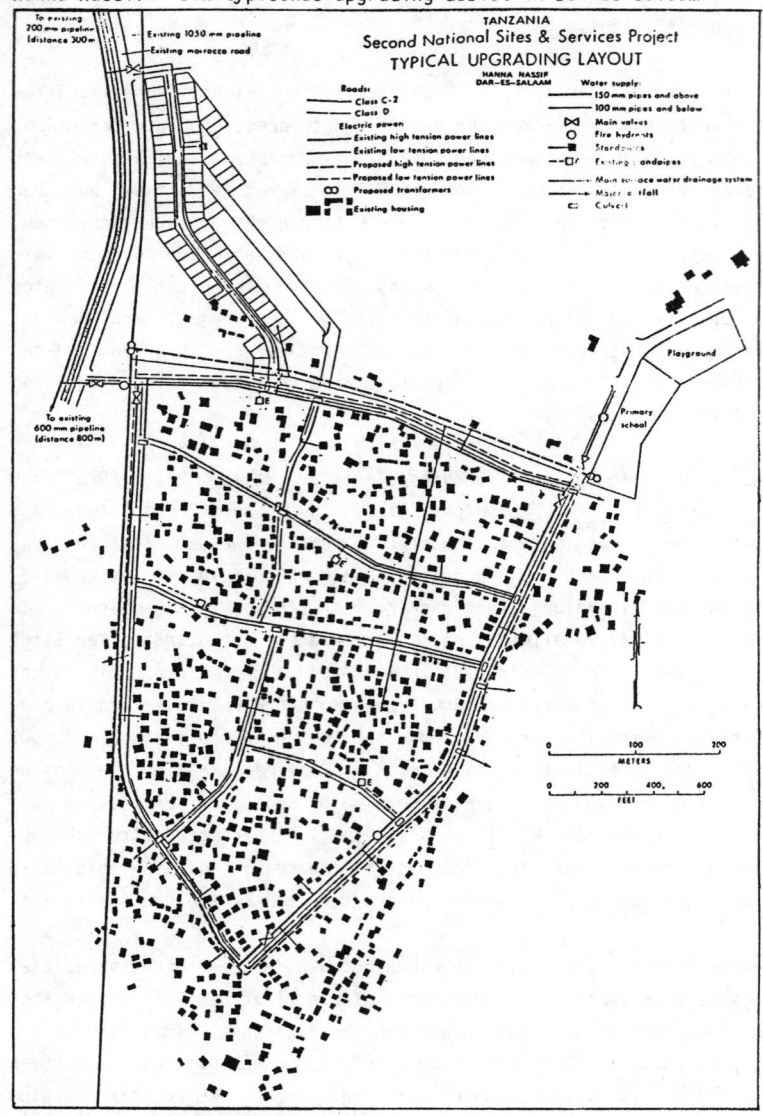

Quelle: World Bank (IDA), 1977

3.5.3. Resumee zur wohnungspolitischen Situation nach dem Master Plan

Ohne eine detaillierte Kritik der Sites & Services Programme an dieser Stelle zu beabsichtigen (123), kann festgehalten werden, daß
- ihre Fortführung in gleichbleibendem Umfang, wie im Master Plan angenommen, nicht zu erwarten ist;
- ihr Fremdfinanzierungsanteil die nationale Abhängigkeit von der Weltbank erhöht;
- sie nicht die Erwartungen des Szenarios erfüllen, was die "consolidation rate" der bereits gelaufenen Projekte betrifft;
- sie nicht die breiten unteren Schichten und die Armutsbevölkerung in nennenswertem Umfang erreichen - eine soziale Frage, die im Master Plan ausgeklammert blieb;
- über das beträchtliche Investitionsvolumen keine entsprechenden Einkommen für die Armutsbevölkerung geschaffen wurden.

Trotz einiger innovative Anstrengungen im zweiten Sites & Services-Programm, in einem Pilotprojekt auch den informellen Sektor einzubeziehen, sind über das Programm kaum Arbeitsmöglichkeiten für die Armutsbevölkerung geschaffen worden. Ohne ausreichende Verdienstmöglichkeiten aber mußte sie von den Programmen ausgeschlossen bleiben. Dies um so mehr, als IDA darauf drängte, daß die Erschließungs- und Infrastrukturkosten des Programms zu 100% von den Nutznießern über das "Land Rent and Service Charge Act" wieder hereingeholt werden sollten (124).

Der begrenzte Umfang der ersten beiden Sites & Services Programme in Dar es Salaam, der selbst in dieser Größenordnung nicht wiederholbar sein wird, läßt die Realisierbarkeit des Master Plan-Szenarios fragwürdig erscheinen. Die zügige Bereitstellung von 400 qm-Grundstücken zu Sites & Services Standards für 123.000 Menschen, wie für die zweite Phase des Master Plan-Szenarios angenommen, ist nicht zu erwarten. Die Prämissen und grundlegende Absicht des Master Plan-Unternehmens, "to ensure that development takes place in accordance with the general and overall intent of the land use designations and the policy statements set out in this Plan", ist über die Konzepte des Master Plan nicht einzulösen (125).

Im Kontext vergangener Masterplanungen stellt der neue Plan einen Fortschritt dar. Es ist darin eine konzeptionelle Entwicklung vollzogen vom diskriminierenden Zoning-Konzept des Master Plan 1948 über den negativistischen Slum-Resettlement-Ansatz im Master Plan 1968 zu einer mitlerweile in vielen Entwicklungsländern verfolgten Sites & Services Politik. Diese Programme haben interne Probleme, die hier nicht detailliert werden sollten. Daß solche Probleme jedoch im Master Plan nicht kritisch untersucht wurden, obwohl Sites & Services Programme ein Standbein des Master Plan sind, stellt ihn grundsätzlich in Frage. Der Master Plan 1979 reflektiert in vielfacher Weise nicht sein Projektumfeld bestehend aus konkreten Widersprüchen, Ursachenzusammenhängen und Implementierungsvoraussetzungen, in die sein wohnungspolitisches Szenario eingebettet ist. Der Master Plan ist damit auf ein voluntaristisches Szenario reduziert, das generelle Zukunftsperspektiven aufzeigt, ohne die Wege dorthin auch nur einigermaßen verläßlich zu ebnen. Das ungeprüfte Projektumfeld wird durch einen Prämissenrahmen ersetzt, der einer kritischen Analyse und der empirischen Überprüfung nicht standhält.

In dieser Situation greift die Stadtverwaltung immer wieder zu Einzelmaßnahmen jenseits der großen Master Plan-Strategien, um die Stadtentwicklung im Griff zu behalten. Seit Anfang der 70er Jahre werden immer wieder Razzien gegen Arbeitslose durchgeführt und Tausende aufs Land zurückgesiedelt (vgl. Fußn.111). Einzelne ungeplante Gebäude, wie die der Makonde-Schnitzer an der Bagamoyo Rd., wurden abgerissen.
In letzter Zeit werden verstärkt Mietshäuser für die Angestellten grösserer Unternehmen gebaut und Gebäude in der City oft ohne Genehmigung aufgestockt. Insgesamt fehlt ein realistisches Konzept, um mit den Bevölkerungszuwächsen fertig zu werden.

Das Konzept einer Generalplanung, das über die widersprüchliche Realität gestülpt ist, steht im Gegensatz zum problemorientierten Ansatz, der sich selektiv auf die offengelegten und analysierten Problembrennpunkte konzentrieren würde. Er schlösse eine Globalplanung nicht aus, würde aber auf die aktuell verfügbaren und benötigten Handlungsspielräume - die realistischen ersten Schritte - zentriert sein. In dieser Konkretion bliebe es nicht aus, daß er in das gesellschaftliche Interessenfeld verteilungspolitisch eingreifen müßte.

Die Generalität des Master Plan hat neben dem Bedürfnis nach dem stimmigen Gesamtentwurf tieferliegende, systemische Ursachen. Die Geschäftsgrundlage und Arbeitsstruktur von Consultings (vgl. Kap. I-3.4) erlaubt kein konkreteres Einsteigen in das widersprüchliche Projektumfeld. Die Wirtschaftlichkeit des Projektes wäre für die Firma gefährdet und Konflikte würden von außen (von Ausländern!) in das instabile nationale System getragen werden. R. Stren hat auf die Klasseninteressen hingewiesen, die die erstarrten bürokratischen Strukturen in Tansania stützen, um politische Stabilität zu wahren, aber auch um über bürokratische Verfahren Verteilungsvorteile zu erlangen. Er beschrieb dies am Beispiel der Grundstücksverteilung für Sites & Services Programme. Consultants können und sollen nicht von außen in gesellschaftliche Verteilungskonflikte eingreifen. Das Master Plan-Instrumentarium ist dazu auch nicht geeignet. Es hebt auf die Stimmigkeit des Ganzen ab. Dafür werden Consultants engagiert. Zur Implementierung einzelner Projekte oder packages aus dem Master Plan kann und wird im Plan auf ergänzende Consultant-Projekte verwiesen. Die Entwicklungshilfe-Arena ist ein perpetuum mobile.

4. Planung und Implementierung unter begrenztem Handlungsspielraum

Die Analyse des Master Plan hat bis hierher ergeben, daß sein Szenario unrealistisch war. Es wurde auf die Mängel des Planes selbst hingewiesen. Darüber hinaus zeigen Erfahrungen mit anderen Planungen, daß die Implementierungskapazität des staatlichen Systems gering ist. Selbst die zuständige tansanische Ministerin nannte im Vorwort zur Uhuru Corridor-Planung den Beitrag tansanischer Stellen zu umfassenden Planungen "wenig ermutigend" (126). U.a. aufgrund dieser Erfahrungen zieht sich die Weltbank aus dem Sites & Services-Programm zurück (127). Die Masterplanung selbst und die institutionellen Voraussetzungen hierfür ließen daher keine effektive Implementierung erwarten. Angesichts der Begrenztheit des nationalen Planungssystems stellt sich zudem die Frage, in welcher Größenordnung die Consultants Implementierungsressourcen - Kapital und administrative Leistungen - voraussetzten, um ihr Szenario zu realisieren, und woher diese Ressourcen kommen sollten.

Das Szenario des Master Plan, das in 20 Jahren Realität werden sollte, war im Plan quantitativ klar umrissen dargelegt. Es bestand nicht aus qualitativ formulierten politischen Standards und geklärten administrativen Rahmenbedinungen für eine kontrollierte Stadtentwicklung, sondern aus Zuwachszahlen und Zeithorizonten. Die Annahmen für die Implementierung des Szenarios wurden in Form von Postulaten gesetzt (128):

- Die <u>finanziellen Mittel</u> für die Entwicklung Dar es Salaams müßten gesteigert werden (zugleich wurden beträchtliche Dezentralisierungseffekte durch Ressourcenumverteilung erwartet, vgl. Kap. V.3).
- Alle <u>Planungsinstitutionen</u> sollten auf der Grundlage des Master Plan effektiv untereinander koordiniert werden. Dazu sei ein "Public Utilities Coordinating Commitee" zu schaffen. Entwicklungsengpässe sollten durch exakte Beobachtung der Planungsfortschritte ("monitoring") rechtzeitig erkannt und überwunden werden.
- Die <u>Kompetenz</u> des City Council sollte stark aufgewertet werden. Die Zuständigkeit für die Planimplementierung und deren begleitende Erfolgskontrolle sollten aus dem Ministerium in die Zuständigkeit des City Council gelegt werden. Zu diesem Zweck sei es unabdingbar, die Zahl der ausgebildeten <u>Planer</u> im City Planning Department zu erhöhen.

Die im Master Plan veranschlagten Voraussetzungen für eine wirksame Stadtentwicklungsplanung werde ich anschließend den realen Möglichkeiten vor Ort gegenüberstellen. Sie sind durch die verfügbaren Finanzmittel, die staatliche Planungsadministration, Planer und Plangrundlagen gekennzeichnet.

4.1 Der finanzielle Handlungsspielraum

Der Finanzierungsbedarf einer Stadt zur Durchführung von Entwicklungsprojekten und zur Unterhaltung der bestehenden Infrastruktureinrichtungen ist vom Entwicklungskonzept eines Landes abhängig. Der Master Plan 1979 stellte ein mögliches, kapitalintensives Entwicklungskonzept dar, das neben andere, eher basisproduktivkraftorientierte Konzepte zu stellen wäre. Ernstzunehmende Schätzungen, die von der Logik des Master Planes ausgingen, setzten den Finanzbedarf der Stadt Dar es Salaam allein für die Aufrechterhaltung des bestehenden Minimalstandards der technischen und sozialen Infrastruktur mit ca. 3% des nationalen Entwicklungshaushaltes oder 120 - 150 mio. TShs. p.a. an ((129), vgl. Tab.III-12). Das entspräche ca. 30 mio. DM zum Zeitpunkt jener Schätzung. Der 3. Nationale Fünfjahresplan setzte 1976 für die gesamte folgende Fünfjahresperiode Zuwendungen an diese Region in Höhe von durchschnittlich 281 mio. TShs. p.a. an (vgl. Tab. III-13). Wahrscheinlich wurde auch dieses Investitionsvolumen nicht realisiert.

Der Master Plan 79 veranschlagte allein für Infrastrukturprojekte - ohne Investitionen für soziale Dienste wie Schule, Krankenhäuser etc. und deren laufende Kosten - 200 mio. TShs. p.a. für seine 1. Phase bis 1984 (130). Dieses geplante Ausgabenvolumen, ergänzt durch die oben zitierten Unterhaltungskosten von ca. 150 mio. und Investitionen für die soziale Infrastruktur bringt den jährlichen, nominalen Finanzbedarf des städtischen Haushaltes, folgt man dem Master Plan, auf 350 mio. TShs.. Allein der Ausgabenplan für Infrastrukturprojekte des Master Plan 1979 (200 mio.) lag damals doppelt so hoch wie der vergleichbare, letzte Mittelansatz für Dar es Salaam vor dem Master Plan (92,2 mio. TShs.). Angesichts der tansanischen Haushaltslage, die sich seit 1979 dramatisch verschlechterte, waren die Ansätze des Entwicklungshaushaltes in dieser Höhe nicht realistisch und nicht sinnvoll. Sie kamen rund 4,5% des nationalen Entwicklungshaushaltes gleich, (vgl. Tab. III-12), was eine erhebliche Stärkung der primate city zur Folge gehabt hätte.

Tabelle III-12

DIE ENTWICKLUNG DES NATIONALEN HAUSHALTES 1971/72 - 1984/85 (nominal in mio. TShs.)	REAL	REAL	REAL	REAL	GEPLANT
	1971/72	1979/80	1981/82	1982/83	1984/85
DEVELOPMENT EXPENDITURE	840	7.484	4.484	1.479	7.400
RECURRENT EXPENDITURE	1.631	9.229	12.903	14.736	17.400
FOREIGN LOANS AND GRANTS	270	2.320	1.878	2.020	7.000

Quelle: United Rep. of Tan., The Econ. Survey 1982, DSM 1983, Tab.A
United Rep. of Tan., Structural Adjustment Programme, DSM 82

Da die im kommunalen Haushalt Dar es Salaams in der ersten Phase des Master Plan real ausgegebenen Entwicklungsinvestitionen nur einen Bruchteil dessen darstellen, was für die Implementierung des Master Plan notwendig wäre, sind stetig fließende Mittel aus dem nationalen Haushalt und ausländische Entwicklungshilfegelder notwendig (vgl. Tab. III-13 und Graphik III-2). Solche Mittel sind im Master Plan auch entsprechend vorgesehen. Dar es Salaam bleibt also in weit höherem Maß von projektgebundenen, zentralstaatlichen und internationalen Zuweisungen abhängig, als es der Master Plan noch mit gewissem Recht annehmen konnte, der nach der Wiedereinführung der eigenständigen City of Dar es Salaam im Jahr 1978 von einem gestärkten Kommunalhaushalt ausging. Trotz offizieller Dezentralisierungspolitik war aber die staatliche Mittelverteilung zentralisiert geblieben.

Wie Tab. III-13 zeigt, schrumpften im Implementierungszeitraum der Phase I des Master Plan (1979-1984) die realen Entwicklungsausgaben der City auf weniger als ein Drittel zusammen (131).

Im selben Zeitraum nahmen auch die nationalen Haushaltsansätze für Entwicklungsausgaben (nominal!) ab. Die Wirtschaftskrise schlug auf beide Haushalte, den zentralen und den kommunalen, voll durch. Dar es Salaam war zur Zeit der Masterplanung - wie Graphik III-2 zeigt - zu 98 %

Tabelle III-13

DIE KOMMUNALE HAUSHALTSENTWICKLUNG DSM's 1976/1977 - 1982/1983 UND NATIONALE ZUWEISUNGEN (nominal in mio. TShs.)	REGION DSM	CITY OF DSM		
	1976/77	1979/80	1980/81	1982/83
TATSÄCHLICH VERAUSGABTE MITTEL DES KOMMUNALEN ENTWICKLUNGSHAUSHALTES	73,4	37,4 *)	30,5 *)	10,4 *)
GEPLANTE NATIONALE ZUWEISUNGEN (1976/77-1980/81)	1405 od. 281 p.a.			

Quellen: DSM MP 79, Interim Report I, S. 31; MP 79, TS 1, S. 56
  *) eigene Erhebungen im City Council, d. Verfasser
Bemerkung: Wechselkurs März 1980: 1.000 TShs = 216 DM

von nationalen Mittelzuweisungen abhängig. Innerhalb der nationalen Mittelzuweisungen waren besonders zwei Positionen für die Stadtplanung von großer Bedeutung: das 2. Nationale Sites & Services-Programm, für das 152 mio. TShs. im 3. Fünfjahresplan vorgesehen waren, und Wohnbaumittel über 490 mio. TShs. (132). Diese Mittelansätze werden nur bei fortgesetzten internationalen Zuwendungen an Tansania auch in Zukunft in dieser Höhe verfügbar sein.

Der Master Plan 1979 setzte, wie sein Vorgänger, die hohe externe Finanzierung weiter voraus, obwohl die internationale Entwicklungshilfepolitik sich bereits auf ländliche Entwicklungsprioritäten umorientiert hatte. Die Entwicklung der letzten Jahre vor Verabschiedung des Master Plan zeigte einen deutlichen Rückgang der internationalen Mittelzusagen für urbane Projekte. So waren 1974/75 84 %, 1975/76 gar 88 %, aber 1976/77 und 1977/78 nur noch 55 % respektive 59 % aller städtischen Ausgaben vom Ausland finanziert (133).

Graphik III-2

DIE QUELLEN DES ENTWICKLUNGSHAUSHALTES VON DAR ES SALAAM / 1979 - 1984

CA.2%-CITY CA.21%-ZENTRALSTAAT   CA. 77% - PARASTATALS
NATIONAL CA. 40% / EXTERN CA. 60%

Quelle: Zusammenstellung aus DSM MP 79, TS 1, S. 56; DSM MP 79, Vol. I, S. 37

Die folgenden Beispiele von Entwicklungsprojekten der letzten 10 Jahre in Dar es Salaam ließen sich nur über diese hohe internationale Finanzierung durchführen:

- Zwei im Ausbaustandard überzogene Straßenbauprojekte, die mit westdeutscher Entwicklungshilfe gebaut wurden. Kostenanteil für das Beispieljahr 1977/1978: 10 - 14 mio. DM (134).
- Kauf von hochtechnisierten, westdeutschen Müllwagen und Septic Tank-Entleerungsfahrzeugen. Kostenanteil für das Beispieljahr 1977/1978: 1,9 mio. DM (135).
- Kauf einer vollautomatischen Fähre aus der Bundesrepublik für die Hafeneinfahrt. Kostenanteil für das Beispieljahr 1977/78: 600.000 DM (136).
- Modernes Straßenbaugerät. Kostenanteil für das Beispieljahr 1977/78: 220.000 DM (137).
- Das Slum Clearence-Programm für den Stadtteil Buguruni. Kostenanteil für das Beispieljahr 1977 / 1978: 808.000 DM aus der Bundesrepublik (Siehe Fallstudie II).

Diese Stadtentwicklungspolitik, die ca. 70 % der Haushaltsmittel allein für fünf große, international finanzierte Projekte aufwendete, bedingte eine sträfliche Vernachlässigung der Unterhaltung und Sanierung des Bestandes, eine Investitionspolitik ohne entsprechende Beschäftigungseffekte in der Stadt und - mangels Investitionsmitteln - die verhängnisvolle Preisgabe einer eigenständigen Stadtentwicklungspolitik. Die Lösung für isoliert gesehene Stadtentwicklungsprobleme wurden angesichts restriktiver Mittelzuteilungen für Dar es Salaam unter der Dezentralisierungspolitik von einzelnen Projekten erhofft, die durch Consultants und Experten ausgeführt werden sollten. Den programmatischen Bogen über diese Projekthilfe spannte der Master Plan der kanadischen Consultants.

Während der Entwicklungshaushalt Dar es Salaams seit 1979/80 immer kleiner wurde, stiegen die Ausgaben für Verwaltung und Unterhalt der öffentlichen Einrichtungen im selben Zeitraum immer mehr an. Dieser für die Stadtentwicklungsplanung äußerst unerwünschte Trend ist aus Graphik III-3 ersichtlich. Der Spielraum für dringend notwendige Entwicklungsprojekte wurde bei steigendem Bevölkerungszuwachs immer kleiner.

Um sich ein Bild machen zu können von der Enge der kommunalen Handlungsspielräume für eine kontrollierte Stadtentwicklung, ist es sinnvoll, sich die Hauptbestandteile des kommunalen Entwicklungshaushaltes näher anzusehen. Die proportionale Verteilung der Mittel auf die ein-

Graphik III-3
DER ENTWICKLUNGS- UND DER VERWALTUNGSHAUSHALT IN DSM / 1978/79 - 1983/84 (nominal)

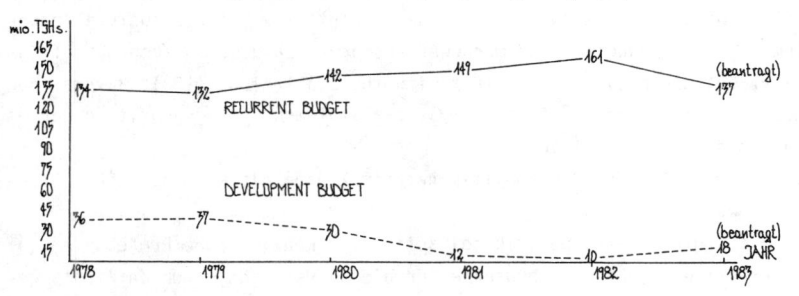

mio.TSHs.
- RECURRENT BUDGET: 174 – 132 – 142 – 149 – 161 – 177 (beantragt)
- DEVELOPMENT BUDGET: 36 – 37 – 30 – 12 – 10 – 18 (beantragt)

1978 1979 1980 1981 1982 1983 JAHR

Quelle: Eigene Erhebung aus Verwaltungsakten des City Council, 1984

zelnen Sektoren hat sich seit Beginn der nationalen Krise langsam verschoben. Die Mittelanteile für Gesundheit und Ausbildung wurden gekürzt zugunsten des Stadtplanungs- und Bausektors. Dennoch sind letztere jedes Jahr völlig unzureichend gewesen, wie die Graphik III-4 zeigt.

Graphik III-4
DIE SEKTORALE AUFTEILUNG DES ENTWICKLUNGSHAUSHALTES DER CITY OF DAR ES SALAAM
1978/79 - 1980/81 - 1982/83   (1 TSH = 0,26 DM IM JAHR 1982)

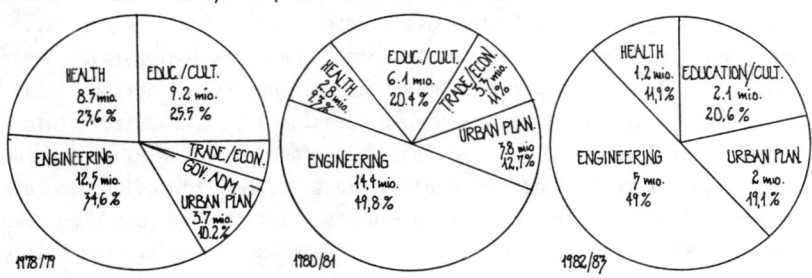

1978/79:
- HEALTH 8.5 mio. 23,6 %
- EDUC./CULT. 9.2 mio. 25,9 %
- ENGINEERING 12,7 mio. 34,6 %
- TRADE/ECON./GOV.ADM.
- URBAN PLAN. 3.7 mio. 10.2 %

1980/81:
- HEALTH 2,8 mio.
- EDUC./CULT. 6.1 mio. 20.4 %
- TRADE/ECON. 4 %
- ENGINEERING 14,1 mio. 49,8 %
- URBAN PLAN. 7,8 mio 12,7 %

1982/83:
- HEALTH 1,2 mio. 11,9 %
- EDUCATION/CULT. 2.1 mio. 20,6 %
- ENGINEERING 5 mio. 49 %
- URBAN PLAN 2 mio. 19,1 %

Quelle: Eigene Erhebung aus Verwaltungsakten des City Council, DSM, 84

Zusammenfassend ist festzustellen, daß der kommunale Handlungsspielraum für die Implementierung des Master Plan 1979 nach der Krise von 1978 schnell enger wurde. Die Abhängigkeit von internationalen Zuwendungen stieg in dem Maß, wie die nationalen Ressourcen aufgrund der anhaltenden Wirtschaftskrise knapper wurden und die nationalen Mittel in laufenden Ausgaben gebunden waren. In nuce hieß das für die Stadt Dar es Salaam: "There is a mismatch between city population and resource availability which lies at the root of the present city infrastructure problems...The financial and manpower resources have been taken out of the city, but the city has been left with the population" (138). Hayuma zog aus diesem Resümee seiner Analyse der Implementierungspraxis in Dar es Salaam drei Schlußfolgerungen:

1. Die Dezentralisierungspolitik nach 1972 habe die Kommunalbehörde geschwächt.
2. Die Infrastrukturpolitik sei auf einige wenige große Projekte - u.a. Prestigeprojekte und Projekte für die Oberschicht - konzentriert gewesen.
3. Es sei unwahrscheinlich, daß internationale Mittel für Sites & Services-Projekte, die quasi eine Brücke über die Implementierungslücke darstellten, auch künftig verfügbar sein würden.

Während diese Schlußfolgerungen Hayumas bei der Vergangenheitsbewältigung stehen blieben, wäre es m.E. notwendig, die vorwärtsgerichtete Stadtentwicklungspolitik und die Masterplanung grundsätzlich neu zu überdenken. Der Neuansatz müßte von der Einsicht getragen sein, daß die finanziellen Mittel Tansanias nicht annähernd ausreichen, um mit der bisher verfolgten, kapitalintensiven Stadtentwicklungspolitik den Standard der technischen und sozialen öffentlichen Einrichtungen auch nur zu halten (139). Nicht die vage Hoffnung auf einen gesteigerten Anteil an internationaler Finanzierung und Durchführung in der Stadtentwicklungspolitik kann das Ziel sein, sondern die Anpassung der Planungsstandards. Die Verringerung der Kapitalintensität der Entwicklung und die selektive Steigerung der kommunalen Einnahmen aus Steuern, Gebühren und Abgaben müßten den Ausgangspunkt einer neuen Stadtentwicklungspolitik bilden (140).

Der Master Plan 1979 verfolgte nicht einen derart ressourcenbezogenen Ansatz,den ich oben als wichtigen Bestandteil einer problemorientierten Planung charakterisiert hatte. Stattdessen ging der Master Plan von wünschenswerten Entwicklungsszenarien aus, für deren Implementierung bestimmte Finanzierungsvolumen unumgänglich seien (141). Daß dies nur über hohe ausländische Mittel erreichar war, sah der Master Plan und plante sie in Form von "project-packages" ein: "It is clear, therefore, that foreign exchange support is an essential component of the development of Dar es Salaam if the current standard of living of the city´s residence is to be maintained or improved" (142). Die Gefahren, die in dieser Entwicklung in Abhängigkeit für die Nation und Stadt liegen, werden in jüngster Zeit immer deutlicher. Statt ausländische Hilfe als unverzichtbar für ein vorgefaßtes Leitbild der Stadtentwicklung vorauszusetzen, wäre es notwendig, von den vorhandenen Ressourcen auszugehen und die Entwicklungsstrategien darauf abzustellen.

Mit diesem Neuansatz würde auch eine grundsätzliche Abkehr vom westlich orientierten Planungstyp notwendig, wie sie Kanyeihamba generell in einer Studie über den Stadtplanungstransfer nach Ostafrika gefordert hatte: "The financial resources available have proved extremely inadequate to meet the requirements of a western-oriented type of planning and development. The likelihood of increasing these resources to meet the requirements is too remote to be contemplated. It is important therefore that development plans and projects be tailored to meet the real and practical needs of the ordinary people. The central theme of the new approach must be the production of modern and inexpensive development schemes and projects" (143).

4.2   Die materiellen Arbeitsbedingungen der Planungsadministration

Die staatliche Administration hat in Tansania überragende Bedeutung als Träger der nationalen Entwicklung. 80 % aller Investitionen laufen über staatliche Haushalte (144). Den daraus erwachsenden Anforderungen an die administrative Infrastruktur ist die tansanische Bürokratie nicht gewachsen. Von der Bebauungsplanung bis hin zur Ausschreibung der Bauprojekte liegt die Implementierung des Master Plan in der Hand der

Kommunalbehörde. Die kleineren kommunalen Bauprojekte, z.B. Gesundheitsstationen, werden von der Ingenieurabteilung im City Council selbst entworfen, bauüberwacht und abgerechnet. Für dieses breite Aufgabenfeld in einer Millionenstadt bestand zur Zeit der Masterplanung die Ingenieurabteilung aus einem Abteilungsleiter mit einer mehrmonatigen Ausbildung in Straßenbautechnik in Japan, einem Praktiker als Assistent, zwei diplomierten Entwicklungshelfern und zwei technischen Zeichnern; die Stadtplanungsabteilung bestand aus einem diplomierten Stadtplaner, zwei Entwicklungshelfern, einem graduierten Stadtplaner und zwei Technicians (145). 1969 hingegen war die Ingenieurabteilung noch mit elf qualifizierten Ingenieuren besetzt. Tab. III-14 zeigt die aktuelle Übersicht über den Fehlbedarf an Fachkräften in Dar es Salaam.

Tabelle III-14

DIE OFFIZIELLE ANALYSE DES FACHKRÄFTEBEDARFS IN DSM DURCH DAS MINISTERIUM 1980 - AKTUELLER BEDARF ; 1985 - ERWARTETER BEDARF								
	VERMESSUNGSINGENIEURE		STADTPLANER		ARCHITEKTEN		TECHN. ZEICHNER	
	1980	1985	1980	1985	1980	1985	1980	1985
DAR ES SALAAM	2	9	9	1	1	2	5	1

Quelle: Manpower Section im ARDHI Ministry, op.cit. United Rep of Tan.
DSM 1981 a, S. 41

Die materielle Ausstattung der Planstellen ist völlig unzureichend. Es fehlt an allem, angefangen beim Zeichenmaterial über funktionierende Pausmaschinen bis hin zu Fahrzeugen, um eine wirksame Entwicklungskontrolle im Feld durchführen zu können. Ganze Verwaltungsabteilungen des City Council stehen quasi nur auf der Besoldungsliste ohne materielle Ausstattung für eine effektive Arbeit. Ein großer Engpaß ist jedoch nicht allein die allzu schlechte Ausstattung fast aller Ämter, sondern die Knappheit an Fachleuten, die kreativ und erfahren genug sind, um mit dieser Situation produktiv umzugehen (146). Die wenigen Fachleute sind mit Verwaltungsarbeit völlig überlastet.

Der Aufwand der administrativen Verfahren in der Regionalbehörde Dar es Salaam war sehr hoch. Um ihn zu verringern, hätten der Region vor Beginn jedes Planungsjahres entsprechend dem Egalitätsprinzip national umverteilte Haushaltsmittel zur Verfügung gestellt werden müssen. Das hätte rollende jährliche Planungen auf dezentraler Ebene überhaupt erst möglich gemacht. In der Tat war ein solches Verfahren von der Management-Consulting McKinsey vorgeschlagen, aber niemals realisiert worden. Das hatte tiefe Auswirkungen auf die Stadtentwicklungspolitik: Programmplanung, -genehmigung, Finanzierung und Implementierung konnten nicht zeitgerecht abgewickelt werden. Erst zu Anfang jedes Finanzjahres (1. Juli) wurden in Dar es Salaam die Entwicklungsplanentwürfe fertig. Es dauerte bis Dezember/Januar, bis die Mittelzusagen vom Ministerium zugewiesen wurden. Erst dann begann die Projektplanung in den Fachabteilungen der Region. Die Ausschreibung der Projekte verzögerte sich um nahezu ein Jahr gegenüber den Finanzallokationen. Angewiesene, aber nicht investierte Gelder gingen an das Finanzministerium zurück, sodaß in der Folge Investitionsstaus drohten und die Implementierungsrate sehr gering war.

Für die Stadtplanung hatte das zur Folge, daß designierte Planungsgebiete, die unter den dargestellten Bedingungen nicht implementiert werden konnten, zwischenzeitlich von spekulativen Squattern bebaut wurden, um Kompensationszahlungen zu erhalten. Die administrativen Rahmenbedingungen nach der Dezentralisierung hatten jenseits von Master Plan-Konzepten und Stadtplanungszielen negative praktische Folgen für die Stadtentwicklung. Die administrative Infrastruktur war dem hohen dezentralen Planungsanspruch nicht gewachsen.

Der Master Plan 1979 nahm diese Planungsvoraussetzungen nicht zur Kenntnis, sondern ging von der durch nichts zu belegenden Prämisse aus, "that the administration is fully staffed and operational when the Master Plan is presented in 1979" (147). Der Master Plan bezog sich damit auf die formale Ausstattung der Stadtverwaltung (148). Die Kluft zwischen Plansoll und Realität wurde weder von den Consultants noch von den zuständigen tansanischen Stellen deutlich gemacht. Dieser gravierende Mangel an Realitätssinn ist besonders der Regierung anzulasten, die hätte erkennen müssen und können, wie die Kommunalverwaltung auszustatten wäre, damit die Masterplanung implementierbar würde. Die Zahlen des 3. Fünfjahresplanes lagen vor, daß Mitte der 70er Jahre ca. 5.000 ausländische Experten in Tansania arbeiteten, die externe Abhängigkeit also bereits sehr hoch war (149).

Die Folgen dieser Versäumnisse zeigten sich während der ersten Phase des Master Plan-Szenarios. Die Implementierungsrate der mit den jährlichen Entwicklungsplänen förmlich verabschiedeten Projekte in der Stadt war sehr gering. Graphik III-5 zeigt die rasch sinkende Implementierungsrate nach 1978/79: Während 1978/79 noch 55 % der Projekte auch tatsächlich physisch implementiert wurden, waren es 1981/82 nur noch 20 % (150). Es fällt auf, daß parallel zur Implementierungsrate auch der Entwicklungshaushalt der Stadt fiel (vgl. oben Graphik III-3). Die durch eigene Erfahrung gestützte Vermutung liegt nahe, daß es einen minimalen Finanzplafond gibt, unterhalb dessen die Planungseffektivität rapide absinkt, wenn der Planungsansatz nicht ressourcenbezogen angepaßt wird. In Dar es Salaam ist diese Grenze seit 1979 offensichtlich unterschritten, sodaß trotz beträchtlichen Steigerungen des Verwaltungshaushaltes kein Zuwachs an Effektivität erreicht wurde. Diese Vermutung wird erhärtet durch den steigenden Investitionsstau in Dar es Salaam (s. Graphik III-5).

Graphik III-5
DIE IMPLEMENTIERUNGSRATEN DER STADTENTWICKLUNGSPLÄNE IN DER CITY OF DAR ES SALAAM
VERABSCHIEDETE HAUSHALTSPLÄNE UND TATSÄCHLICHE AUSGABEN / 1978/79 - 1981/82

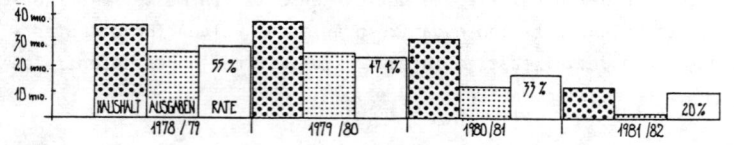

Quelle: Eigene Erhebung aus Verwaltungsakten des City Council DSM, 84

Die Master Plan-Consulting hätte sehr viel genauer prüfen müssen, von welcher prekären Haushaltslage sie auszugehen hatte. Schon 1978, noch vor der großen Krise, gab diese zu keinen großen Erwartungen Anlaß.
Zweitens hätte die Consulting der Unstetigkeit der unverzichtbaren externen Mittelzuflüsse Rechnung tragen müssen. Es konnte zu keinem Zeitpunkt der Masterplanung damit gerechnet werden, daß die "packages" für Entwicklungshilfeprojekte auf Dauer realisierbar sein würden.
Drittens hätte der Aufbau lokaler Planungskapazität integraler Bestandteil einer realistischen Masterplanung sein müssen.
Und nicht zuletzt hätte in das Szenario des Master Plan mehr Flexibili-

tät eingebaut werden müssen. Das hätte erfordert, daß die Schwelleninvestitionen für große, unteilbare Infrastruktureinheiten(Thresholds) mit sehr viel mehr Sorgfalt hätten behandelt werden müssen (151). Wenn Stetigkeit der Mittel nicht gegeben ist, werden Schwelleninvestitionen zum Dreh- und Angelpunkt einer Szenario-Planung.

Der zentrale Mangel des Master Plan 1979 war jedoch, daß er seine Implementierungsvoraussetzungen nicht analysierte, sondern unhinterfragt postulierte. Fehler des Master Plan 1968 wurden damit wiederholt (152). Die tansanische Planungsinstitutionen wurden nicht gestärkt, sondern durch zusätzliche Anforderungen belastet. Ein Kernstück der Masterplanung, die Implementierungsproblematik, war damit unter der Hand von der Consulting an die Auftraggeber zurückgereicht worden. Hierfür werden dann wohl in den folgenden Jahren neue "aid packages" geschnürt werden müssen.

5. Das latente Planungsverständnis der Consultants im Master Plan

Seit ihrem Eindringen in den afrikanischen Kontinent fühlten Kolonisatoren sich von der selbstverständlichen und deshalb unerschütterlichen Überzeugung getragen, den dortigen Gesellschaften überlegen und ihnen zugleich Vorbild zu sein. Der Weg der Modernisierung, glaubten sie, sei in Europa erkundet und gepflastert worden. Stein für Stein dieses Weges wurde an die Küste Afrikas getragen.

Verstädterung und die spezifische Form von Städten sind mit wenigen Ausnahmen in Afrika eine Folge dieses historischen Transfers von Macht und Unterdrückung auf der Grundlage einer durchgreifenden Rationalisierung traditionaler Vergesellschaftungsformen. In der Stadtplanungspolitik wurde mit geringem Zeitverzug der jeweils aktuelle Stand des Fachwissens aus Europa nach Afrika übertragen. Mit den Ideen hier änderten sich die Planungsentwürfe dort. Sie prägten auch die Entwicklung der Stadt Dar es Salaam: vom "Fluchtlinienplan" von 1891, über das rigide Orthogon des "Bebauungsplanes" für Kariakoo von 1914 (s. Plan III-6), die Idee der Lex Adickes für den Stadtteil Upanga (1949) bis zu den heute noch gültigen britischen "Township Rules" von 1930, die die Grundlage der zoning-Politik in den "Schemes" und Master Plans folgender Jahrzehnte bildete. Erst ein Jahrhundert später wird die Frage virulent, ob dieser Technologietransfer und die ihm zugrundeliegende Philosophie "angepaßt" war. Wodurch ist er charakterisiert? Welches latente Planungsverständnis leitete die Consultants des Dar es Salaam Master Plan 1979?

Das "latente Planungverständnis" wird geformt durch unhinterfragte Prämissen (Vorurteile) und sozialisationsbedingte Leitbilder, erlerntes Fachwissen und kulturelle Einstellungen. Es prägt und legitimiert die Inhalte und Techniken der Stadtplanung, determiniert - mehr oder weniger bewußt - die Wahl des Planungsgegenstandes, inhaltliche Akzentuierungen, Modellvorstellungen wünschbarer Stadtgestaltung und Methoden der Planung. Ein Planungstransfer zwischen verschiedenen Gesellschaften ist daher stets problematisch, wenn es sich dabei - wie zwischen den europäischen und afrikanischen - um Gesellschaften höchst unterschiedlichen Entwicklungsstandes und Entwicklungsweges handelt (153). Was in Kanada richtig ist kann nicht umstandslos auf Tansania übertragen werden.

Die Auseinandersetzung mit dem Master Plan 1979 legt die These nahe, daß Stadtplanung in Dar es Salaam tiefgreifender durch das latente Planungsverständnis der ausländischen Consultings geprägt wurde als durch die tatsächliche Problemlage vor Ort. Unhinterfragte Voreinstellungen verdrängten den problemorientierten Planungsansatz. Stadtplanung in Dar es Salaam trägt Züge importierter Ideologie (154). Diese zu entschleiern, ist Voraussetzung für eine autochthone Stadtentwicklung in Dar es Salaam.

K. Vorlaufer hat die Planungvorstellungen kolonialer und nachkolonialer Stadtplanung in Dar es Salaam bis zum Master Plan 1968 nachgezeichnet (155): die "Nachbarschaftseinheit" als räumliche Grundzelle sozialer Gemeinschaft; die Aufspaltung der Gesellschaft über die Zonierungsplanung in Wohnviertel verschiedener Rassen und die Trennung dieser Viertel durch den "cordon sanitaire"; die "spätkapitalistisch-liberale" Wohnungspolitik, die es Afrikanern in Tansania (i.G. zu Kenya und Uganda) erlaubte, sich auch innerhalb der rechtlichen Stadtgrenze in Zone 3 mit einfachen Hütten niederzulassen; die großzügige Ordnung der Europäerviertel nach der Gartenstadtidee Howards (s. Plan III-6); die Gliederung der Gesamtstadt nach den Grundsätzen der "funktionalen Stadtplanung", wie sie die "Charta von Athen" 1933 proklamiert hatte, und die Ordnung des Wachstums in der Form der transportorientierten Bandstadt.

Die Strukturen dieses Planungsverständnisses vergangener Jahre bestimmten bis heute - quasi Stein geworden - die Entwicklung Dar es Salaams. Im Master Plan 1979 wurden diese Ideen teilweise ihres ideologischen Inhalts entkleidet. Die vordergründige Politik der Rassen- und Schichtentrennung wurde durch einen differenzierteren Ansatz der sozialen Mischung ersetzt. Das Konzept der Nachbarschaftseinheiten, dem zufolge jede Einheit ein "eigenes Gemeinschaftsgefühl" hervorbringen sollte, wie Leslie meinte, profanisierten die Consultants zu einem technischen Gliederungsprinzip der Zuwachsflächen, wo nicht Menschen, sondern vier bis acht "cluster" in einer "neighbourhood" von 5000 Menschen aufgehen sollten. An die Stelle liebevoll geplanter Gartenstadtviertel der Kolonialzeit trat die Ästhetik der Planmodule (20.000 E.), von denen jedes Jahr durchschnittlich drei hinzuwachsen sollten. Der Megalomanie des Machbaren galt nun das Interesse der Consultants. Mit diesem Wachstumsoptimismus ordnete sich ihr Plan in das allgemeine Planungsverständnis der 70er Jahre ein.

Plan III-6
Das Erscheinungsbild sozialer Disparität in der Stadtgestalt der Stadt
KARIAKOO   OYSTER BAY
koloniale Netzstruktur   koloniale Gartenstadt

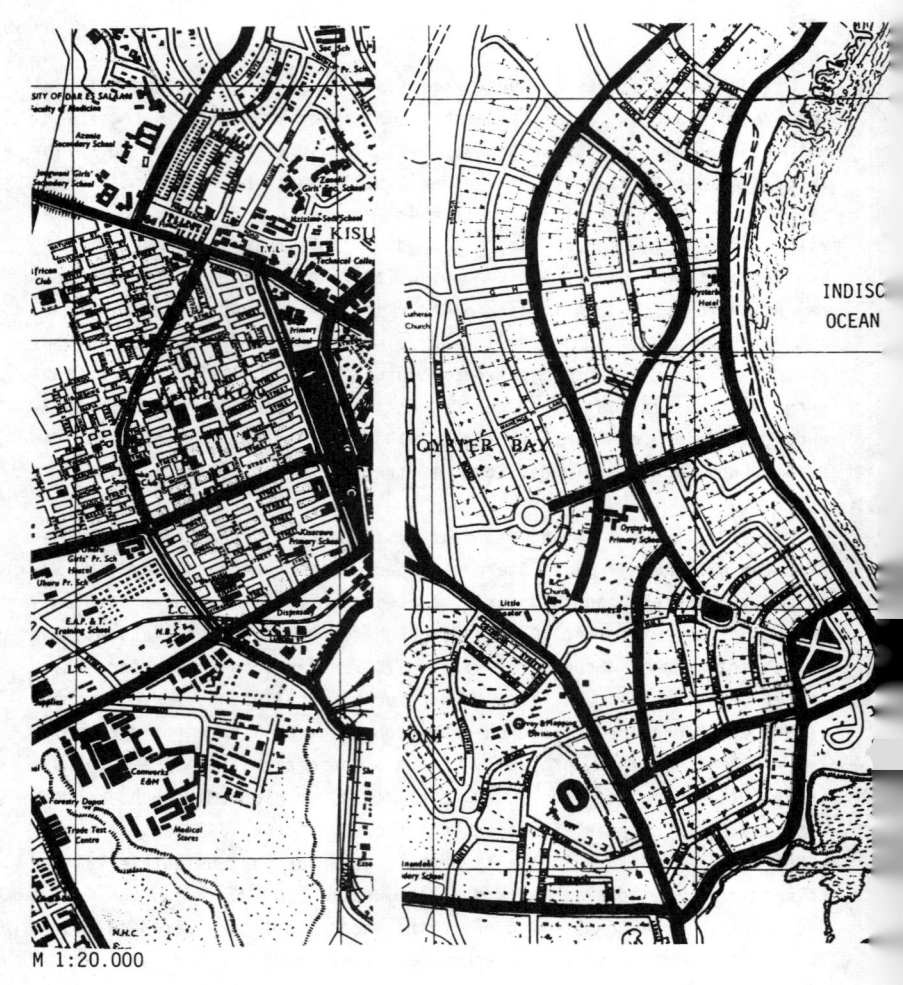

M 1:20.000

Das Suggerieren eines internationalen Standards gehört zum Repertoire der Consulting-Tätigkeit seit dem Master Plan 68. Die Entwicklung Dar es Salaams wurde dort in eine Reihe mit den Hauptstädten der Welt von Washington über Ottawa bis Brasilia gestellt (156). Im Weltmaßstab lag demnach die Zukunft Tansanias, nicht im nationalen Stadt-Land-Ausgleich, wie die Ujamaa-Politik proklamierte. Die City Dar es Salaams sollte zwischen India Street und Ohio Street - nomen est omen - zwölfstöckig überbaut werden. Es ist ein Ausdruck der Modernisierungsorientierung in den Köpfen der Consultants und der tansanischen Staatsklasse, daß trotz aller Implementierungsdefizite diese Planung auch tatsächlich realisiert wird. Das neugebaute Civic Centre im Zentrum Dar es Salaams, das mit gut 55 m Höhe die geplante Obergrenze des Master Plan noch übertraf, ist jüngstes Zeugnis dieser Megalomanie auch in den Köpfen der tansanischen Verantwortlichen.

Die Bandstadt ist das von allen Master Plans geforderte und tatsächlich auch geeignete Entwicklungsmodell für diesen Wachstumsoptimismus (157).

Tiefer und nachhaltiger als die Stein gewordenen Strukturen der Modernisierung prägten Denkstrukturen, ein bestimmtes Rechtssystem und eine dafür spezifische politische Infrastruktur die Stadtentwicklung. In Kap. II wurden diese nur vordergründig disparaten Aspekte als Teile eines gesellschaftlichen Rationalisierungsprozesses eingeordnet, der seit den Anfängen der Kolonisation wirksam ist. Die Consultants sind als historische Agenten dieser die Kolonialzeit überdauernden Penetration sowohl ein unbewußtes Produkt des vorherrschenden Denkens dieses Prozesses, als auch treibendes Moment. Einige latent bleibende aber die Masterplanung prägende Leitbilder der Consultants sollen anschließend skizziert werden.

G.W. Kanyeihamba hat auf ein grundsätzliches Mißverständnis über den Begriff der Planung und "ungeplante Siedlungen" hingewiesen. Dieses Mißverständnis liegt auch dem Planungsanspruch der ausländischen Experten in den Entwicklungsländern zugrunde: "..., in one sense development is the genus of which planning is a species; in another, planning is the basis on which development is founded. The discussion of one implies an understanding of the other. It is possible to plan a development just as it is feasible to develop a plan. In practice, there can be a plan without development but there cannot be a development without planning. It is sometimes asserted that there can be development without planning. The example often given is the phenomenon of "unplanned" developments which occur in shanty towns in the developing countries. It is a misconception to say that such developments are not planned. In reality developers in shanty towns do carry out elaborate planning. They would need to consider that they often lack security of tenure and title. The only way they can make worthwhile profits is by planning their investments so carefully as to enable them to receive dividends within the shortest possible time. What is usually meant by unplanned development is that the given activity has no official sanction, that whatever is being done is contrary to or outside the official plan and schemes of the planning area and is proceeding without official control or direction" (158).

Kanyeihamba, wie auch McAuslan, Leaning und andere haben die Notwendigkeit begründet, ein angepaßtes, aus den nationalen Gegebenheiten Afrikas abgeleitetes Boden-, Bau- und Planungsrecht zu entwickeln, statt weiterhin das nun 60 Jahre alte Kolonialrecht zu exekutieren. McAuslan betonte zwar die Vorteile des britischen Planungsrechts von 1947, das unter britischen Gesellschaftsbedingungen der Stadtentwicklungsplanung neue Möglichkeiten eröffnete. Bis heute habe man sich jedoch wenig Gedanken zur Übertragbarkeit dieses Rechtssystems gemacht. McAuslan nennt hierfür drei Gründe, die angesichts ihres affirmativen Charakters zeigen, wie wenig diskutiert- d.h. latent - die fundamentalen Voraussetzungen der Masterplanung in Dar es Salaam bis heute sind:Das Planungsrecht wird für "wertfrei, überall anwendbar" gehalten, "das Englische" sei sein Vorteil und bringe vermeintlich "gute Standards" innerhalb eines erprobten Rechtssystems. "The only thing wrong was that the laws were being applied to a totally different social situation and were exacerbating rather than ameliorating the problems. The laws stressed physical solutions to what they required to be seen as physical problems; they obscured an understanding of the underlying social and demographic problems" (159).

Die in dieser Studie herausgearbeiteten Mängel des Master Plan 79 - der umfassende Planungsanspruch, die Reduktion auf physische Planung und die an Industrieländern orientierte Entwicklungsvorstellung - ergeben sich im Verständnis der Consultants sachlogisch aus dem vorhandenen, unhinterfragten Planungsrecht. McAuslan wies auf die Gefahr unhinterfragt hingenommener Rechtssysteme aus der Kolonialzeit in Afrika hin, die als scheinbar in sich begründete der heutigen Stadtplanung zugrundegelegt werden: "....... an inappropriate law appears to act as a more powerful conditioner on officials than any official ideology and helps them to rationalise what might appear to the outsider as inappropriate action, indeed action which is called for by the law" (160).

Auf dem Rechtssystem der Kolonialmächte aufbauend wurde in Tansania eine politische Infrastruktur der Stadtplanung geschaffen. Der Kern dieser Infrastruktur ist die Planungsbehörde westlichen Zuschnitts. Die Consultants setzten scheinbar selbstverständlich die Funktionsfähigkeit und Funktionalität dieser Planungsbehörde auch in Dar es Salaam voraus. Der umfassende Entwicklungsplan sollte mittels dieser staatlichen Behörde über eine Folge von deduktiven Plänen implementiert werden. Ein Bündel latenter Voreinstellungen geht in diese Annahme ein, der Analysen gegenüberstehen, die die Funktionalität des westlichen Bürokratie-Typs im ostafrikanischen Kontext aus systemischen Gründen bezweifeln.

J.R. Moris hat aus praktischer und theoretischer Einsicht in die tansanischen Bürokratie-Strukturen festgestellt: "The paradox we face in so many ex-colonial nations is that some of the greatest barriers to effective management consist of administrative traditions originally derived from the colonial metropole itself"(161). Moris zitiert für seine These zwanzig für jeden Dritte-Welt-Erfahrenen äußerst plausible und zugleich tief wurzelnde Gründe, warum das westliche Bürokratie-Modell dort nicht funktioniert. Sie reichen von der allgemein internalisierten - weil ziemlich realistischen - Grundannahme der tansanischen Beamten, daß "nichts passiert wie geplant" über das Unterlaufen formaler Verfahren durch persönlichen Einfluß bis hin zu zahlreichen strukturellen Ursachen für das kontraproduktive Zögern der Beamtenschaft gegenüber sachlich notwendigen Entscheidungen. Moris betont, daß die Mehrzahl der Gründe systemischen Ursprungs sind: "... they are not subject to alteration by individual action(s)" (162).

Es wäre ein eurozentrisches Vorurteil, diese Gründe für das Nicht-Funktionieren des westlichen Bürokratie-Typs in Tansania als bloße Funktionsmängel eines grundsätzlich erstrebenswerten Systems anzusehen. Als ob das Nicht-Funktionieren nur an den dortigen Verhältnissen und nicht auch an dem westlichen Bürokratie-Typ selbst liegen könnte! Könnten nicht viele Funktionsmängel unseres rationalen Herrschaftstyps in Afrika vielmehr Belege für die Dauerhaftigkeit eines anderen Sozialsystems mit ursprünglich anderen Herrschaftsstrukturen dort sein? Liegen nicht im Beharrungsvermögen persönlicher Bindungen gegenüber dem formalen Verfahren auch Chancen für eine mehr aktionsorientierte Stadtentwicklungspolitik, die auf Solidarverhalten gründet statt auf dem Verwaltungsvollzug technischer Planwerke? Der Master Plan setzt formales Verwaltungshandeln voraus. Das latente Planungsverständnis der Consultants beruht auf dem Vorurteil, dieser formalisierte, institutionalisierte - oder grundsätzlicher: rationalisierte - Weg der Implementierung von Zukunftsprojektionen sei für alle Kulturen gültig!

Eine dritte Facette im Komplex latenter Voreinstellungen der Consultants hängt eng mit den zwei bereits erwähnten zusammen: das <u>Rollenverständnis</u> der kanadischen Planer in Tansania. Da sich quer zwischen Planidee und ihre Realisierung die Unvereinbarkeiten von Rechts- und Herrschaftssystemen legen, muß der Consultant eine geradezu olympische Position im Planungsprozeß einnehmen (163). Im Master Plan 79 kommt die abgehobene Position der Consultants im Planungsoptimismus der 60er und frühen 70er Jahre zum Ausdruck, der diesen Plan trägt. Im Gegensatz hierzu steht die Realität des Master Plan, der nur auf das "physical planning" beschränkt war. Unter den gegebenen Rahmenbedingungen war der Anspruch einer umfassenden Planung ("comprehensive planning") garnicht umsetzbar. Die Koordination der physischen Planung mit der Finanzplanung war nicht möglich; der Bezug zur Implementierung war abgeschnitten. An die Stelle zielgerichteter, praxisorientierter Steuerung der Entwicklung auf politisch abgestimme Ziele mußte eine modellhafte Szenarioplanung treten, die im wesentlichen mit ihrer eigenen Stimmigkeit beschäftigt war. Die Flucht in das modellhafte Szenario ist Ausdruck der olympischen Position der Consultants über der widersprüchlichen Realität.

Die Rolle des Consultant in der Masterplanung reduziert sich auf die eines Technikers von Entwicklungsmodellen innerhalb eines hochpolitischen gesellschaftlichen Umfeldes. Nur ein eingeschränktes Rollenverständnis in den Köpfen der Consultants kann diese Widersprüche zwischen Anspruch, de-facto-Planung und gesellschaftlichem Umfeld ohne Brüche verkraften.

Die gesellschaftlichen Wurzeln eines solchen Rollenverständnisses sind seit den 50er Jahren nicht mehr eindeutig in der amerikanischen Planungsszene zu lokalisieren. Wie A. Faludi feststellte, wurde in dieser Zeit das bislang aufs Technische beschränkte Rollenverständnis durch Theoretiker wie Grauhan, Davidoff, R.A.Walker u.a. revidiert (164). Die Restauration setzte jedoch nach einer kurzen Phase der Politisierung (165) bald ein und förderte eine Planung, die aus der Adlerperspektive "Wolkenkuckucksstädte" erfinden wollte, wie J.W. Dyckman es charakterisierte (166). Dieses Rollenverständnis fügte sich nicht nur bruchlos in den Neokonservatismus der jüngeren amerikanischen Szene ein, sondern ebenso in die gesellschaftlichen Notwendigkeiten der Consultantplanung in Tansania. Mehr noch: Nur auf der Grundlage dieses entpolitisierten, vermeintlich technisch kompetenten Rollenverständnisses des Planers war der Planungstransfer möglich. In der Masterplanung ist somit eine Kontinuität des eingeschränkten, konservativen Rollenverständnisses der Planer festzustellen, das von der City Beautiful-Bewegung bis zum Neokonservatismus unserer Tage anhält.

Es wird auch in Zukunft schwer zu durchbrechen sein, da materielle Rahmenbedingungen die charakteristischen Reduzierungen geradezu verlangen. J. Friedmann brachte die Ursachen für das, was er "eingeschränkte Rationalität" ("bounded rationality") in der Stadtentwicklungsplanung nannte, auf den allgemeinen Nenner: "A decision can be no more rational than the conditions under which it is made; the most that planners can hope for is the most rational decision under the circumstances" (167). Solange die wichtigen Entscheidungen über Entwicklungsprojekte und über das Machbare in der internationalen aid arena fallen (168), kann Stadtentwicklungsplanung nur "adaptiv" sein, so J. Friedmann.
Die offizielle Politik des Ujamaa-Sozialismus in Tansania verliert in

dieser Situation ihre programmatische Bindungswirkung und zwingt den Consultant, zwischen Scylla und Charybdis - hochfliegenden Idealen und realen Sachzwängen - zu lavieren.

6. Zusammenfassung: Mit professioneller Planungstechnokratie zum Ujamaa-Sozialismus?

Am Anfang dieser Studie wurde die Hypothese formuliert, daß Ausmaß und Form des Stadtwachstums in Dar es Salaam und ihre Ursachen und Bedingungen einen Transfer von Planungsmethoden und -modellen aus den Industrieländern dorthin nicht sinnvoll erscheinen lassen. In diesem Kapitel nun stand der Master Plan selbst und sein Transfer im Zentrum. Hat der Dar es Salaam Master Plan 79 das tansanische Stadtplanungssystem soweit gestärkt, daß die Funktionsfähigkeit der Stadt Dar es Salaam dem Planungsaufwand entsprechend verbessert werden konnte? Hat der Plan darüber hinaus auch den politischen Bestrebungen Tansanias nach einer ujamaa-sozialistischen Entwicklung des Landes und der Stadt gedient?

Zunächst wurde gezeigt, daß die theoretischen Ansprüche des Master Plan sehr hoch waren: "keine einfache Übertragung westlicher Standards" und eine Planung "entsprechend den Prinzipien der Erklärung von Arusha" hieß es im Hauptband. Neben den weitgespannten, entwicklungspolitischen Zielen wollte der Master Plan auf eine realistische Finanzierungsgrundlage gegründet und implementierungsorientiert sein. Oben wurde im Einzelnen nachgewiesen, daß er dies alles nicht einlöste. Der Fehlschlag dieses Master Plan ist, wie der seines Vorläufers, vorhersehbar gewesen, weil hier ein Modell eines spezifischen Planungstransfers scheiterte; ein Scheitern in fachlicher, konzeptioneller, planungspraktischer, kultur- und sozialpolitischer Hinsicht. Fachwissen wurde in diesem Transfer nicht nach Tansania übertragen.

Der Master Plan wurde 1979 offiziell vom zuständigen Ministerium und dem Urban Planning Committee des City Council verabschiedet. Wurden damals die Defizite dieses und anderer Masterpläne im Ministerium nicht erkannt? Die oben bereits zitierten Kritiken maßgeblicher Tansanier lassen dies unwahrscheinlich erscheinen. Der Leiter der Master Planning Section im Ministerium und ein tansanischer Kollege äußerten sich 1979 in einem Symposium eindeutig über ihre Erfahrungen mit der Masterplanung für sechs tansanische Regionalstädte: "The implementation of these plans has produced varied results, but in nearly all cases they illustrate the notion of "planning without implementation". The plans are either too expensive to implement - that is lay a heavy financial burden upon regional and national finances, or are not comprehendable and acceptable to the local authorities. The latter case may be a point needing further exploration when one notices that all master plans have hitherto been prepared by foreign experts. (169)

Die Ursachen für den fortgesetzten Transfer der Masterplanung über ausländische Consultants liegen tiefer als die veröffentlichte Meinung der tansanischen Entscheidungsträger oder die Politik der Regierung. Fünf Ursachenkomplexe sind von besonderer Bedeutung:

1. Eine <u>Alternative zum Master Plan</u> war unmittelbar nicht in Sicht. In der Tat bieten sich auch international keine Konzepte der Stadtentwicklungsplanung aufgrund durchgreifender Erfolge an. Die Aufgabe der Stadtplanung in Entwicklungsländern, mit sehr knappen Ressourcen riesige Bevölkerungszuwächse zu bewältigen, ist bisher ungelöst. Während einige Autoren in theoretischen Arbeiten meinten, das urbane Wachstum sei auf der Ebene der Stadt prinzipiell nicht zu lösen (170), sind anderen mit neuen praktischen Ansätzen keine durchgreifenden Erfolge gelungen (171). Der Master Plan hielt zumindest die Hoffnung aufrecht, durch einen guten Plan die Probleme "with a broad brush" in einem schlüssigen Szenario zu ordnen; eine Hoffnung, die wiederholt durch die Realität widerlegt wurde. Tansania fehlen jedoch die Forschungskapazitäten, um angepaßte Alternativen zum Master Plan zu suchen.

2. Die Erklärung von Arusha gab, wie in Kap. II.2 dargestellt, keine operationalisierbaren, praktischen Hinweise, wo die Alternative liegen solle. Die Globalziele von Arusha deuteten in eine andere Richtung, als sie der Master Plan beschritt. So entstand in Tansania ein Blindfeld zwischen den Leitzielen des Ujamaa-Sozialismus und der praktischen Politik. W. E. Clark sprach in diesem Zusammenhang von dem <u>"Politik-Vakuum"</u> nach Arusha. Die Ursachen hierfür sah er im Fortbestehen der britischen Organisationsform der Staatsbürokratie, der Ausbildung der Verwaltungsbeamten mit daraus folgenden Interessenmustern und dem Fehlen einer Arbeiterklasse, die ihre Interessen

am Ujamaa-Sozialismus verteidigen könnte (172). Die tansanische Bürokratie und ihre Träger, die Staatsklasse, ist seit 1967 zunehmend damit beschäftigt, bloß noch den formalen Anspruch und das verwaltungsmäßige Räderwerk hoch- und ingangzuhalten. Politische Konflikte werden nicht ausgetragen sondern zur Lösung an die Verwaltungsspitze delegiert oder aus der Entscheidungskompetenz ausgelagert. Der Master Plan stellt ein Modell dar, wie kontroverse Fragen der Stadtentwicklungspolitik - Grundstücksgrößen, Dichteverteilungen, Standards, Investitionsprioritäten - durch Auslagerung von Kompetenz entschärft werden, indem politischer Sprengstoff an Consultings delegiert wird und Implementierungsdefizite als Überforderungen durch den Plan erklärt werden können. Weder die Partei, noch der technokratische Sachverstand bestimmen in Dar es Salaam die Politik mittlerer Reichweite, die für die Stadt lebenswichtig ist. Das "technisch-rationale Modell der Planung", wie es Mushi charakterisierte (173) kann nicht einmal voll zur Geltung kommen, weil der Fachmann in Tansania, was Reputation und Macht angeht, der Partei und Verwaltung unterlegen ist (174). Im Falle eines Konflikts hat die Partei die Oberhand. Da der Partei auf lokaler Ebene die technische Erfahrung in sektoralen Fragen fehlt, herrscht Statusautorität gepaart mit einer charakteristischen Entscheidungslosigkeit. Das "Politik-Vakuum" zieht dann das Entscheidungs-Vakuum nach sich. Im Bemühen den Eindruck der Handlungsunfähigkeit und damit die Gefahr einer Legitimationskrise des staatlichen Systems zu vermeiden, kommt dem Master Plan die Funktion zu, Planungsaktivität vorzuspiegeln. Daß ihr keine Handlungsaktivität folgt, wird immer wieder mit dem Hinweis auf das Ressourcendefizit gegenüber dem Szenariobedarf gerechtfertigt.

Die Funktionsblockaden der politischen Infrastruktur und das Politik- und Handlungsvakuum erfordern den Master Plan als Alibi.

3. Die Verfahren und Eigengesetzlichkeiten des internationalen Entwicklungshilfemanagements sind ein weiterer Faktor im fortgesetzten Master Plan-Transfer. Die finanziellen Mittel für den Master Plan standen durch.einen Zuschuß ohne Bindungen aus Schweden breit. Sie mußten in überschaubarer (Zeithorizont) und kontrollierbarer (Verfahren) Weise abfließen. Das Master Plan-Projekt kam diesen Konditionen der Entwicklungshilfe-Bürokratie entgegen. Die ausländische Consult-

ing war durch Verträge auf einen festen Zeitrahmen festlegbar; ihr Sachverstand garantierte die prompte Lieferung des Produktes; der Verwaltungsaufwand für die beteiligten Regierungen war minimal. Der fertige Plan erfüllte doppelte Funktion. Er war ein Stadtplanungsinstrument und zugleich conditio sine qua non für die weitere internationale Zusammenarbeit. Der Master Plan gilt als wichtiger Referenzrahmen, für weitere internationale Projektzusagen in Dar es Salaam. Solche umfassenden Planungen können in der aid arena, wie G. Hyden sie nannte, zum Selbstzweck werden, "where honors still insist on them for their own managerial purposes" (175). Endogene Entwicklungspotentiale treten gegenüber dem prozeduralen Management der internationalen Zusammenarbeit in den Hintergrund.

4. Der <u>Mangel an Stadtplanern</u> und das <u>Fehlen einer urbanen Erfahrung</u> erschweren es Tansania, autochthone Alternativen zum Master Plan zu entwickeln. "Tanzania is shy of people who can take foreign technologies and adapt them to local needs. There is neither the cultural setting nor the availability of manpower, which seems to have existed in some countries (e.g. Japan), which would allow the society to absorb only the most useful parts of western technology. Heavy reliance continues to be placed on foreign experts"(176).
Diese Abhängigkeit wird in Tansania fortbestehen, solange weiterhin die wenigen Fachleute aus vielen naheliegenden Gründen aus der Planungspraxis oder direkt von der Uni in die Planungsverwaltung abwandern. Andere als die britischen Verwaltungsstrukturen sind notwendig, um mehr ausgebildete Planer in der lokalen Planungspraxis zu halten und ihnen mehr Kompetenz aber auch klarere politische Orientierungen zu eben. Sachautorität muß Statusautorität ablösen. Die Bürokatie als Dilletant und der Consultant als überschätzter deux ex machina werden so lange die Stadtplanung in Dar es Salaam bestimmen, wie der knappe tansanische Sachverstand nicht mehr Unterstützung bekommt, die Stadtentwicklung selbst zu gestalten und mehr Vertrauensvorschuß genießt, um in der Praxis Fehler machen zu dürfen (177).

5. Der am tiefsten wurzelnde Grund für den fortgesetzten Transfer einer unangepaßten Planungstechnologie liegt im <u>gesellschaftlichen Rationalisierungsprozeß</u>, der mit der Kolonialzeit begann. Die Herrschafts-

form der traditionalen Gesellschaft und ihre Regelmechanismen der Landzuteilung wurden gewaltsam aufgelöst oder den neuen Herrschaftsinteressen dienstbar gemacht. An ihre Stelle trat der moderne Staat, der Kolonialstaat, der seine Stadtplanungspolitik aus dem Mutterland nach Tanganjika übertrug. Sie bestand aus einem deduktiven Planungssystem, das durch die koloniale Planungsverwaltung wirkungsvoll realisiert wurde. In diesem System mit effektiver Verwaltung hatte der Master Plan in London wie in Dar es Salaam seinen Platz und seine Funktion. Nach der Unabhängigkeit Tansanias stand die gesamte politische Infrastruktur - eine Voraussetzung des westlichen Modells der Stadtplanung - nur noch auf dem Papier oder wurde durch ausländische Experten notdürftig gestützt. Dieser Zustand besteht bis heute fort. Anspruch und Konzept des Stadtplanungssystems der Industrieländer werden aufrecht erhalten, obwohl die Voraussetzungen dazu fehlen. Der Master Plan und Consultants haben in der Ideologie der vollständigen, staatlichen Planbarkeit der nachkolonialen Stadt ihre Logik.

Um den Substanzverlust an eigenständiger (Stadt-)Entwicklung deutlich zu machen, den Tansania durch den fortgesetzten Transfer unangepaßter Stadtplanungsmethoden aus den Industrieländern hinnahm, ist es sinnvoll, die Kritik am Dar es Salaam Master Plan 79 noch einmal zusammenzufassen:

- Der Master Plan lieferte keine zusammenhängende Beschreibung und Analyse der Probleme Dar es Salaams. Die Stadtentwicklung bleibt unverstanden.
- Die Fähigkeit zu umfassender Planung wurde durch scheinbar gesicherte Prognosen vorgetäuscht.
- Sozialökonomische Faktoren blieben im Plan unbeachtet.
- Tansanische Planungsinstitutionen wurden durch die Consultant-Planung nicht gestärkt, praktische Lernfelder nicht genutzt.
- Lokale Planungsinitiativen wurden nicht aufgegriffen und weitergeführt.
- Der schrittweise Aufbau eines korporativen Planungssystems wurde durch die nicht-integrierte Consultant-Planung umgangen.
- Statt einer problemorientierten Planung von unten wurde eine (nur scheinbar) umfassende Planung von oben verfolgt.

- Die Standards des Planes blieben methodisch und im Detail an der Planungstechnologie der Industrieländer orientiert.
- Kapital statt der Initiative und Produktivkraft der Bevölkerung wurde zum Motor der Entwicklung gemacht, das nationale Ziel der Self-Reliance hingegen wurde fortgesetzter, externer Abhängigkeit geopfert.
- Die Politik des Ujamaa-Sozialismus ist nur noch in der formalen Anwendung der tansanischen "ten-cell-unit" erkennbar.

In Kap.II wurde dargestellt, daß in Tansania der Anspruch besteht, auch sektorale Planung als politischen Prozeß zu verstehen, der neue gesellschaftliche Ziele in die politische Praxis einführen will. Die kanadischen Consultants entwarfen jedoch weder ihr Planungskonzept entsprechend den politischen Vorstellungen des Gastlandes neu noch ihre eigene Planer-Rolle, sondern blieben in der Rolle des unpolitischen, neutralen Fachmannes, der ein "technisch-rationales Modell" der Planung wie in den Industrieländern verfolgt. Sie entwickelten nicht ein Planungsinstrument, sondern wendeten ein vorhandenes Repertoire an. Der Master Plan sollte in konventioneller Weise als verabschiedeter Plan in einen hoheitlichen Entscheidungsprozeß der Legislative eingebracht werden und der Exekutive als Referenzrahmen dienen. Er war nicht als ein Kommunikations- und Aktivierungsinstrument der Bevölkerung geplant gewesen. Investitionen aus dem Staatshaushalt und internationale "aid packages" wurden als zentrales Mittel des Stadtentwicklungsprozesses gesehen, wie es in den Industrieländern üblich ist, nicht Basisproduktivkräfte bzw. die Initiative der Bevölkerung, wie es die Erklärung von Arusha gefordert hatte.

Im Konzept konventioneller Planung in den Masterplanungen in Großbritannien und USA war die Rolle des Planers die des Consultants im Auftrag der Legislative, der die Probleme identifizierte und Mittel zur Erreichung von Zielen vorschlug. Die Expertenmeinung immunisierte eigentlich politische Entscheidungen gegen Kritik. Die Legislative als repräsentative Körperschaft legitimierte offiziell diesen hoheitlichen Planungsprozeß, dessen Abgehobenheit durch Formen der Partizipation, wie sie seit den 70er Jahren in den Industrieländern versucht werden, bestenfalls gemildert werden konnte. Spontane, ungeplante Wege der Stadtentwicklung blieben aus diesem Planungskonzept zugunsten von Kontinuität,

Kontrolle und zweckrationaler Zielverfolgung ausgeschlossen. Der Planer entwarf Pläne für hoheitliche Entscheidungen und ihren Vollzug. Durch Fachwissen legitimierte er staatliche Politik.

In einem alternativen Konzept der politischen Planung hingegen bliebe Entwicklung aus gesellschaftspolitischen, übergeordneten Erwägungen heraus für spontane Basisinitiativen offen. Stadtentwicklungsprobleme und ihre Lösungsstrategien würden aus lokal vorhandenen Ansätzen und Initiativen heraus definiert, weil der Unzweckmäßigkeit des institutionalisierten Planungssystems Rechnung getragen wird. Die vorherrschende Realität hoheitlich nicht kontrollierbarer Entwicklung in den Squattergebieten würde anerkannt. Die Rolle der Consultants müßte sich zu der eines "Barfußplaners"(178) oder "enabler"(179) ändern. Seine fachlichen Leitbilder von guter Planung und seine kulturellen Wertvorstellungen von geordneter Stadtentwicklung träten in den Hintergrund. Neue Ziele der Stadtentwicklungspolitik würden prinzipiell möglich, zu Lasten von Kontinuität und Zielkonsistenz.

Das Konzept der politischen Planung sprengt die Planungsrationalität der Masterplanung in einem wesentlichen Punkt: Die staatliche Planungshoheit würde auf eine praktisch einlösbare Residualgröße zurückgeführt. Es wäre dann neu zu definieren, welche Bereiche der Vorsorge- und Versorgungsplanung zentral durch den Master Plan geregelt bleiben müßten. Die systematische Kritik am Master Plan hat deutlich gemacht, daß dessen grundlegende Planungsrationalität in Dar es Salaam unzweckmäßig war: erstens, weil die Voraussetzungen für diese Art von Planung nicht gegeben waren und zweitens, weil sie nicht den nationalen Entwicklungszielen entsprach.

Im Kern bestand der Dar es Salaam Master Plan 79 aus der Stilisierung eines Szenarios, das langfristige, zielgerichtete und umfassende Planung zu ermöglichen schien. Das Szenario stand jedoch auf tönernen Füßen, und die gesellschaftliche Komplexität der Stadt war darin nur allzu ausschnitthaft erfaßt.

Dieses Resümee ist wenig ermutigend, und es ist mit Nachdruck parallelen Einschätzungen von Boesen/ Raikes zur Dodoma-Masterplanung zuzustimmen: "Consultants and contractors are likely to benefit considerably more than Tanzania from the project." (180) Das "Wesen des tansanischen Entwicklungsprozesses", um den in Kap. I ausgeführten, umfassenden Entwicklungsbegriff von D. Seers noch einmal aufzugreifen, hat diese Art der Planung sicher beeinflußt, aber sie hat ihn nicht nach vorne gewendet. Auch unter einem eingeschränkten Entwicklungsbegriff betrachtet, der nur auf die Verbesserung der Funktionsfähigkeit der Stadt abhebt, ist der Master Plan wenig hilfreich gewesen. Das bestätigt die Entwicklung Dar es Salaams bis zum Ende der ersten Phase des Plan-Szenarios.

Dennoch wird von der tansanischen Regierung am Master Plan festgehalten. Die Überarbeitung (Review) des Dar es Salaam Master Plan 79 durch ausländische Consultings ist bereits für 1989 eingeplant. Die langfristige Haushaltsplanung der tansanischen Regierung für die Jahre 1980 - 1990 sieht dies für Dar es Salaam wie für andere Städte vor (vgl. Pos.3 in Tab. III-15 (181)). Die Schere zwischen proklamierter Politik der Eigenständigkeit und der tatsächlichen Politik in internationaler Abhängigkeit bleibt geöffnet.

Tabelle III-15

PHYSICAL AND LAND USE PLANNING PROGRAMME (IN T.SHS. MILLIONS)

Project	1981/82		1983/85		1986/90		Total	
	Foreign	Local	Foreign	Local	Foreign	Local	Foreign	Local
1. Preparation of Regional Physical Plans Northern, Sourthen, Western Central Zones	4.5	1.5	4.5	1.5	3.6	2.4	12.6	5.4
2. Mapping								
(a) Topographic Mapping	4.0	0.2	-	-	-	-	4.0	0.2
(b) Land use Mapping								
(i) 20 Regional Centres	6.0	4.0	6.0	4.0	-	-	12.0	8.0
(ii) 286 Rural Service centres	1.5	1.0	1.5	1.0	-	-	3.0	2.0
(iii) 79 District Centres	1.8	1.2	1.8	1.2	-	-	3.6	2.4
3. Preparation of Masterplans								
(a) 16 Regional Centres (4-review)	1.5	6.3	5.0	8.0	42.0	18.0	48.5	32.3
(b) 79 Districts	0.9	1.1	1.0	3.0	9.0	6.0	10.9	10.1
(c) 286 Rural Service Centres	0.8	1.1	1.0	3.0	9.0	6.0	10.8	10.1
TOTAL	21.0	16.4	20.8	21.7	63.6	32.4	105.4	70.5

Quelle: United Rep. of Tanzania, DSM 1981a, Tab. 3(2), S.22

Eine zweite, damit zusammenhängende Schere tut sich auf zwischen dem staatlichen Planungsanspruch und der realen Handlungsfähigkeit des tansanischen Staates. Sie ist Gegenstand zahlreicher Analysen geworden. Die Stadtentwicklung in Dar es Salaam ist ein lokales und sektorales Fallbeispiel für diese Diskrepanz. Nuscheler/Ziemer haben sie mit dem "politischen Anspruch eines Leviathans" beschrieben," der alle Lebensbereiche umgreift und lenkt, im politischen Alltag (aber) ein gefräßiger, schwerfälliger Moloch (ist)" (182). R. Tetzlaff sprach von den "hochfliegenden Entwicklungskonzeptionen" der tansanischen Staatsbürokratie (183). Es sind aber auch die Ursachen und Auswirkungen konkreter Handlungsdefizite des tansanischen Staates im Bereich der Stadtentwicklungsplanung deutlich geworden. Es wurde im einzelnen die enorme externe Abhängigkeit in der Stadtentwicklungspolitik Dar es Salaams dargestellt, aber auch der (verschenkte) Handlungsspielraum, der Tansania auf dem Weg zum Ujamaa-Sozialismus geblieben ist.

Die Chance, nach den schlechten Erfahrungen mit dem Dar es Salaam Master Plan 1968 ein autochthones Entwicklungskonzept der tansanischen Stadt unter realistischem Ressourceneinsatz zu entwickeln, wurde zugunsten wohlfeiler "Entwicklungshilfe" nicht genutzt. Eine weniger spektakuläre, aber langfristig sinnvollere und produktivere Stadtplanungspolitik wäre möglich gewesen. Der Handlungsspielraum für eine Stadtentwicklungsplanung in Self-Reliance ist eng, aber vorhanden! Das letzte Kapitel wird hierzu einige positive Argumente beitragen.

Fallstudie I: Der „Mbezi Planning Scheme"

1978 begannen die Planungen für eine Stadterweiterung im Norden von Dar es Salaam, den Stadtteil Mbezi (s. Plan 1). Dieses Planungsvorhaben ist nach Art und Umfang insofern bisher einmalig für Dar es Salaam, als sich bislang Stadterweiterungen - soweit sie überhaupt geplant entstanden - auf wesentlich kleinere Flächen beschränkt hatten, während hier nun versucht wurde, einen ganzen Distrikt für 269.500 Einwohner kontrolliert zu entwickeln (1).
Die Auswahl dieses Erweiterungsgebietes folgte dem Master Plan 1968, der dort Wohnflächen für nur 163.250 Einwohner, einige Industrieflächen und ein Distriktzentrum vorsah. Nach den damaligen Planungen sollte Mbezi 1989 besiedelt sein (2).

Das Planungsgebiet war entlang des nördlichen Küstenstreifens zum Indischen Ozean auf relativ ebenem Gelände entwickelt. Das Geländeniveau steigt über eine Entfernung von vier Kilometern auf max. 75m über Meeresspiegel an. Die Hauptschließung des Gebietes erfolgt über die Bagamoyo Rd., eine bestehende, zweispurige Straße.

Das Projekt konzipierte die Entwicklung von Mbezi in Phasen. Der "Mbezi Planning Scheme", von dem hier die Rede ist, stellte die Bebauungsplanung für Phase I und II dar. Dieses Planungsgebiet betraf eine Fläche von ca. 2.500 ha., bestand aus Wohnflächen für ca. 77.000 Einwohner, Industrieflächen (620 ha) mit ca. 315 Grundstücken und einem Distriktzentrum (3). Die neugeplanten Industrieflächen für vorwiegend mittlere Industrien hätten einen Zuwachs des Industrieflächenbestandes in Dar es Salaam um 77% bedeutet(4).

Eine Fallstudie über den "Mbezi Planning Scheme" ist im Zusammenhang dieser Arbeit aus mehreren Gründen interessant:
- Der "Mbezi Planning Scheme" ist die größte und aktuellste Stadtentwicklungsmaßnahme in Dar es Salaam.
- Die Bebauungsplanung wurde parallel zur Arbeit am Master Plan vom City Council selbst entworfen und implementiert. Wie wurde diese lokale Planung in den Master Plan integriert?
- Der fertige Plan wurde anschließend durch eine westdeutsche Consul-

ting, die nach der Verabschiedung des "Mbezi Planning Scheme" 1978 mit einer Feasibility-Studie über das Industriegebiet im "Mbezi Planning Scheme" beauftragt worden war, wieder in Frage gestellt. Gerade

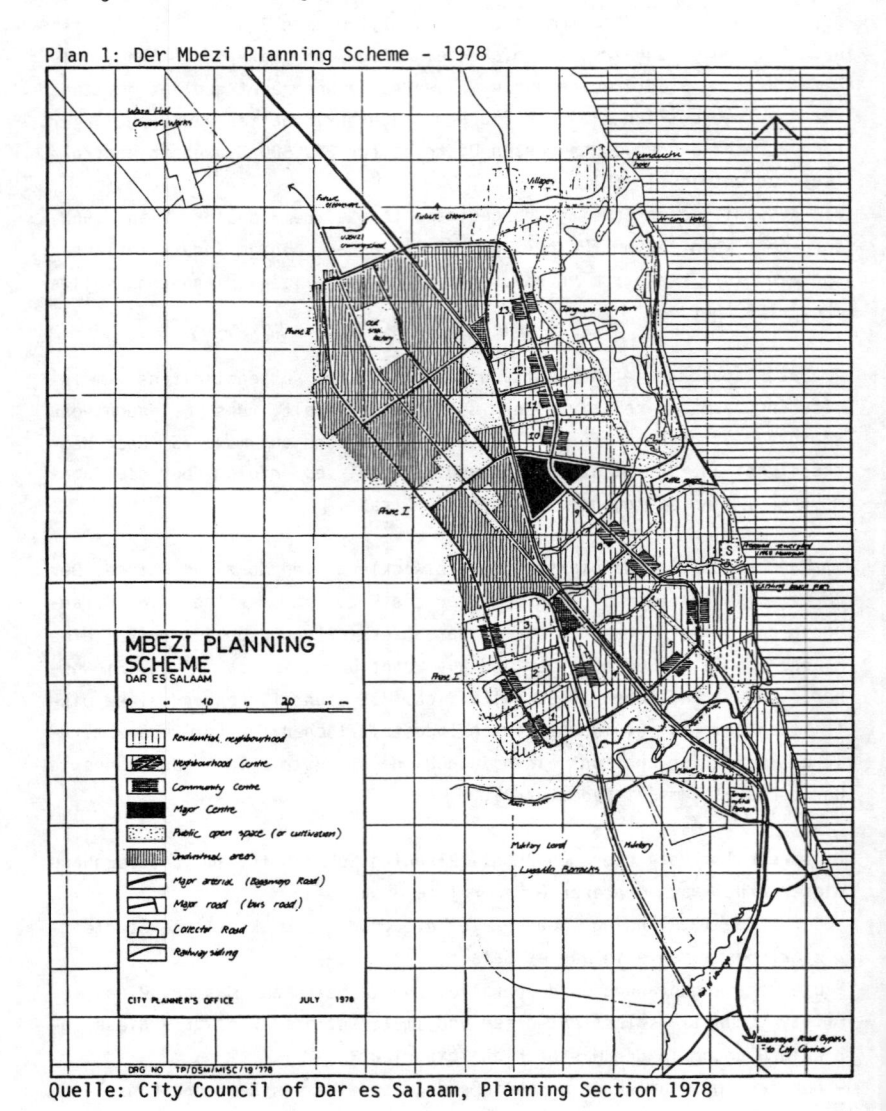

Plan 1: Der Mbezi Planning Scheme - 1978

Quelle: City Council of Dar es Salaam, Planning Section 1978

daran läßt sich erneut eine generelle These dieser Arbeit belegen, nämlich daß die Einschaltung ausländischer Consultings in den aufgrund der ökonomischen Rahmenbedingungen notwendigerweise inkrementalen Planungs- und Entwicklungsprozeß der Stadt Dar es Salaam weder sinnvoll noch funktional oder wirtschaftlich war. Die aufwendige Consulting-Studie für Mbezi hat letztendlich nur eigenständige Planungsanstrengungen vor Ort und die Arbeiten vorangegangener Consultings konterkariert.

Mit dem Entwurf des Mbezi Planning Scheme wurden Anfang 1978 zwei Entwicklungshelfer im City Council beauftragt. Der "Mbezi Planning Scheme" wurde vom City Council als äußerst dringlich angesehen und infolgedessen in kürzester Zeit zur Implementierungsreife gebracht. Bereits im Juli 1978 war das Gesamtkonzept für Phase I und II von den zuständigen Stellen im Ministerium und dem City Council genehmigt. Im August 1978 war der Bebauungsplan für Phase I fertig und wurde mit der Vermessung der Grundstücke im Feld begonnen. Phase I umfaßte drei Nachbarschaftseinheiten mit 1756 Grundstücken und den südlichen Teil des Industriegebietes mit 178 Grundstücken.

Die Zielzahlen der Planung waren vom "Director of Urban Planning" im Ministerium vorgegeben worden. Sie waren - wie sich im Planungsverlauf herausstellte - teils nicht ausreichend und teils ungenau. Besonders die Harmonisierung der das Planungsgebiet durchschneidenden Hauptinfrastrukturen wurde zu einem großen Planungsproblem: Die Arbeiten der verschiedenen staatlichen Institutionen außerhalb des City Council an der Neu-Trassierung der Bagamoyo Rd., der Linienführung der Eisenbahnlinie und die Lage der bestehenden Hauptwasserleitung für Dar es Salaam wurden administrativ nur schlecht koordiniert. Das Planungsergebnis ist von solchen vermeidbaren Friktionen beeinträchtigt, wie die mangelhafte Zuordnung der Straßen- und Eisenbahntrassen zeigt (vgl. Plan des "Industrial Complex").

Dennoch muß die inkrementale und unmittelbar in die Praxis einsteigende Planung am "Mbezi Planning Scheme" als ein positiver Schritt zu mehr Selbstvertrauen der lokalen Planungsträger und größerer self-reliance der Nation gewertet werden. Der "Mbezi Planning Scheme" war ein lokal konzipiertes Projekt, das zu einer kontrollierteren Stadtentwicklung führen und damit die künftige Funktionsfähigkeit der Gesamtstadt erhöhen sollte.

Doch schon während der lokalen Planung am "Mbezi Planning Scheme" im November 1977 begannen kanadische Consultants mit dem übergeordneten Master Plan 79. Im August 1978 brachten sie den ersten "Interim Report" heraus, der einige allgemeine Aussagen und im Council gesammelte Fakten, aber noch mehr Fragen enthielt. Nur sehr langsam konnten sich die eingeflogenen Consultants ein Bild über die allgemeinen Rahmenbedingungen für ihr Planungsprojekt in Dar es Salaam machen. Daran wird deutlich, mit welchen Reibungsverlusten ausländische Consultants arbeiten müssen, bevor sie ihre möglicherweise großen, auf jeden Fall aber kostspieligen Planungskapazitäten einsetzen können.

Die mit minimalen Ressourcen, kaum vorhandenen Zeichenmaterialien und ohne Devisenkosten durchgeführten Planungen im City Council hingegen erbrachten schnell diskutierbare und implementierbare Resultate: Sie waren diskutierbar, weil die lokale Behörde im Verlauf des Planungsprozesses mit der Problematik vertraut wurde, auf ihn aktiv Einfluß nehmen konnte und zudem lernen mußte, mit ihm auch verwaltungsgemäß umzugehen; sie waren implementierbar, weil aufgrund der kurzen Planungsdauer sich die Rahmenbedingungen im Feld kaum geändert hatten und das Planungsgebiet u.a. deswegen über die Planungsdauer von (spekulativen) Squattern freigehalten werden konnte.

Bis zur Fertigstellung des Master Plan 1979 lagen bereits für die ersten neun Nachbarschaftseinheiten und das Industriegebiet (Phase I) die Bebauungspläne vor, ungefähr 600 Grundstücke waren bereits vergeben. Diese Sachlage akzeptierten die Consultants im Master Plan jedoch nur mit Einschränkungen, wohingegen sie die folgenden Nachbarschaften 10-13 und das Industriegebiet Phase II sogar weitgehend umplanten.

Die Änderungen an den im City Council erarbeiteten Bebauungsplänen für Mbezi durch den Master Plan sahen erstens eine Angleichung der Wohndichten für die verschiedenen Wohngebiete und zweitens eine Anhebung der Durchschnittsdichte im gesamten Gebiet vor. Obwohl solche Änderungen vom Verfahren her nicht sinnvoll waren, da der Bebauungsplan ja bereits rechtskräftig geworden war, waren sie inhaltlich gerechtfertigt. Die Anhebung der Durchschnittsdichten war auch von den Entwicklungshelfern im City Council vorgeschlagen worden, um die Flächenexpansion der Stadt einzudämmen und die Infrastrukturkosten zu verringern, konnte jedoch gegen die Meinung der zuständigen Beamten im Ministerium nicht

Tabelle 1

Vergleich der Planungen des "Mbezi Planning Scheme" und des Masterplanes 1979 für die Entwicklung der Wohngebiete bis 1984				
Nachbarschafts- einheiten	"Mbezi Planning Scheme"		Masterplan 1979	
	Bevölkerung	Dichte	Bevölkerung	Dichte
1	7939	130	15000	103
2	7376	105		
3	8569	121	14000	97
4	5071	92		
5	5936	68	11600	66
6	2896	33		
7	5588	46	16500	83
8	5544	72		
9 (10)	5300 (5850)	102 (97)	22900	131
Total	60069	87	80000	96

Quelle: Master Plan 1979, Vol. I, S. 56;
"Mbezi Planning Scheme", a.a.o.

durchgesetzt werden. Auch die Consulting hatte in ihrem "Interim Report II" zum Master Plan anfänglich vorgesehen, die Wohndichte für Neubaugebiete zu erhöhen, war aber ebenfalls am Einspruch der indischen Beamten im Ministerium gescheitert (5).

Die unterschiedlichen Vorstellungen über die Grundstücksgrößen für Stadterweiterungen zeigen beispielhaft und verallgemeinerbar: Während Experten aus Industrieländern die Wohndichte wegen der Folgekosten so gering wie möglich halten wollen, neigen einheimische Planer und Verwaltungsbeamte zu großen Grundstückszuschnitten und zu höheren Standards. Deren Zielvorstellungen sind zum einen aus Erfahrungen mit Siedlungsstrukturen erwachsen, die eher ländlich als städtisch geprägt sind, und reflektieren zum anderen die mangelnde Erfahrung mit Infrastrukturkostensteigerungen, die durch bereits geringe generelle Grundstücksvergrösserungen entstehen, sowie ein häufig anzutreffendes, pauschales Beharren auf vermeintlich angemessenen ("decent") Wohnstandards für die künftige Entwicklung der Nation.

Tabelle: 2

Grundstücksgrößen im "Mbezi Planning Scheme" und im Masterplan 1979 (m²)			
	Gebiete hoher Dichte	mittlerer Dichte	geringer Dichte
Mbezi Planning Scheme	400	1200	2000
Masterplan Interim Report II	288	400	800
Masterplan 1979 Endfassung	400	800	1600

Quellen: "Mbezi Planning Scheme", Master Plan 1979

Consulting-Firmen haben, wie das Beispiel zeigt, erheblich größere Möglichkeiten, auf solche auch schichtspezifisch zu verstehenden Voreinstellungen der tansanischen Elite einzuwirken, als Entwicklungshelfer oder integrierte Experten. Hier liegt ein entscheidender, aber auch sehr zweischneidiger Vorteil des Einsatzes internationaler Consultings. Der "aufgeklärte Consultant" wäre quasi als Korrektiv der lokalen Ämter durchaus zu fordern. Doch derart aufgeklärte Consultants sind leider nicht der Regelfall, denn die Verwertungszwänge, unter denen ihre Firmen stehen, machen eine möglichst konfliktfreie Kooperation mit den nationalen Entscheidungsträgern notwendig und ein Beharren auf "vernünftigen" Standards dysfunktional.

Auch nach der Verabschiedung des "Mbezi Planning Scheme", Phase I und II, blieb das Industriegebiet (620 ha) darin durch die Hinzuziehung einer Conslting zur Bewertung der Planung in Frage gestellt. Nach der Planung standen 178 Grundstücke auf 320 ha unerschlossener Fläche für die Entwicklung von Industrien bereit. Rund 80 % der Flächen waren für Leichtindustrie vorgesehen, der Rest für Schwerindustrie. Ein Zeithorizont für die Industrieansiedlung war nicht vorgesehen, doch sollten in jeder Phase der Entwicklung von Mbezi genügend Industriearbeitsplätze für die Wohnbevölkerung vorhanden sein.

Die Industrieerweiterungen waren aufgrund der relativ günstigen ökonomischen Entwicklung der Jahre 1976 und 1977 sehr hoch angesetzt gewesen. Tatsächlich hatten Mitte 1978 bereits 112 und 1980 gar 166 meist private Firmen vorsorglich Optionen auf Grundstücke angemeldet (6).

Plan 2: Mbezi Planning Scheme - Industrial Complex (Phase I)

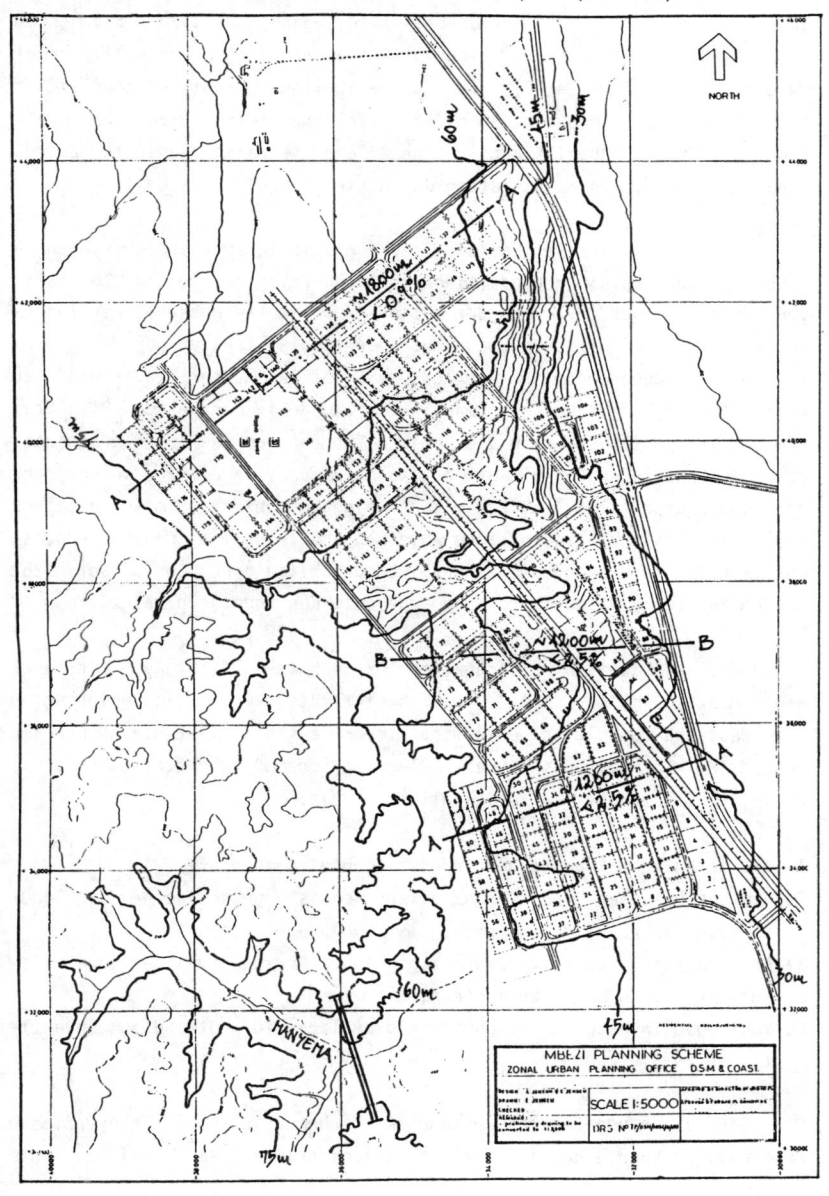

Die rapide Verschlechterung der ökonomischen Situation Tansanias aufgrund externer Ursachen - der Uganda-Krieg begann Ende 1978 - brach diese Entwicklung ab, sodaß sich vor Ort außer einigen Lagerhallen real fast nichts entwickelte (7). Aus der aktuellen gesamtwirtschaftlichen Sicht Tansanias heraus waren die Industrieerweiterungen zunächst überflüssig. Für den "Mbezi Planning Scheme" und die darin geplante Zuordnung von Wohn- und Arbeitsstätten waren sie jedoch sehr wichtig.

Es soll an diesem Fallbeispiel die Problematik punktueller Planungseingriffe ausländischer Consultings in längerfristige, lokale Initiativen deutlich werden. Denn der Master Plan widmete Phase II der Industrieflächen in Wohnflächen um und veränderte die Struktur der Wohngebiete im Mbezi-Bebauungsplan. Der aus der Sicht des Master Plan ohnehin zu wenig verdichtete "Mbezi Planning Scheme" wurde in das Master Plan-Szenario eingepaßt. Es kann als typisch für den punktuellen Planungseingriff ausländischer Consultants angesehen werden, in dieser Weise eher die widersprüchliche Realität mit dem eigenen Konzept stimmig zu machen denn Planung als kontinuierliche Auseinandersetzung mit realen Prozessen vor Ort anzulegen. Die externe Planungshilfe durch Consultants läßt solche auf lange Planungsprozesse angelegte Kontinuität nicht zu.

In dieser Situation krisenhafter Wirtschaftsentwicklung, die auch den "Mbezi Planning Scheme" direkt beeinflußte, vergab die Regierung an eine deutsche Consulting den Auftrag, eine Feasibility-Studie über den Industrial Complex des "Mbezi Planning Scheme" zu erstellen (8). Die Ziele der Studie sollten im wesentlichen sein:

1. die technische Eignung des Industriegebietes zu prüfen,
2. die ökonomischen und finanziellen Realisierungschancen des Industrievorhabens zu untersuchen,
3. Informationen über Voraussetzungen und Perspektiven der Industrieentwicklung in Mbezi zu liefern,
4. künftigen Investoren Entscheidungsgrundlagen für notwendige Investitionen zu liefern.

Die Studie war von der tansanischen Regierung rein technisch-ökonomisch angelegt. Es konnte demnach nur eine eingeschränkte Rentabilitätsstudie dabei herauskommen, die übergeordnete Aspekte der Dezentralisierungspolitik der Industrien von Dar es Salaam weg,einer integrierten Industrieentwicklung oder einer Entwicklung in mehr "self reliance" nicht in Betracht zog.

1982 wurde die 400-seitige Studie veröffentlicht, die zu folgenden Einschätzungen des Industriegebietes kam:

1. Vor Ort habe bisher keine nennenswerte Entwicklung stattgefunden und sei auch (aufgrund von Umfragen unter Investoren) nicht zu erwarten. Der jährliche Flächenbedarf wurde auf 2 bis 5 ha veranschlagt.

2. Das ausgewiesene Industriegebiet sei aus mehreren Gründen ungeeignet:
a) die Topographie sei ungeeignet und erfordere umfangreiche Nivellierarbeiten für das gesamte Gebiet mit einem Kostenaufwand von 2,5 Mio DM; (s. Schnitt B-B)
b) die individuelle Wasserversorgung über Bohrlöcher (zusätzlich zur öffentlichen Wasserversorgung) sei zu kostspielig;
c) die Kalksteinbrüche im Planungsgebiet würden für die Bauindustrie künftig benötigt und sollten daher nicht überbaut werden;
d) ein Teil des Industriegebietes liege unter + 28,50 m über Meeresspiegel und verursache daher Abwasserprobleme;
e) Erdbewegungen von 120.000 qm Volumen seien notwendig;
f) der saisonal fließende Manyema-Fluß, der das Gebiet in West-Ost Richtung durchquert, erfordere eine aufwendige Hochwasserkontrolle.

Aufgrund dieser Maßnahmen seien die Erschließungskosten für den Mbezi Industrial Complex auf 838.000 TSHs (210.000 DM) pro ha zu veranschlagen. Zum Vergleich: Die Kostenschätzung des City Council für ihre Planung des Industrial Complex hatte sich auf 173.000 THSs (43.250 DM) pro ha, einschließlich der Regulierung von Flußläufen belaufen (9). Außerdem wurde in der Studie mit einem Einsatz an importierter Technologie gerechnet, der den Devisenanteil an den Erschließungskosten auf 56% geschraubt hätte!

Schnitt B-B durch den Mbezi Planning Scheme

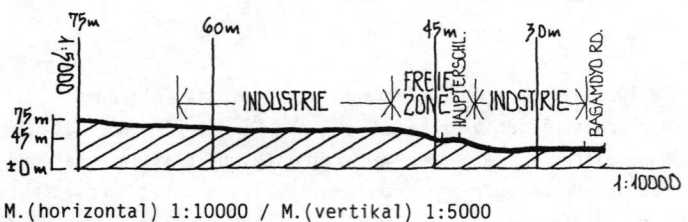

M.(horizontal) 1:10000 / M.(vertikal) 1:5000
Darstellung des Verfassers

Die Consulting-Feasibility-Studie stellte angesichts der von ihnen errechneten Erschließungskosten zwei Alternativen zur Diskussion:
A. Die gesamte technische Infrastruktur einschließlich der Planierung des gesamten Gebietes wird unter Ausnutzung der economies of scale vom Staat als Vorleistung erbracht und dann auf die Investoren umgelegt.

B. Die Investoren erbringen die Infrastruktur weitestgehend selbst im Zuge der Entwicklung ihres individuellen Grundstücks (provisorische Zufahrt, Nivellement, Wasser, Abwasser, Strom). Auf diese Art wurden üblicherweise bisher schon Industriegrundstücke mittlerer Größe in Dar es Salaam erschlossen.

Die Empfehlungen bewerteten beide Alternativen als negativ. Schlußfolgernd wird empfohlen, die Erschließung des Mbezi Industrial Complex aufzuschieben, bis der Bedarf an Industriefläche die Entwicklung eines zusammenhängenden Landstückes von mindestens 25 ha erlaubt. Der künftige Industrieflächenbedarf pro Jahr wurde von der Consulting auf 7,4 ha angesetzt. Bis zu jenem Bedarfsfall wird die Alternative B als Entwicklungsstrategie empfohlen.

Generell war die Studie, entsprechend dem Auftrag, zu eng angelegt. Sie berücksichtigt nicht Kriterien, die für eine eigenständige Entwicklung Tansanias wichtiger sind als vordergründige Rentabilitätsgesichtspunkte wie z.B. die Zuordnung von Wohn- und Arbeitsplätzen in Dar es Salaam. Der punktuelle Einsatz der Consulting führte zu einer verkürzten Problemsicht. Sie blieb in dem Dilemma von speziellem Planungsauftrag und unerlaubter politischer Einmischung gefangen. Die an den Scheme angelegten Bewertungsstandards waren zudem zu hoch. Die Notwendigkeit der Planierung des gesamten Industriegebietes muß angesichts der vorhandenen Topographie, die oben im Schnitt dargestellt ist, und der zu erwartenden Industrietypen (mittlere Industrie) stark bezweifelt werden; ebenso die Analyse der Abwasserprobleme, da nur vier Grundstücke unter dem in der Studie selbst gesetzten Minimalniveau lägen. Die Entwicklungsmaßnahmen für Mbezi werfen sicher Probleme auf. Sie sind jedoch entgegen den Untersuchungsergebnissen der Consulting-Firma unter anderen Prämissen und Standards ökonomisch sinnvoll lösbar.

Die grundsätzliche Kritik an dieser Studie - wie auch an der Consulting-Masterplanung allgemein - ist, daß sie sich zu wenig auf die Problemlage vor Ort einläßt. Technische Fachexperten innerhalb der Consulting-Firmen untersuchten mit unangemessenen Standards aus den Industrieländern die unter schwierigsten Rahmenbedingungen vorwärtsgetriebenen lokalen Entwicklungsmaßnahmen. Dem mangels ausreichender Ressourcen zwingend notwendigen intermediären Denken und integrierten Planen entzogen sich die Kurzzeitexperten durch eine enge technische Standortanalyse mit zu hoch angesetzten Standards.

Die Vergabe derartiger Studien durch die tansanische Regierung an internationale Consulting-Firmen ohne besser angepaßte Terms of Reference ist für die Stadtentwicklungspolitik in Dar es Salaam kontraproduktiv.

Erst in jüngster Zeit (1987) entstehen einige Wohngebäude im Mbezi-Gebiet, während das Industriegebiet keine Entwicklung zeigt.

IV. Die Stadtentwicklungsprobleme Dar es Salaams und ihre Ursachen

Die Kritik des Dar es Salaam Master Plan 1979 hat dessen verengte Problemsicht analysiert, die insbesondere die regionalen und sozialen Ursachen der Stadtentwicklungsprobleme unberücksichtigt ließ und Stadtentwicklungsplanung als technisch zu lösende Aufgabe hinstellte. In diesem Kapitel nun sollen einige wesentliche Wurzeln der Probleme in Dar es Salaam analysiert werden, soweit sie Gegenstand der Stadtplanung sein können und auch sein müßten.

Nur über eine grundsätzliche Problemanalyse sind Ansätze für einen angepaßten Stadtplanungstransfer und eine wirkungsvolle Alternative zum Master Plan zu entwickeln, die nicht bloß gängige Stadtplanungsinstrumente unhinterfragt überträgt oder von einem latenten Vorverständnis der Stadtentwicklungsprobleme in den Köpfen professioneller Consultants bestimmt wird.

IV.1 DIE PROBLEME DER STADTENTWICKLUNG IN DAR ES SALAAM IN DER NACHKOLONIALEN PHASE ZWISCHEN UNABHÄNGIGKEIT (1961) UND DEM MASTER PLAN 1979

1. Das unausgewogene Stadtwachstum

Nach dem zweiten Weltkrieg setzte ein beschleunigtes Stadtwachstum in Dar es Salaam ein (vgl. Graphik I-1). Im Zuge dieser Entwicklung entstand eine zunehmende Disparität zwischen Dar es Salaam und den anderen Städten des Landes.
Eine zweite Unausgewogenheit wird auf innerstädtischer Ebene immer mehr zum Problem der Stadtentwicklungsplanung: Die stagnierende wirtschaftliche Entwicklung Dar es Salaams vermag immer weniger das Wachstum der Stadt und deren Infrastruktur- und Versorgungsbedarf zu tragen. Die vor-

wiegend auf Dar es Salaam konzentrierte Urbanisierung stellt somit ein zweifaches, regionales und innerstädtisches Disparitätenproblem dar.

Die Entwicklungsdisparität zwischen Dar es Salaam und den übrigen Städten war in der Kolonialzeit bereits angelegt, vergrößerte sich jedoch beträchtlich nach der Unabhängigkeit. Bis zur Unabhängigkeit verdoppelte sich die Einwohnerzahl Dar es Salaams von 69.227 (1948) auf ca. 170.000 (1961). Die durchschnittliche jährliche Wachstumsrate in dieser Zeit betrug 7,1 %. Während Dar es Salaam nach den Zensusdaten von 1957 dreimal so viele Einwohner wie die nächstgrößere Stadt in Tansania hatte, war sie 1978 bereits auf das siebenfache der nächstgrößeren Stadt gewachsen.

In den ersten zwei Jahrzehnten nach der Unabhängigkeit wuchs dann die Einwohnerzahl der gesamten Region Dar es Salaam mit einer beschleunigten jährlichen Rate von 7,8 % (1). In jüngster Zeit schätzt man die Wachstumsrate der Stadt Dar es Salaam auf ca. 9 - 12 %. In absoluten Zahlen bedeutet das für die erste Hälfte der 80er Jahre einen enormen durchschnittlichen Zuwachs von über 100.000 Einwohnern pro Jahr (Tabelle IV-1). Zwei der drei Stadtdistrikte in Dar es Salaam erreichten bereits zwischen 1967 und 1978 Wachstumsraten von 9,9 % und 8,6 % (2).

Tab. IV-1

DAS DURCHSCHNITTLICHE, JÄHRLICHE BE- VÖLKERUNGSWACHSTUM DAR ES SALAAMS		
	ABSOLUT	%
1967-1978	48.000	7.7
1978-1984	CA. 100.000	9 - 12

Quelle: Pop. Census 78 und Schätzung

Einige Beobachter des Urbanisierungsprozesses in Peripherieländern neigen dazu, das Grundproblem der konzentrierten Verstädterung in einer oder wenigen Agglomerationen unterzubewerten. M. Lipton geht so weit, es gäbe keine "Über-Urbanisierung"....."in the sense that cities become undynamic or outpace industrialisation....The close link in LDCs (least developed countries) between urbanisation and industrialisation suggests that if the latter has been slow the former has also; and so it turns out". Die Annahme der "Über- Urbanisierung" verwirft er, indem er sie unter seine zentrale These subsummiert, daß jene Annahme durch empirische Daten nicht gedeckt und selbst ein Ausdruck von "urban bias" des Analysierenden sei (3).

Diese Arbeit geht von der These aus, daß die gegenwärtigen Wachstumsraten der Stadt Dar es Salaam durch herkömmliche stadtentwicklungspolitische Konzepte - wie sie die Masterplanung darstellt - nicht mehr bewältigt werden können und insofern über andere Planungskonzepte nachgedacht werden muß.

Dar es Salaam ist gegenüber den übrigen Städten Tansanias der herausragende Entwicklungspol. Die Stadt ist infrastrukturell bei weitem am besten ausgestattet. Sie hat den größten internationalen Hafen des Landes; das nationale Verkehrsnetz ist radial auf Dar es Salaam ausgerichtet. In Dar es Salaam arbeiteten 1978 ca. 50 % aller Beschäftigten in der Industrie und 60 % aller Beschäftigten im Baugewerbe Tansanias (4). Aufgrund dieser demographischen, wirtschaftlichen, politisch-administrativen und entwicklungsdynamischen Position an der Spitze des zentralörtlichen Systems des Landes muß Dar es Salaam als "primate city" charakterisiert werden(5). Als solche entwickelt sie eine eigengesetzliche Dynamik des Wachstums, die dazu tendiert, die Disparität zum nationalen Restraum ständig zu vergrößern und somit für Migranten selbst immer attraktiver zu werden. Die Stadtentwicklungsplanung in Dar es Salaam wird daher auch auf absehbare Zeit mit enorm hohen Einwohnerwachstumsraten rechnen müssen, mit denen die Wachstumsraten der städtischen Ökonomie nicht schritthalten können. Die Investitionsmittel für eine geordnete Stadtplanung werden entweder immer knapper werden oder aus anderen Landesteilen - insbesondere den ländlichen Gebieten - und internationalen Quellen kommen müssen, was der erklärten Politik des Ujamaa Sozialismus zuwiderliefe.

2. Land - Stadt Migration

Den größten Anteil an dem von Jahr zu Jahr steigenden, überdurchschnittlichen Bevölkerungswachstum hatte die Migration der Bevölkerung aus allen Teilen des Landes nach Dar es Salaam. Zwischen 1967 und 1978 betrug die durchschnittliche Nettomigrationsrate 5,4 %. Das bedeutet, daß bei einer natürlichen Wachstumsrate von 2,4 % die Immigration 69 % zum Stadtwachstum beiträgt. Neben der höchsten Wachstumsrate hatte Dar es Salaam auch die höchste Nettomigrationsrate aller Regionen in Tansania (6). Nach den relativ sicheren Zahlen des Zensus 1978 waren in den Jahren zwischen 1967 und 1977 per saldo 183.848 Menschen nach Dar es Salaam zugewandert (7). 64 % der Wohnbevölkerung Dar es Salaams bestand 1978 aus Migranten, die nicht in der Region geboren waren (8).

Tabelle IV-2

DIE HERKUNFTSREGIONEN DER IMMIGRANTEN NACH DAR ES SALAAM - ZENSUS 1978				
HERKUNFTSREGION	GEBURT VOR 1977	%	GEBURT ZWISCHEN 67-77	%
Dodoma	15,346	2	11,693	2
Arusha	4,141	-	4,300	1
Kilimanjaro	29,505	4	19,700	4
Tanga	35,571	5	20,970	4
Morogoro	63,912	8	32,876	6
Coast	129,524	17	48,610	9
Dar-es-Salaam	276,433	36	270,720	51
Lindi	37,449	5	17,481	3
Mtwara	15,842	2	10,316	2
Ruvuma	14,437	2	7,731	1
Iringa	14,062	2	9,011	2
Mbeya	18,134	2	11,903	2
Singida	5,835	1	3,501	1
Tabora	16,491	2	8,934	2
Rukwa	3,291	-	1,816	-
Kigoma	8,231	1	4,764	1
Shinyanga	6,125	1	3,925	1
Kagera (West Lake)	12,089	2	8,150	2
Mwanza	7,717	1	6,210	1
Mara	8,805	1	5,951	
Zanzibar	17,260	2	10,145	2
Outside Tanzania	21,030	3	10,070	2
Total	761,236	100	528,777	100

Quelle: W. Mlay in Population Census 1978, Vol. VIII, S. 149

Untersuchungen über die Herkunft der Wanderungsbevölkerung zeigen, daß die Migration mit der Entfernung zu Dar es Salaam abnahm (siehe Tabelle IV-2). Die wichtigsten Abwanderungsgebiete sind die benachbarten und durch Verkehrswege gut an Dar es Salaam angebundenen Regionen Coast, Morogoro, Tanga und Kilimanjaro. Aus der Tabelle wird weiterhin deutlich, daß die Richtungen der Wanderungsströme - über längere Zeit (alle Bevölkerungsteile Dar es Salaams, die vor 1977 geboren wurden) und eine kürzere Spanne (1967 bis 1977) betrachtet - relativ stabil geblieben sind. Im Gegensatz zu anderen Einzugsgebieten Tansanias, für die Mlay eine geringe Migration über große Distanz in jüngerer Zeit feststellte (9), ist Dar es Salaam bis in die heutige Zeit ein Magnet für Wanderungsbewegungen auch aus weit entfernten Herkunftsgebieten geblieben.

Den Daten des Zensus 1978 zufolge hat die These von Vorlaufer aus dem Jahr 1973, die an Christallers "Zentrale Orte"-Theorie anknüpfte, bis heute Gültigkeit behalten, daß nämlich "im großen und ganzen angenommen werden muß, daß mit zunehmender "wirtschaftlicher Entfernung" der Heimatgebiete zur Stadt eine abnehmende Verflechtungsintensität korrespondiert" (10). Die nationale Struktur des Wirtschaftsraumes beeinflußt also entscheidend die hohe Wachstumsrate der Bevölkerung in Dar es Salaam, die eines der Hauptprobleme der Stadt ist. Diese Rahmenbedingungen - die Konzentration der Industriestandorte in Dar es Salaam und die Ausrichtung der Verkehrsstränge auf den Exporthafen Dar es Salaam - sind ein Produkt der kolonialen Extraktionswirtschaft.

B. Egero hat auf die gemeinsamen, genealogischen Wurzeln des fluktuierenden Wanderproletariats, das die koloniale Plantagenwirtschaft in die vormals kleinbäuerliche, seßhafte Produktionsstruktur hineinbrachte, und der Wanderungsbewegungen in der Dekade nach der Unabhängigkeit hingewiesen. In beiden Fällen liegen die Ursachen der Wanderungsbewegungen in der strukturellen Heterogenität des nationalen Wirtschaftsraumes, die durch die koloniale Plantagenwirtschaft erzeugt worden war und bis heute den Wirtschaftsraum prägt (11).

Von vielen Autoren ist auf aktuelle, regionale und nationale Faktoren als Verstärker von Migrationsbewegungen hingewiesen worden. Diese Auslöser der Land - Stadt Wanderung bilden ein Faktorenbündel, dessen

einzelne Faktoren jeweils unterschiedliches Gewicht haben:
- Flucht aus sozialer, dörflicher Kontrolle
- Auflösung traditionaler Stammeszusammenhänge
- Attraktivität der Stadt als Arbeitsplatz
- Mangel an monetär entlohnten Beschäftigungsmöglichkeiten auf dem Land
- Einkommensdisparitäten und unterschiedliche Konsumangebote zwischen Stadt und Land zugunsten der Städte
- Das formale Bildungsniveau als Anspruchsbillet auf bessere Arbeit in der Stadt (Schreibtischarbeit)
- Nähe zur lockenden Stadt und somit größere Häufigkeit beliebiger Kontakte mit der Stadt
- Gute Verkehrsverbindungen zwischen Heimatdorf und Stadt als begünstigender Faktor
- Verwandschaftsbeziehungen zur Stadt (12).

Für das vorliegende Thema ist an den Migration-auslösenden Faktoren der Zusammenhang zwischen dem gesamtgesellschaftlichen Wandel und den Stadtentwicklungsproblemen Dar es Salaams wichtig. Der sehr schmale Handlungsspielraum der Stadtplanung gegenüber den Strukturproblemen der Stadt soll deutlich werden, der in scharfem Kontrast zu dem weit ausgreifenden Langzeit-Szenario des Master Plan 1979 steht. Das Beispiel des Zusammenhangs zwischen Bildungsniveau, Migration und Stadtwachstum verdeutlicht das Dilemma:
Allgemeine Grundschulausbildung für alle Tansanier ("Universal Primary Education") ist ein nationales Entwicklungsprogramm höchster Priorität in Tansania. Die hohe entwicklungspolitische Bedeutung der formalen Bildung ist so generell jedenfalls unbestritten. Mit steigender formaler Bildung steigt jedoch die Bereitschaft der Landbevölkerung, in die Städte abzuwandern, auch ohne dort bereits konkrete Arbeitsmöglichkeiten in Aussicht zu haben (siehe Tabelle IV-3).
An diesem Wirkungszusammenhang wird die Widersprüchlichkeit unbestreitbarer Fortschrittsentwicklungen in einem Entwicklungsland insofern deutlich, als die Hebung des allgemeinen Bildungsniveaus indirekt zu Verzerrungen der nationalen Sozial- und Raumstruktur führt. Stadtplanung in Dar es Salaam wäre daher nur als integraler Teil eines gesellschaftspolitischen Konzeptes sinnvoll, um grundlegende Probleme städtischer Fehlentwicklung wirkungsvoll angehen zu können.

Tabelle IV-3

DIE MIGRATIONSRATEN NACH DSM IN ABHÄNGIGKEIT VON BILDUNG UND GESCHLECHT

	KEINE	GRUNDKENNTNISSE	STANDARD 1-4	5-B	FORM 1-6	UNIVERSITÄT
MÄNNLICH	0.37	2.02	0.88	7.7	8.1	18.3
WEIBLICH	0.69	7.14	2.00	6.0	30.0	74.0
ALLE	0.50	2.48	1.20	4.7	11.0	22.5

ERLÄUTERUNG: "MIGRATIONSRATE" = $\frac{\text{MIGRATIONSBEVÖLKERUNG DER ERZIEHUNGSSUBGRUPPE}}{\text{GESAMTE MIGRATIONSBEVÖLKERUNG}}$: $\frac{\text{LÄNDLICHE BEVÖLKERUNG DER ERZIEHUNGSSUBGRUPPE}}{\text{GESAMTE LÄNDLICHE BEVÖLKERUNG ÜBER 14 JAHRE}}$

Quelle: R.H.Sabot, 1972 (Daten aus Population Census 1967)

Ansatzpunkte für eine flankierende, nationale Politik zur Eindämmung der Land-Stadt Wanderung sind:
- die Einkommens- und Preispolitik, um diesbezügliche Disparitäten zwischen Land und (Haupt-) Stadt zu beseitigen.
- eine Bildungspolitik, in der die Schwerpunkte auf direkt nutzbringende, handwerklich - praktische Fähigkeiten verlagert werden.
- eine Raumordnungspolitik in der Form ländlicher Entwicklungsplanung und Dezentralisierung von Wachstumspolen (siehe Kap. V).
- direkte Maßnahmen zur Kontrolle der städtischen Zuwanderungsbevölkerung durch Arbeitsausweise ("Operation Kazi") und Überwachung der Zufahrtswege zur Stadt (13).

Es wird deutlich, daß ein zentrales Entwicklungsproblem Dar es Salaams, das ungleiche Wachstum der "primate city" gegenüber dem Hinterland, durch Stadtplanung allein nicht entscheidend beeinflußt werden kann. Physische Planung auf lokaler Ebene alleine ist hier weit überfordert. Das ungleiche Wachstum, durch kolonialen Fremdeinfluß erzeugt, hat ökonomische und infrastrukturelle Rahmenbedingungen geschaffen, die in einem "kumulativen Prozeß zirkulärer Verursachung", wie G. Myrdal bereits 1955 feststellte, die Disparität immer mehr vertiefen (14).

Im nachfolgenden Kapitel V wird auf Planungskonzepte, mit denen das Problem der Überagglomeration Dar es Salaams bislang angegangen wurde, näher eingegangen werden. Bis hierher wurde deutlich, daß Stadtplanung nur auf die Folgen des Stadtwachstums von Dar es Salaam reagieren, das Wachstum selbst aber kaum beeinflussen kann. Das beschleunigte Stadtwachstum durch Migration ist jedoch die Hauptursache für eine Reihe von Folgewirkungen in Dar es Salaam, die im Master Plan 1979 zumindest hätten thematisiert werden sollen.

3. Die verzerrte demographische Struktur Dar es Salaams

Die enorme Zuwanderung nach Dar es Salaam hatte tiefgreifende Auswirkungen auf die Sozialstruktur der Stadt. Aus den verfügbaren Zahlen des Zensus 1978 wird erkennbar, daß die strukturellen, demographischen Normabweichungen, die für Zuwanderungsgebiete kennzeichnend sind, auch in Dar es Salaam anzutreffen sind (15):
- unausgeglichene Geschlechterproportion oder "Sex-Ratio";
- überproportionaler Anteil von Arbeitskräften im besten Arbeitsalter (15-44 Jahre);
- überproportionaler Anteil des männlichen Bevölkerungsanteils in dieser Altersklasse;
- unterproportionaler Anteil der alten Bevölkerung gegenüber der nationalen Norm.

Die Geschlechterproportion in Dar es Salaam zeigt, daß seit der Unabhängigkeit mehr Männer als Frauen dort lebten. Die durchschnittliche "Sex-Ratio" aller Städte in Tansania betrug 108, die von Dar es Salaam hingegen 115 (16). Tabelle IV-4 zeigt, daß diese Verzerrungen eindeutig durch Migranten im besten arbeitsfähigen Alter besonders zwischen 25 und 54 verursacht wurden, die dann im Alter teilweise wieder aus Dar es Salaam in ihre Heimatgebiete zurückwanderten.

Tabelle IV-4

ALTERSSPEZIFISCHE 'SEX RATIO' IN DAR ES SALAAM - 1978									
ALTER	0-1	1-4	5-9	10-14	15-24	25-34	35-44	45-54	55-64	65-
SEX RATIO	93	97	94	92	103	146	164	160	133	129

Quelle: Eigene Berechnungen nach "Population Census 1978"
Bemerkung: "Sex-Ratio" = männl. Bev.: weibl. Bev.

Auf diese fluktuierenden Wanderungsbewegungen haben auch bereits K. Vorlaufer und (für die Kolonialzeit) J. A. K. Leslie (17) hingewiesen. Seit dem Ende der Kolonialzeit nahm die Disproportion der Wohnbevölkerung Dar es Salaams stetig ab (Tabelle IV-5), da heute - im Gegensatz zur Kolonialzeit - afrikanische Migranten alle formalen Rechte in der Stadt besitzen und insofern die Möglichkeit haben, sich in der Stadt mit der Familie niederzulassen. In der Kolonialzeit hingegen waren sie nur als Arbeitkräfte geduldet, als Stadtbewohner aber durch Sanktionen diskriminiert worden.

Tabelle IV-5

DIE VERÄNDERUNG DER 'SEX RATIO' DSM's ZWISCHEN 1948-1978				
JAHR	1948	1957	1967	1978
SEX RATIO	141	134	123	115

Quelle: Eigene Berechnung nach "Population Census 1978"

Die demographischen Verzerrungen durch Migrationsströme bilden sich auch im Altersaufbau Dar es Salaams ab (s. Graphik IV-1). In der Alterspyramide der Stadt sind junge und alte Leute unterrepräsentiert, während die mittlere Bevölkerungsgruppe im erwerbsfähigen Alter überrepräsentiert ist.

Graphik IV-1
Die Alterspyramide der Stadt Dar es Salaam

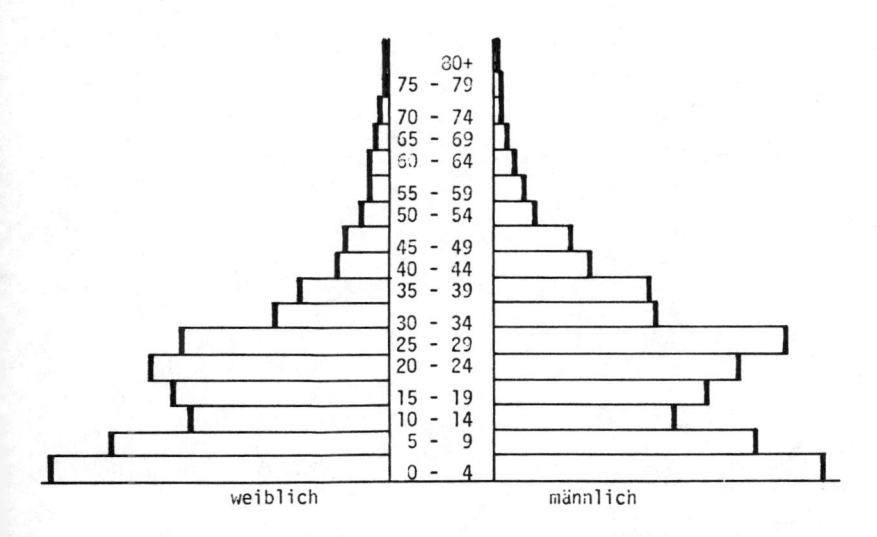

Quelle   : Population Census, Statistical Abstract 1978, Tab. C.2.3. und C.2.4.
Darstellung: der Verfasser

Stadtplanung in Dar es Salaam hat es mit den spezifischen Erwartungen und Lebenssituationen der Immigranten im besten Arbeitsalter zu tun. Auf der Suche nach Wohnung und Arbeit bilden sie - wenn auch oft nur für eine Übergangszeit - die Bewohnerschaft der Squattergebiete. In dieser Übergangszeit sind sie ökonomisch schwach, mobil, arbeitslos und relativ bindungslos. Die gefährdete soziale Lage eines wesentlichen Teils der Stadtbevölkerung stellt ein besonderes Problem für eine Wohnungs- und Stadtentwicklungspolitik dar, die bis heute an dem politischen Konzept festhält, die gesamte Stadtbevölkerung auf staatlich kontrollierten Grundstücken innerhalb eines staatlich kontrollierten Wohnungsbaus in die Stadt zu integrieren.

4. Das unbefriedigte Grundbedürfnis: Wohnen

Die dargestellten Bevölkerungszuwächse Dar es Salaams haben kritische Auswirkungen auf die quantitative Wohnungsversorgung, die qualitative Wohnsituation und die soziale Lage der Bevölkerung Dar es Salaams, wie aus Daten der Weltbank, der Bevölkerungszählung 1978 und ergänzenden Informationen aus verstreuten Quellen deutlich wird. Alle Zahlen, auch die des Zensus 1978, können nur Annäherungen angeben, da unter gegebenen Umständen Inkonsistenzen der erhobenen Daten unvermeidbar sind.

Die quantitative Wohnungsversorgung - beziehungsweise der Mangel an Wohnraum in Dar es Salaam - errechnet sich aus der Differenz zwischen den in einem Beispieljahr bereitgestellten Wohngrundstücken und Häusern einerseits und dem Bevölkerungswachstum, dem Ersatzbedarf, dem Flächenzuwachsbedarf und dem Nachholbedarf andererseits. Wie aus Tabelle IV-6 ersichtlich, sind die beiden letzten Bedarfsquellen in unserer Berechnung nicht berücksichtigt, da Daten hierüber fehlen. Der Fehlbedarf an Wohnraum in Dar es Salaam ist daher etwas größer als hier errechnet; dennoch ergeben die Daten einen verläßlichen Überblick über die Situation in Dar es Salaam. Als Beispieljahr ist 1977 gewählt, da es ein gesamtwirtschaftlich relativ günstiges Jahr für Tansania war, bevor dann Ende 1978 der Ugandakrieg begann und Tansania in eine tiefe Wirtschaftskrise geriet, die bis heute anhält.

Die Zahl der offiziellen Baugenehmigungen für Wohnhäuser in Dar es Salaam betrug 1977 insgesamt 1.193 (18). In den folgenden Jahren ist diese Zahl noch erheblich gesunken.
Im Rahmen des 1. Nationalen Sites & Services Programmes (1974 - 1977) wurden insgesamt 6.182 vermessene und infrastrukturell versorgte Grundstücke in drei Gebieten Dar es Salaams - Mikocheni, Kijitonyama, Sinza - bereitgestellt (19). Davon entfallen auf das Jahr 1977 ungefähr 2.000 neue Grundstücke in diesem Programm.
Der zweite Teil des 1. N. S. & S. Programmes bestand aus "upgrading" - Projekten der Stadtteile "Manzese" A und B. Im Zuge des "upgrading"-Programmes wurden nach Beobachtungen von Tumsiph rund 10 - 12 % der Primärbevölkerung der Gebiete oder etwa 1.000 Bewohner verdrängt, während 8 - 10 % z.T. illegal hinzuzogen (20).

Im selben Zeitraum plante die nationale Wohnungsbaugesellschaft, "National Housing Corportion" (N.H.C.), ca. 1.500 Gebäude in Tansania zu bauen, davon ca. 300 in Dar es Salaam (21). Unter der sehr optimistischen und in der Realität nicht zutreffenden Annahme, daß alle bereitgestellten Grundstücke auch bebaut und alle genehmigten Gebäude auch erstellt wurden, ergäbe sich rechnerisch ein jährlicher Zuwachs von 3.439 Wohneinheiten in Dar es Salaam.

Dem auf diese Weise überschläglich errechneten regulären Wohnflächenzuwachs in Form von Gebäuden oder Grundstücken stand ein Bedarf gegenüber, der sich im wesentlichen aus den eingangs dargestellten Bevölkerungszuwächsen ergab. Angebot und Nachfrage sind in Tabelle IV-6 gegeneinander aufgerechnet (22):

Tabelle IV-6

VERSORGUNGSBILANZ DER GEPLANTEN WOHNEINHEITEN IN DSM – FEHLBEDARF 1977		
	EINHEITEN	BEWOHNER
WOHNUNGSNEUZUGANG		
OFFIZIELLE BAUGENEHMIGUNGEN FÜR PRIVAT	1.193	8.589
SITES & SERVICES PROGRAMM	2.000	14.400
UPGRADING PROGRAMM	-ca. 140	-ca. 1.000
NATIONAL HOUSING CORP. (NHC)	300	2.160
TOTAL	3.353	24.149
BEDARF (7,2 PERS./EINH.)		
NATÜRLICHES WACHSTUM DER BEV. -2,4%	2.600	18.770
IMMIGRATION NACH DSM -5,4%	5.861	42.200
ERSATZ FÜR PERMANENTE GEBÄUDE (LEBENSDAUER 100 J.)	330	2.376
" " SEMIPERMANENTE " (" max. 40 J.)	1.087	7.826
NACHHOLBEDARF	HIER VERNACHLÄSSIGT	
FLÄCHENBEDARFSZUWACHS		
ERSATZ FÜR VERDRÄNGTE AUS 'UPGRADING'-GEBIETEN (ca. 10%)	140	1.000
TOTAL	10.018	72.172
UNTERVERSORGUNG SALDO	6.665	48.023

Quelle: Vom Verfasser aus verschiedenen im Haupttext zitierten Quellen zusammengestellt und errechnet.
Berechnungsgrundlage: Durchschnittliche Zahl Pers./Gebäude = 7,2; vgl. L.M. Masembejo, DSM 1980, S. 45.
Wachstumsrate der Region DSM: 7,8 %; vgl. Pop. Census 1978.
Lebensdauer traditioneller Swahili-Häuser: 20 Jahre (J. Leaning, 1972); 30 Jahre (S.S. Yahya, 1969); 20 - 40 Jahre (K. Vorlaufer, 1973); bis zu 60 Jahren (H. Schmetzer, 1982).

Der in Tabelle IV-6 errechnete Fehlbedarf von gut 6.000 Gebäuden in 1977 wäre real noch bedeutend höher, wenn man den Nachholbedarf aus früheren Jahren einbezöge, der seit der Unabhängigkeit Jahr für Jahr kumuliert und nur die tatsächlich realisierten Wohngebäude aus den staatlichen Registern in der Berechnung berücksichtigen würde. Aus der Wohnungsversorgungsbilanz für das Beispieljahr 1977 wird dennoch ausreichend deutlich, daß die eingangs dargestellte Bevölkerungs- und Migrationsentwicklung zu einer erheblichen Unterversorgung im geplanten und staatlich kontrollierten Wohnungsbau führte. Hier liegt ein Grund, warum zahlreiche Bewohner Dar es Salaams und besonders die neu Hinzugezogenen sich außerhalb des legalen Wohnungsmarktes in den Squattergebieten ansiedelten.

5. Squatting in Dar es Salaam

5.1 Der Wandel des Squatter-Begriffs in der tansanischen Planungspolitik

Bereits mit der Definition dessen, was der Staat rechtlich als Squatter definiert, legt er das Problem, für das er Lösungen zu finden hat, fest (23),und auch die Wahl geeigneter Stadtentwicklungsstrategien ist durch die Definition des Squatter-Begriffs prädeterminiert.
Nachfolgend werden drei Definitionen unterschieden: die umgangssprachliche der Betroffenen, die qualitative und die legalistische.

Tansanier beschreiben Leute, die illegal und unter Umgehung aller offiziellen Verwaltungswege siedeln, als "watu wanaojenga ovyo ovyo" ("Leute, die husch, husch bauen").
Darin schwingt sowohl zustimmende Bewunderung mit, wie schnell das Bauen eines Hauses gehen kann, als auch ein abschätziges Urteil über die Qualität des Gebäudes. Auch eine Arbeit kann "ovyo ovyo" getan werden; wir würden sie Pfuscharbeit nennen.
Aber diese Art des Bauens ist für die Mehrheit der Stadtbewohner Dar es Salaam's die aus ihrer Lebenssituation heraus einzig mögliche und sinnvolle Weise, um zu einem Haus zu kommen.

Nach der qualitativen Definition, von der noch der Master Plan 1968 ausging, werden Gebäude, die unterhalb eines baugenehmigungsrechtlichen Standards fallen, als Slumbehausungen und Squatterunterkünfte klassifiziert. Der Baustandard, der für eine legale Baugenehmigung nötig ist, wird vom Staat festgelegt. Er ist förmlich festgelegt und muß durch einen Plan nachgewiesen werden. Daß der Standard für den größten Teil der Stadtbevölkerung nicht erschwinglich ist oder nur über viele Jahre erreicht werden kann, geht in diese Definition nicht ein. Aus der Sicht der Betroffenen werden vom Staat willkürliche und wegen des Mangels an Baumaterialien nur schwer erfüllbare Auflagen gemacht. Die Standards sind darüber hinaus für nahezu die gesamte tansanische Bevölkerung der heutigen Generationen ohne erfahrungsgeschichtliche Bedeutung (24).

In diese Klassifizierung nach qualitativen Baustandards geht implizit eine Unterscheidung zwischen ländlichen und städtischen Gebäuden ein, da für ländliche Gebiete keine Baugenehmigungen notwendig sind. Die Notwendigkeit der Unterscheidung wird mit hygienischen Gefährdungen in der Stadt begründet, da sie dichter bebaut ist. Einwände gegen diese Argumente ergaben sich bald durch genauere Untersuchungen der Bauqualität der afrikanischen Wohnhäuser (speziell des tansanischen Swahili-Haustyps (25)), die jene Planer unter Umständen nicht einmal von innen gesehen hatten, die die Standards in der Kolonialzeit erlassen hatten. So erklärten die Verfasser des Master Plan 1948 damals darin, daß man über eines der größten Afrikanerviertel in Dar es Salaam (Ilala) kaum Informationen hatte.

Mit den Standards jener Epoche werden seit der Unabhängigkeit bis heute Baugenehmigungen durchgeführt. Für Baugenehmigungsverfahren gelten die "Township (Building) Rules" aus dem Jahr 1930. Im 2. Fünfjahresplan wurde bereits 1969 die Überarbeitung der Building Rules ins Auge gefaßt, aber bislang nicht realisiert. Heute hat man erkannt, daß nicht primär Bauformen, sondern Wohndichten zu Gesundheitsgefährdungen führen können. Bei Wohndichten um die 180 Pers./ha treten in Gebieten ohne Kanalsystem hygienische Probleme durch die Versickerung von Abwässern auf (26). Die qualitative Definition, was Sub-Standard- oder Squattergebäude sind, ist somit - abgesehen von dem Grenzfall der Slums - äusserst fraglich. Sie ist ein modernisierungsorientiertes Relikt.

Von der qualitativen ist die legalistische Definition zu unterscheiden. Sie grenzt als Squattergebiete alle Siedlungen aus, die nicht auf vermessenen Grundstücken liegen und für die kein "Right of Occupancy" vorliegt. Zur Erlangung des "Right of Occupancy" ist wiederum ein festgelegter Baustandard notwendig. Um den legalistischen Rahmen aufrecht zu erhalten, obwohl die Standards von den meisten Bewohnern nicht aufgebracht werden können, besteht die Möglichkeit, die Standards zu senken. Diesen Weg beschritt die britische Kolonialmacht, indem sie Ein-Jahres-Pachtrechte für einfache Swahili-Gebäude vergab, die von Jahr zu Jahr zu verlängern waren. Als in der Folge das Bauland zu knapp wurde, wurde 1959 das Short-term- Right of Occupancy wieder abgeschafft. Indem man dieses Pachtrecht auslaufen ließ, wurden zeitweilig legale Gebäude auf vermessenen Grundstücken vom Staat wieder illegalisiert.

Die legalistische und die qualitative Squatterdefinition sind nicht losgelöst voneinander zu betrachten. Angesichts der Unsicherheiten ihres rechtlichen Status zögern Squatter, mehr Geld oder Arbeit in ihr Gebäude zu investieren. Auf der anderen Seite zögert der Staat, die oft schlechte Bausubstanz der Squattersiedlungen durch Legalisierung zu sanktionieren. Eindimensionale Squatterdefinitionen beider couleur täuschen über solche kausalen Zusammenhänge hinweg (27).

Die legalistische wie auch die qualitative Definition der Squattersiedlung können in utilitaristischer Weise für verschiedene Zwecke in Anspruch genommen werden, die im Extrem dann nicht mehr den Bedürfnissen der Bewohner dienen, sondern der Aufrechterhaltung eines abstrakt gewordnen staatlichen Planungsanspruchs oder konkreter Besitzstände, die über die Zonierunung von Wohngebieten unterschiedlichen Baustandards realisiert werden.

Die politische Wende von der qualitativen zur legalistischen Einschätzung der Squatter wurde in Tansania 1972/73 vollzogen. Bis 1973, nahezu dem Ende der Laufzeit des Zweiten Nationalen Fünfjahresplanes (1969 - 74), wurde von der tansanischen Regierung eine klare Grenze gezogen zwischen Baustandards für ländliche und für städtische Gebiete: "Urban housing is a particularly difficult area. In the rural areas, a simple dwelling made of local natural materials without plumbing, electricity or other related facilities may be bearable, but in the crowded conditions of the town the same standards create slums with serious public health hazards and socially demoralizing consequences." (28)
Nach dieser Auffassung war es unmöglich, in der Stadt für Vorhaben in traditioneller Bauweise ein "Right of Occupancy" zu bekommen. Wer der qualitativen Standard-Definition nicht entsprechen konnte, mußte sein Wohngebäude illegal errichten.

Der Dar es Salaam Master Plan 1968 tat sich in seiner Definition der Squatter sehr schwer. Er verwendete in erster Linie den Gebäudezustand und die Infrastrukturversorgung als Kriterium, zog jedoch auch den legalen Status in Betracht: "For the purpose of this report, the term "squatters" is defined as those persons living in non-permanent structures often of mud and pole and thatch materials, with no sanitary facilities, built without permission and not according to a lay-out. These structures are very often built in contravention of zoned use of land" (29). Dieses Schwanken zwischen der qualitativen und der legalen Definition zeigte auch die Bestandsaufnahme in Technical Supplement 2 des Master Plan 1968 deutlich. Bei genauerem Hinsehen wurden dort drei Definitionen nebeneinander verwendet, die sich bei der Datenerfassung vermengten:

"Irregular housing" = schlechter Bauzustand auf nicht vermessenen Grundstücken in geplanten Gebieten
"regular squatter" = illegal gebautes Haus
"sub-standard housing" = "temporary shelter" auf vermessenen oder nicht vermessenen Grundstücken

Die jeweilige Entscheidung für einen der Squatterbegriffe hing vom verfügbaren Datenmaterial ab, auf das man sich bei der Bestandsaufnahme bezog. "Irregular housing", "Squatter"-Gebäude und "Sub-Standard"-Häuser sind in undurchsichtiger Weise miteinander vermischt. Im Hauptband des Master Plan erscheinen dann neue, nicht ausgewiesene Zahlen über "Squatter-Gebiete", die beseitigt ("cleared") werden sollten (30).

Die offizielle Politik der Regierung gegenüber Squattern, die auch im Master Plan 1968 zum Ausdruck kam, bestand im Abriß der Squatter-Siedlungen im Rahmen von "redevelopment schemes" und "slum clearance"-Programmen (31). Sowohl traditionale (sub-standard)-Siedlungen wurden als Squatter erfaßt als auch Wohngebiete außerhalb des Stadtkerngebietes, die erst durch die Erweiterung der Rechtlichen Stadtplanungsgrenze 1966 ("Statutory Planning Area") der staatlichen Planung unterworfen worden waren. Für diese Gebiete war die Tatsache der Nicht-Planung ausreichend, um sie als Squatter zu registrieren. Es wurde nicht richtig eingeschätzt, daß eine Sanierung aller Squattersiedlungen innerhalb dieses neu festgelegten umfangreichen Planungsgebietes die Ressourcen der Stadt weit übersteigen mußte. Die Auswirkungen dieser Politik, die bis in die heutige Zeit spürbar sind, werden in Fallstudie II dargestellt.

1972/73 änderte die Regierung ihre Position gegenüber bestehenden

Squattersiedlungen aus zwei Gründen:
- Die Erklärung von Arusha hatte eine soziale Orientierung und neue Werte in die Politik gebracht.
- Die slum-clearance Politik war praktisch und finanziell nicht tragbar.

Sie zog sich daher auf die rein legalistische Position gegenüber neuen Siedlungen zurück und akzeptierte die Existenz der bestehenden Squattersiedlungen, die schrittweise verbessert und legalisiert, d.h. mit vermessenen Grundstücken versehen werden sollten. Damit war der Weg frei für die umfangreichen upgrading- Programme der folgenden Jahre.

R. Stren, der 1972/73 als Leiter der Planungsabteilung im Ministerium arbeitete, präsizierte den neuen Standpunkt:
"Squatters" are people who unlawfully occupy urban land. Lawful occupation of urban land in Tanzania requires a Right of Occupancy issued by the Land Division; this document must be based on a formal plot survey. Thus the definition of "squatters" implies that squatter houses are built either on 1. unsurveyed urban land or 2. surveyed land without formal right of occupancy.. ...Accordingly, a "squatter area" is an area in which the people have built their houses without regard to surveyed boundaries, whether or not such boundaries have been established" (32).

In dieser Definition ist von der qualitativen Definition eines Bauzustandes nicht mehr die Rede, sondern allein von der Illegalität des Squatters. Innerhalb des förmlich durch die Stadtplanungsgrenze (33) festgelegten Gebietes muß jede Bautätigkeit auf vermessenen Grundstükken und mit staatlich vergebenem "Right of Occupancy" geschehen.

Entsprechend der offiziellen politischen Linie definiert der Master Plan 1979 Squatter wie folgt:
"Any person who occupies land in the Planning Area or Urban Area or constructs a structure thereon or fails to evacuate land declared to be a Planning Area after compensation (if such payments were required) is known as a squatter and the Urban Planning Committee is empowered to order the evacuation, the demolition of the structure and the removal of such works from the land and if this fails, an eviction order may be served by the court." (34)

Die darauf aufbauende Stadtplanungspolitik sieht bis heute die bestehenden Squattersiedlungen als Fakt an, die durch upgrading-Maßnahmen zu legalisieren sind, während das Entstehen neuer Siedlungen durch staatliche Planung kontrolliert werden soll. Unabdingbare Voraussetzung für die Umsetzung dieser Politik und auch die Implementierbarkeit des gesamten Master Plan 79 war die ausreichende Neuausweisung von Grundstücken, die effektive, verwaltungsmäßige Zuteilung der Rechtstitel und die Kontrolle über illegale Bautätigkeit im gesamten Stadtgebiet.

Doch abgesehen von der Frage der Möglichkeiten der städtischen Administration, die damit angesprochen ist, gibt es tieferliegende Ursachen, die heute die Umsetzung dieser politischen Linie gegenüber Squattern erschweren. Fünf Rechtsunsicherheiten und politisch-praktische Probleme machen die an sich klare politische Linie der seit 1972 verfolgten Politik kompliziert:

1. Im Hinblick auf die Anerkennung bestehender Squatter-Siedlungen besteht erhebliche Rechtsunsicherheit. Sie kam zustande durch die im "Freehold Titles (Conversion) and Government Leases Act" von 1963 verfügte Umwandlung aller Besitzansprüche aufgrund traditioneller Bodenrechte zu einem staatlich zu verleihenden Pachtrecht. Um den traditionellen Rechtstitel umzuwandeln in ein Pachtrecht, mußte ein Antrag bei den staatlichen Stellen eingereicht werden; doch viele und besonders die einfache bäuerliche Bevölkerung um die damalige Kernstadt Dar es Salaam herum stellte einen solchen Antrag nie sondern veräußerte Teile ihres Landes in Unkenntnis der Rechtslage auch weiterhin nach traditionellem Recht.

Die Rechtsunsicherheit wurde offenkundig mit der Ausweitung der "Statutory Planning Area", 1966, und der Expansion der Stadt in die früher bäuerlichen Randgebiete hinein. In Anerkennung der Unkenntnis der breiten Bevölkerung über die Beseitigung des jahrhundertealten, traditionalen Bodenrechts werden Squatter (als Resultat der neuen Rechtsentwicklung!) heute in der Regel vor Gericht als legale Besitzer anerkannt. Dieses Recht zu erlangen ist jedoch weitgehend eine Frage von Macht und Einfluß (35).

Im konkreten Einzelfall ist noch oft unklar, wer von den Squattern Anspruch auf eine nachträgliche Anerkennung unter dem Pachtrecht hat und wer nicht. Squatter können sich mit einiger Evidenz auf ein Gewohnheitsrecht, ein Präzendenzrecht oder eine Art Präjudikationsrecht berufen, um eine rechtliche Anerkennung ihres Stück Landes zu erzwingen; alle drei Rechtsargumente sind dehnbar. Auf das Gewohnheitsrecht werden sich alle Squatter zunächst berufen. Der Nachweis der Unzulässigkeit ist nur mit hohem Aufwand für die ohnhin überlasteten Gerichte verbunden. Das gleiche gilt für das Präzendenzrecht, für das der Hinweis auf bereits legalisierte, andere Siedlungen ein starkes Argument ist. Das Präjudikationsrecht versuchten viele Squatter in Anspruch zu nehmen, indem sie von sich aus Steuern für ihr Grundstück bezahlten, auf die sie dann im Falle eines Rechtsstreits verwiesen.

2. Es ist unklar, ob dem Staat mit der Erklärung von Squattergebieten zu "Redevelopment-Areas" Pflichten erwachsen, sie dann auch infrastrukturell zu versorgen. Politischer Wille, der Anspruch und finanzielle / personelle Möglichkeiten des Staates treten in der Praxis weit auseinander.

3. Es bleibt unklar, wie Steuerleistungen von ca. 50% der legalisierten Squatter eingetrieben werden sollen, die diese Mittel aufgrund ihrer objektiven wirtschaftlichen Zwangslage nicht aufbringen können. Andererseits bleibt ebenso unklar, wie der Staat ohne effektives Steuereintreibungssystem upgrading-Politik betreiben soll.

4. Nach der Definition des Master Plan 1979 war ein bestehender Flächennutzungsplan (Land Use Scheme) eine Voraussetzung für die Erklärung der Illegalität der Besiedlung des betreffenden Gebietes (36). Flächennutzungspläne für Squattersiedlungen liegen jedoch nur in seltenen Fälle vor.

5. Die allgemeine Legalisierung bestehender Squattersiedlungen hätte eine verstärkte "pull-Wirkung" der Stadt auf Migranten zur Folge. Damit würde ein Grundproblem der Stadtplanungspolitik in Dar es Salaam noch weiter verschärft, nämlich das völlige Auseinanderfallen von Planungsanspruch und den realen Planungsmöglichkeiten in Dar es Salaam.

Die genaue Unterscheidung der verschiedenen Definitionen, wer als Squatter angesehen wird, ist aus drei Gründen in unserem Zusammenhang wichtig:

- Erstens wird einsichtig, daß Daten über die quantitative Entwicklung der Squattergebiete in Dar es Salaam über die letzten 20 Jahre nicht ohne weiteres vergleichbar sind.

- Zweitens werden aus dem Wandel der Definition tieferreichende Einstellungsmuster des Staates und der Consultants gegenüber Squattern deutlich. Das Standardniveau war definiert aus dem Verständnis der Consultants und dem Mittelschichten-Leitbild der tansanischen Führungsschicht heraus. Einstellungsänderungen kamen Ende der 50er Jahre durch das politische Erstarken der afrikanischen Unabhängigkeitsbewegung und Anfang der 70er Jahre durch das enorme Anwachsen der Squatterinvasionen zustande. Durch "upgrading"-Programme wurde die Verbesserbarkeit der früher als Squatter abqualifizierten Gebiete anerkannt.

- Drittens wurde deutlich, daß Squattersiedlungen nicht ein Problem an sich darstellen müssen, sondern unter bestimmten historisch-politischen Umständen unterschiedlich eingeschätzt oder erst zum Problem erhoben werden.

5.2. Legale und illegale Stadtteile in Dar es Salaam

In diesem Unterkapitel werden die Größenordnungen im Verhältnis von geplanten und ungeplanten, legalen und illegalen Siedlungen in Dar es Salaam dargestellt.

Der offiziellen Politik Tansanias zufolge muß die Siedlungsentwicklung in den Städten auf staatlich kontrollierten Flächen stattfinden. Bereits kurz nach der Unabhängigkeit ist daher 1963 im "Freehold Title (Convertion) and Government Leases Act" der Boden verstaatlicht worden. Der Staat verpachtet seither zu bestimmten Konditionen Grundstücke an Privatleute oder Institutionen zum Zweck der privaten Nutzung. Unkontrollierte Landnahmen innerhalb der "statutory planning area" der Stadt sind illegal.

1971 wurden darüber hinaus alle größeren Gebäude mit einem Wert über 100.000 /= TShs im "Acquisition of Buildings Act" verstaatlicht. Über 2.500 Gebäude gingen 1971 in staatlichen Besitz über. Künftig sollten parastaatliche Institutionen - wie die 1962 gegründete "National Housing Corporation" (NHC) - den Baubedarf staatlich gelenkt und gefördert abdecken. Diese Maßnahmen zielten auf eine staatliche Wohnungsversorgungspolitik ab.

Die Politik der staatlichen Baulandzuteilung und kontrollierten Baugenehmigungspraxis blieb jedoch wegen fehlender finanzieller, administrativer und professioneller Voraussetzungen der staatlichen Institutionen weit hinter den Erwartungen und dem Bedarf zurück, wie die Berechnungen für 1977 oben zeigten. Neben dem staatlich geplanten Wohnungsbau entstanden immer größere Siedlungen auf ungeplanten Flächen ohne staatliche Grundstückszuteilung ("title"). Squatter bauten ihre Wohngebäude ohne staatliche Förderung gegen die erklärte Politik des City Council, ohne aber - wie in den meisten anderen Entwicklungsländern - durch private (Groß-)Grundbesitzer daran gehindert werden zu können.

Der "Dar es Salaam Social Survey" von 1965/66 wies 3.778 irreguläre Gebäude im Kerngebiet Dar es Salaams aus (37). Hinzu kamen ca. 6.000 irreguläre Gebäude außerhalb des Kerngebietes aber innerhalb der rechtlichen Planungsgrenze ("Statutory Planning Area"). Über die folgenden Jahre weiteten sich die Squattergebiete rasch aus. Die Mängel des staatlichen Planungs - und Wohnungsbausektors wurden durch illegalen Wohnungsbau zunächst nur kompensiert. Anfang der 70er Jahre holte die Zahl der illegalen Gebäude die staatlich geplanten ein. 1979 wohnten bereits fast 65% der Bevölkerung innerhalb des förmlichen Stadtplanungsgebietes von Dar es Salaam in illegalen Quartieren und zwar 56% im städtischen Kerngebiet und 76% im ländlichen Stadtgebiet (38). Die Lage, Größe und Dynamik der einzelnen Squattersiedlungen wird in Kapitel IV.1.7 detailliert untersucht werden.

Das rasche Anwachsen ungeplanter Siedlungen besonders in den Randlagen von Dar es Salaam (vgl. die Luftfotos in Kap. IV.1.7) stellt das bis heute verfolgte Konzept der Stadtplanung in Dar es Salaam grundsätzlich in Frage. Seit der Unabhängigkeit wird die Diskrepanz zwischen der regulären Wohnbautätigkeit und der illegalen Siedlungsentwicklung immer größer. Der Anspruch der Masterplanung, die Entwicklung innerhalb des förmlichen Stadtplanungsgebietes künftig entsprechend ihrer geplanten Szenarios zu steuern, wurde nicht annähernd erreicht (39).

6. Der baukonstruktive Zustand der Wohngebäude in Dar es Salaam

Um den durchschnittlichen Gebäudezustand und die infrastrukturelle Versorgung der geplanten und ungeplanten Wohngebiete in Dar es Salaam beurteilen zu können, sind in Tab. IV-7 einige aussagefähige Indikatoren zum Wohnungsbestand in Dar es Salaam / Stadt zusammengestellt. Die neueren Daten sind dem Zensus 1978 entnommen (40); sie wurden aus einer repräsentativen Stichprobe von 16.563 Haushalten (8,79% aller städtischen Haushalte) erhoben (41).

Tab. IV-7

STANDARD DER WOHNGEBÄUDE IN ALLEN WOHNGEBIETEN DAR ES SALAAMS - 1969 UND 1978

	1978 ABSOLUT	1978 %	1969 %		1978 ABSOLUT	1978 %	1969 %
HAUSHALTE IN DSM/STADT ERHEBUNGSSAMPLE	188.405 16.563						
EIGENTUMSVERHÄLTNIS				DACHDECKUNG			
HAUSEIGENTÜMER	5.737	33		GRAS/BLÄTTER/BAMBUS	286	2	7
MIETER	10.823	66		LEHM	351	2	
PERS./HAUSHALT	4.03		3.3 (1967)	BETON	846	5	
TRINKWASSER				BLECH	14.022	85	83
IM HAUS	5.159	31	21	ASBESTZEMENT	347	2	
AUSSERHALB	10.961	66	70	ZIEGEL	551	3	
KEIN	443	3	9	ANDERE	56	0	10
TOILETTE				WANDMATERIAL			
EIGENE	5.895	36	} 86	MANGROVENSTÄMME	1.125	7	} 65
MIT ANDEREN	10.388	63		LEHM & MANGROVEN	8.874	54	
KEINE	154	1	14	LEHMZIEGEL	740	4	
ELEKTRIZITÄT				GEBRANNTE ZIEGEL	137	0	} 35
JA	5.228	32	29	BETON/STEINE	5.567	34	
NEIN	11.205	68	71	ANDERE	150	1	
HOHER BAUSTANDARD (STEINWAND/ZIEGELDACH/BETONDACH o.ä.)					5635	33	
MITTLERER · (LEHMZIEGEL/LEHM & MANGROVEN / ALUBLECH)					8.988	56	
EINFACHER · (MANGROVEN/GRAS/WELLBLECH)					1.529	9	

Quelle: Population Census 1978, Vol. VI; Daten von 1969 aus H. Schmetzer, London 1982.

Die Daten deuten auf einige Versorgungsmängel in Dar es Salaam hin. Eine Grundversorgung mit Trinkwasser und Sanitäreinrichtungen ist zwar gesichert, aber die Standards der Versorgung sind unterschiedlich. Zwei Drittel der Haushalte haben keinen hauseigenen Wasseranschluß, keine eigene Toilette und keine Elektrizität.

Diese relativ durchgängige Zwei-Drittel zu Ein-Drittel-Aufteilung der Versorgungsstandards korreliert mit den Daten zum physischen Zustand der Gebäude. Rund ein Drittel der Wohngebäude in Dar es Salaam hat einen hohen Baustandard; die Wände sind aus gebrannten Ziegeln, Beton, Zementsteinen oder vergleichbaren Materialien und das Dach ist zumindest mit Wellblech oder Aluminiumblech gedeckt. Die anderen zwei Drittel der Gebäude haben einen mittleren und einfachen Baustandard; die Wände sind aus semipermanentem Material - meist Lehm und Mangrovenstämmen (s. Schemaskizze IV-1). Die Dächer sind vorwiegend mit Wellblech gedeckt. Vergleichszahlen von 1969 belegen, daß in den letzten 10 Jahren das Versorgungsniveau verbessert werden konnte.

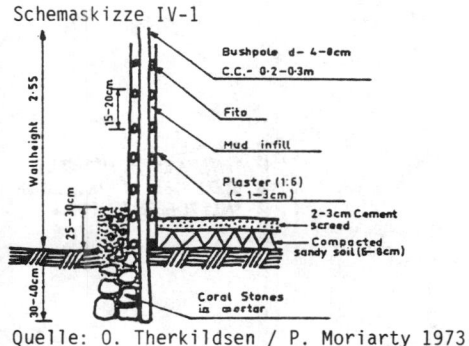

Schemaskizze IV-1

Foundation and Floor-Mud,
Pole and Plaster Wall.

Quelle: O. Therkildsen / P. Moriarty 1973

Die hohe Korrelation zwischen Gebäudezustand und Ausstattungsgrad wird durch das äußere Erscheinungsbild der Stadt bestätigt: Dar es Salaam besteht aus separierten Wohngebieten mit unterschiedlichen Bau- und Ausstattungsniveaus. Es ist anzunehmen, daß die zwei Drittel des Wohnungsbestandes von geringerer Qualität in den Squattergebieten liegen, in denen auch die 65% der Bewohner in Squattergebieten wohnen.
Mehr Klarheit über die Annahme eines starken Standardgefälles zwischen geplanten und ungeplanten Wohngebieten soll die differenzierte Darstellung relevanter Merkmale einzelner Stadtteile erbringen. Nachfolgend wird zunächst die stadträumliche Lage, Größe und historische Entwicklung der Squattergebiete dargestellt. Anschließend werden ausgewählte Versorgungs- und Standardmerkmale der Squattergebiete dem in Tab.IV-7 dargestellten Durchschnittsprofil der Stadt gegenübergestellt.

7. Die Entwicklung einzelner Squattergebiete

Das durchschnittliche, jährliche Wachstum der Squattergebiete in Dar es Salaam ist in Graphik IV-2 differenziert nach Gebäuden und Bewohnern über kleinere Zeitintervalle dargestellt. Danach weiteten sie sich in den 60er Jahren sogar mit steigenden Wachstumsraten aus. Aus der Grafik wird weiterhin deutlich, daß die Zahl der Squattergebäude nicht in dem Maß wuchs, wie die darin wohnende Bevölkerung. Das Flächenwachstum der Squattergebiete wurde somit von einer Verdichtung dieser Wohngebiete begleitet.

Graphik IV-2
ENTWICKLUNG DER SQUATTERSIEDLUNGEN IN DAR ES SALAAM

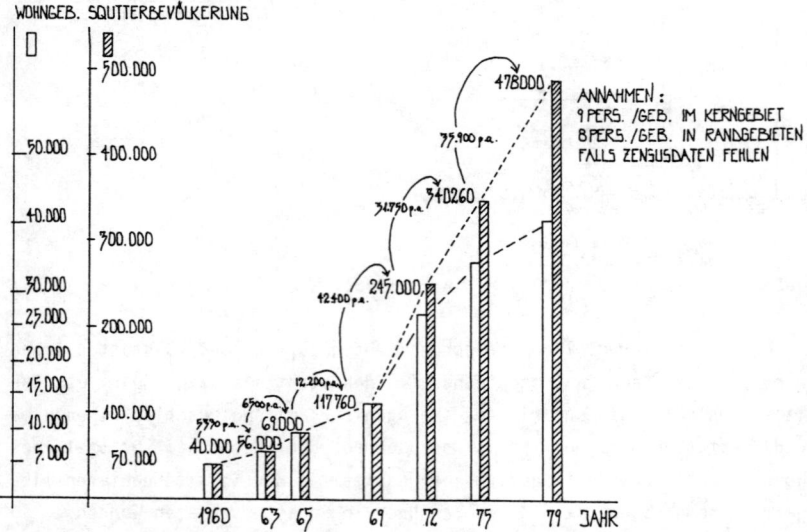

WOHNGEB. SQUTTERBEVÖLKERUNG

ANNAHMEN:
9 PERS./GEB. IM KERNGEBIET
8 PERS./GEB. IN RANDGEBIETEN
FALLS ZENSUSDATEN FEHLEN

Quelle: Zusammenstellung von Zensusdaten und Darstellung durch Verfasser

In Tabelle IV-8 ist der Versuch unternommen, mit den verfügbaren statistischen Daten über Teilräume von Dar es Salaam die Entwicklung aller Stadtteile über einen längeren Zeitraum darzustellen. Aus der Tabelle ist die Größe und historische Entwicklung der einzelnen Squattergebiete ersichtlich. Da die räumlichen Abgrenzungen der statistischen Bezirke innerhalb der offiziellen Erhebungen in kaum nachvollziehbarer Weise variierten, können trotz entsprechender Korrekturen die Einwohner- und Gebäudedaten nur Annäherungen sein.

Tabelle IV-8

Kleinräumige Entwicklung der Squattergebiete 1965/66 bis 1979 und jeweiliger %-Anteil der Squattergebiete am Gesamtbestand des kleinräumigen Teilgebietes im 'Kerngebiet' der Stadt und außerhalb

'Planning District' im Masterplan 68	1965/66				1979					'Urban Area' im Masterplan 79	1972	1979
	Gebäudeeinheiten	2 in % von gesamt	Pers./ Geb. Geb/hra	Einwohner		Einwohner		2 in % von gesamt			Gebäude in ungeplanten Gebieten (Squattergeb.)	
	regulär 1	irregulär 2			regulär (3)	irregulär (2)	regulär (4)	irregulär (4)				
	(1)	(1)	(2)	(3)	(2)	(2)	(4)	(4)	(2)		(5)	(6)
Stadtzentrum	2.827	104	36	6.1/8.0	17.241	8%	20.000	0	0	Stadtzentrum	0	0
Kariakoo	3.474	976	22.7	12.2	38.722	44.419	47.712	0	0	Kariakoo	0	0
Upanga	2.821	15	0.5	5.7 /8.0	14.171	420	20.405	0	0	Upanga	116	0
Kinondoni	722	138	16.	7.9 /8.0	5.704	1.104	26.810	46.588 19.222	38 100	Kinondoni Hanna Nassif	1972	1908 4202
Mwananyamala	768	0	0	4.8 /	3.686	0	17.670	28.424	62	Mwananyamala	6861	2584
Manzese	/	/	/	/	/	/	0	103.884	100	Manzese	6861	9444
Oyster Bay Msasani	1.166 254	26 29	2.2 40.3	2.7 /8.0 4.9/8.0	3.148 1.270	208 232	12.996 750	0 13.467	0 95	Oyster Bay Msasani	624	1197
Regent Estate	239	0	0	3.3/	789	0	1.585	4.763	51	Regent Estate	0	433
Magomeni	3918	924	19.	8.6	33.694	7.916	34.974	6.765	16	Magomeni	0	619
Kigogo	0	ca. 100	100.	8.0	0	ca. 800	2.550	18.183	88	Kigogo	1643	1653
Ilala Buguruni	1.461 4.751	662 168	32 8.6	11.0 5/11.0	16.074 8.715	7.282 1.848	19.364 0	6.248 20.724	24 100	Ilala Buguruni	570 3020	568 1884
Chang'ombe Kurasini	1.430 2.149	25 55	1.7 2.5	4.3/8.0 4.3/8.0	6.141 9.442	200 440	3.190 4.512	20.199 13.340	70 76	Chang'ombe Kurasini	3585 363	4109 1210
Temeke	3.032	596	16.4	5.0/11	15.180	6.556	11.241 15.868	18.234 43.076	48 73	Temeke Tandika (80%)	214 1940	3416 4246
Mtoni	/	/	/	/	/	/	0	10.725	100	Mtoni	3855	975
Kivukoni	52	0	0	7.0/-	260	0	9.100	0	0	Kigamboni	0	0
gesamt	25.751	3.778	13.0		174.723	38.987	282.252	358.314	56	gesamt	24.371	32.574
außerhalb des Kerngebietes aber innerhalb der 'Statutory Planning Area'	0	6.000	100.		0	ca. 50.000	28.731	90.464	76	außerhalb des 'Kerngebietes aber innerhalb der 'Statutory Planning Area'	3.610	8.224

Zusammenstellung: der Verfasser.
Quellen: (1) "DSM Social Survey 1965/66", op.cit. MP '68, TS 2, S. 136f
(2) Berechnung des Verfassers
(3) "DSM Social Survey 1965/66", op.cit. MP '68, TS 2, S. 160, Tab. 29; Annahmen des Verf. zu Pers./Geb. in Squattergeb.
(4) DSM MP '79, TS 1, Tab. 12 und 13
(5) R. Stren, 1975, S. 61, Tab. 8
(6) DSM MP '79, TS 1, Tab. 13
(7) DSM MP '68, TS 2, S. 154ff., Luftbildauswertung

Parallel zu dieser Tabelle ist in der weiter unten folgenden Karte IV-1 die räumliche Lage und Ausdehnung der illegalen Siedlungen dargestellt. Da die Daten über die Größe von Squattergebieten aus Luftbildauswertungen gewonnen wurden, sind die Zahlen über Gebäudeeinheiten in der Tabelle am zuverlässigsten. Sie sind mit durchschnittlichen Belegungsziffern pro Gebäudeeinheit zu den Einwohnerzahlen hochgerechnet. Die größten Squattergebiete mit ungefähr 100.000 Einwohnern (Manzese) bzw. 80.000 Einwohnern (Mtoni/Tandika) für 1979 sind erst innerhalb der letzten 20 Jahre entstanden. Für die 70er Jahre errechnen sich enorme durchschnittliche, jährliche Wachstumsraten in diesen Teilgebieten der Stadt. In Mtoni/Tandika z.B. wuchs die Squatterbevölkerung um ca. 17,5% jährlich, in Buguruni um ca. 20,5% (trotz den in Fallstudie II dargestellten "Slum-Clearing"-Aktionen in diesem Gebiet), im Industriegebiet Chang'ombe gar um ca. 40%.

Karte IV-1

Die räumliche Ausdehnung der Squattergebiete / Sites & Services-Gebiete

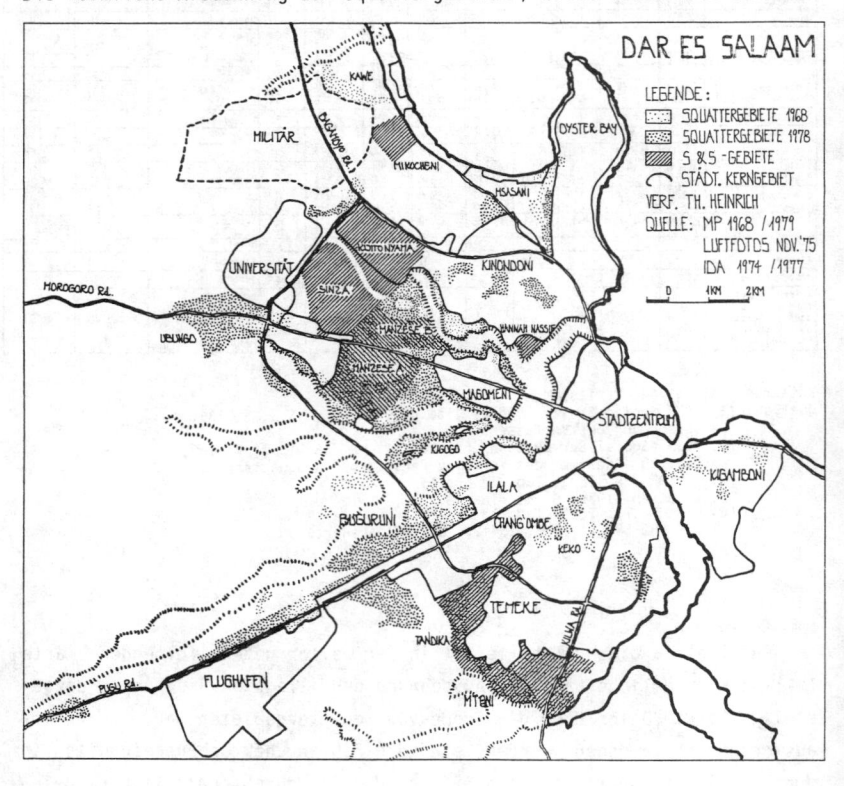

Die außerordentlich hohen Wachstumsraten erklären sich teilweise daraus, daß Mitte der 60er Jahre ein Gebiet wie Chang'ombe noch wenig besiedelt war. Auch für Manzese traf dies zu. Daß Manzese knapp 15 Jahre später ca. 100.000 Einwohner hatte, verdeutlicht auch in absoluten Zahlen die Wachstumsdynamik dieser Gebiete. Sie lag mit 9% - 12% über der Wachstumsrate der Gesamtbevölkerung. 30.000 bis 35.000 neue Squatter pro Jahr trugen in den 70er Jahren 65% zum Wachstum der Stadt bei (siehe Tab. IV-9).

Tabelle IV-9

HISTORISCHES STADTWACHSTUM DSM's IN GEPLANTEN UND UNGEPLANTEN GEBIETEN / 1965 - 1978 %-ANTEILE					in ( ) = Datenquelle
	1965/66	1969-72	1972	1968-78	1979
JÄHRLICHE WACHSTUMSRATE DER STADTBEVÖLKERUNG	10% (5)	8-12% (6)	12% (5)	9.7% STADT (4) 8.2% REGION	ca. 12% (7)
WACHSTUMS- /VERMESSENEN GRUNDSTÜCKEN ANTEIL AUF UNVERMESSENEN "		17% 83% (6)		35% 65% (2)	
JÄHRL. WACHSTUM DER SQUATTERGEBÄUDE GEPLANTEN GEBÄUDE	ca. 13%(6)	24% 4% (5)	24% 4% (5)	6% (4)	24% (9)
JÄHRL WACHSTUM DER GEPLANTEN GEBIETE BEVÖLKERUNG IN UNGEPLANTEN "		5% 13% (8)		6% 10% (2)	
ANTEIL DER SQUATTERBEV. AN GESAMT	25,5% (6)		44% (5)		60-65% (11)
ZAHL DER SQUATTERGEBÄUDE	9778 (5)		27.981 (5)		43.701 (4)

Quellen:
(1) Pop. Cens. 1978, Preliminary Report, S. 177
(2) DSM MP '79, Vol. 1, S. 21f., S. 41f.
(3) R. Stren, 1975, S. 61ff., S. 99
(4) DSM MP '79, TS 1, S. 25ff.
(5) DSM Social Survey 1965/66, op.cit. DSM MP '68, TS 2, S. 136, 44
(6) World Bank, Washington 1977, S. 2
(7) Daily News, 20.6.1983
(8) K. Vorlaufer, 1973, S. 198f.
(9) Vortrag von J.M. Mghweno, 1979 im ARDHI-INST.
(10) World Bank, Washington 1977, S. 2
(11) N.J.W. Tumsiph, 1980, S. 97

Tabelle IV-10 stellt den Versuch dar, mit den wenigen, disparaten Daten die Entwicklung aller Stadtteile, Siedlungen und Quartiere in Dar es Salaam aufgegliedert nach Entstehungszeit, Dichte, Bewohnergruppe und späterer Entwicklung darzustellen und zu typologisieren. Es wird deutlich, daß eine große Zahl der heute dicht besiedelten Squattersiedlungen aus traditionellen Dörfern oder ländlichen Siedlungen entstanden war (42). Diese Dörfer waren Magomeni, Kigogo, Makrumla, Yombo, Mwale, Mtoni, Mpalua (heute Mgulani), Kionga (heute Keko), Gerezani, Upanga und Kissule. Mit der wachsenden wirtschaftlichen Bedeutung der Stadt änderte sich auch die Struktur der ungeplanten Siedlungen. Sie entstanden nicht mehr räumlich begrenzt und konzentriert um alte Siedlungskerne, sondern erstmals als reine, originäre Squattergebiete, die sich aus den

Tabelle IV-10

SOZIALRÄUMLICHE ENTWICKLUNG DER STADTTEILE DAR ES SALAAMS

STADTTEIL	ZEITPUNKT DER GRÜNDUNG / PLANUNG	ART DER ENT-STEHUNG	DICHTE HEUTE	DOMINANTE ETHNISCHE BE-VÖLKERUNG	SPÄTERE ENTWICKLUNG INFOLGE PLAN	ART DER PLANUNG
ZENTRUM	1860er JAHRE	ARABISCHE GRÜNDUNG	HOCH	INDER	1891	PLANUNG NACH 'DEUTSCHEM BAULINIENPLAN'
KARIAKOO	VOR 1. WELTKRIEG	PLANENTWURF	SEHR HOCH	AFRIKANER	20er JAHRE	'GRID SYSTEM'
UPANGA	VOR DSM-STADT	TRADIT. SIEDL.	MITTEL	INDER	1949	NACH 'LEX ADICKES'
BOTANIC GARDEN	VOR DSM-STADT	"	SEHR NIEDRIG	EUROPÄER	1890er JAHRE	EINFAMILIENHÄUSER
ILALA	20er JAHRE	PLANENTWURF	HOCH	AFRIKANER	-	u.a. "QUARTERS"
MAGOMENI	VORKOLONIAL	TRADIT. SIEDL.	HOCH	"	50er JAHRE	NACHBARSCHAFTSSIEDL. und. "QUARTERS"
MSASANI	VORKOLONIAL	TRADIT. SIEDL.	MITTEL	"	MASTER PLAN 49	"BOYS QUARTER"
SEA VIEW	VORKOLONIAL	"	NIEDRIG	BRITEN/INDER	20er JAHRE	z.T. MIETSHÄUSER
KURASINI	1890er JAHRE	DEUTSCHE SIEDL	"	AFRIKANER	(SQUTTER)	GEPL. FÜR ASIATISCHE EISENBAHNANGESTELLTE
CHANG'OMBE	DT. KOLONIALZT.	INDUSTRIE	HOHE MITTLERE	AFRIKANER	1921, 40er, 50er (SQUATTER)	NUBIER SIEDLUNG QUARTER FÜR ASIATEN IM STAATSDIENST
KINONDONI	VORKOLONIAL	TRADIT. SIEDL.	SEHR HOCH	AFRIKANER	MP 49	"BOYS QUARTER"
MANZESE	NACHKOLONIAL	SQUATTER	SEHR HOCH	"	1. NAT. S. & S.	UPGRADING
TEMEKE	50er JAHRE	PLANENTWURF	HOCH	"		NACHBARSCHAFTSSIEDL. QUARTERS
MTONI	VORKOLONIAL	TRADIT. SIEDL.	HOCH	"	NAT. S. & S.	UPGRADING
TANDIKA	50er JAHRE	PLANENTWURF	"	"	NAT. S. & S.	UPGRADING
KEKO MAGHURUMB.	VOR DSM-STADT	TRADIT. SIEDL.	"	"	(SQUATTER)	
BUGURUNI	DT. KOLONIALZEIT	"	HOCH	"	70er JAHRE	z.T. ABRISS u. RESETTLEM.
OYSTER BAY	BRIT. KOLONIALZ.	PLANENTWURF	SEHR NIEDRIG	EUROPÄER		GARTENSTADT
KAWE	VORKOLONIAL	TRADIT. SIEDL.	HOHE MITTLERE	AFRIKANER		
KIGAMBONI		"	MITTLERE	"	50er JAHRE	NACHBARSCHAFTSSIEDL.
MIKOCHENI	MP 49	PLANENTWURF	SEHR NIEDRIG	EUROPÄER	MP 49 NICHT IMPL	SITES & SERVICES
MWANANYAMALA		"	MITTLERE	AFRIKANER	(SQUATTER)	
KISUTU	VORKOLONIAL	TRADIT. SIEDL.	"	"	1956/57	BESEITIGT/UMSIEDL.
VINGUNGUTI			HOCH	"	50er JAHRE	"
KIGOGO	VORKOLONIAL	TRADIT. SIEDL.	"	"		LOKALE PLANUNG
HANNA NASSIF	"	"	SEHR HOCH	"	70er JAHRE	UPGRADING
SINZA	70er JAHRE	PLANENTWURF	MITTLERE	"		SITES & SERVICES
KIJITO NYAMA	70er JAHRE	PLANENTWURF	NIEDRIG	"		SITES & SERVICES
TORDLI	BRIT. KOLONIALZ	TRADIT. SIEDL.	"	"		"
TABATA	70er JAHRE	LOKALE PLANUNG	NIEDRIG	"		

Quellen: DSM MP 1968, TS 2; K. Vorlaufer 1973, S. 46 - 53; J.K. Leslie, 1963.

Darstellung: der Verfasser

massiven Immigrationsströmen speisten. Ihre früher traditionale Organisationsstruktur wandelte sich zu anonymen Großsiedlungen mit z.T. weit über 10.000 Bewohnern im Quartier. Im Zuge dieser Entwicklung lösten sich tribal gesonderte Siedlungen auf. Sie bestehen heute nur noch vereinzelt weiter als kleinräumige Nachbarschaften gleicher Stammeszugehörigkeit oder wesensverwandter "utani"-Gemeinschaften (43).

K. Vorlaufer hat diesen Detribalisierungsprozeß nach den Jahren des raschen Wachstums zwischen 1969 und 1972 mit folgendem Resümee zusammengefaßt: "Mit der exzessiven Zuwanderung der letzten Jahre wurden die tribalen Wohnkonzentrationen sehr stark relativiert oder durch die nach der Unabhängigkeit verstärkt durchgeführten großflächigen Sanierungs- und Umsiedlungsmaßnahmen des Stadtplanungsamtes sogar gänzlich beseitigt"(44). Mit der Auflösung der "ausgesprochenen Stammesquartiere" verloren die früheren, tribalen "Kristallisationskerne der Urbanisierung" an Bedeutung (45). Vorlaufer konnte zwar noch die Dominanz einzelner Stämme in verschiedenen Stadtteilen für 1967 feststellen (46), eine kleinräumigere Untersuchung war ihm aber mangels geeigneter Daten nicht möglich.

An die Stelle der früheren tribalen Kristallisationskerne der Urbanisierung traten Squattergebiete neuen Typs. Ca. 60.000 Immigranten pro Jahr bestimmen das Wachstum dieser Squattergebiete. Die Squattersiedlungen können in Anlehnung an eine Typologie von K. Vorlaufer in drei Siedlungsarten unterschieden werden. Vorlaufer entwarf drei genealogische Siedlungstypen:
1. den dörflich voreuropäischen Typ
2. den Typ der "Anlehnung an frühkoloniale Siedlungsplätze" durch Zuwanderung
3. den Typ, der räumlich und sozial losgelöst von bestehenden Siedlungen entsteht.

Wenn hier für alle drei Typen der Begriff "Squattersiedlung" verwendet wird, ist damit auf die Klassifizierung der Masterpläne Bezug genommen (47). Die Merkmale, die meiner nachfolgenden Typologie zugrunde liegen, sind:
- ihre Genese
- ihre räumlich/funktionale Lage
- ihre interne physische Siedlungsstrukrur.

Luftfoto I des Siedlungstyps A: Keko

Überfliegung 1981

Siedlungen vom Typ A haben sich aus alten Dörfern entwickelt, die schon vor der Gründung Dar es Salaams entstanden waren. Sie waren ländlich im Charakter, durch tribale Sozialbindungen bestimmt; die Entwicklung der Dörfer wurde von lokalen Führern gelenkt und organisiert, die aufgrund traditionaler Legitimität anerkannt waren. Beispiele dieses Typs sind in Dar es Salaam Kigogo, Gerezani und Keko Maghurumbasi. Einige sind bereits 1898 auf der Karte der Deutschen Kolonialzeitung von Dar es Salaam verzeichnet (s. Plan I-3). Vorlaufer hob die traditionale Entstehungs- und Besiedlungsform dieses Typs hervor und unterschied sie von staatlich kontrollierten Siedlungen. Typ A kann als Squattergebiet nur dann definiert werden, wenn man traditionale Siedlungsformen ihres legalen Anspruchs beraubt (48).

Squattersiedlungen, die so entstanden, liegen heute teils im Stadtkerngebiet, teils am Rand, teils im Umland. Das siedlungsstrukturell Charakteristische dieses Typs ist, daß er durch die Entwicklung der folgenden Jahre von anderen Siedlungen räumlich eingegrenzt wurde. Er entwickelte sich daher langsam nach innen und weist heute hohe Dichten, aber nur begrenzte Größe auf (s.a. Tab.IV-11) . Inwieweit Siedlungen vom Typ A auch heute noch Überreste traditionaler Sozialbeziehungen aufweisen, ist im Rahmen dieser Arbeit nicht zu klären.

Für die Stadtentwicklungsplanung stellen diese Gebiete keine größeren Probleme dar, da sie im Kerngebiet der Stadt liegen und durch topographische Gegebenheiten oder umliegende geplante Siedlungen an der Expansion gehindert sind. Dichteproblem und Infrastrukturdefizite können durch "upgrading - Maßnahmen" beseitigt werden.

Squattersiedlungen vom Typ B bestehen aus Arrondierungen von geplanten Siedlungen. In diesen Fällen nutzen Squatter die Nähe ausgebauter Infrastrukturen oder besetzen städtische Restflächen in möglichst geringer Entfernung zu potentiellen Arbeitsplätzen. Unter diesem Gesichtspunkt entstanden die zentrumsnahen Gebiete dieses Typs, wie Magomeni, Kinondoni und industrienahe Gebiete wie Chang´ombe. Auch diese Siedlungen haben heute kaum mehr Expansionsmöglichkeiten. Siedlungen vom Typ B sind wegen ihrer Eingrenzung durch Siedlungen und natürliche Hindernisse dicht bebaut. Sie verdichten sich weiter, da sie günstige Wohnstandorte bieten und wohl offenere soziale Strukturen aufweisen, die dem neu Hinzukommenden die Ansiedlung erleichtern. Weil aber die dichtgedrängten Häuser z.T. bis in die "Creeks" hineingebaut sind, die im gesamten küstennahen Bereich das Stadtkerngebiet zerschneiden, drohen gesundheitliche Gefährdungen. Die Absicherung der Ränder der Creeks und eine bessere Abwasserbeseitigung wäre hier eine vordringliche städtebauliche Aufgabe. Eine städtebauliche Kontrolle des Wachstums nach innen ist mit den herkömmlichen Planungsinstrumenten nahezu unmöglich.

Luftfoto II des Siedlungstyps B: Magomeni

Überfliegung 1981

Unter <u>Typ C</u> fallen die heute bereits weit ausgedehnten, zusammenhängenden Squattersiedlungen am Rande der Kernstadt. Die günstigsten Standorte liegen aus der Interessenlage der Squatter heraus entlang der Haupterschließungsstraßen: Kilwa Rd., Pugu Rd., Morogoro Rd.,Bagamoyo Rd.. Beiderseits dieser radialen Einfallstraßen zu den innerstädtischen Arbeitsplätzen wuchsen in kürzester Zeit riesige Squattersiedlungen wie Manzese, Buguruni, Mtoni, Tandika, die Hauptproblemgebiete der Stadt.

Durch die Fertigstellung der Port Access Rd. in 1980, die ringförmig in einer Entfernung von 4 - 6 km vom Zentrum die radialen Erschließungsstraßen verbindet, wurden neue Siedlungsgebiete für künftige Squatter eröffnet. Der Master Plan 1979 suggerierte in seinen Bestandsplänen, daß sie am Rande des bestehenden Stadtgebietes läge und somit Gebiete außerhalb dieser Ringstraße noch planbar seien (49). Dieser Planungsoptimismus wurde jedoch durch das Wachstum neuer Squattergebiete in diesem Stadtrandbereich rasch widerlegt.

Das siedlungsdynamische Merkmal des Typ C ist, daß er sich ohne Interventionen von innen oder außen ziellos ausweitet, da es traditionale Herrschaftsstrukturen nicht mehr und wirksame staatliche noch nicht gibt. Im Stadtrandbereich Dar es Salaams liegen große, weitflächige Siedlungen dieses Typs mit bisher noch geringen Dichten.

Die durchschnittliche Ausdehnung der Siedlungen des Typs C ist erheblich größer als von Typ A und B. Eine Eindämmung ihres Wachstums ist bislang nicht gelungen. Die Aufgabe der Stadtentwicklungsplanung wäre es, geeignete restriktive Maßnahmen vorzuschlagen, um die Flächenexpansion dieses Typs zu stoppen. Dies wäre eine Voraussetzung für die Realisierbarkeit der in den Masterplänen geplanten Stadterweiterungen.

Neben diesen reinen Typen der Squattersiedlungen gibt es Mischformen, wie z.B. die Arrondierungen in den Randbereichen der Stadt, in Ubungo und Kawe. Auch sie lagern sich an bestehende Siedlungen an, haben aber weite Ausdehnungsmöglichkeiten. Sie sind daher ein <u>Zwischentyp</u> von A und C.

Luftfoto III des Siedlungstyps C: Mtoni

Überfliegung 1981

Karte IV-2 zeigt zwei Charakteristika des Squatterwachstums der letzten 10 Jahre deutlich auf:
1. In den Randbereichen der Kernstadt war das unkontrollierte Wachstum am stärksten, da in diesen Stadtbereichen die Expansionsflächen ausreichend zur Verfügung standen. Der Master Plan hat dies nicht verhindert.
2. Um die Industriegebiete herum und im Stadtbereich entlang der radialen Hauptserschließungsstraßen bündeln sich die Squatterkonzentrationen. Die Nähe zu den Arbeitsplätzen hat für die Standortwahl der Squatter primäre Bedeutung.

Karte II-2
Das Wachstum der Squattergebiete in DSM / 1965-1979

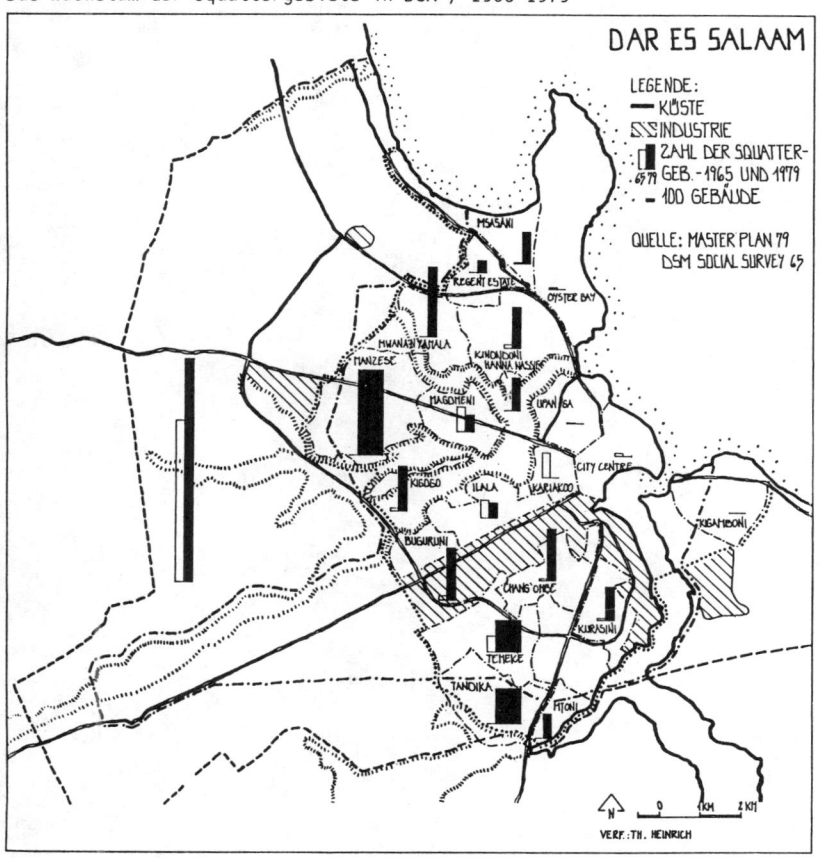

Der Master Plan 1979 - wie auch seine Vorgänger - betonte als wichtigstes Ziel:"New squatter development will be prohibited in Dar es Salaam Region and the rehabilitation of existing unplanned residential areas will be undertaken"(50). Wie dies durchgeführt werden sollte, besonders im Squattertyp C, hat er nicht aufgezeigt.

8. Die Wohnbedingungen in den geplanten und ungeplanten Stadtteilen

In allen 25 Squattergebieten Dar es Salaams ist - wie Tabelle IV-11 nach Typen geordnet zeigt - die Nettowohndichte hoch (150 - 405 Pers./ha.). Nur Kimara (93 Pers./ha.) und Kiwalani (119 Pers./ha.), Siedlungen des Typs C, bilden Ausnahmen mit mittleren Wohndichten (66 - 149 Pers./ha.). Die geplanten Wohngebiete hingegen haben breit gestreute Wohndichten. Gebiete geringer Dichte von 10 - 40 Pers./ha. sind die privilegierten Stadtteile, in denen vorwiegend Nicht-Afrikaner wohnten und wohnen - wie Msasani, Oyster-Bay, Kinondoni East und Upanga. Gebiete hoher Dichte von 150 - 497 Pers./ha. stellen die Stadtteile der afrikanischen Wohnbevölkerung der Typen A und B dar, die bereits in früher Kolonialzeit geplant worden waren. Heute liegen sie in der Nähe der City und können sich nur nach innen hin verdichten. Beispiele hierfür sind Kariakoo, Mwananyamala, Magomeni und Temeke.

Tabelle IV-11

GRÖSSE UND WOHNDICHTE DER SQUATTERGEBIETE, GRUPPIERT NACH SIEDLUNGSTYPEN - 1979			
		1979	
		GEBÄUDEEINHEITEN	DICHTE (PERS./HA. BRUTTO)
TYP A	KEKO /GEREZANI	1491	273
	KIGOGO	1653	303
	MSASANI (MKOROSHONI)	1197	286
	DURCHSCHNITT	1447	287
TYP B	MAGOMENI	615	274
	KINONDONI	1508	405
	HANNA NASSIF	1202	357
	ILALA	568	260
	CHANG'OMBE	418	328
	MWANANYAMALA	2584	220
	KURASINI	1210	256
	DURCHSCHNITT	1158	300
ZWISCHENTYP B/C	KAWE	937	219
	UBUNGO	730	174
	TEMEKE	3476	252
TYP C	VINGUNGUTI	2977	223
	MANZESE	9444	152
	BUGURUNI	1884	174
	KIWALANI (MWALE)	1187	119
	MTONI	975	170
	TANDIKA	4895	204
	DURCHSCHNITT	3560	174

Quelle: Zusammenstellung von Daten aus dem DSM MP´79 durch Verfasser

Überlagert man diese Dichtemerkmale der verschiedenen Wohngebiete mit Daten zur jeweiligen Infrastrukturversorgung, wird deutlich, daß die dichtbewohnten Squattergebiete auch am schlechtesten mit Strom, Trinkwasser und Abwasser versorgt sind (51). Auch dort, wo Squattergebiete des Typs B sich wie eine Zwiebelschale um geplante Gebiete herum angelagert haben, blieben sie unterversorgt. Dies ist der Fall in Magomeni, Mwananyamala, Ilala und Temeke.

Die geplanten Gebiete hingegen sind nahezu alle mit Trinkwasser-Direktanschluß ans Haus versehen und mit Strom versorgt. Was die Abwasserversorgung angeht, sind geplante Wohngebiete jedoch in Gebiete unterschiedlichen Standards gegliedert, die teilweise Anschluß an das Abwasser-Kanalsystem oder Wassertoiletten mit sog. "Septic-Tank" haben, teilweise aber nur mit Fallgruben-Toiletten ausgestattet sind. Gerade in den dichteren Wohngebieten sind die ökologisch bedenklicheren Fallgruben konzentriert. Das Kriterium der Abwasserentsorgung unterscheidet deutlich die geplanten Gebiete höheren Standards von Gebieten niedrigen Standards, zumal das höhere Niveau der Abwasserentsorgung mit anderen Versorgungsprivilegien (Strom, Wasser) und mit deutlich geringeren Dichten korreliert. Beispiele für diese privilegierten Viertel sind: Oyster-Bay, Msasani, Regent Estate, Kurasini, Upanga. Alle diese Stadtteile liegen in Küstennähe.

Ein Sondergebiet mit sehr guter Gesamtversorgung stellt die City mit ihren Wohn- und Geschäftsbauten der asiatischen Bevölkerung dar. Die gesamte Infrastruktur bestand hier schon vor der Unabhängigkeit. Sie ist mit mehrgeschossigen Gebäuden dicht bebaut, hat eine hohe Wohndichte aber auch ein gutes Versorgungsniveau.

Zusammenfassend kann Dar es Salaam in vier Wohngebiete unterschiedlichen, materiellen Standards eingeteilt werden:

1. Die gut versorgte, aber dicht bewohnte, geplante Innenstadt, die zugleich das konzentrierte Geschäftsviertel darstellt.
2. Die gut versorgten, gering verdichteten und geplanten Privilegiertenviertel in der klimatisch günstigeren Küstenzone, die früheren Europäerviertel.
3. Die relativ gut versorgten, dicht bewohnten und in der Kolonialzeit

geplanten Afrikanerviertel, sowie neuere geplante Sites & Services-Gebiete.

4. Die schlecht versorgten, dicht bewohnten, ungeplanten Squattergebiete in der Stadt

Überlagert man die schlecht versorgten Squattergebiete mit ihren hohen Wohndichten mit Daten zum durchschnittlichen Baustandard aller Wohngebäude in Dar es Salaam (s.Tab.IV-7 weiter oben), wird die Versorgungsdisparität zwischen dem Bevölkerungsteil der Squatter (ca.65%) und der Bessergestellten (ca.35%) in den geplanten Wohngebieten (Gebiete 1 - 3) deutlich. In Tabelle IV-12 ist anhand ausgewählter Merkmale ein Profil des Wohnstandards allein der Squattergebiete dargestellt.

Tab. IV-12

CHARAKTERISTIK DER WOHNGEBÄUDE IN DEN SQUATTERGEBIETEN DSMs - 1977				(in %)	
GESAMTZAHL DER SQUATTERGEBÄUDE		ca. 40000			
EIGENTUMSVERHÄLTNIS		ELEKTRIZITÄT		FUNDAMENT	
HAUSEIGENTÜMER	17	IM HAUS	3	STEIN, BETON	34
MIETER	83	KEINE	97	KEIN FUNDAMENT	66
TRINKWASSER		DACHEINDECKUNG			
HAUSANSCHLUSS	4	GRAS, SCHROTT, etc.	17		
AUSSERHALB DES HAUSES	96	WELLBLECH	83		
KEIN TRINKWASSER		WANDMATERIAL			
TOILETTE		MANGROVEN + LEHM	67		
WC	2	STEIN, ZEMENTBLOCK, ZIEGEL	32		
PERMANENTE, GEMAUERTE EINRICHTUNG	28	FUSSBODEN			
FALLGRUBE	55	ERDE	50		
KEINE	14	STEIN, BETON	50		

Quelle: World Bank, Washington 1977, Annex 1, Tab. 4.

Er ist, gemessen am Gesamtdurchschnitt in Dar es Salaam, in mehrfacher Hinsicht schlechter:
- sehr viel weniger Gebäude haben Wasseranschluß im Haus;
- die Sanitärdaten sind nicht unmittelbar vergleichbar; allerdings haben viel mehr Gebäude keine Toilette, und eine gewisse Anzahl hat nur provisorische Einrichtungen;
- sehr viel weniger Gebäude haben Stromanschluß.
Die Daten zur Gebäudestruktur hingegen zeigen keinen signifikanten Unterschied. Die Materialien der Wände weichen so wenig vom Durchschnitt ab wie die Materialien für die Dacheindeckung. Allerdings bewegt sich der Baustandard vorwiegend am baukonstruktiven Minimum. So haben zwei

Drittel der Squatter-Gebäude keine Fundamente.

Zusammenfassend ist festzuhalten, daß die Stadt sich überwiegend ungeplant ausgeweitet hat oder genauer, daß illegale Siedler ihren Bedarf an Wohnraum gegen die Planung durchgesetzt haben. Die Squattergebiete wuchsen schneller als die geplanten Wohngebiete, sie dehnten sich in die Fläche aus, wo immer sie dies konnten, oder verdichteten sich stark in innerstädtischen Lagen. Die Wohnsituation in diesen teilweise hoch verdichteten Squattergebieten wird durch eine mangelhafte infrastrukturelle Versorgung besonders mit Trink- und Abwassersystemen aber auch mit Erschließungswegen, Müllabfuhr und Wohnfolgeeinrichtungen besonders problematisch, wie auch empirische Studien zu einzelnen Squattergebieten gezeigt haben (52).

In der Verbesserung des Versorgungsstandards für diese unterprivilegierten Wohngebiete liegt neben der Steuerung ihres Wachstumsprozesses die Hauptaufgabe der Stadtplanung in Dar es Salaam. Entscheidend für die Lösung dieser Aufgabe ist, mit welcher sozialen Schicht der Bevölkerung es die Stadtplanung in diesen Gebieten zu tun hat, welches soziale und ökonomische Potential die jeweils Betroffenen mitbringen können, um "upgrading-Maßnahmen" bedürfnis- und ressourcenorientiert durchführen zu können.
werden.
Dafür sollen anschließend an die nachfolgende Fallstudie zu einem Squatter-Sanierungsprojekt im zweiten Teil dieses Kapitels einige Sozialdaten zusammengetragen werden.

Fallstudie II: Die Geschichte des Buguruni Slum Clearance Projektes

Vor dem Hintergrund der dargestellten Probleme in den Wohngebieten Dar es Salaams ist es interessant, am Fallbeispiel eines großen Squattergebietes der Frage nachzugehen, wie Stadtplanungsstrategien der Vergangenheit, die aufgrund von Empfehlungen der Industrieländer durchgeführt wurden, bis heute die Entwicklung dieses Stadtviertels prägen.

Buguruni ist ein ca. 28 ha großer Stadtteil von Dar es Salaam, in dem 1979 ca. 20.700 Einwohner lebten. Er entstand bereits in der deutschen Kolonialzeit als damals noch ländliche Siedlung. Durch die Ausdehnung des Stadtgebietes ist das ungeplant entstandene Buguruni heute ein Teil der Stadt - ein großes Squattergebiet.

BUGURUNI

Die Nettodichte des Wohngebietes lag vor Projektbeginn mit 129 Pers./ha innerhalb der heute in Tansania offiziell geplanten Durchschnittsdichte für "high density-Gebiete". Die sozialen und hygienischen Verhältnisse waren schlecht. Die Zahl der Arbeitslosen war mit einem Anteil von 10% an der gesamten Arbeitslosigkeit in der Stadt überdurchschnittlich hoch, denn nur 4,6% der Bevölkerung lebten in Buguruni. 79% hatten keine eigene Latrine, 91% keine Waschräumlichkeiten (1). Die Wege waren unbefestigt und ohne Licht,und die Wasserversorgung wurde durch Kioske ermöglicht. Die Versorgung von Buguruni war also schlecht.

Der Beginn der Sanierungsplanung für Buguruni fällt in das Jahr 1970 zurück. Damals wurde eine "Slum Bereinigung" des gesamten Gebietes ins Auge gefaßt, in dem nach Angaben des Master Plan 1968 12.646 Einwohner lebten (2). Die anfänglichen Planungen rechneten mit der Umsiedlung von 12.000 Menschen in den 70er Jahren und der Neuansiedlung von insgesamt 18.600 Einwohnern bis 1985 (3).

Nach der anfänglichen Programmkonzeption war geplant, den Abriß aller bestehenden Gebäude und den Bau einer neuen Infrastruktur sowie von Ersatzwohnungen durch die National Housing Corporation (NHC) parallel zu realisieren. Während eine deutsche Consulting die Planung für den Abriß und die Infrastrukturplanung erstellte, lag der Wohnungsbau in tansanischer Hand bei der NHC. 1970/71 wurde von der Consulting eine Feasibility Study erarbeitet und anschließend mit der Planung begonnen. Nach einigen Umplanungen auf Intervention der tansanischen Regierung hin lag 1974 der erste baureife Entwurf vor. Er umfaßte den Abriß der gesamten Siedlung, den Bau von Wasserversorgungseinrichtungen, die Abwasserbeseitigung und Oberflächenentwässerung durch Oxidation Ponds und Straßenbaumaßnahmen.

1975 wurden die Verträge unterschrieben. Trotz der bereits 1972 geänderten Politik der tansanischen Regierung gegenüber Squattern wurde mit dem Abriß der Squattergebäude begonnen. Die Maßnahme stieß auf erbitterten Widerstand der Bewohner. Nach zwei Tagen mußten die Bulldozer zurückgezogen und die Arbeiten für zehn Monate unterbrochen werden, da eine Neuplanung aus politischen Gründen notwendig wurde.

Ende 1975 einigten sich die Projektträger auf eine neue Konzeption der Planung, die eine drastische Reduzierung des Programms und eine stufenweise Realisierung vorsah. Nur noch 4.000 Menschen sollten in einer ersten Phase umgesiedelt werden, die 1977 abgeschlossen sein sollte (s. Plan FII-1). Die Infrastrukturplanung blieb jedoch groß dimensioniert für spätere Realisierungsstufen, in denen 1.200 Wohneinheiten neu gebaut werden sollten. Diese Realisierungsstufen sollten nach dem neuen Konzept im Rahmen des 1973/74 begonnenen NATIONALEN SITES & SERVICES PROGRAMMS durchgeführt werden. Entsprechend dieser Planung wurden 1975 4.000 Menschen gegen ihren Willen, aber mit Entschädigungen und Umzugshilfen der Regierung (in Höhe von 4 mio. TShs.) ausgesiedelt und das Infrastrukturprojekt nach fünfjähriger Planungszeit begonnen. Dieses Programm wurde zu 70% über die Finanzielle Zusammenarbeit mit der Bundesrepublik (Kreditanstalt für Wiederaufbau) finanziert.

Plan FII-1
Das Squatterviertel Buguruni mit dem Kahlschlag-sanierten Zentrum

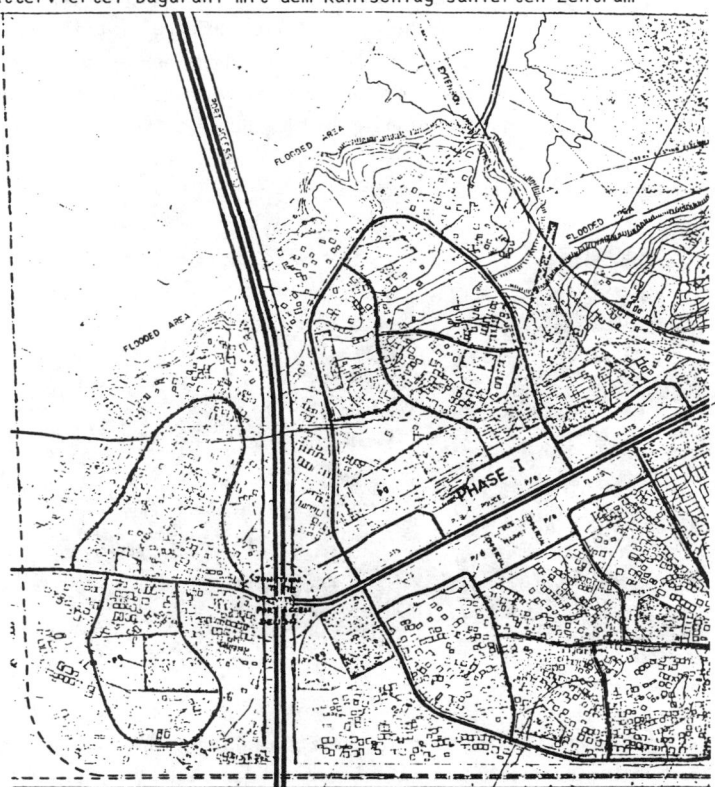

Quelle: Ministry of Lands Housing and Urban Development, Sites & Services Directorate 1975

Während das Infrastrukturprojekt für Buguruni im wesentlichen bis 1978 implementiert werden konnte, blieb das Wohnungsbauprojekt der NHC weit hinter der Planung zurück. Zur Unterstützung der NHC stieg daher 1978 die "Gesellschaft für Technische Zusammenarbeit" (GTZ) als zweiter deutscher Träger mit einem Projektumfang von 2 mio. DM in den Wohnungsbau des Buguruni-Projektes ein (4). Früher bereits waren Mittel der Technischen Zusammenarbeit indirekt über die NHC in das Projekt geflossen.

Obwohl Ende der 70er Jahre das Bauprogramm bereits auf 70 Wohneinheiten in mehrstöckigen Mietshäusern reduziert worden war, wurde bis 1980 nicht eine einzige Wohneinheit fertig. Für die Mehrheit der Bevölkerung von Buguruni hatte die Umsiedlung folglich zu einer ständigen Vertreibung geführt. Erst Anfang der 80er Jahre wurde der erste Wohnblock fertig. Die Kosten für eine Wohneinheit lagen um rund das 2,7fache höher als in einem üblichen, geplanten Swahili-Haus (s. Foto) (5).

Ein Wohnblock im Buguruni-Projekt

Der Nutzwert dieser Wohnblocks ist fraglich. Mehrstöckige Mietshäuser sind in Dar es Salaam bislang noch immer eine Wohnform, die völlig kulturfremd ist. Das Projekt ging auch in dieser Hinsicht an den Bedürfnissen der Bevölkerung vorbei.

Die geplanten Kosten des Infrastrukturprojektes betrugen ungefähr 6,7 mio. DM (6). Davon wurden 4.661 mio. DM von der KfW aufgebracht. Diese Kosten lagen knapp unter den Vorausschätzungen. Da 6 mio. DM für das Projekt festgelegt worden waren, blieben Restmittel in der Größenordnung von 1,4 mio. DM "in der Pipeline". Die Restmittel sollten nach den Vorstellungen der Projektträger für den Ausbau der Infrastruktur in das Buguruni upgrading-Programm eingebracht werden. Unter der austerity-Politik des "Structural Adjustment Programme" der Krisenjahre nach 1978 (7) wurde diese zweite Phase des Buguruni-Projektes jedoch gestrichen.

Die 1975 nicht vertriebene Bevölkerung von Buguruni außerhalb des Sanierungsgebietes von Phase I hat sich über die Jahre stabilisiert. Die Squattersiedlungen sind wegen ihrer günstigen Lage zur Industrie zum akzeptierten Wohnstandort einer Dauerbevölkerung geworden. Allerdings sind die Infrastruktureinrichtungen dort, nur wenig entfernt von den brachliegenden Infrastrukturen des Planungsgebietes, weiterhin unzureichend. Die Bruttowohndichte hat sich auch infolge des nahegelegenen Planungsgebietes auf 174 Pers./ha erhöht (8), weil die Aussicht auf Versorgungseinrichtungen und Kompensationsgelder als Magnet wirkte.

Die Einschätzung dieses Programms fällt heute sicher auch aus der Sicht ihrer Träger negativ aus. Die Programmkonzeption muß teilweise aus ihrer Zeit heraus - aus der Clearance-Mentalität der 60er Jahre - verstanden und bewertet werden. Das Buguruni-Programm hat irreparablen Schaden angerichtet. Es hat primär der vertriebenen Bevölkerung selbst geschadet, belastete aber auch den nationalen Haushalt wegen des hohen Devisenanteils in diesem technisch relativ unkomplizierten Projekt. Und es hat die Funktionsfähigkeit der Gesamtstadt nicht verbessert.

Die Buguruni-Sanierung zeigt im Detail einige der Strukturmängel, die auch anhand der Masterplanung beobachtet wurden. Der erste verallgemeinerbare Mangel im Programmdesign war die Aufsplitterung von Planung und Durchführung. auf verschiedene, kaum koordinierte Projektträger: die deutsche KfW, die GTZ sowie ein tansanisches Ministerium. Unter den aufgesplitterten Projektträgern arbeiteten dann noch einmal jeweils für sich die deutsche Consulting an der Durchführung des Infrastrukturprojektes und die parastaatliche NHC am Wohnungsbauprojekt. Das City Council von Dar es Salaam wurde erst bei der Übergabe des Infrastruktur-Teilprojektes im Juni 1979 mit der Aufgabe in das Programm einbezogen, die Infrastrukturanlagen zu unterhalten.

Die Zuständigkeiten für Planung, Implementierung und Unterhaltung fielen, wie in der Stadtentwicklungspolitik in Dar es Salaam allgemein, auseinander. Seit Anbeginn des Buguruni-Projektes wurde zwar vom externen Träger (BRD) die Auflage gemacht, zur Koordination der Programmdurchführung ein "Co-ordinating Committee" einzusetzen, das mit ausreichender Vollmacht und Fachkompetenz ausgerüstet sein sollte, in der Praxis aber blieb diese institutionelle Aufblähung der Projektadministration unwirksam. Parallelen zum "Public Utilities Co-ordinating Committee" des Master Plan 1979 sind nicht zu übersehen. Die Aufsplitterung der Planungs- und Durchführungskompetenz in diesem nicht-integrierten Projekt ließ sich auch in Buguruni nicht nachträglich durch ein Koordinierungskomitee integrieren.

Zweitens war auch die Programmdurchführung institutionell aufgesplittert. Der Infrastrukturausbau wurde vom Wohnungsbau getrennt durchgeführt. Der im Buguruni-Programm angelegte sektorale Ansatz war das Gegenstück zum sektorüberfliegenden Ansatz der Masterplanung, der nur scheinbar die Sektorplanungen koordinierte. In beiden Ansätzen werden die Lösungskonzepte und die dazu notwendigen Implementierungskapazitäten nur sehr unzulänglich miteinander koordiniert.

Drittens blieben die Betroffenen in Buguruni aus der Planung ausgeschlossen - es wurde sogar gegen sie geplant. Die Notwendigkeit, die Produktivkraft der Bevölkerung als wichtigste Voraussetzung für eine wirksame Programmdurchführung zu nutzen, wurde nicht erkannt. Ohne Einkommen aus formeller oder informeller Arbeit konnte es nicht ausbleiben, daß ein großer Teil der Bevölkerung aus Buguruni nach Tabata-East verdrängt wurde. Zur physischen Vertreibung kam so die soziale Zwangsverdrängung. Der Zusammenhang zwischen einer bestimmten Stadtentwicklungspolitik, einer Wohnungsversorgungsstrategie und den notwendigen sozialen Begleitprogrammen war auch im Master Plan nicht erkannt worden. Auch in diesem Punkt ergeben sich deutliche Parallelen zwischen dem Buguruni-Projekt und den Masterplanungen.

Der vierte Kritikpunkt hängt eng mit dem vorangegangenen zusammen. Der Devisenanteil im Programm war mit 50% an den Gesamtkosten nicht gerechtfertigt. Da jedoch die Nutzung der Basisproduktivkraft der Bevölkerung auch für technisch einfache Bauarbeiten an Gräben, ungeteerten Straßen etc. nicht eingeplant war, blieb die Implementierung auf das Effektivitätskalkül der durchführenden Consulting verwiesen. Aus deren Sicht aber war der Einsatz von technischem Großgerät allemal betriebswirtschaftlich effektiver als die Koordination zahlreicher Arbeiter. Es wurde - wie im Master Plan - nicht gesehen, daß das Planungskonzept physische und soziale Aspekte im Zusammenhang sehen muß.

Ein letzter Punkt der Kritik betrifft die mangelnde Flexibilität des Buguruni-Programms. Durch die lange Planungszeit wurde die ursprüngliche Slum-Clearance-Konzeption des Programms nach einigen Jahren obsolet, weil die offizielle Politik bereits 1972 zum upgrading bestehender Squattergebiete übergegangen war. Dennoch wurde 1975 mit dem Abriß der Squattergebiete begonnen, entsprechend dem ursprünglichen Konzept. Die lange Planungsphase im Vorlauf mußte zu einem förmlichen Abschluß gebracht werden.

Das Konzept zum Buguruni-Programm, an dem bis heute gebaut wird, war nach Vorgaben übergeordneter Langzeitplanungen durchgeführt worden. Der Master Plan 1968 hatte das Slum Clearance-Projekt in Buguruni als eines von mehreren anderen empfohlen: als 1978 die erste Phase des Programms teilweise abgeschlossen war, hatten andere Consultings bereits mit der Überarbeitung des damaligen Master Plan 1968 begonnen.

IV.2 SOZIALÖKONOMISCHE URSACHEN DER DISPARITÄREN STADTENTWICKLUNG

1. Die "primate city" Dar es Salaam im nationalen Wirtschaftsraum

Die Entwicklungsprobleme Dar es Salaams, die bisher auf die bauliche und stadträumliche Ebene bezogen dargestellt wurden, haben tieferliegende sozialökonomische Ursachen. Die Arbeits- und Einkommensverhältnisse von großen Teilen der Stadtbevölkerung müssen Sanierungsmaßnahmen zur Wirkungslosigkeit verurteilen, die nur auf physische Eingriffe abheben. Dieser Zusammenhang ist für die Suche nach Stadtplanungskonzepten zur Lösung der nur vordergründig physisch-baulichen Probleme ganz entscheidend, wenn realisierbare Konzepte auch für die Masse der verarmten Bevölkerungsschichten gefunden werden sollen.

Zunächst wird die besondere Stellung Dar es Salaams als wichtigster Produktionsstandort im nationalen Wirtschaftsgefüge kurz skizziert. Die hohen Migrationsraten und das enorme Stadtwachstum sind eine Folge dieser herausragenden Funktion der Stadt im nationalen Wirtschaftsraum. Nach der Untersuchung der ökonomischen Wurzeln der Migration werden die sozialen Lebensbedingungen und die Arbeits- und Einkommensverhältnisse der Stadtbevölkerung beleuchtet. Die sozialen Daten werden einen ergänzenden Hintergrund bilden für das Verständnis der oben dargestellten Wohnsituation in Dar es Salaam. Die Verknüpfung zwischen Wohnsituation und sozialer Lage der Stadtbewohner wird abschließend hergestellt werden.

In der Kolonialzeit hatte sich Dar es Salaam zum herausragenden Standort für Handel, Industrie und Verwaltung entwickelt und ist es bis heute geblieben. Ihre Funktion und Bedeutung war durch die koloniale Einbindung in den kapitalistischen Weltmarkt bestimmt. Für die koloniale Extraktionswirtschaft war der Hafen von Dar es Salaam der bedeutenste Güterumschlagplatz des Landes mit entsprechenden nachgelagerten Industrien und produktionsbezogener Infrastruktur. Waren im Umfang von knapp 1 mio. to. wurden am Ende der Kolonialzeit pro Jahr im Hafen umgeschlagen, davon gut 60 % Importe; dies kann als ein Indikator dafür gelten, daß die Extraktionswirtschaft im Mandatsgebiet Tanganyika noch im Aufbau begriffen war(53).

Das radial auf Dar es Salaam und seinen Überseehafen ausgerichtete nationale Straßen- und Eisenbahnnetz ist bis heute für die Standortwahl der sekundären Betriebe bestimmend geblieben. Dar es Salaam selbst hat aufgrund seiner Zentrumsfunktion ein relativ dichtes Straßennetz mit heute insgesamt 600 km Länge (davon ca. 400 km Teerstraße in schlechtem Zustand).

Das ungebrochene Wachstum Dar es Salaams wurde auch nach der formellen Unabhängigkeit zusätzlich zu den historisch gewachsenen Standortvorteilen durch eine weltmarktoffene Wirtschaftspolitik der nationalen Entwicklungspläne in der Vor-Arusha-Periode gefördert (54). Der erste nationale Dreijahresplan forderte die "Konzentration auf wirtschaftliche Projekte, die höchste und schnellstmögliche Gewinne in naher Zukunft erwirtschaften würden" (55). Im Verwertungskalkül privater, besonders ausländischer Investoren, die zwischen 1964 und 1969 40 % aller Investitionen tätigten, brachte Dar es Salaam hierzu die besten Voraussetzungen mit (56).

Tabelle IV-13

DIE ZAHL DER PERMANENT BESCHÄFTIGTEN IN DEN WICHTIGSTEN STÄDTEN TANSANIAS - 1967 /1973 /1978				
STADT	1967	1973	1978	67-78 in %
DAR ES SALAAM	79.465	127.417	142.463	+80%
TANGA	13.029	14.217	17.442	+34%
ARUSHA	8.789	13.217	14.511	+69%
MOSHI	6.940	8.820	12.630	+82%
MWANZA	8.502	11.111	15.104	+78%
TABORA	3.778	-	13.028	+245%
MOROGORO	4.594	13.044	11.674	+154%
DODOMA	4.599	6.655	21.211	+361%
MBEYA	2.166	4.997	6.052	+196%

Quelle: Population Census 1967, Tab.7; Pop. Cens. 1978, Vol. IV, Tab.12

1966 waren dort daher 37% aller Industriebetriebe und 41% aller Beschäftigten der wichtigen Sektoren des Industrie- und Baugewerbes konzentriert (57). In den Jahren vor der Arusha Deklaration wurden allein in Dar es Salaam 117 produzierende Gewerbe neu eröffnet; in der nächstgrößeren Industriestadt Mwanza hingegen nur 32 im selben Zeitraum. 1967 wurde 56,6% der Wertschöpfung Tansanias in der verarbeitenden Industrie Dar es Salaams erwirtschaftet (58). Tabelle IV-13 unterstreicht die damalige und heutige Bedeutung der "primate city", obwohl die Erklärung von Arusha diese Disparität hatte abbauen wollen. Die sozialistische Politik der Erklärung und ihr Versuch des Stadt-Land Ausgleichs hatte jedoch Auswirkungen auf Dar es Salaam, die in den Folgejahren zu einer Abschwächung des Wirtschaftswachstums führten. Die nationalen und internationalen Investitionen in den industriellen Sektor gingen ab 1970 um 6,9 % zurück (59). Die wirtschaftliche Rezession wurde verstärkt durch externe Faktoren (die erste Ölpreissteigerung 1973 mit ihren Folgen). Außerdem hat die Verwaltungsreform von 1972, infolge derer die eigenständige "City of Dar es Salaam" 1974 in der Region Dar es Salaam aufging, dazu geführt, daß die Stadt keine eigenständigen Steuereinnahmen mehr hatte und infolgedessen von zentralen Mittelzuweisungen abhängig wurde (s. Kap. V.3.3).

Die wirtschaftliche Entwicklung Dar es Salaams über den Zeitraum 1966 bis 1979 ist in Tabelle IV-14 dargestellt. Der darin verwendete Indikator der formellen Beschäftigungsverhältnisse in den Sektoren der Wirtschaft kann einen groben Anhaltspunkt für die wirtschaftliche Entwicklung liefern. Für die Fragestellung dieser Arbeit sind die Daten der Tabelle ausreichend aussagefähig, da sie die Diskrepanz zwischen Bevölkerungswachstum und ökonomischer Tragfähigkeit gut zeigen und auf die sozialen Folgeprobleme hindeuten *).

Aus der Tabelle wird speziell der starke Rückgang im formellen Baugewerbe und der schrumpfende Öffentliche Sektor infolge einer Politik der "Decentralisation" der Verwaltung nach 1972 erkennbar. In absoluten Zahlen ausgedrückt verdoppelten sich zwar die Beschäftigtenzahlen im Öffentlichen und im Sekundären Sektor, gemessen am Bevölkerungswachstum der Stadt aber verschlechterte sich die Beschäftigungslage von 23,6% im

---

*) Die Beschränkung des hier herangezogenen Indikators auf die formellen Beschäftigungsverhältnisse geschieht aus Gründen der Vereinfachung. Die vorläufige Ausklammerung des informellen Sektors zur Einschätzung der wirtschaftlichen Entwicklung Dar es Salaams ist inhaltlich insofern gerechtfertigt, als die informelle Ökonomie von der formellen abhängig ist, sie aber kaum produktionsbezogene Entwicklungsanstöße ("forward production linkages") zur formellen Ökonomie hat. (ILO, 1982, S.347)

Jahr 1966 auf 15,2 % in 1979 erheblich. Diese Entwicklung hat sich seither noch verschärft, denn infolge der tiefen wirtschaftlichen Krise wird Tansania seit 1981 unter nationalen Notprogrammen regiert (61). Im Rahmen des "Structural Adjustment Programme" 1982/83 - 1984/85 ist vorgesehen, ineffektive Betriebe zu schließen und keine neuen Entwicklungsinvestitionen einzuleiten, sondern lediglich die Kapazitätsauslastung bestehender Betriebe zu verbessern.

Tabelle IV-14

DIE WIRTSCHAFTLICHE ENTWICKLUNG DSM's ANHAND DER FORMELLEN BESCHÄFTIGUNGSVERHÄLTNISSE IN DEN SEKTOREN DER STÄDTISCHEN WIRTSCHAFT / 1966-1979   (in % DER BESCHÄFTIGTEN GESAMT)

JAHR	BEV.GES.	FORMELL BE-SCHÄFTIGTE	%-ANTEIL DER FORM.B. AN BEV.GES.	IND.	BAUGE-WERBE	ÖFF. EIN-RICHTG.	ÖFF. VER-WALTUNG	LANDW.	BERG-BAU	TRANSP.& KOMMUN.	BANKEN	HANDEL
1966	250.000	59.070	23.6 %	22.4	17.0	28.0		1.1	0.1	19.7		11.7
1974	571.827	96.053	16.79 %	23.0	11.0	3	21	1.0	0.0	25.0	5	8
1979	849.000	129.100	15.19 %	29.0	12.4	25.6		2.0	0.1	20.1		10.8

Quellen: World Bank, Washington DC 1977, Annex 1, Tab. 6; Statistical Abstract 1973-1979, DSM o.J.(1983), S.324; DSM Master Plan 79, Vol.I, S.45

Die wirtschaftliche Entwicklung Dar es Salaams seit der Unabhängigkeit kann wie folgt zusammengefaßt werden: Begünstigt durch die Standort- und Agglomerationsvorteile und gefördert durch eine weltmarktoffene Wirtschaftspolitik in den 60er Jahren, vertiefte sich das Entwicklungsgefälle zwischen Dar es Salaam und dem nationalen Hinterland. Die gegengerichtete Dezentralisierungspolitik der Industriestandorte nach 1969 konnte aufgrund der Persistenz des kolonial geprägten Wirtschaftsraumes diese Entwicklung nicht spürbar verringern (vgl. Kap.V). Mit dem Wachstum im optimalen Standort vertiefte sich die Disparität zwischen der primate city und den anderen Städten und Regionen des Landes mit der Folge dramatisch steigender Migrationsströme nach Dar es Salaam. Das Bevölkerungswachstum dort wurde nicht durch entsprechende Beschäftigungszuwächse begleitet, was soziale Folgen hatte, die nachfolgend dargestellt werden.

2. Die Erwerbsbevölkerung und ihre Beschäftigungsverhältnisse im formellen und informellen Sektor Dar es Salaams

Zunächst kann die Bevölkerung Dar es Salaams nach Arbeitsverhältnissen differenziert dargestellt werden. Die Bevölkerung Dar es Salaams im arbeitsfähigen Alter umfaßte 1978 ca. 353.000 Personen aus der Altersgruppe 15 Jahre und älter (s. Tab. IV-15) (62). Diese Erwerbsbevölkerung teilt sich auf in Arbeitskräfte im formellen und informellen Sektor.

Informelle Unternehmen unterscheiden sich im wesentlichen durch zwei Merkmale von formellen:
1. Sie arbeiten ohne Lizenz, ohne staatliche Kontrolle und folglich ohne Steuern an den Staat zu zahlen. Sie produzieren illegal, bestenfalls geduldet vom City Council. Da sie nicht registriert sind, gibt es über sie keine offiziellen Erhebungen der Regierung.
2. Sie sind nicht in erster Linie entstanden, um Kapital in konstanter (Anlagen) und variabler (Arbeitskräfte) Form zu verwerten, sondern primär aus der Notwendigkeit heraus, den darin Beschäftigten das Überleben zu sichern (63).
Einkommen in diesem Sektor sind unsicher und oft nicht-monetär.

Die Arbeitskräfte im formellen Sektor können aufgrund eines Vergleiches verschiedener Statistiken für 1978 mit 142.000 oder 40 % der Erwerbsbevölkerung für 1978 angegeben werden. Auch von ihnen bezog nach Angaben der ILO ein Teil von ungefähr 15% Einkommen unter dem damals offiziellen Minimaleinkommen (64). Zum Teil sind dies wahrscheinlich temporär Beschäftigte. Die meisten in der Gruppe der temporär Beschäftigten sind jedoch informell tätig. Die Gesamtzahl der als in Dar es Salaam temporär beschäftigt ausgewiesenen Personen wird im Zensus 1978 mit 29.903 Personen angegeben (65). Soweit sie formell tätig sind, liegen ihre Einkommen so lange über der Armutsgrenze, wie ihr Beschäftigungsverhältnis besteht. Man kann dann davon ausgehen, daß sie den gesetzlich garantierten Mindestlohn erhalten (66). Ihr Status als Einkommensempfänger ist jedoch besonders in Krisenzeiten gefährdet (67).

Das Minimaleinkommen wird hier für das Jahr 1978 mit 400/= TSHs Monatseinkommen pro Familie als äußerste Armutsgrenze angenommen. Unter optimistischen Annahmen ist für die folgenden Jahre mit einem Kaufkraftverlust von 20 % p.a. zu rechnen (68).

Der informelle Sektor in Dar es Salaam ist schwer daraufhin einzuschätzen, welche Einkommen dort erzielt werden. Denn bereits die Definition des Informellen Sektors und seine analytische Abgrenzung vom Formellen Sektor einerseits und von Subsistenzarbeitern sowie Arbeitslosen andererseits ist fließend. Es gibt keine klar geschiedene "duale Ökonomie" (69), vielmehr bestehen Produktionsbeziehungen zwischen beiden.

Tabelle: IV-15
DIE ZUSAMMENSETZUNG DER ERWERBSBEVÖLKERUNG IN DAR ES SALAAM - 1978

QUELLE	SUBGRUPPE DER ERWERBSBEVÖLKERUNG	ABSOLUT	%
(1)	GESAMTBEVÖLKERUNG	769.445	
(2)	ERWERBSBEVÖLKERUNG (ÜBER 15 JAHRE)	353.075	100
(3)	╱ PERMANENT FORMELL BESCHÄFTIGTE	142.163	40
(3)	DAVON ╲ INFORMELL BESCHÄFTIGTE	141.000	40
(7)	SUBSISTENZPRODUZENTEN	20.000 [A]	6
(6)	OFFEN ARBEITSLOSE	ca. 50.000 [A]	14
	SUBGRUPPEN DER FORMELL BESCHÄFTIGTEN		
(4)	MIT EINKOMMEN ÜBER 400 /-TSHs (INCL. AUSLÄNDER)	121.000	
(4)	MIT EINKOMMEN UNTER 400 /-TSHs	21.000 [A]	
	SUBGRUPPEN DER INFORMELL BESCHÄFTIGTEN		
(5)	PERMANENT INFORMELL BESCHÄFTIGTE (KERNGRUPPE D. INFORM. SEKTORS)	ca. 45.000	
(7)	TEMPORÄR (VORWIEGEND) IM INFORM. SEKTOR BESCHÄFTIGTE	30.000 [A]	
(7)	GELEGENHEITSARBEITER MIT UNREGELMÄSSIGEM LOHNEINKOMMEN	10.000 [A]	
(7)	AUF EIGENE RECHNUNG ARBEITENDE, NICHT STATIONÄR ('SELF EMPLOYED')	56.000 [A]	

Quellen:
(1) Pop. Cens. 1978, Vol. IV, Tab. 6
(2) Errechnet vom Verfasser aus (1) nach Verfahren der ILO, Addis Ababa 1982, S. 65
(3) Pop. Cens. 1978 "Statistical Abstract 1973-79", DSM 1983, S. 324
(4) ILO, Addis Ababa 1982, S. 88
(5) Errechnet vom Verfasser, s. Haupttext
(6) S. Fußn. im Haupttext
(7) Pop. Cens. 1978, Vol. VII, Tab. 14
Bemerkung: Aufgrund der Unsicherheit der statistischen Daten kann diese Tabelle nur den Versuch einer Annäherung an die soziale Realität darstellen.

Der informelle Sektor, der mit sehr geringen Eigenkapitalien arbeitet, ist in Dar es Salaam, wie in fast allen Städten der Entwicklungsländer, für die unteren sozialen Schichten der wichtigste Arbeitsmarkt und die aussichtsreichste Einkommensquelle. Dennoch wird er - wie die bereits erwähnte Vertreibung der Makonde-Schnitzer von der Bagamoyo Rd. im Jahr 1984 zeigte - vom City Council nicht unterstützt. Die Förderung von small scale industries durch SIDO (70) stellt den Versuch dar, ihn in die formelle Ökonomie einzugliedern.

Der informelle Sektor zerfällt in Untergruppen mit ganz unterschied-

lichen Arbeitsverhältnissen und Tätigkeitsmerkmalen (71).
Sein produktives Rückgrat bilden ständige und stationäre informelle Unternehmen mit durchschnittlich vier Mitarbeitern. Der größte Teil der Mitarbeiter, ca. 81 %, arbeitet dort stetig und auf Dauer, die restlichen 19 % in den etablierten, informellen Betrieben arbeiten dort als temporär Angestellte mit äußerst geringen Einkommen (72). Der Anteil der permanent Beschäftigten im informellen Sektor an den gesamten permanent Beschäftigten in Dar es Salaam ist statistisch nicht ausgewiesen. In Tab. IV-15 wird davon ausgegangen, daß die permanent Beschäftigten im informellen Sektor annäherungsweise aus der Differenz errechnet werden können zwischen den gesamten (unterschiedslos) im Zensus 1978 als permanent Beschäftigten abzüglich der formell permanent Beschäftigten in Dar es Salaam (73). Auf diese Weise kommt man zu einer realistischen Größe von rund 45.000 permanent Beschäftigten im informellen Sektor.

Die Einkommen dieser Gruppe lagen 1981 "gerade so unter dem offiziellen Minimaleinkommen" von damals 600/= TShs. (74). Da aber größere versteckte Gewinne in dieser Gruppe wahrscheinlich sind und 1,25 Verdiener pro Haushalt angenommen werden können, ist die Annahme realistisch, daß die Einkommen der permanent im informellen Sektor Arbeitenden im großen und ganzen über der Armutsgrenze liegen. Bei ihnen, das sind immerhin 13% der Erwerbsbevölkerung, ist also ein Eigenpotential für städtische Sanierungsmaßnahmen vorhanden, das bisher nicht nutzbar gemacht und vom Master Plan '79 überhaupt nicht gewürdigt wurde.

Die informellen Unternehmen beschäftigen in erster Linie unbezahlte Familienangehörige und in geringerem Maß Gelegenheitsarbeiter. Unbezahlte Familienangehörige, die in den Statistiken der Erwerbsbevölkerung als "Familienarbeitskräfte" aufgeführt sind, ermöglichen durch ihre nicht monetär vergütete Arbeit erst das Fortbestehen der am Existenzminimum lebenden, informellen Erwerbsbevölkerung, wie Untersuchungen der ILO zeigten.

Gelegenheitsarbeiter sind informell Tätige, die kein reguläres, monatliches Einkommen beziehen und im allgemeinen auf täglicher Basis beschäftigt und bezahlt werden"(75). Sie bekamen, einer Studie von Bagachwa zufolge, durchschnittlich 15/= TShs pro Tag. Das wäre umgerechnet auf 1978 (bei 1,25 informell Verdienenden pro Familie) unter 400/= TSHs pro Familie gewesen, also unterhalb der Armutsgrenze. 3% der Erwerbsbevölkerung sind - wie aus Tab. IV-15 ersichtlich - als Gelegenheitsarbeiter einzustufen.

Eine andere große Untergruppe des informellen Sektors arbeitet alleinstehend auf eigene Rechnung. Sie wird im Zensus mit 55.988 Erwerbspersonen in Dar es Salaams angegeben (76). Hierzu zählen Schuhputzer, Straßenverkäufer und Hausangestellte, die mal hier mal dort Chancen für ein Arbeitseinkommen nutzen. Sie arbeiten nahezu ohne Eigenkapital. Ihr Einkommen ist schwankend und liegt nach Angaben der ILO bei rund einem Viertel unter der Armutsgrenze (77).

Der am wenigsten statistisch faßbare Teil der Erwerbsbevölkerung in Dar es Salaam sind die Arbeitslosen. Sie wurden auch im Zensus 78 nicht erfaßt. Verstreute Angaben deuten auf eine Rate zwischen 8 und 20 % der Erwerbsbevölkerung hin (78).

Der Master Plan hätte die jeweiligen Eigenpotentiale für Sanierungsmaßnahmen in der Stadt, die in den spezifischen Schichten der formellen und informellen Erwerbsbevölkerung stecken, untersuchen müssen,
- um den Ansprüchen der Erklärung von Arusha zu genügen, daß Menschen, nicht Geld die Grundlage der Entwicklung in Tansania sein sollen
- um realisierbare Wege zur Implementierung ihrer Entwicklungsszenarios aufzeigen zu können, die nicht immer gleich von internationalen Investitionen ausgehen.
- um die großen sozialen Probleme in Dar es Salaam integriert mit den physischen Stadtentwicklungsmaßnahmen anzugehen.

3. Sinkende Realeinkommen und die Armutsbevölkerung Dar es Salaams

Die Analyse der sozialen Lage der Bewohner Dar es Salaams, die aufgrund der sehr unterschiedlichen Daten (auch der neuesten offiziellen Zensusdaten!) eine Annäherung bleiben muß, kann wie folgt zusammengefaßt werden:

- Die Hälfte der Erwerbsbevölkerung hat ein ständiges Beschäftigungsverhältnis mit ausreichendem Einkommen über der Existenzgrenze.

- Knapp ein Viertel ist in einem Arbeitsverhältnis, verdient jedoch zeitweilig unterhalb der Existenzgrenze im formellen und informellen Sektor.

- Ein weiteres Viertel ist ständig unterbeschäftigt, ohne ausreichendes Einkommen oder offen arbeitslos.

Der größte Teil der Arbeitsbevölkerung ohne ausreichendes Einkommen ist im informellen Sektor tätig (79). Dies ist nicht verwunderlich, da seit 1967 im formellen Sektor Mindestlöhne staatlich festgelegt sind, im informellen Sektor hingegen die Einkommen ungeschützt dem Konkurrenzdruck des Marktes ausgesetzt sind. Sie fielen vom ohnehin geringen Ausgangsniveau über die letzten Jahre noch weiter ab (80).

Wichtig für die künftige Situation in Dar es Salaam ist der Entwicklungstrend in den Beschäftigungsverhältnissen. Während die Zahl der im informellen Sektor Beschäftigten in letzter Zeit in den Städten Tansanias um mindestens 7 - 8 % p.a. wuchs (81), weitete sich der formelle Sektor nur mit 6% aus.

In absoluten Zahlen fielen 1978 nach den vorliegenden groben Daten annäherungsweise 150.000 Arbeitskräfte oder 40% der Erwerbsbevölkerung unter die zur Existenzsicherung notwendige Mindesteinkommensgrenze. Überschlägig berechnet entspräche das bei 4,1 Personen/Haushalt in Dar es Salaam (82) insgesamt 36.500 Haushalten. Bei 1,25 Verdienern / Haushalt (83) lebten demnach ungefähr 30.000 Haushalte oder 16% unter der Existenzgrenze von 400/= TShs pro Monat auf das Jahr 1978 bezogen.

Für diese Betrachtung sind bis hierher nur Nominaleinkommen herangezogen worden. Da in den letzten Jahren die Preise stark gestiegen sind, ist die Armutsbevölkerung der Städte am stärksten von allen sozialen Gruppen Tansanias von der Inflation betroffen worden (85). Bis hin zu den Lohnempfängern eines staatlich garantierten Minimaleinkommens waren drastische Realeinkommensverluste von über 20 % in den Städten zwischen 1973 und 1978 zu verzeichnen (86). Da nach 1978 das Minimaleinkommen über längere Zeiträume eingefroren waren, hat sich die soziale Lage auch derjenigen mit einem festem Minimaleinkommen in Dar es Salaam bis heute noch verschlechtert. Tabelle IV-16 zeigt den Anstieg der realen Lebenshaltungskosten in Dar es Salaam. Die Preise für alle Güter - sowohl die offiziell erfassten als auch besonders die realistischeren Schwarzmarktpreise - sind ständig gestiegen. Daher mußten alle Teile der Bevölkerung trotz mehrmaliger Anhebung des gesetzlich garantierten Minimallohns über die Jahre einschneidende Einbußen ihres Realeinkommens hinnehmen.

Tabelle IV-16

LEBENSHALTUNGSKOSTEN IN DAR ES SALAAM / 1971 - 1979   (1969 = 100)

JAHR	NATION. KONSUMPREIS-INDEX FÜR 19 STÄDTE	PREISINDEX DER KONSUMGÜTER FÜR MINIMALLOHNEMPFÄNGER IN DSM	PREISINDEX DES WARENKORBES FÜR MITTLERE EINKOMMEN IN DSM
1971	108.4	107.4	102.9
1972	116.7	118.6	106.0
1973	128.9	129.3	121.8
1974	154.1	169.0	152.0
1975	194.3	248.5	204.3
1976	207.6	306.7	227.7
1977	231.8	358.4	252.4
1978	260.0	448.7	302.7
1979	293.6	437.3	332.8
1980	382.4	512.2	423.6
1981	480.4	669.5	558.1
1982	619.5	815.3	704.5

Quelle: United Rep. of Tan., "The Economic Survey 1982",S.65, 67, 72

Für alle Städte in Tansania stellte 1982 eine Studie der ILO fest, daß 1980 14,7 % aller städtischen Haushalte in Tansania von einem Einkommen unter der "poverty line" leben mußten (87). Aufgrund des besonders starken Bevölkerungszuwachses in Dar es Salaam durch Land-Stadt Migration und den daraus resultierenden Verdrängungskampf um die zu geringe Zahl der Arbeitsplätze traten die sozialen Probleme in Dar es Salaam verschärft auf.

Offene und versteckte Arbeitslosigkeit, steigende Lebenshaltungskosten und sinkende Realeinkommen sind eine wesentliche Ursache für die Probleme, vor die die Stadtplanung heute in Dar es Salaam gestellt ist. Wachsende Teile der Bevölkerung, mindestens aber 3% der Erwerbsbevölkerung, sind heute nicht mehr in der Lage, die Durchschnittsmieten von 120/= bis 200/= TSHs zu bezahlen. Vor diesem Hintergrund ist die Mehrheit der Stadtbewohner Dar es Salaams gezwungen, in Squattergebieten zu leben.

Ebenso wie die Durchschnittsmieten sind Wohngebäude im staatlich kontrollierten Wohnungsbau auf geplanten Grundstücken mit Baustandards, die den rechtlichen Genehmigungsverfahren genügen, erst recht für noch größere Bevölkerungsteile nicht mehr erschwinglich. Das einfachste Haus mit offiziellem Standard kostete 1980 mind. 40.000 - 50.000/= TSHs. Angenommen, ein Haushalt mit 600/= TSHs Monatseinkommen gäbe 25 % davon für den Bau eines Wohnhauses mit Mindeststandard aus, dann würde dieser Haushalt 50 Jahre für die Rückzahlung des Kredites benötigen. Die Kreditbedingungen der Tanzania Housing Bank (THB) fordern jedoch eine 10-jährige Rückzahlungsfrist bei einem Zinssatz von 8,5 %. Auch das Ministerium scheint diese Situation kritisch zu sehen, wenn es 1981 feststellte:"60% of the urban population can not afford to live in a dwelling with a construction value exceeding TShs. 15.000-18.000/= (88).

Zu den finanziellen Barrieren kommen bürokratische Verfahren bei der Zuteilung von Baukrediten durch die THB: erforderlich ist ein sog. "Certificate of Title", die Zuteilung eines registrierten Stück Baulandes. Die staatliche Grundstückszuteilung ist jedoch zu einem unübersichtlichen, bürokratischen Hürdenlauf geworden, den nur jemand mit interner Behördenkenntnis oder Beziehungen zur Bürokratie meistern kann.

Die sich verschlechternden individuellen Reproduktionschancen der überwiegenden Mehrheit der Bevölkerung Dar es Salaams, verschärft durch längst überfällige rechtliche und bürokratische Strukturen aus der Kolonialzeit, haben zur Folge, daß immer größere Segmente der städtischen

Bevölkerung zum illegalen Bauen geradezu gezwungen sind. Dies wird auch in Veröffentlichungen des Ministeriums heute bereits so gesehen: "In summary, there would appear to be compelling reasons for the continuing rapid development of squatter settlements. Some of these reasons pertain to individual's personal life style preferences but it is more likely that failure of various aspects of the housing development system is the most predominant cause for the continued squatter development. Simply stated, the operation of the system encourages squatter development" (89).

Angesichts dieser offiziellen Einsicht ist es dann jedoch unverständlich, wieso nicht durch entsprechende Terms of Reference für den Master Plan 1979 der kanadischen Consulting der Auftrag erteilt wurde, andere Konzepte der Wohnungsversorgung zu entwickeln. Solange die Consulting jedoch nicht einen offiziellen Auftrag für den Entwurf eines neuen Konzeptes erhielt, war diese politische Aufgabe auch nicht von ihr zu erwarten. Dementsprechend wurde im Master Plan 1979 versucht, mit eben jenem System die Squatterentwicklung in den Griff zu bekommen, das in der Vergangenheit seine Untauglichkeit bereits gezeigt hatte.
Die in diesem Kapitel dargestellten sozialen Probleme hätte die Consulting in ein integriertes Programm der Stadtentwicklung einbeziehen müssen. Auch hier wären zunächst politische Entscheidungen und entsprechende, integrierte Konzepte notwendig, die über eine rein physische Planung hinausgehen müßten.

Mit dem Planungstransfer über Consultings ist solche politische Innovation aufgrund deren Arbeitsbedingungen jedoch kaum möglich. Ihr technisches Wissen kann notwendige politische Grundentscheidungen nicht ersetzen, die langfristige Entwicklungsszenarios erst realistisch machen. Es wäre allerdings Aufgabe kritischer Consulting-Tätigkeit, auf diese Notwendigkeit begründet hinzuweisen.

V. Rahmenbedingungen für eine kontrollierte Stadtentwicklung Dar es Salaams durch regionale Raumordnungspolitik

1. Die Fragestellung des Kapitels

Da die im vorangegangenen Kapitel untersuchten Hauptprobleme der Stadtentwicklung Dar es Salaams in hohem Maß auch regionale Ursachen haben, und der Master Plan in seiner grundlegenden Entwicklungsprognose für die Stadt vom Gelingen einer Politik der regionalen Dezentralisierung ausging, wird diese nun selbst zum Gegenstand der folgenden Untersuchungen. Dieses Kapitel hat vier Analyseziele:

- Die Politik der regionalen Dezentralisierung und ihre Auswirkungen auf die Entwicklung der primate city Dar es Salaam sollen deutlich werden.

- Die Konzepte der Dezentralisierungsprogramme und ihre Voraussetzungen werden beschrieben und die Ursachen ihres Scheiterns analysiert.

- Es wird dargestellt, in welchem Ausmaß die Planungen auf die Hilfe ausländischer Experten und Consultants angewiesen waren und wie die Planungen von deren Leitvorstellungen geprägt wurden.

- Schließlich wird die Ausgangslage für Stadtplanungspolitik in Dar es Salaam nach allen Dezentralisierungsbemühungen untersucht.

Nach Ansicht der tansanischen Administration besteht heute offensichtlich ein immenser Bedarf an Planung: Das zeigt die große Zahl an Regionalplanungen, Masterplänen, Feasibility Studies und Grundsatzpapieren von Partei und Regierung. In all diesen Fällen geht man wohl von der scheinbar selbstverständlichen Prämisse aus, daß planvolle Entwicklung allein dort stattfindet, wo sie durch staatliche Planung und Kontrolle Sanktion erhalten hat. Wesentliche Entwicklungen in der Wohnungsversorgung fanden in Tansania jedoch nicht so statt, wie sie geplant waren und befriedigten dennoch in angepaßter Weise elementare Bedürfnisse(1).

Die Kritik des Dar es Salaam Master Plan zeigte, daß dessen geplantes Entwicklungsszenario eher abstrakte Planungsansprüche als konkrete Bedürfnisse der Armutsbevölkerung oder auch Erfordernisse gezielter Steuerung befriedigte.
Das Wachstum der primate city erfordert jedoch übergeordnete Planungen. Es galt nach der Unabhängigkeit (1961), die durch und durch kolonial geprägte Raum-, Wirtschafts- und Sozialstruktur gezielt nach Maßgabe des Ujamaa-Konzeptes zu verändern. Doch die Erwartungen an Planung und Pläne waren so überzogen, daß die tatsächliche, regionale Entwicklung nur in geringem Maß den Planungen entsprechen konnte, wie dieses Kapitel deutlich machen wird.

Da die vorliegende Arbeit in der Kritik der Stadtentwicklungsplanung ihr eigentliches Zentrum hat, werden Untersuchungen der tansanischen Regionalplanung hier daher nur soweit angestellt, wie sie zum Verständnis der Dezentralisierungspolitik Dar es Salaams von Bedeutung sind.

Das Ziel der Regierung, die seit der Kolonialzeit auf Dar es Salaam konzentrierte Raumstruktur zu verändern, war sehr ambitioniert und band beträchtliche administrative Kräfte. Von der Verwirklichung dieses Zieles ging der Master Plan 1979 aus: "The population projection selected for this Plan assumes that the current national policy on industrial decentralization will continue throughout the planning period. On this basis, a moderate rate of growth in the Region to approximately 2.5 million people is expected by the year 1999" (2).

Heute kann festgestellt werden, daß das Dezentralisierungsziel kaum verwirklicht werden konnte. Ist die Überagglomeration unvermeidbar, so daß auch von daher über eine alternative Stadtentwicklungsplanung nachgedacht werden muß?

2. Die Politik der Ujamaa-Dorfgründungen / 1967-1973

1967 hatte die Erklärung von Arusha die Entwicklung der Landwirtschaft als Fundament künftiger Entwicklungspolitik vorgesehen (3). Rund 96 % der Bevölkerung Tansanias lebten damals von der Landwirtschaft, allerdings beschränkte sich mehr als die Hälfte von ihnen auf eine Subsistenzproduktion. Um dieses riesige ländliche Potential gegenüber den wenigen urbanen Zentren zu entwickeln, forderte Präsident Nyerere im selben Jahr in einem sog. "policy paper" über "Socialism and Rural Development", die ländliche Produktion künftig in Ujamaa-Dörfern zu organisieren. Das Konzept hierzu beruhte auf sozialistischen Traditionen, die Nyerere in der nationalen Geschichte begründet sah:
- gemeinschaftliches Leben, Arbeiten und politisches Handeln,
- dörflich-gesellschaftlicher Besitz der Produktionsmittel,
- Pflicht zur Arbeit in der Gemeinschaft.

Mit dem Ujamaa-Konzept verband Nyerere die Hoffnung, daß die gemeinschaftlich organisierten Dörfer sich vorwiegend durch eigene Anstrengungen die sozialen Versorgungseinrichtungen, ein Netz sozialer Sicherheit und höhere Produktivität verschaffen könnten. In Kooperation mit anderen Dörfern sei der Aufbau lokaler "cottage industries", wie Nyerere sie nannte, möglich (4).

In der Idee des Ujamaa-Dorfkonzeptes war die Hoffnung angelegt, daß mehrere Dörfer in der Lage sein würden, homogene, lokale Binnenmärkte aufzubauen: "Thus a group of villages together could organize their own servicing station for agricultural implements and farm vehicles; they could perhaps make their own cooking utensils and crockery out of local materials, or they could organize the making of their own clothes on a communal basis..." (5).

Mit dem Ujamaa-Konzept sollte die "duale Ökonomie" - wie sie der 2. N.F.Y.P. charakterisierte - überwunden werden. Nyerere wollte durch einen "frontalen, breit angelegten Ansatz" bei der Entwicklung von Ujamaa-Dörfern die "duale Ökonomie" und das enklavenartige Wachstum des Zentrums Dar es Salaam abbauen (6). Ein nationales Netz lokaler Produktions- und Austauschmärkte hätte in der Tat auf längere Sicht enorme

Plan V-1
Ein typischer Bebauungsplan für ein Ujamaa-Dorf - Nyambunda

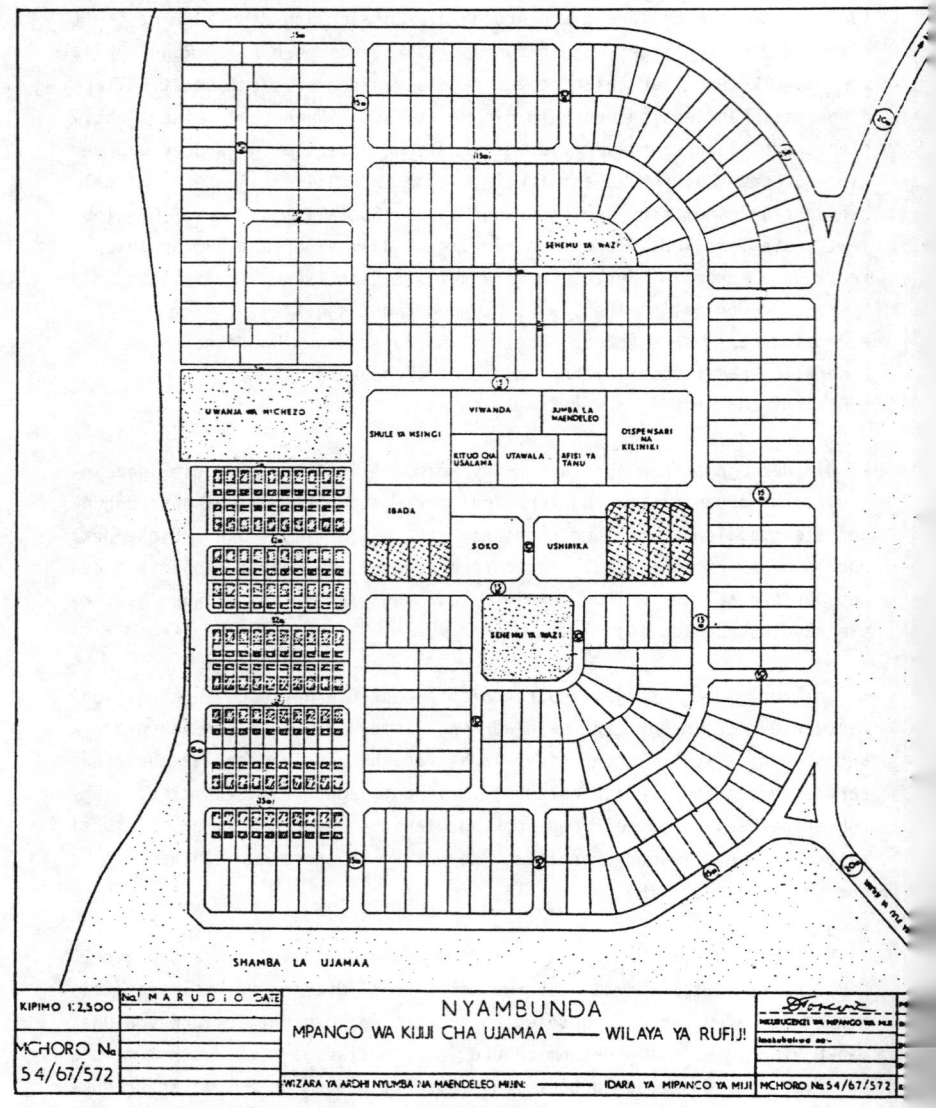

Quelle: Stadtplanungsabteilung im MLHUD

Auswirkungen auf das Wachstum der primate city und auf die Land-Stadt-Migration gehabt.

Die zahlreichen Gründungen von Ujamaa-Dörfern erreichten 1973 ihren Höhepunkt mit der beachtlichen Zahl von 5.628 Dörfern (s. Plan V-1). Ab diesem Jahr setzte dann eine inhaltliche Aushöhlung des Ujamaa-Konzeptes ein: In den Dörfern selbst begann ein Trend, Grundstücke und Produktionsmittel für private Zwecke zu mißbrauchen. Auf die Stagnation und schließlich den Rückgang der Dorfgründungen reagierte die staatliche Administration mit der (auch unter Zwangsanwendung durchgeführten) Politik der "villagisation".

Ab Mitte des Finanzjahres 1974/75 wurde dann der ursprüngliche Ujamaa-Gedanke aufgegeben. Nur noch die Gründung von "development villages" und die Zusammenfassung der noch verstreut lebenden Bauern in Dorfgemeinschaften mit mehr als 250 Familien war in Zukunft das Ziel. Diese Entwicklung ist heute abgeschlossen. Die gesamte ländliche Bevölkerung Tansanias lebt heute in ca. 8.000 Dörfern. Mit der Zusammenlegung der Bevölkerung in Ujamaa-Dörfern und geplante Siedlungen wurden wichtige Voraussetzungen für die Versorgung und produktive Entwicklung der ländlichen Gebiete Tansanias geschaffen. Es war nun möglich, nachgeordnete verarbeitende Kleinindustrien in den Agglomerationen anzusiedeln, die auf der dörflichen Überschußproduktion aufbauten. Die Dorfentwicklung war eine bedeutende Investition in die Zukunft des Landes.

Mit der neuen, pragmatischen Zielsetzung der Politik nach 1974 war allerdings nicht nur der Ujamaa-Gedanke de facto aufgegeben worden; auch das ursprüngliche Hintergrundkonzept des selbstorganisierten Aufbaus von binnenmarktorientierten, lokalen Produktions- und Reproduktionsnetzen aus den Bedürfnissen und Möglichkeiten der Bauern heraus wurde nicht weiter verfolgt. Übrig blieb das Vorhaben, die ländliche Bevölkerung mit Infrastruktur zu versorgen. Mit diesem eingeschränkten Ziel der Politik war eine wirksame Dezentralisierung der Produktionsstandorte jedoch nicht zu erreichen gewesen. Durch die Attraktivitätssteigerung des ländlichen Lebens konnte lediglich eine Dämpfung der individuellen Abwanderungsmotivation erreicht werden.

Die praktischen Erfolge dieser Politik waren nicht ausreichend, um die Stadt-Land-Disparität zu verringern, Die vermarktete landwirtschaftliche Produktion ist bis heute rückläufig (7). Soziale Infrastruktureinrichtungen, wie Schulen und Krankenstationen, wurden in den ländlichen Gebieten zwar gebaut, aber für ihre Unterhaltung fehlten oft die finanziellen Mittel. Die qualitativen Ziele einer gemeinschaftlichen Produktion in den Dörfern wurden in seltenen Fällen erreicht (8).Die Entwicklung von angelagerten Kleinindustrien ist bislang zu keinem nennenswerten Wirtschaftsfaktor für eine ländliche Entwicklung geworden.

Über das politische Konzept der Ujamaa-Dorfgründungen und das Scheitern des Konzeptes gibt es mittlerweile eine breite Literatur. Sie machte mit unterschiedlichen und teilweise kontroversen Analysen technisch-materielle Mängel bei der Unterstützung der Dörfer (9), grundsätzliche politisch-ideologische Fehleinschätzungen (10), gegenläufige Klasseninteressen der Staatsbürokratie und weltmarktorientierte Integrationsstrategien der Weltbank (11) oder politisch konzeptionelle Fehler (12) für das Scheitern verantwortlich. Der Studie von M.v. Freyhold zufolge, die auf systematischen Feldstudien aufbaute, kommt m.E. besonderer Begründungs- und Erklärungsgehalt zu. Dort kam sie zu dem Resultat, daß "letztendlich die Bürokratie den Slogan "Ujamaa" in ein Mittel für ihre eigenen Zwecke verkehrte." Seit 1972, so Freyhold, rückten zunehmend Verwaltungsinteressen gegenüber den Ujamaa-Dörfern in den Vordergrund staatlicher Politik,die auch in der geplanten "Aufreihung der Häuser in sauberen Militärreihen" ihren äußeren Ausdruck fand ((13) und Plan V-1). Weder das Ziel der gemeinschaftlichen Nutzung gesellschaftlicher Produktionsmittel noch das erhoffte Ziel der Produktionssteigerung konnte gefördert werden.

Aufgrund des Scheiterns der ujamaa-sozialistischen Entwicklung der ländlichen Gesbiete "auf breiter Front" gehen von dieser praktischen Politik keine langfristig entlastenden Wirkungen für die schnell wachsenden Städte aus. Die Land-Stadt-Migration nach Dar es Salaam steigt von Jahr zu Jahr. Das dörfliche Leben ist entgegen der Politik Tansanias bis heute nicht in dem Maß zu einer Alternative zum städtischen Leben geworden, daß es große Bevölkerungsteile von der Migration aus den Dörfern in die Städte abhalten könnte.

3. Restriktives Stadtwachstum durch Dezentralisierung der Produktionsstandorte und " Decentralisation" der Verwaltungsstruktur

3.1 Der Subregionalplan für Dar es Salaam, 1968

Den ersten Versuch der Dezentralisierung Dar es Salaams stellte der weitgehend in Vergessenheit geratenen Subregionalplan aus dem Jahr 1968 dar (14). Ein Planungsteam der Vereinten Nationen arbeitete im Ministry of Lands in Dar es Salaam, das von dem Polen Z. Pioro geleitet wurde. Ziel des Planes war es, die Subregion in einem Umkreis von ca. 60 km um Dar es Salaam mit ihren 310.000 Einwohnern integriert zu entwickeln, um so die jährliche Wachstumsrate Dar es Salaams von damals 8 % auf 6 % zu senken. Das integrierte Konzept hatte folgende Bestandteile:

1. Über die Tragfähigkeitsanalyse der regionalen Agrarflächen wurden die optimalen Standorte für eine landwirtschaftliche Marktproduktion identifiziert. Diese Standorte sollten gezielt gefördert und so zum Nahrungsmittellieferanten für Dar es Salaam werden (15).

2. In der Subregion sollte ein Netz von Service-Industrien und Versorgungszentren entwickelt werden. Als solche waren die Mittelstädte Ruvu, Bagamoyo, Kibaha und Kisarawe um Dar es Salaam herum vorgesehen. Auf diese Weise sollte die migrationsfördernde Zentrumsfunktion Dar es Salaams abgebaut werden (s. Plan V-2). Die Hierarchie der dezentralen Produktions- und Servicezentren sollte die subregionalen Agrargebiete zu homogenen Wirtschaftseinheiten abrunden; es sollte eine "multizentrische Subregionalstadt" entstehen (16).

3. Das auf Dar es Salaam ausgerichtete, zentrumsorientierte Verkehrsnetz sollte in ein regional vernetztes System umgewandelt werden. Die großen Mittelstädte der Subregion sollten zentripetal miteinander verbunden werden (17). Die Straßenführungen sollten mit den landwirtschaftlichen Produktionsflächen koordiniert werden.

4. In Ergänzung zu den langfristigen Maßnahmen der regionalen Umstrukturierung wurden flankierende ad hoc-Maßnahmen vorgeschlagen. So sollte zur Abschreckung weiterer Migranten nach Dar es Salaam eine permanente Zwangsrücksiedlung von Arbeitslosen aufs Land vorgenommen werden (18).

Plan V-2
Die geplante Hierarchie der Zentren im Subregionalplan

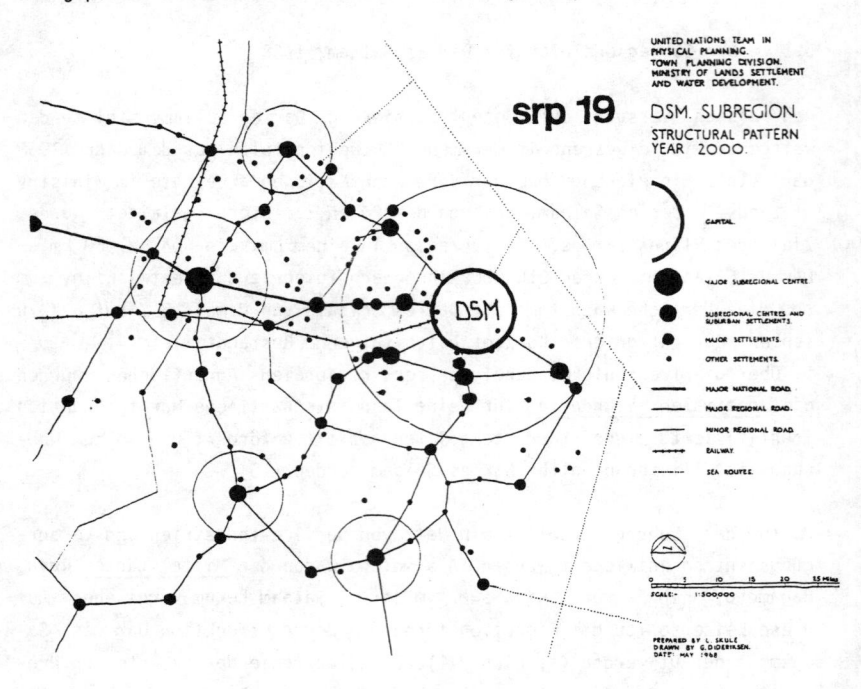

Quelle: United Nations Team, DSM 1968

Für die Implementierung dieses weitreichenden Programms war der Plan jedoch zu wenig aktionsorientiert: Es fehlten die finanziellen Ressourcen, um die infrastrukturellen Vorleistungen erbringen zu können; das Straßensystem blieb in schlechtem Zustand; die Konzentration der Verkehrswege auf Dar es Salaam konnte nicht umgepolt werden; die Strassen blieben saisonal unpassierbar. Kaum etwas von dem Subregionalplan wurde implementiert (19). Zudem wurden die Finanzmittel im nachfolgenden 2. Fünfjahresplan (1969-74) nicht so dezentralisiert, wie es der Subregionalplan erfordert hätte (vgl. Kap. V.3.2).

Pioros Subregionalplan stellte einen radikalen, aber zu planungstheoretischen Versuch dar, die stark zentrierte, Raumstruktur zu "polarisieren". Sein Konzept der "Polarisation" um Mittelstädte herum setzte tiefgreifende gesellschaftliche Veränderungen voraus, um wirksam werden zu können:
- In der Subregion hätte die Geldwirtschaft der dominante Wirtschaftssektor werden müssen, um durch staatliche Investitionen nachhaltige Effekte erzielen zu können.
- Es hätte einer wirksamen Planungsverwaltung bedurft, die über längere Zeiträume zielkonsistent entscheidet.
- Das Arbeitskraftpotential des Hinterlandes hätte für nicht-agrarische Tätigkeiten ausreichend qualifiziert sein müssen, ohne zugleich zur Migration motiviert zu werden, damit die Innovationen in den ländlichen Gebieten positiv hätten weitergeführt werden können.

Der Subregionalplan des United Nations Team war ein sinnvolles Strukturkonzept, das jedoch in abstrakter Negation der vorhandenen, gesellschaftlichen Bedingungen auf dem Niveau bloß wünschbarer Bedingungen stehen blieb. Pioro hat dieses Dilemma später selbst erkannt, daß nämlich "eine Form der Gesellschaft durch eine andere ersetzt werden muß", um sein Konzept der "Polarisation" durchführen zu können. Umgekehrt, meinte Pioro, sei die Veränderung der afrikanischen Gesellschaft - er sprach in diesem Zusammenhang von den "Erfordernissen der Modernisierung" - abhängig von der Dezentralisierung in Wachstumszentren:
"The transformation of African societies depends, in other words, not only on the growth of production in industry and in agriculture, but also on the polarising effects of growth centers which are capable of diffusing innovations in work organisation and in ways of life only to their own hinterlands" (20).

3.2 Der 2. Nationale Fünfjahresplan 1969 - 1974

Der 2. Nationale Fünfjahresplan (2. N.F.Y.P.), wie auch später der 3. Fünfjahresplan, sahen in der Urbanisierung des ursprünglich agrarischen Landes ein "unvermeidliches Phänomen" (21). Gegen dieses Phänomen hatte die Erklärung von Arusha das Leitziel einer räumlich und sozial ausgeglichenen Entwicklung des Landes entworfen. 1967 wurden ca. 20 % des Bruttosozialproduktes (BSP) in Dar es Salaam allein produziert; das bedeutete eine pro Kopf-Produktivitält, die 10 mal höher als der nationale Durchschnitt war (22)! Im 2. N.F.Y.P. nun wurde erstmals in Tansania auf zentralstaatlicher Ebene ein Konzept der Dezentralisierung des urbanen Wachstums entworfen.

Die Dynamik der ungleichen Entwicklung wurde im Entwicklungsplan mit Kategorien von G. Myrdal beschrieben: Nachdem erst einmal große Investitionen in Dar es Salaam getätigt worden seien, entwickelten sich in einem "kumulativen Prozeß" zusätzliche Investitionsmöglichkeiten. In einem entsprechenden "Teufelskreis" befänden sich die vernachlässigten Regionen, in denen es an den infrastrukturellen Voraussetzungen für effektive Investitionen mangele. Es wurde also - wie bei Myrdal - von der "zirkulären Verursachung eines kumulativen Prozesses" ausgegangen (23).

Gegen diesen nun auch in seinen quantitativen Ausmaßen fast "unvermeidlichen" Urbanisierungstrend stellte der 2. N.F.Y.P. eine Kombination gleichgerichteter Strategien:
- Die Zentralregierung sollte mit einem Anteil von 37,8 % an den gesamten Investitionen des 2. N.F.Y.P. (8,085 mio. TSHs) die wichtigste Steuerungsfunktion unter anderen nationalen und internationalen Entwicklungsträgern behalten; über die Verteilung der Investitionen auf die regionalen Projekte aber sollten die Regionen dezentral entscheiden (24).
- Entsprechend den Zielen der Arusha-Erklärung sollte der Schwerpunkt der Investitionen in den ländlichen Gebieten liegen.
- Die Bildungsinhalte der Grundschulen sollten auf die Erfordernisse der agrarischen Produktion abgestellt werden.
- Die Expansion der "primate city" sollte durch eine entschiedene Politik der Dezentralisierung der Industriestandorte gebremst werden. Im

Plan wurde sie "urbane Dezentralisierung" genannt.

Im Rahmen dieser Politik sollten 9 Wachstumspole außerhalb des Zentrums Dar es Salaam durch gezielte Industrieansiedlung, durch Dezentralisierung von Regierungsfunktionen und eine regionale physische Planung zu "poles of eventual self-sustained growth" gefördert werden. Längerfristig sollten "koordinierte Regionalpläne" erstellt werden. Im Folgenden wird die urbane Dezentralisierungspolitik dargestellt, von der besondere Auswirkungen auf die Entwicklung Dar es Salaams erwartet wurden.

Regionale physische Planung (als dt. Übersetzung des englischen, planungstheoretischen Begriffs "physical planning") entwirft im Zusammenhang Strategien für die infrastrukturelle und wirtschaftliche Entwicklung der Regionen über einen Zeitraum von 20 Jahren ("Structure Plan"). Für einen kürzeren Zeitraum von 5 - 10 Jahren stellt sie dar, wie die Strategien durch bestimmte Flächennutzungen, differenzierte sektorale Maßnahmen, Verteilung der Dienstleistungen und einzelne Infrastrukturmaßnahmen umgesetzt werden können ("Development Plan"). Physische Planung stellt innerhalb dieses Planungssystems die räumliche Lokalisierung und Koordination von Zielvorgaben aus umfassenden, multisektoralen Entwicklungsplänen ("Comprehensive Plans") dar (25). Mit dieser Art von Planung auf regionaler Ebene wurde in Tansania zum ersten mal gearbeitet.

Als Voraussetzung für die eigenständige Entwicklung der Wachstumspole wurden Investitionen in die technische Infrastruktur dieser Pole erachtet. Die Investitionen der 1967 verstaatlichten, großen Industrien sollten in die Pole gelenkt werden, um für die ländlichen Überschuß-Arbeitskraftpotentiale lokale Alternativen zu schaffen. Als kommerzielle Versorgungszentren sollten die Pole die Versorgung ihres Umlandes verbessern. Die Strategien der urbanen Dezentralisierung zur Entlastung Dar es Salaams sind im 2. N.F.Y.P. wie folgt zusammengefaßt:
"In order to mobilize development in a region it is necessary to concentrate enough activities of sufficient size and wide enough range that the general tempo of economic activity accelerates sufficiently to justify the projects implemented and provides an environment in which a range of new investment opportunities are spontaneously developed"

(26).

Die Persistenz der kolonialen Raumstruktur und die real vorhandenen geringen Handlungsmöglichkeiten der Regierung erschwerten jedoch die geplante regionale Umorientierung der Industriestandorte und Infrastrukturen. Die Widersprüche zwischen Planzielen und durchsetzbarer, politischer Praxis wurden im 2. N.F.Y.P. selbst deutlich und dort auch angesprochen: "The importance of the capital is such that there is a large number of projects which cannot be feasibly located elsewhere" (27). Bereits bei der Formulierung des Planes hatte es um die Frage der Machbarkeit der Dezentralisierung auf 9 Wachstumspole Diskussionen zwischen der internationalen Expertengruppe und der Regierung gegeben (28). Die begrenzte Tragfähigkeit der Entwicklungspole wurde darin bereits deutlich, daß sechs der neun Pole Einwohnerzahlen unter 50.000 hatten. Die Zahl der neun Pole stellte dann einen Kompromiß dar, der in der realen Mittelverteilung später im wesentlichen auf drei Pole (Tanga, Arusha, Morogoro) zusammenschmolz (s. Graphik V-1).

Graphik V-1
Regionale Verteilung der nationalen Entwicklungsausgaben in den Haushaltsjahren 1972/73 - 1974/75 (in TShs. pro Kopf/p.a.)

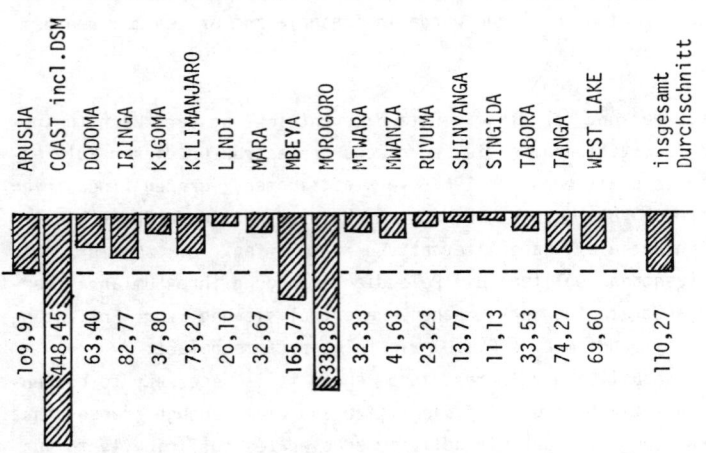

ARUSHA	109,97
COAST incl.DSM	448,45
DODOMA	63,40
IRINGA	82,77
KIGOMA	37,80
KILIMANJARO	73,27
LINDI	20,10
MARA	32,67
MBEYA	165,77
MOROGORO	338,87
MTWARA	32,33
MWANZA	41,63
RUVUMA	23,23
SHINYANGA	13,77
SINGIDA	11,13
TABORA	33,53
TANGA	74,27
WEST LAKE	69,60
insgesamt Durchschnitt	110,27

Quelle: United Rep. of Tan. "Third Five Year Plan", Vol.1, S.121
Darstellung: der Verfasser

Die Weltbank äußerte unter ihrem ökonomistischen Entwicklungsverständnis wiederholt Bedenken gegen eine solche Politik der Dezentralisierung in Afrika: "Given the low density of effective demand, the scarcity of managerial talent and the low level of urbanization, direct policies of decentralization in most African countries represent the wrong approach" (29).

Und in einer anderen Veröffentlichung der Weltbank heißt es zur Dezentralisierung bezogen auf alle Entwicklungsländer (trotz gegenteiliger Erfahrungen z.B. aus Kuba): "Regardless of how desirable the goal, serious doubt must be expressed about the ability of most governments to have anything but a very marginal impact on the movement of people. The task is too big and the changes are occurring too rapidly to hold out much hope for success of such decentralization efforts" (30).

Trotz dieser Sicht der Weltbank war das grundsätzliche Konzept zur Entlastung Dar es Salaams für Tansania jedenfalls wichtig und richtig. Aber die hohen Investitionsmittel, die offenbar immer wieder zur Sicherung des infrastrukturellen Bestandes in Dar es Salaam für die primate city angesetzt werden mußten, konterkarierten das Konzept. Allein einzelne Prioritäten des Master Planes 1968 für Dar es Salaam verschlangen große Teile des zur Verfügung stehenden Investitionsvolumens: Nur für Dar es Salaam wurden im 2. N.F.Y.P. entsprechend dem Master Plan
- 38 % der Investitionen in die Elektrizitäts- und Wasserversorgung,
- 53 % der Investitionen in die Wohnungsversorgung,
- 17 % der Investitionen in die ökon. Infrastruktur vorgesehen (31).
- In Dar es Salaam sollten 33 % aller Industrieprojekte und 24 % aller neuen Beschäftigten-Stellen in der Industrie liegen, nachdem bereits 26 % aller Industriebeschäftigten dort arbeiteten (32).

Entgegen den in der Planung vertretenen politischen Zielen hatte in den Jahren nach dem 2.N.F.Y.P. die Coast-Region, in der Dar es Salaam lag, in der politischen Realität in allen Schlüsselbereichen der sozialen und ökonomischen Infrastrukturentwicklung den höchsten absoluten Investitionsanteil erhalten. Graphik V-1 zeigt, daß auch die pro Kopf-Investitionen für die Coast-Region den Planungen zufolge die höchsten sein sollten. Dies änderte sich zumindest bis in die späten 70er Jahre nicht, wie Tabelle V-1 zeigt.

Tabelle V-1

Regionale Verteilung der Zentralstaatlichen Mittelzuweisungen
in den Haushaltsjahren 1975/76 - 1978/79 (in TShs.)

Region	1975/76 Vorläufige Tatsächl. Ausgaben	1976/77 Verabschiedete Schätzung	1977/78 Schätzung	TSHs/E. der Region	Rang nach Shs/E.	1978/79 Annähernde Voraussage
Arusha	75.014.493	72.585.450	93.639.700	101	10	98.810.800
Coast	40.790.131	45.914.950	62.197.400	120	1	65.987.800
Dodoma	77.517.598	76.330.550	99.809.200	103	7	106.067.800
Iringa	52.268.147	61.370.750	81.127.700	88	16	85.898.800
Kigoma	36.628.869	45.776.950	60.188.900	93	15	63.740.600
Kilimanjaro	70.289.173	76.158.550	103.430.200	115	2	109.430.200
Lindi	37.641.084	48.394.550	59.006.700	112	4	62.537.300
Mara	48.901.399	56.492.150	74.119.100	102	9	78.567.000
Mbeya	63.008.774	69.531.650	90.557.600	84	18	95.939.100
Morogoro	63.446.461	69.647.750	90.551.600	96	13	95.938.600
Mtwara	48.643.686	54.071.350	73.252.600	95	14	77.605.800
Mwanza	65.187.392	81.286.550	107.902.600	75	19	114.369.300
Ruvuma	42.285.364	46.536.750	61.097.800	109	5	64.680.400
Shinyanga	50.135.444	60.199.950	78.952.200	60	20	83.625.900
Singida	46.684.666	51.700.850	69.479.000	113	3	73.652.300
Tabora	44.970.003	51.864.650	69.255.800	85	17	73.406.100
Tanga	85.804.444	84.873.250	108.545.600	105	6	114.936.700
Westlake	56.156.656	72.314.750	99.373.800	98	11	105.230.600
Dar es Salaam	66.783.090	73.524.050	86.551.400	103	8	91.582.400
Rukwa	29.668.464	33.189.750	43.949.900	97	12	46.565.300
Total	1.101.825.338	1231.936.600	1.612.988.800	95		1.708.798.500

Zusammenstellung: der Verfasser
Quelle : United Rep.of Tanzania, "Estimates of Public
Expenditure Supply Votes (Regional) for the
year from 1st July 1977 - 30th June 1978 as
passed by the National Assembly", DSM 1977 b

Über die Allokation der Mittel hinaus blieb auch die Entscheidung über die Investitionen entgegen den politischen Absichten zentralisiert. Die Entwicklungsausgaben wurden weiterhin von Dar es Salaam aus zugeteilt: Statt 60 % wurden 80 - 90 % der Gesamtinvestitionen von der Zentralregierung und den Parastatals in Dar es Salaam zentral gelenkt (33).

Zwei Jahre nach seiner Verabschiedung hatte sich die Realität so weit von den Planungen entfernt, daß der Plan von der Regierung nicht mehr als Referenzrahmen für staatliche Investitionen herangezogen und

Entscheidungen unter eher pragmatischen Kriterien entschieden wurden. Gemessen an dem Ziel, das Wachstum Dar es Salaams nachhaltig zu beeinflussen, scheiterte die Politik der 9 Wachstumspole des 2. N.F.Y.P.. Die Konzentration der Industrien in Dar es Salaam hielt an, und die Migration nahm zu. In jüngster Zeit ist allerdings eine Tendenz zur Entwicklung einiger weniger Wachstumspole zu beobachten.

Ohne hier auf eine regionalwissenschaftliche Kritik der Wachstumspol-Theorie eingehen zu können (34) - sie würde den Bezug zur Fragestellung zerreißen-, können fünf Ursachenkomplexe für den geringen Erfolg der urbanen Dezentralisierung angegeben werden:

1. Die ökonomische Infrastruktur in den meisten ausgewählten Wachstumspolen reicht nicht aus, um schon durch einige Initialinvestitionen selbsttragende, subregionale Wachstumsprozesse in Gang zu bringen. Die vorhandenen Ressourcen Tansanias erlaubten aber nicht, eine gegen die bereits etablierten Produktionsstandorte gerichtete Investitionspolitik allein mit nationalen Mitteln zu betreiben. Für die Entwicklung dezentraler Industriestandorte wäre das Land in hohem Maß auf externe technische und finanzielle Hilfe angewiesen gewesen. Hinter der internationalen Entwicklungshilfe standen jedoch andere Interessen und Prioritäten.

2. Die administrativen Voraussetzungen für die Implementierung der relativ globalen, politischen Leitziele des 2. N.F.Y.P. waren nicht vorhanden. Eine klare Kompetenzverteilung für deren beharrlichen Vollzug fehlte ebenso wie eine funktionsfähige administrative Infrastruktur- Daten, Fachleute, sachliche Ausstattung der Behörden - für die urbane Dezentralisierung."Die regionalen Ziele"(im 2. N.F.Y.P.), so S.S.Mushi, beruhten mehr auf Spekulation denn auf Daten" (35). Insofern waren die Erwartungen der Experten aus den Industrieländern an die Planungskapazität der tansanischen Administration unrealistisch gewesen. Ebenso unrealistisch war wahrscheinlich die Erwartungshaltung höchster Regierungsstellen gegenüber den Experten (36).

3. Der zentrale Mangel in der Politik der urbanen Dezentralisierung lag darin begründet, daß im Plan selbst und in den folgenden Jahren kein

Konzept der industriellen Transformation vorgelegt werden konnte. Nur ein solches Konzept hätte mit Aussicht auf Erfolg bewirken können, daß Industrien, die bislang ihre optimalen Standortbedingungen in der primate city fanden, nun unter anderen Zielsetzungen sinnvoll hätten dezentralisiert werden können. Für ein solches Konzept hätten folgende Ansätze u.U. mehr Erfolg gehabt:
- Die Ausrichtung der dezentralen Industrien auf die Weiterverarbeitung landwirtschaftlicher Produkte zur Schaffung strukturell homogener, dezentraler Wirtschaftskreisläufe.
- Die Orientierung der Weiterverarbeitung auf den regionalen und nationalen Konsumbedarf.
- Die regionale Vernetzung der Produkionspotentiale mit dem Ziel regionaler Wirtschaftskreisläufe, die Entwicklungsanstöße für das ländliche Umland hätten geben können (37).

Ohne eine Industrialisierungsstrategie mit dieser hier nur grob skizzierbaren Zielrichtung blieb das urbane Wachstum auf die großen Städte, im wesentlichen auf Dar es Salaam, konzentriert.

4. Aufgrund der Interessenlage der (städtischen) Staatsklasse in den politischen und bürokratischen Positionen konnte nicht davon ausgegangen werden, daß die Dezentralisierung des Machtzentrums die Unterstützung der Verantwortlichen finden würde. Bis heute werden Verwaltungszentralen und nationale öffentliche Einrichtungen in Dar es Salaam gebaut. Insgesamt wurden für Dar es Salaam über die Planperiode mehr Mittel bereitgestellt, als in dem Plan vorgesehen war. Maximal 10 % der zentralen Entwicklungsausgaben sollten für die Infrastruktur der Städte ausgegeben werden, tatsächlich lagen diese Ausgaben aber höher. Doch nicht einmal dies reichte für eine bedarfsgerechte Entwicklung Dar es Salaams aus(38). Die Interessen, die die politische Praxis unter dem 2.N.F.Y.P. bestimmten, festigten die Rolle der primate city. Sie blieb Machtzentrum und Standort der Revenuequellen der Staatsklasse.

5. Mit der Ausarbeitung der Raumordnungsstrategie des 2. N.F.Y.P. war eine Gruppe internationaler Experten beauftragt worden. Anhand vager Zielvorgaben oder Terms of Reference für die beabsichtigte Dezentralisierungspolitik und unter großem Zeitdruck wurde das Wachstumspol-Konzept entworfen. Die fehlende Koordination zwischen den verschiedenen

Plänen und den isoliert arbeitenden Teams trug dazu bei, daß kein konsistentes Konzept entstand. Die Zahl von neun Polen entstand als untauglicher Kompromiß zwischen den Vorstellungen der Regierung (mehr Pole) und der Experten (weniger Pole) war. Die Planperiode war zu diesem Zeitpunkt bereits angelaufen, sodaß in sehr kurzer Zeit die Inhalte der "Regionalen Perspektiven" des 2. N.F.Y.P. festgelegt werden mußten. Zielformulierung, Strategiefindung und Mitteldefinition der urbanen Dezentralisierung wurden ohne ausreichende Berücksichtigung der Implementierungsvoraussetzungen übers Knie gebrochen. Planung verselbständigte sich zu einem professionell erarbeiteten, geschlossenen Planwerk, in dem der Bezug zur praktischen Durchführbarkeit verlorengegangen war. Planung wurde zum "Dokumentismus"(39), in dem Planung und Implementierung auseinanderfielen (40).

Aufgrund dieser fünf Ursachenbündel für die geringe Wirkung des Konzepts der urbanen Dezentralisierung konnte die Stellung Dar es Salaams als primate city nicht abgebaut werden. Unvermeidbar war dieses Scheitern nur insofern, als angesichts fehlender materieller, administrativer und fachlicher Ressourcen ein zu hoher staatlicher Anspruch auf geplante Veränderung gestellt wurde, der mithilfe kurzzeitig eingesetzter internationaler Experten - nicht einzulösen war(41).

3.3 Die "Decentralisation" der Verwaltung 1972 und der administrative Status Dar es Salaams

Im Juli 1972 wurde die tansanische Verwaltungsstruktur nach den Studien und Empfehlungen der amerikanischen Consulting für Unternehmensberatung McKinsey grundlegend reformiert. Die Planung und Implementierung von Entwicklungsprojekten sollte innerhalb der staatlichen Administration dezentralisiert werden. Ca. 3.000 höhere und mittlere Beamte wurden vom Sitz der Zentralregierung in Dar es Salaam in die 20 Regionen und 73 Distrikte geschickt. Zur Unterscheidung von der regionalen Dezentralisierungspolitik wird hier von "Decentralisation" gesprochen.

In einem Grundsatzpapier stellte Nyerere die Decentralisation ausdrücklich in den Zusammenhang der Politik des Ausgleichs der Entwicklungsdisparitäten und der Partizipation der Bevölkerung am politischen Entscheidungsprozeß, die mit der Erklärung von Arusha eingeleitet worden war (42). Im Zusammenhang dieser Arbeit ist daher die spezielle Fragestellung von Bedeutung, ob die Verwaltungsdezentralisierung restriktive Auswirkungen auf das Wachstum der primate city hatte. Durch die Reform des administrativen Entscheidungsprozesses veränderten sich die Handlungsspielräume der lokalen Verwaltung in Dar es Salaam. Veränderten die neuen Handlungsspielräume auch die Praxis der Stadtentwicklungspolitik in Dar es Salaam?

Bis 1972 war die staatliche Administration in hohem Maße zentralisiert. Die Fachabteilungen der Gebietsverwaltungen waren ihren jeweiligen Ministerien in der Hauptstadt verantwortlich und Projektmittel wurden von dort zugeteilt. Es bestanden jedoch seit der britischen Kolonialzeit auch Formen der lokalen ländlichen und städtischen Selbstverwaltung, die durch eine eigene Steuererhebung materiell abgesichert war und mit Lokalparlamenten (District Councils) eigene Entscheidungskörperschaften hatte. An dieser kolonialen Form der begrenzten dezentralen Selbstverwaltung wurde zu Recht die verdeckte Herrschaftstechnik der britischen Kolonialmacht kritisiert: Mit dem Konzept des "indirect rule" sollten damals lokale Konfliktpotentiale abgepuffert werden. Diese Formen lokaler Autonomie wurden durch die Decentralisation abgeschafft, was real einer Zentralisierung gleichkam.

Graphik V-2

Die nationale Verwaltungsorganisation nach der Decentralisation - 1972

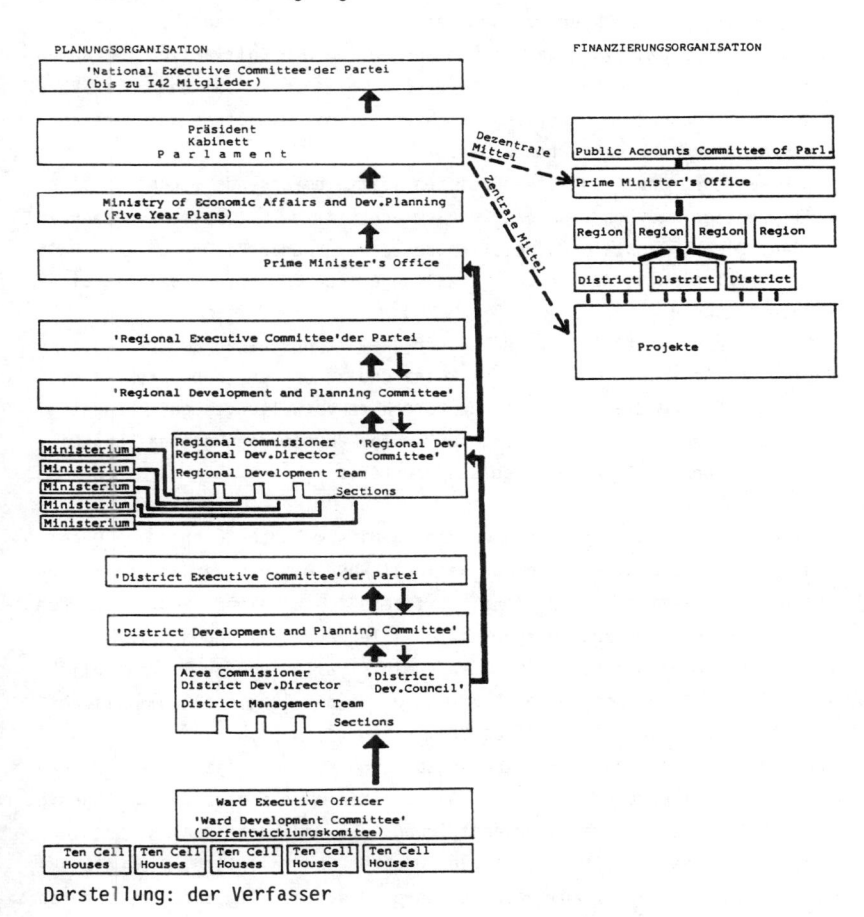

PLANUNGSORGANISATION

- 'National Executive Committee' der Partei (bis zu 142 Mitglieder)
- Präsident / Kabinett / Parlament
- Ministry of Economic Affairs and Dev. Planning (Five Year Plans)
- Prime Minister's Office
- 'Regional Executive Committee' der Partei
- 'Regional Development and Planning Committee'
- Ministerium / Regional Commissioner / Regional Dev. Director / 'Regional Dev. Committee' / Regional Development Team / Sections
- 'District Executive Committee' der Partei
- 'District Development and Planning Committee'
- Area Commissioner / District Dev. Director / 'District Dev. Council' / District Management Team / Sections
- Ward Executive Officer / 'Ward Development Committee' (Dorfentwicklungskomitee)
- Ten Cell Houses …

FINANZIERUNGSORGANISATION

- Public Accounts Committee of Parl.
- Prime Minister's Office
- Region / Region / Region / Region
- District / District / District
- Projekte

(Dezentrale Mittel / Zentrale Mittel)

Darstellung: der Verfasser

Mit der Decentralisation sollten die sich vormals politisch ausbalancierenden Machtfaktoren (was in der Realität natürlich die Durchsetzung der Kolonialmacht bedeutete) in eine rational strukturierte, effektive Bürokratie eingebunden werden, die durchgängig von der lokalen Ebene bis zur Zentralregierung organisiert war (s. Graphik V-2). Die Ziele dieser Reform können in drei Punkten zusammengefaßt werden:

- Durch die Partizipation der lokalen Bevölkerung an der Entwicklungspolitik hoffte man, Basisinitiativen freizusetzen; es sei allerdings Vorsorge zu treffen, so Nyerere, daß "einfache und verständliche Verfahren" für ihre Umsetzung geschaffen würden, um die Initiativen im Rahmen der nationalen Ziele Sozialismus und self-reliance zu halten. Die Verfahren der Bürokratie sollten, so Nyerere, mit Sympathie und Verständnis" zur Anwendung gebracht werden.

- Den Regionen und ländlichen Gebieten sollte umfassende Verantwortlichkeit gegeben werden, um die Problemkenntnis vor Ort optimal nutzen zu können. Die horizontale Kooperation der acht Fachabteilungen innerhalb der dezentralen staatlichen Verwaltungen schuf hierfür administrative Voraussetzungen.

- Die Kompetenzverteilung zwischen den Verwaltungsebenen Zentralstaat - Region - Distrikt war in der Weise neu zu ordnen, daß Bürokratismus ("red tape") und die "Tyrannei der korrekten Verwaltungswege" beseitigt und keine neuen "lokalen Tyrannen in der Person der Regional und District Development Directors" entstünden (43).

Welche Verwaltungstrukturen wurden zu diesem Zweck durch die Decentralisation geschaffen? In den Regional- und Distriktverwaltungen wurden die Fachbeamten ("functional officers") zu einem kooperierenden "Entwicklungsteam" zusammengebracht. Alle Fachabteilungen unterstanden dem "Development Director". Höchste administrative und zugleich politische Instanz in Region und Distrikt wurde der "Regional Commissioner" (R.C.) beziehungsweise der "Area Commissioner" (A.C.).
Innerhalb der nationalen Entwicklungsplanung kam den Distrikten und Regionen gesteigerte Bedeutung zu. Sie sollten auch finanziell unabhängig werden, indem, wie bereits erwähnt, rund 40 % des nationalen Entwicklungshaushaltes in ihre Verfügung gegeben werden sollte. Die Entwicklungsplan-Entwürfe mit Kostenschätzungen wurden künftig auf der unteren Distriktebene jährlich erstellt, auf der nächsthöheren Regionalebene zu Regionalplänen zusammengestellt und als abgestimmte Planentwürfe einem Kabinettsausschuß und den höchsten Parteigremien sowie den Ministerien zur Formulierung von Prioritäten und Richtlinien übersandt. Von dort wurden sie den Regionen zurückgeschickt, um die jährlichen Regionalentwicklungspläne zu verabschieden. Für die Koordination der Pläne aus allen Regionen wurde das neu geschaffene Prime Minister s Office (PMO)

zuständig, das die Pläne mit den notwendigen Änderungen an die jeweiligen Ministerien weiterleitete. Von der Zentralregierung wurden sie dann als jährlicher, nationaler Entwicklungsplan verabschiedet.

Aus der kurzen Darstellung der wesentlichen Ziele der Decentralisation wird die Wichtigkeit deutlich, die der staatlichen Bürokratie grundsätzlich beigemessen wurde. In einer frühen Einschätzung der Decentralisation schrieb Finucane 1974, "the main thrust of the decentralization is extremely cautious with regard to shifting away from the bureaucratic approach...Project selections will be done on a rational basis by specialised bureaucrats who know what is needed and who would be rendered less efficient and rational by the intervention of popular (by definition, non rational) elements" (44). Auf das prekäre Verhältnis zwischen Basisinitiative und staatlicher Bürokratie, das durch Sympathie und Verständnis allein nicht zu entschärfen war, sind wir bereits in der Diskussion des Master Plan 1979 und im Zusammenhang mit der Diskussion der Herrschaftsstrukturen in Tansania gestoßen.

Bereits in der allgemeinen Formulierung der Ziele der Decentralisation werden nur schwer versöhnbare Zielkonflikte deutlich. Der Partizipationsgedanke von unten stand in virtuellem Konflikt zum Umverteilungspostulat, das zentralstaatliche Steuerungsmaßnahmen und bürokratische Kontrolle der Gesamtentwicklung von oben erforderte. Die Praxis der folgenden Jahre brachte diesen konzeptionellen Widerspruch deutlich zum Ausdruck. Die Decentralisation konnte in wesentlichen Punkten nicht realisiert werden. Anspruch und Realität der Decentralisation traten in den folgenden Jahren auseinander. Großer Mangel bestand an ausgebildeten Fachbeamten - Stadtplanern, Bauingenieuren, Ärzten und Finanzplanern. Bis in die Mitte der 70er Jahre hinein konnten daher nicht alle Regionalverwaltungen eingerichtet werden, sodaß knapp 50 % der Regionen ein gemeinsames "Zonal Office" teilen mußten.

Die aufwendige, deduktive Planungsstruktur hätten nur leistungsfähigere Verwaltungen auf allen drei Ebenen in die Praxis umsetzen können. So hatte die Decentralisation eine enorme Ausweitung der tansanischen Bürokratie zur Folge, wie Tab. V-1 zeigt. Die nationalen Ausgaben für den Verwaltungshaushalt (recurrent budget) stiegen zwischen 1971 und

1978 um 508% (45). Mindestens 50%, teilweise 80% der regionalen Gesamthaushalte (recurrent und development budget) waren für Personalausgaben der Bürokratie und der sozialen Dienste gebunden. Dennoch blieben die Regional- und Distriktverwaltungen materiell und personell völlig unterausgestattet. Ohne entsprechende administrative Infrastruktur besonders auf der lokalen Durchführungsebene waren die staatlichen Planungsträger bereits mit dem Betrieb des angestrebten Verwaltungsverfahrens dezentraler, rationaler Planung überlastet. Innovative Problemlösungen wurden vernachlässigt und selbst die Durchführung einmal beschlossener Projekte gelang oft nicht, wie auch die in Kapitel III bereits belegten Erfahrungen aus der Regionalbehörde in Dar es Salaam gezeigt hatten (46).

Tab. V-1

DIE ZUWACHSRATE DER NATIONALEN VERWALTUNGSAUSGABEN NACH DER DEZENTRALISIERUNG 1972 (1972 = 100)					
HAUSHALTSJAHR	1970/71	1971/72	1972/73	1973/74	1974/75
AUSGABEN FÜR ADMINISTRATION	111	114	100	197	263
LAUFENDE AUSGABEN (RECURRENT)	73	80	100	125	179

Quelle: United Rep. of Tanzania "The Economic Survey 1975"- 76, S. 30

Aufgrund von Interessenlagen und Verwaltungsengpässen blieben die staatlichen Investitionen der Regionen stark auf die urbanen Gebiete konzentriert. Im Jahresentwicklungsplan 1977/78 der Region Dar es Salaam wurden beispielsweise nur ca. 29 % des Entwicklungshaushaltes für die ländlichen Gebiete der Region vorgesehen (47).
Der 1967 eingerichtete "Ländliche Entwicklungsfond" (RDF), um die Regionen in die Lage zu versetzen, über eigene Mittel zu verfügen, spielte ein Schattendasein von 1,5 % des Entwicklungshaushaltes des 2. N.F.Y.P. (48). Vom nationalen Entwicklungsbudget wurden statt der geplanten 40 % 1972/73 nur 8,4 %, 1973/74 nur 11,3 % und 1974/75 nur 13,5 % in die direkte Verfügung der Regionen und Distrikte gestellt. Im Durchschnitt der Jahre 1976/77 bis 1980/81 blieb dieser Anteil bei nur 11 % (49). Die District Councils und Town Councils, die vor 1972 selbst Steuern und Abgaben hatten erheben können und sich zum überwiegenden Teil eigenständig finanziert hatten, wurden 1972 dieser Rechte enthoben.

In der Beurteilung der Decentralisation ist daher der Einschätzung von A.H. Rweyemamu aus dem Jahr 1974 zuzustimmen: "...in an important sense therefore power for actual decision-making has not been decentralised, only administrative procedures have" (50).

Die gesellschaftlichen Machtstrukturen blieben auch als dezentralisierte in der Hand der Staatsbürokratie. Gegenüber dem Staatsapparat blieben die mit der Decentralisation beabsichtigte Partizipation und Selbsthilfeprojekte der Bevölkerung auf der Strecke. A. Coulson hat in diesem Zusammenhang darauf hingewiesen, daß nun - wie in der Kolonialzeit - "die Menschen vom Regierungsbudget erwarteten, versorgt zu werden, wenn sie soziale Leistungen wollten "(51).

Die Decentralisation orientierte in ihren praktischen Auswirkungen die Stadtentwicklungspolitik auf einen formalen, staatlich-institutionalisierten Planungsprozeß, in dem Partizipation und Selbsthilfe nur institutionalisiert möglich waren, wie auch S.S.Mushi in seiner Analyse der Decentralisation feststellte: "The main argument here is that popular participation in Tanzania has been difficult to achieve despite the clarity of policy.....because there is a contradiction between popular participation and formal government planning and management procedures" (52).
Diesem formalisierten Planungsprozeß stellte Mushi das "politisch-transformatorische Modell" der Planung gegenüber, das von gesellschaftspolitischen Rahmenkonzepten ausgehe, um von daher die Maßnahmen zur Erreichung quantitativer Ziele, wie die Verbesserung der städtischen Infrastruktur, und die Wahl der ersten Schritte zu bestimmen.

Schließlich hatte die Decentralisation für Dar es Salaam zur Folge, daß die Kompetenzen für die Stadtentwicklungsplanung und für deren Implementierung nach den Vorschlägen der McKinsey-Consultants auseinandergerissen blieben (s.Graphik V-2). Die "Urban Planning Division" im MLHUD war für erstere zuständig, das Prime Minister´s Office für die ökonomische Koordination der sektoralen Planungen und die Regionalbehörde für die Implementierung. Für den administrativen Koordinationsaufwand zwischen dieser aufgesplitterten Stadtplanungskompetenz und für die der Stadt verbleibende Aufgabe der Umsetzung dieser Planung blieb die Regionalbehörde Dar es Salaam völlig unzureichend ausgestattet.

3.4 Der "Integrierte Ländliche Entwicklungsplan" für die Region Dar es Salaam, 1975

Der "Rural Integrated Development Plan" für die Region Dar es Salaam (DSM-RIDEP) wurde 1975 von der kanadischen Entwicklungshilfeorganisation CIDA erstellt. Dieser Plan war Teil eines umfassenden Programms, das alle (mittlerweile) 20 Regionen Tansanias umfaßte (53). Mit der Ausnahme eines Regionalplanes für die Region Rukwa wurden diese Pläne von Expertengruppen aus dem Ausland durchgeführt. Zwei Pläne wurden von Experten aus Jugoslawien und Indien erstellt; die anderen waren - was Finanzierung und Durchführung anging - in der Hand der Weltbank und weniger westlicher Industrieländer. Die Weltbank spielte die führende Rolle in dem ganzen Programm. Sie erstellte 1973/74 den Musterplan für die Region Kigoma, an dem sich anschließend die Pläne für die anderen Regionen orientierten.

Das gesamte Unternehmen, das rund 196 Mio.DM kostete (54), war als ein Schritt zur praktischen Umsetzung der Politik der Dezentralisierung gedacht und als Vorbereitung für die regionalen Perspektiven des 3. F.Y.P., der 1975 anlaufen sollte (er wurde später um ein Jahr verschoben). Die Durchführung allein der Planungsphase verzögerte sich erheblich und zog sich bis 1979 hin. Das Prime Minister´s Office in Dodoma (PMO) sollte die vielen Expertengruppen - meist je 5 bis 10 Fachleute, die ein halbes Jahr im Land arbeiteten - koordinieren. Diese Koordination konnte auch hier wieder nur sehr unzulänglich geleistet wrden. Die Folge war ein unsystematisches Nebeneinanderherarbeiten der Kurzzeit-Consultants, die in dieser Situation jeweils eigene Planungsziele verfolgten oder sich am Musterplan der Weltbank orientierten.

J. Lohmeier hat diesen Musterplan für Kigoma und den Plan für Tabora in Fallstudien untersucht. Er charakterisiert die Konzepte dieser Pläne als den Versuch, die Entwicklung der Regionen durch Exportproduktion nach außen auf den Weltmarkt zu orientieren, statt homogene, regional integrierte Wirtschaftskreisläufe anzustreben. Das Ziel war eine Entwicklungsstrategie, die vordergründige Modernisierungsdefizite durch einen Katalog von Einzelprojekten einzuholen trachtete (55). Während Lohmeier das gesamte RIDEP-Programm für die 20 Regionen geradezu als den Wende- und Endpunkt des autozentrierten, tansanischen ujamaa-sozialistischen Entwicklungsweges ansieht (56) und R. Hofmeier aufgrund "konzeptioneller Unklarheiten" der unkoordinierten RIDEPs resümiert, daß sie zumeist "ohne jegliche direkte Auswirkung" waren (57), und auch L. Kleemeier den Fehlschlag der RIDEPs vornehmlich im unkoordinierten Engagement vieler Experten- und Consultantgruppen für das Programm begründet sieht(58), hält D.G.R. Belshaw sie für "reasonably appropriately designed for the Tanzanian economic, social and political contexts" (59).

Letzterer Einschätzung könnte man nur zustimmen, wenn man annähme, daß sich dieser gesellschaftspolitische Kontext innerhalb von sechs Jahren nach "Arusha" bereits radikal gewandelt hatte und das Ziel einer autozentrierten, ausgeglichenen Entwicklung 1973 aufgegeben worden war. Dies war nicht der Fall.
Wie nachfolgend im Zusammenhang mit dem Thema dieser Arbeit am DSM-RIDEP dargestellt werden soll, war der Plan für die Region Dar es Salaam nicht geeignet, die Ziele der Arusha-Deklaration ihrer Realisierung näherzubringen, die darauf abzielte Entwicklungsdisparitäten zwischen den Regionen, innerhalb der Regionen und zwischen der primate city und dem nationalen Hinterland zu verringern. Daß die RIDEPs diesem Ziel nicht gerecht wurden, soll im folgenden an dem - für unseren Zusammenhang zentralen und für Tansania besonders wichtigen - Plan für die Region Dar es Salaam dargestellt werden.

Ziele und Aufgaben der Consultant-Planung sind allgemein in "Terms of Reference" definiert. Diese Grundlage für den DSM-RIDEP war allerdings den CIDA-Experten nicht nur nicht bindend vorgeschrieben, sondern gar nicht ausgehändigt worden (60). Wohl in Unkenntnis über die Existenz eines solchen Papieres hatten sie ihre eigenen Aufgaben und Ziele daher frei mit dem Prime Minister´s Office ausgehandelt. Ein ungewöhnlicher Vorgang! Die später auftauchenden Terms of Reference schrieben zusammenfassend vor,
- die "Entwicklung der Region und Investitionsmöglichkeiten in geeigneten Sektoren zu bestimmen";
- die "Rolle jedes ländlichen Subsektors im Hinblick auf die Verwendung moderner Inputs und Produktionsmethoden" zu untersuchen und jeweils

spezifische Entwicklungsstrategien vorzuschlagen;
- mit dem Ziel einer produktiveren Landwirtschaft Vorschläge zu unterbreiten, die zu
1.) "der geeigneten Kombination der Güter- und Dienstleistungsproduktion" und
2.) den Voraussetzungen hierfür Aussagen machten;
- "eine Liste von Projektmöglichkeiten und -alternativen vorzulegen" (61).

Der letzte Punkt war im DSM-RIDEP verkürzt wiedergegeben worden. Genaugenommen wurde festgelegt, "eine Liste von Investitionsprioritäten innerhalb des vorhandenen Ressourcenspielraumes vorzuschlagen", die "Schlüsselprojekte identifiziert" und Voraussetzungen der administrativen Infrastruktur benennt (62). Die selbstverstandene Aufgabenstellung der Consultants war also in dem entscheidenden Punkt verkürzt, insofern nicht eine breite Projektliste, sondern eine Prioritätenliste ausgeschrieben war! Gerade aber an richtig gesetzten Projektprioritäten mangelte es in Tansania, nicht an Projekten.

Der DSM-RIDEP der kanadischen Experten ging von der Prämisse aus, daß trotz des Dezentralisierungskonzeptes des 2. N.F.Y.P.'s "die vielen bestehenden Industrien in Dar es Salaam weiter wachsen werden". Und er fuhr schlußfolgernd unmittelbar fort: "Mehr Gewicht ist jedoch auf die Entwicklung ländlicher Kleinindustrien zu legen, die soweit möglich auf lokalen Rohstoffen aufbauen" (63).
Die dann folgende, unkoordinierte und ungewichtete Projektauflistung der Experten folgte dieser Schlußfolgerung nicht. Weder wurde ein Konzept oder auch nur eine Priorität der Entwicklung von ländlichen Kleinindustrien herausgestellt, noch wurde der Schwerpunkt des Planes auf ländliche Projekte gelegt. Rund 75 % der im DSM-RIDEP vorgeschlagenen Gesamtinvestitionen von ca. 384 mio TShs., waren eindeutig Projekte nur für die Stadt Dar es Salaam. Die Bedeutung ländlicher Kleinindustrien für die Entwicklung des Hinterlandes wurde in der Projektliste des DSM-RIDEP nicht erkennbar. Ein Fundamentalziel des Programmes, die Erstellung von "integrierten, ländlichen Entwicklungsplänen" zum Abbau von Entwicklungsdisparitäten auch innerhalb der Regionen, wurde verfehlt.

Die zweite Kritik bezieht sich auf die vorgeschlagenen Projekte selbst. Der DSM-RIDEP setzte sich hierfür folgende Ziele: "Größerer Nachdruck ist auf "low-cost"-Projekte zu legen, Projekte, zu denen die Menschen durch Selbsthilfe beitragen können; Projekte, aus denen schnelle Entwicklungsanstöße resultieren; und in allen Projekten müssen lokale Ressourcen soweit möglich genutzt werden" (64). Eine derartige Orientierung der Projektliste war jedoch im Plan dann nicht erkennbar. Weder low-cost noch Selbsthilfe noch Produktivitätsorientierung noch homogene, regionale Produktionskreisläufe spielten bei der Projektwahl eine Rolle. Exoten unter den Projektvorschlägen des DSM-RIDEP, wie die Einrichtung eines Zoos in Dar es Salaam für 1,2mio TShs, oder von 7 Kinderspielplätzen mit "merry-go-rounds" waren keine vereinzelten Fehlleistungen. Die Consultants gingen erstaunlich ungebrochen vom Entwicklungsniveau moderner Industrieländer aus und stellten die Projektliste als Defizitkatalog auf dem Weg zur "modernen" Gesellschaft auf.

Die großen Defizitbereiche der Stadt Dar es Salaam wurden zu Projektpaketen, "packages", zusammengeschnürt und für Investitionsangebote an die Industrieländer kostenmäßig überschlagen. Ca. 90 % der vorgeschlagenen Projekte waren derartige große "packages", für deren Durchführung entweder internationale Consultants explizit empfohlen wurden oder grössere Technologie-Einkäufe notwendig wurden. Diese Projekte waren technologisch unangepaßte Lösungen zur Abwasser-, Müll- und Oberflächenwasserbeseitigung sowie autobahngleiche Straßenneubauten, die Mechanisierung der Straßenreinigungsarbeiten (!), eine vollelektronische Fähre *) und der Hinweis auf die Notwendigkeit eines "comprehensive integrated rural development plan". Einige dieser Projekte waren aus dem Master Plan 68 - der von anderen kanadischen Consultants geplant worden war - übernommen worden.

----

*) Bereits wenige Wochen nach der Indienstnahme der hochtechnisierten Fähre aus der Bundesrepublik war sie außer Betrieb. Sie hatte die Antriebsschraube verloren, die nun auf dem Grund des Hafenbeckens ein Symbol für eine verfehlte Entwicklungshilfe darstellte.

Es wurden vordergründig effektive Lösungen für die zu Recht festgestellten Mängel in einzelnen Infrastrukturbereichen befürwortet, die aber bedenkenlos die Abhängigkeit Tansanias von internationalen Hilfsprogrammen und unangepaßten Technologien in Kauf nahmen (66). Unberücksichtigt blieb auch der Aspekt einer beschäftigungswirksamen Projektpolitik. Jenes Projekt, das die Mechanisierung der Straßenreinigung vorsah, zeigte, daß es berechtigt ist, geradezu von einer unreflektierten Fixierung auf den technischen Standard der Industrieländer in diesem Plan zu sprechen. Selbsthilfeprojekte, zu Anfang des DSM-RIDEP rhetorisch gefordert, spielten im tatsächlichen Projektdesign keine Rolle mehr.

Die Vorschläge des DSM-RIDEP wurden nahezu vollständig von der Regionalbehörde in den 3.F.Y.P. der Region Dar es Salaam (1975/76 - 1979/80) übernommen (67). Der DSM-RIDEP war für die Entwicklung Dar es Salaams ein nachhaltiger Rückschritt. Gedacht waren die RIDEPs als Instrumente einer Planung in der Kompetenz der Regionen. Die Dezentralisierungspolitik sollte dadurch praktisch werden. Diese Funktion erfüllten die Pläne nicht, statt dessen wurde die neugegründete und noch uneingearbeitete Regionalverwaltung von internationalen Consultants und Experten abhängig.

Die Programme und Projekte des DSM-RIDEP waren nicht in Zusammenarbeit mit der zuständigen Behörde entwickelt worden. Ein Counterpart-Training für die künftigen Planungsfachleute der Region hatte nicht stattgefunden. In ungewöhnlicher Direktheit wurde in der Einleitung zum DSM-RIDEP von den Consultants eine mangelnde Zusammenarbeit beklagt, nämlich "...the preoccupation of a number of officers with day-to-day routine and crisis needs and their consequent unwillingness or inability to make themselves or their time available for meetings and discussions with the appropriate CIDA sectoral advisers" (68). Ist diese Unwilligkeit nicht aber verständlich, wenn man einer neu eingerichteten Regionalbehörde mit weitreichender, rechtlicher Planungsautonomie eine im Ministerium arbeitende Expertengruppe vorordnet? Ist dann noch eine Identifikation der Implementierungsbehörde mit den nationalen Entwicklungszielen und ein engagiertes Suchen nach eigenen, phantasievollen Problemlösungsansätzen zu erwarten? Zumindest für die Implementierungsphase des 3. Regionalen Fünfjahresplanes (1975/76 - 1979/80) war eine unkritische Fixierung der Projektpolitik in Dar es Salaam auf den DSM-RIDEP zu beobachten.

Der DSM-RIDEP hatte negative Folgewirkungen, die über die Frage einzelner Projektentscheidungen hinausgingen. Er verstärkte eine Erwartungshaltung bei der regionalen Administration, die bereits im Master Plan 1968 geweckt worden war, indem er Bedürfnisstrukturen und Erwartungshorizonte ausspannte, die für die modernisierungsorientierte Entwicklung ihrer Hauptstadt nur noch fertige Produkte westlichen Standards gelten ließen, z.B. die Müllbeseitigung, für die "Kuka"-Müllkompressionswagen gekauft wurden oder das bereits erwähnte Hochhaus-Civic-Centre (55 m Höhe), für das beharrlich über die 70er Jahre Verhandlungen mit internationalen Geldgebern geführt wurden. Bis ins Detail hinein wurde in den 70er Jahren der keimende Infekt der Modernisierungsfixiertheit spürbar, der kraß mit den geringen Haushaltsmitteln nach der Dezentralisierung kontrastierte.

Eine Dispensary in Kigamboni wurde im April 1978 fertig, jedoch bis (mindestens) Anfang 1979 nicht in Betrieb genommen, weil sie keine Klimaanlage im Behandlungsraum hatte. Eine Hauptfeuerwehrstation für die Stadt sollte für so viele Löschzüge Platz bieten, daß der Entwurf dann nicht finanzierbar war. Seit 1978 arbeitet die regionale Ingenieurabteilung an der Verkleinerung des Projektes, das bis heute (1985) einer Realisierung nicht nähergekommen ist. Zu der Fehlorientierung der grundlegenden Entwicklungsphilosophie mit der Folge sinkender Implementierungsraten regionaler Projekte in den 70er und 80er Jahren hatte die Planung der kanadischen Consultants wesentlich beigetragen.

Zusammenfassend ist festzustellen, daß der DSM-RIDEP kein konsistentes Entwicklungskonzept darstellte. Er bestand aus einer hastig zusammengestellten Liste von Modernisierungsdefiziten, die mit kostspieligen und devisenintensiv konzipierten Projekten behoben werden sollten.
Diese Projektstruktur und die Konzentration des Mitteleinsatzes auf den urbanen Teil der Region liefen sowohl den Zielsetzungen des DSM-RIDEP selbst als auch der offiziellen Politik zuwider. Für die großen sozialen Probleme Dar es Salaams bot der Plan kein entwicklungspolitisches

Konzept.

Aus ihrer Interessenlage heraus sah es die tansanische Staatsklasse nicht als nationale Aufgabe höchster Wichtigkeit an, die ausländischen Consultants für die Formulierung einer Entwicklungsstrategie und in jedem einzelnen Projektvorschlag auf die Leitziele tansanischer Entwicklungspolitik zu verpflichten. Die Durchführung des RIDEP-Programmes - der nicht integrierte Einsatz der Experten für die Dauer von nur fünf Monaten in Dar es Salaam - machte es der schwachen tansanischen Administration zusätzlich schwer, auf die spezialisierten Fachexperten wirksam Einfluß zu nehmen.

Trotz seiner offensichtlichen Mängel hatte er auch in Zukunft stadtentwicklungspolitische Bedeutung, insofern er praktisch als 3. Fünfjahresplan der Region übernommen worden war und auch die "Terms of Reference" für den Dar es Salaam Master Plan 1979 die Consultants auf die Bedeutung des DSM-RIDEP hinwiesen. Für die Staatsklasse stellte der DSM-RIDEP in den folgenden Jahren aufgrund seines technologisch orientierten Entwicklungsansatzes einen geeigneten Referenzrahmen für eine projektorientierte Stadtentwicklungspolitik und die Kooperation mit internationalen Kapitalgebern dar.

3.5 Der Plan für eine neue Hauptstadt - Dodoma

Pläne, die Hauptstadt Dar es Salaam wegen ihres feuchtheißen und malariaträchtigen Küstenklimas in das Landesinnere nach Tabora oder Dodoma zu verlegen, hatte es bereits in der deutschen Kolonialzeit gegeben (69). Beide Städte waren über die in der deutschen Kolonialzeit gebaute "Mittelbahn" relativ gut an die Hafenstadt Dar es Salaam angebunden.

Am 1. Oktober 1973 beschloß die Nationalkonferenz der TANU mit 1.859 Ja-Stimmen gegen 842 Nein-Stimmen (!) die Hauptstadt innerhalb der folgenden 10 Jahre von Dar es Salaam nach Dodoma zu verlegen. Das Abstimmungsverhältnis innerhalb der Staatspartei zeigte, daß das Unternehmen bei denen, die dabei etwas zu verlieren hatten, auf offene Ablehnung stieß. Teile der Staatsklasse befürchteten zu Recht, die Annehmlichkeiten der relativ weltoffenen Großstadt Dar es Salaam mit der unkomfortablen Provinzialität eines 50.000-Einwohnerstädtchens tauschen zu müssen. Die Nyerere-Fraktion innerhalb der Partei setzte sich gegen diese Opposition durch.

Die Gesamtkosten der Verlegung wurden damals auf gut 1 Mrd. DM geschätzt (70). 1974 wurde mit einer größeren Zahl vorbereitender Untersuchungen begonnen. Sie wurden von internationalen Consultants aus aller Welt durchgeführt. Ein tansanisches Ministerium für die Hauptstadtverlegung wurde gegründet und eine Durchführungsbehörde ("Capital Development Authority"), in der tansanische und internationale Experten zusammenarbeiteten. Im selben Jahr vergab die Regierung an P.P.A. - jene Consultantfirma, die bereits den Dar es Salaam Master Plan 1968 mit wenig Erfolg verfaßt hatte - den Auftrag, den Master Plan für die Hauptstadt auszuarbeiten. Die Planungskosten allein betrugen 2,8 mio. DM (71). 1976 wurde der Dodoma Master Plan fertiggestellt.

Die heutigen Motive für die Verlegung der Hauptstadt hatten sich gegenüber den kolonialen Überlegungen völlig geändert:
- Der nationale Gedanke sollte in einer authentisch geplanten, "truly African city" zum Ausdruck kommen, da Dar es Salaam den Stempel der Kolonialherrschaft trug.
- Die zentrale Lage Dodomas wurde als günstig und symbolkräftig für die neue Hauptstadt angesehen.
- Die "preponderance of Dar es Salaam", wie Nyerere es ausdrückte, sollte abgebaut werden, um die Hauptstadt vom Wachstumsdruck und dessen Folgeproblemen zu erleichtern.
- Die unterentwickelte Zentralregion Tansanias sollte durch die dorthin verlegte Hauptstadt Entwicklungsimpulse erhalten. Als einer der neun Wachstumspole war Dodoma Teil des urbanen Dezentralisierungskonzeptes.

In der Tat hätte eine mit Nachdruck und entsprechendem Ressourceneinsatz durchgeführte Verlegung der Hauptstadt beträchtliche Auswirkungen auf das Wachstum Dar es Salaams haben können. Im Dar es Salaam Master

Plan 1979 wurde dies auch als ein wesentlicher Gesichtspunkt dafür gesehen, den alten Plan von 1968 zu überarbeiten. Insofern ist das Projekt Dodoma für diese Arbeit von Bedeutung. Weil aber die Realisierung des Vorhabens weit hinter den Hoffnungen zurückblieb, ist seine praktische Relevanz für die Stadtentwicklungsplanung in Dar es Salaam bislang gering geblieben. Im Rahmen dieser Arbeit stellt sich die Hauptstadtverlegung somit primär als Frage nach den Effekten, die eine vollzogene Verlegung auf Dar es Salaam haben könnte. Von sekundärer Bedeutung ist die Frage nach der Realisierbarkeit des Projektes in absehbarer Zeit. Ein gesondertes Thema ist wiederum die Kritik des Dodoma Master Plan selbst.

Während die vorbereitenden Arbeiten für Dodoma bereits liefen, wurde der Master Plan vom Parlament 1976 verabschiedet. Wie alle Masterpläne prognostizierte er für bestimmte Entwicklungsphasen die Bevölkerungszuwächse, auf deren Grundlage dann die sektoralen Ausarbeitungen vorgenommen wurden. In der ersten Entwicklungsphase von 1975 bis 1980 sollte die designierte Hauptstadt auf 91.500 Einwohner gewachsen sein, bis 1985 auf 170.000 Einwohner, um dann bis zum Jahr 2000 auf 350.000 Einwohner zu wachsen.

Dodoma hatte 1973 zwischen 30.000 und 40.000 Einwohner. 1978 waren es laut Zensus nur 45.703 und heute (1986) sind es ca. 110.000 Einwohner; wohl ein Drittel von ihnen lebte 1978 in 3.200 illegal gebauten Häusern, obwohl die Regierung mit militärischen "land rangers" seit 1978 versuchte, den Bau von illegalen Häusern zu verhindern (72). Ein großer Teil des Wohnungsbaus vollzog sich hier wie in Dar es Salaam illegal. Die staatlichen Kontrollen versagten.

Die reale Entwicklung Dodomas blieb weit hinter dem optimistischen Szenario zurück, weil die verfügbaren Mittel zur Umsetzung des Vorhabens nicht annähernd den Erfordernissen entsprachen. Bis 1976 beliefen sich die Nettoentwicklungsausgaben für Dodoma auf nur 7,8 mio. DM, wovon 36 % allein für Planungskosten der Consultants ausgegeben worden waren. Ungeduldig stellte der Präsident 1976 in einer weit verbreiteten Rede fest, "the new capital will never be built if we wait until the C.D.A. has the capital resources to build modern housing for all expected inhabitants" (73). Und Radio Tanzania urteilte im selben Jahr, "nothing much has been done in the way of development".

Vor Beginn der großen Wirtschaftskrise im Jahr 1978, die auch für das Dodomaprojekt eine Zäsur bedeutete, konnten einige wichtige Infrastrukturprojekte in Dodoma durchgeführt werden, wie zum Beispiel Vermessungsarbeiten, das Trinkwasserzuleitungssystem, der Hauptentwässerungskanal, Aufforstungsprojekte, der Aufbau einer Ziegelei und Wohnungsbaumaßnahmen in beschränktem Ausmaß. In den Jahren 1980 bis 1986 wurde die Kläranlage Dodomas sowie mit einem brasilianischen Kredit die 260 km lange Asphaltstraße von Dar es Salaam nach Dodoma fertiggestellt (74). Die Wirtschaftskrise brachte aber den Zeitplan für den Ausbau der Hauptstadt endgültig durcheinander, sodaß das geplante Entwicklungsszenario des Master Plan technokratische Makulatur wurde.

Nach letzten Planungen von 1983 sollten nun bis 1993 alle Ministerien dem Präsidenten gefolgt sein, der 1981 seinen offiziellen Amtssitz nach Chamwino bei Dodoma verlegte (75). Bislang sind jedoch lediglich das Prime Minister´s Office, das Parteihauptquartier und das Planungsministerium für Dodoma in der designierten Hauptstadt. Bis Anfang 1985 sollten eigentlich weitere sechs Ministerien, so jedenfalls die Ankündigung des zuständigen Ministers, nach Dodoma umgezogen sein. Offensichtlich kommt hier auch die Unwilligkeit der privilegierten Staatsklasse zum Tragen, als Schrittmacher für die Entwicklung in Dodoma auf Annehmlichkeiten und Fühlungsvorteile in Dar es Salaam zu verzichten. Ständige Trinkwasser- und Stromausfälle machten das Leben in Dodoma bis heute beschwerlich.

Da Dodoma inmitten der Massaisteppe für eine industrielle Entwicklung gegenüber anderen Standorten wie Morogoro und Mwanza erhebliche Nachteile hat, müßte der öffentliche Sektor der Motor für eine wirtschaftliche Entwicklung sein. So war es auch im Master Plan vorgesehen. Erst der Umzug aller Ministerien mit ca. 12.000 Beamten und Angestellten würde Dodoma die dringend benötigten Entwicklungsimpulse geben. Ende 1985 wurde der Bebauungsplan für das Botschaftsviertel abgeschlossen und das diplomatische Korps und Vertreter der Nicht-Regierungsorganisationen wurden aufgefordert, ihre neuen Büros in Dodoma zu errichten.

Für die Entwicklung Dar es Salaams würden positive Auswirkungen aus diesem Umzug darin liegen, daß der Wohnungsmarkt in Dar es Salaam entlastet würde. Aufgrund des verstaatlichten Wohnungsmarktes in Tansania wären gewisse "trickle up"-Effekte innerhalb der Stadt zu erwarten. Zudem würde der Wegzug der einkommenskräftigsten Schichten Dar es Salaams wahrscheinlich weitere abhängig Beschäftigte zur Rückwanderung in ihre Heimatgebiete veranlassen. In einem kumulativen Prozeß würde die in Dar es Salaam verringerte Gesamtnachfrage zu Entlastungen und teilweise Rezessionen in anderen Wirtschaftssektoren führen. Rezessionen wären gerade im informellen Sektor wahrscheinlich, der von der Überschußkaufkraft der mittleren und oberen Einkommensschichten lebt. Der Dar es Salaam Master Plan prognostizierte, daß durch die Hauptstadtverlegung 123.700 qm Büroflächen in Dar es Salaam frei würden (76). Es kann vermutet werden, daß in der Folge von Dodoma die Migration nach Dar es Salaam abnehmen würde.

Nach den derzeit zu beobachtenden Entwicklungen ist mit einem Exodus eines größeren Teils der Staatsklasse aus Dar es Salaam in absehbarer Zeit nicht zu rechnen. Entgegen der offiziellen Politik wurden neue Ministerien in Dar es Salaam gebaut: das Ministry of Energy und das Ministry of Minerals in Mkwepu St., die Ministry of Finance-Erweiterung in Kivukoni Front und das Ministry of Health an den Botanic Gardens. Einige parastaatliche Organisationen, wie z.B. SUDECO (Sugar Development Corporation) bauten neue Bürohochhäuser, und zahlreiche firmeneigene Mietshäuser entstanden für ihre Angestellten.

Abschließend sollen skizzenhaft die Hauptlinien der Kritik am Entwicklungskonzept des Dodoma Master Plan nachgezeichnet werden (77), um verallgemeinerbare Befunde einer generellen Kritik der Masterplanung aufzuzeigen. Eine detaillierte Kritik des Dodoma Master Plan ist hier nicht beabsichtigt.

Grundsätzlich fällt auf, daß sowohl von den Consultants als auch der tansanischen Regierung die Masterplanung entgegen dem Anspruch auf politische Planung als ein technisches Verfahren angesehen wurde, in dem von fachkompetenter Seite ein in sich stimmiges Entwicklungsszenario zu planen war, aus dem im nachhinein von der tansanischen Administration und den politischen Gremien Entscheidungen für eine zielgerichtete, "ujamaa-sozialistische" Stadtentwicklung abgeleitet werden sollten. Während dieses technokratische Konzept der Planung als Planungsverständnis von spezialisierten Consultants aus einem kapitalistischen Industrieland immerhin verständlich war, kam die Haltung der tansanischen Regierung zu diesem Planungskonzept ins Zentrum der Kritik. Wieso, so fragte J. Doherty, wurden diese Consultants ein zweites Mal von der tansanischen Regierung beauftragt, obwohl nach den Erfahrungen mit dem völlig unangemessenen Dar es Salaam Master Plan 1968 von ihnen keine "truly African city" zu erwarten war ? Nach den "Terms of Reference" sollte Dodoma aber ein Symbol für "Tansanias soziale und kulturelle Werte und Ziele" werden. Dohertys These zu diesem Widerspruch war, daß "planning (in Tansania, d.Verf.) is basically regarded as a technical exercise divorced from questions of policy and objectives" (78). Es muß angenommen werden, daß die verantwortlichen Gremien in Tansania von der Vorstellung ausgingen, daß jeder kompetente Planer und jedwede Planungsmethode durch politische Vorgaben einerseits und dezisionistische Entscheidungen der Administration andererseits auf tansanische Entwicklungsziele orientiert werden könnten.

Offen blieben in dieser Kritik von Doherty zwei Erklärungsvarianten, daß nämlich entweder auf tansanischer Seite keine Vorstellungen über eine ganz neu zu entwickelnde ujamaa-sozialistische Stadtentwicklung bestanden. Als Denkmodelle einer authentischen Stadtentwicklung wurde von K. Vorlaufer, W. Satzinger, modifiziert auch von E. Segal, M.A. Bienefeld, S.M. Kulaba und selbst Nyerere mehr oder weniger beiläufig das Leitbild der "Agro-Stadt" oder der "Ruralisierung der Städte" in der Form der "polyzentrischen Bandstadt" aufgestellt, ohne diese Leitbilder weiter auszuführen (79). Oder andere, sachfremde Motive leiteten die tansanische Staatsklasse bei der Entscheidung für das Masterplankonzept und die Erarbeitung durch internationale Consultants.

Eine zweite Ebene der Kritik in der Literatur zu Dodoma bezieht sich auf die detaillierten Vorstellungen, die dort entwickelt wurden: die Behandlung der Squattersiedlungen, die räumliche Segregation sozialer Klassen, die räumliche Anordnung der Wohngebiete und städtischen Verkehrs- und Erschließungssysteme. Kritisiert werden die Standards, die in den Planungen zugrunde gelegt wurden. Beispielhaft sei die Kritik an dem Buslinienystem für Dodoma erwähnt, das auf 7 m breiten, separaten und kreuzungsfreien Trassen geführt werden sollte, wie Heuer/Steinberg/ Siebolds mit Recht kritisierten (80). Zu kurzschlüssig wurden jedoch von diesen Autoren die Inhalte der Masterpläne als Resultat "kapitalistischer Planungsideale" erklärt, in dieser Kritik der Einschätzung Dohertys folgend, der das Fazit zog: "capitalist consultancy agencies are thus ideologically incapable of planning for socialism" (81).

Auf einer dritten Ebene der Kritik wird der Kapitalismus-Vorwurf durch das Aufspüren der Leitbilder für die Planungen von Dodoma zu erhärten versucht. In der Tat ist die Orientierung des Dodoma Master Plan an New Town-Planungen in England mit seinen großzügigen Grünflächen und entsprechend hohem Erschließungsaufwand nicht zu übersehen. Kulaba zufolge waren es ja auch dieselben Planer, die das Verkehrskonzept von Dodoma und von Runcorn in England planten. Dieselben Strukturmerkmale zeigt u.a. auch die neue Hauptstadt von Malawi, Lilongwe, die von südafrikanischen Consultants geplant wurde. Dort ist überdeutlich, daß die "autogerechte Stadt" in einem kaum motorisierten Entwicklungsland zu großen Transportproblemen für die Masse der Bevölkerung führt.

Dort wie in Dodoma hat ein unangepaßter Transfer von Planungsvorstellungen aus Industrieländern stattgefunden. Gefordert wurden von den Regierungen der Entwicklungsländer authentische Stadtentwicklungskonzepte für ihre Vision eines nationalen Aufbruchs in die Moderne. Geliefert wurden von den Consultants Versatzstücke aus der neueren Stadtplanungsentwicklung in den Industrieländern, die sie den jeweiligen Regierungen als modernisierungsadäquate Zukunft suggerierten. Darstellungsbedürfnisse, Machtdemonstrationen und Zukunftshoffnung der Staatsklasse in Tansania verschränkten sich mit phantastischer Planungsfreiheit, Profit und dem Abenteuer "Dritte Welt" zum Master Plan-Entwurf für Dodoma. In Dodoma kulminierte diese geplante Ideologie im Konzept für das Stadtzentrum: "The Capital Center forms an immense stairway symbolizing Tanzania´s progress" (82). "Kapitalistisch" war an diesem Betrug nur der Profit, dem jedoch zweifellos auch nicht-kapitalistische Planungskonzepte hätten dienen können.

4. Dekonzentration Dar es Salaams und verringerter politischer Handlungsspielraum in den Krisenjahren nach 1978

4.1 Nationale Perspektivpläne und Krisenmanagement

Der Dar es Salaam Master Plan 1979 wurde während der Laufzeit des 3. Nationalen Fünfjahresplanes 1976 - 81 (3. F.Y.P.) ausgearbeitet und verabschiedet (83). Die Eckwerte des Master Plan-Szenarios für die Entwicklung Dar es Salaams waren auch am nationalen Entwicklungsplan orientiert. Der Master Plan stellte fest: "the population of Dar es Salaam by the year 1999 is, therefore, largely a function of government policy at the national level.....the economic structure, as detailed in (hier: Tab.V-2, d. Verf.), provides, therefore, the basis for the employment and space projection that form the basis for this Master Plan" (84).

Tabelle V-2

GEPLANTE ENTWICKLUNG DER WIRTSCHAFTSSEKTOREN ANTEILIG AM BSP 1964-2015 (in %)					
	1964	1972	1980	1995	2015
LANDWIRTSCHAFT	49.9	38.8	37.5	32.0	19.3
PRODUZIERENDES GEWERBE	6.6	11.0	13.6	20.9	44.6
ÖFFENTLICHER SEKTOR	10.6	11.0	12.6	11.6	K.A.
HANDEL	11.8	12.5	12.7	12.5	34.4

Quelle: Dar es Salaam Master Plan 1979, TS 2, S.61

Daher ist es sinnvoll, den Bezügen zwischen dem Master Plan und den nationalen Leitplänen nachzugehen. Die Entwicklungsannahmen und Ziele des 3. F.Y.P.s werden bezogen auf Dar es Salaam dargestellt und der realen Entwicklung der letzten Jahre bis heute (1986) gegenübergestellt. Letztere ist jedoch seit den Krisenjahren nach 1978 stärker durch zwei Krisenpläne gekennzeichnet - das "Nationale Wirtschaftliche Überlebensprogramm" und das "Strukturelle Anpassungsprogramm" -, die den 3. F.Y.P. 1982 ablösten. Ziel dieser Notprogramme war es, die nationale Entwicklungspolitik durch strukturelle Anpassungsmaßnahmen auf die sog. Realitäten zu orientieren, die durch die tiefe Wirtschaftskrise der Jahre 1979 bis heute entstanden waren (85).
Diese Realitäten werden Tansania, wie den meisten Peripherieländern, in

immer stärkerem Maß vom Internationalen Währungsfonds (IMF) über den Hebel der totalen Staatsverschuldung dieser Länder vorgeschrieben (86). Solchen, für Peripherieländer typischen Abhängigkeiten und Unstetigkeiten gegenüber war der Master Plan aufgrund genereller, methodischer Mängel und durch Art und Weise der desintegrierten Erarbeitung durch internationale Consultants nicht in der Lage, sich anzupassen.

Der 3. F.Y.P. war der erste Nationale Fünfjahresplan, der durch nationale Fachleute erarbeitet worden war. Er baute auf dem "Industrialisierungsprogramm 1975 - 1995" (87) und den RIDEPs auf. Der Beginn der Planperiode, die eigentlich 1974 an den 2. N.F.Y.P. hätte anschließen müssen, verzögerte sich aufgrund der allgemeinen Krisenunsicherheiten der Jahre 1974/75 und der nicht rechtzeitig fertiggestellten RIDEPs. Erst 1978 wurde der Plan mit rückwirkender Geltung für das Jahr 1976 vom Parlament verabschiedet.

Der 3. F.Y.P. verfolgte, wie sein Vorgänger, das Ziel der Dezentralisierung, aber mit anderen Konzepten, die an keiner Stelle zu einem integrierten Programm zusammengefaßt waren (88):
1. "The aim of regional development is to reduce the intra-regional differentials". Dies sollte durch die Dezentralisierung der Industrien in sog. Entwicklungszonen erreicht werden: "To enable decentralisation of industries to areas with no or few industries, the country has been devided into industrial zones. Four zones will be given priority in the development of these essential services for industrial development".

2. Die restriktive Haltung des 2. N.F.Y.P. gegenüber städtischer Entwicklung wurde durch eine positive Entwicklungsförderung aller Regionalhauptstädte - mit Ausnahme Dar es Salaams - abgelöst, wovon man sich Ausstrahlungseffekte auf das jeweilige Umland versprach: "The objective of the 3. F.Y.P. is to develop all towns which are regional headquarters so as to enable them provide better services in regional development and to strengthen Ujamaa in the villages".

3. In den am meisten unterentwickelten Regionen sollten kleine Industrien konzentriert werden: "This will decentralize productive enterprises to districts and villages...". "The purpose is to make Ujamaa- Villages

development poles for the majority of the people".

Der Plan sah regionale, nationale und parastaatliche Entwicklungsausgaben in Höhe von 26.978 mio. TShs. (5,4 mrd. DM) für die Planperiode vor, davon 6.687 mio. TShs. (1,3 mrd. DM) für die Stadt Dar es Salaam, wenn man alle Investitionen zusammenzählt, die im Plan für Dar es Salaam vorgesehen waren ((89)s. Tab.V-3).

Tabelle V-3

GEPLANTE UND TATSÄCHLICH REALISIERTE ENTWICKLUNGSAUSGABEN DES 3.F.Y.P. (in mio. TSHs.)

	GEPLANT		REALISIERT
	1976-81	PRO JAHR	PRO JAHR
AUSGABEN PRO JAHR AUS NATIONALEN QUELLEN	13.729.	2.745.	2.678.
" " " " INTERNATIONALEN "	13.249.	2.650.	2.114.
SUMME	26.978.	5.396.	4.792.

Quelle: United Rep. of Tansania, DSM 1979, Vol.II

Wie D. Phillips in einer detaillierten Analyse des damals gerade veröffentlichten Planes feststellte, war das Industrialisierungsprogramm im 3. F.Y.P. "kapitalintensiv, zentralisiert und bestehend aus mittleren bis großen Einheiten, mit relativ komplexer Technologie geplant, die begrenzte Beschäftigungseffekte erwarten ließ" (90). Diese Industrialisierungsstrategie mußte zu einer deutlichen Wachstumsförderung der urbanen Gebiete auf Kosten der ländlichen Gebiete führen, da der Aufbau einer nationalen Schwerindustrie aus langsamer steigenden landwirtschaftlichen Einkommen finanziert werden mußte. Aufgrund dessen war für die Planungsperiode des Master Plan 1979 nicht mit einer Entlastung des Wachstumszentrums Dar es Salaam zu rechnen.

Das raumordnungspolitische Konzept des 3. F.Y.P. war ebenso nicht geeignet, in absehbarer Zeit den Wachstumsdruck von Dar es Salaam zu nehmen. Die tansanischen Fachleute, die den 3. F.Y.P. planten, erweiterten das Konzept der restriktiven und konzentrierten Investitionen zu einem breit gestreuten Förderungsprogramm. Beabsichtigt war:
- die Förderung von vier aus insgesamt sechs sog. Wachstumszonen
- die Förderung aller 20 Regionalhauptstädte als Wachstumspole statt der bisher ausgewählten neun Pole
- die Entwicklung von Kleinindustrien, um lokale Wachstumsimpulse in

Dörfern und Distrikten zu setzen.

Ohne auf eine detaillierte Kritik der Bestandteile dieser Gesamtstrategie einzugehen, kann die Feststellung getroffen werden, daß die breite Förderung der gegen Dar es Salaam gerichteten Pole und Zonen unter den restriktiven Rahmenbedingungen bestenfalls auf eine zusammengestrichene Investitionsliste in wenigen Städten hinauslaufen konnte.

Von einem ausgewiesenen, die verschiedenen Wirtschaftssektoren integrierenden Raumordnungskonzept konnte jedoch auch in diesem Plan nicht die Rede sein. In der folgenden Zeit blieben daher die wesentlichen Entwicklungsanstöße auf die nördlichen Regionen Tansanias begrenzt, die schon in der Kolonialzeit bevorzugt entwickelt worden waren. Die in der politischen Praxis der Jahre 1976 - 81 erfolgte Konzentration der Entwicklung auf wenige städtische Zentren kann anhand der wichtigsten ausgewählten Infrastrukturinvestitionen nachgewiesen werden. Folgende Zentren wurden vorrangig gefördert:

Wasserversorgung: Dar es Salaam, Arusha, Dodoma, Mwanza, Tabora
Stromversorgung: Dar es Salaam, Morogoro, Mbeya, Mwanza, Tanga
Nationalstraßenausbau Dodoma, Morogoro, Songea, Mwanza, Iringa, Mbeya
(91).

Die in Tab. V-1 dargestellte regionale Verteilung der Entwicklungsausgaben pro Kopf spiegelt diese Konzentration nicht wieder, da die entscheidenden Entwicklugsinvestitionen aus dem Ausland die Zentren unterstützten. Für Dar es Salaam z.B. sind die internationalen Investitionen sehr viel wichtiger gewesen als die nationalen. G.,Röhnelt hat nachgewiesen, daß die westdeutsche Entwicklungshilfe für Tansania bis zum Ende der 70er Jahre diesen Konzentrationsprozeß stark gefördert hat: "Es zeigt sich hier, daß die in Prioritätsgruppen eingeteilten Projekte eindeutig nach wachstumsfördernden Kriterien beurteilt werden, und die Beseitigung der zu den Hauptproblemen zählenden regionalen Entwicklungsunterschiede nicht als explizites Ziel angegeben wird" (92). Unter Einbeziehung der für die tansanische Entwicklungspolitik entscheidenden Entwicklungshilfegelder wird auch für die Laufzeit des 3. F.Y.P. eine regionale Schwerpunktbildung auf Dar es Salaam und die nördlichen Zonen bestätigt. Dies lief dem in Tansania beabsichtigten Dezentralisierungsprogramm zuwider.

In Beantwortung der Fragestellungen dieses Kapitels ist festzustellen:
- daß erstens das Programm der Dezentralisierung im 3. F.Y.P. mit übermäßig ambitioniertem Anspruch fortgesetzt wurde;

- daß zweitens das Dezentralisierungsprogramm wenig ausgearbeitet war, relativ unverbindlich blieb und nur teilweise umgesetzt wurde (93);

- daß drittens die Stellung Dar es Salaams als primate city, sowohl was die staatlichen Mittelallokationen als auch was die Wachstumsdynamik angeht, vorerst unverändert bestehen blieb.

Ende 1978 verschlechterten sich die wirtschaftlichen Rahmenbedingungen Tansanias für eine an sozialen Zielen orientierte Politik, wie sie die Dezentralisierung darstellt. Externe und interne Ursachen für die Krise trafen zusammen: der Ugandakrieg, der das Land ca. 1 Mrd. DM kostete, die zweite Ölpreissteigerung, sinkende "terms of trade", die amerikanische Hochzinspolitik, ausbleibende Regenzeiten, sinkende Effektivität der staatlichen und parastaatlichen Institutionen, um nur einige zu nennen. Die Regierung reagierte auf die ökonomische Krise mit oben erwähnten nationalen Notprogrammen, die an den 3. F.Y.P. zeitlich anschlossen. Die Notprogramme verfolgten eine "austerity-Politik", die sich direkt in drastisch verringerten Ansätzen für den Entwicklungshaushalt der Stadt Dar es Salaam niederschlugen. Auf nationaler Ebene hatte die Krisenpolitik eine Konzentration der staatlichen Investitionen auf produktivitätsorientierte Ziele zur Folge.

Die Ergebnisse dieser 1981 eingeleiteten Neuorientierung für die Stadtentwicklung Dar es Salaams können noch nicht abschließend beurteilt werden. Lediglich Trends können festgestellt werden. Die Standortgunst Dar es Salaams steigt in dem Maß, in dem die Mittel zur Unterhaltung der nationalen Verkehrswege und zum Ausbau dezentraler Standorte nicht mehr zur Verfügung stehen. Die beabsichtigte Umlagerung der Ferntransporte auf die Schiene fördert konzentrierte Entwicklungen in Korridoren, an deren Endpunkt Dar es Salaam liegt. Die restriktive staatliche Investitionspolitik schwächt die Chancen, dezentrale Produktionsstandorte zu entwickeln und stärkt damit den betriebswirtschaftlich optimalen Standort Dar es Salaam.

Dieser gestiegenen Standortgunst Dar es Salaams stehen nachteilige Entwicklungsbedingungen in der Stadt selbst gegenüber. Abwertungen des tansanischen Shilling und die Anhebung der Erzeugerpreise für Agrarprodukte eröhten drastisch die Lebenshaltungskosten der Armutsbevölkerung in Dar es Salaam. Inwieweit dies zu einem Rückgang der Land-Stadt-Migration führen wird, bleibt abzuwarten. Die Infrastruktur einer Millionenstadt ist anfällig gegen eine unzureichende Unterhaltung. In der Folge dieser Entwicklungen sanken die Kapazitätsauslastungen der Industrien auf bis zu 20 %. Dem bislang noch steigenden Bevölkerungswachstum Dar es Salaams steht eine sinkende Produktivität mit entsprechenden sozialen Folgen gegenüber.

Angesichts des zwischen 1978/79 und 1982/83 stark gefallenen Entwicklungshaushalts von Dar es Salaam sind mit herkömmlicher Stadtentwicklungspolitik die Szenarios des Master Plan 1979 nicht zu realisieren (94). Zeichnen sich hier in absehbarer Zukunft Zwänge zum Abbau der Überagglomeration und zur Suche nach Alternativen zum Master Plan-Ansatz in der Stadtentwicklungsplanung ab?

4.2 Der Uhuru Corridor Regional Physical Plan 1978

Der Plan ist benannt nach der 1976 in Betrieb genommenen Eisenbahnlinie, der "Uhuru Bahn", die in voller Länge durch das Planungsgebiet läuft und sein infrastrukturelles Rückgrat bildet (95). Das Planungsgebiet umfaßt vier Regionen mit insgesamt 3,7 mio. Einwohnern auf einer Fläche von 224.000 qkm. Nur 5 % der dortigen Bevölkerung wohnten 1975 in städtischen Siedlungen, während die überwiegende Mehrheit in 1.700 Dörfern lebte. Die drei wichtigsten Städte waren Morogoro mit damals 36.000 E., Iringa mit 41.000 E. und Mbeya mit 20.000 Einwohnern. Die Region und Stadt Dar es Salaam lagen am östlichen Anfang außerhalb des ca. 1.000 km langen Planungsgebietes.

Plan V-3
Das Planungsgebiet der Uhuru Corridor Planung

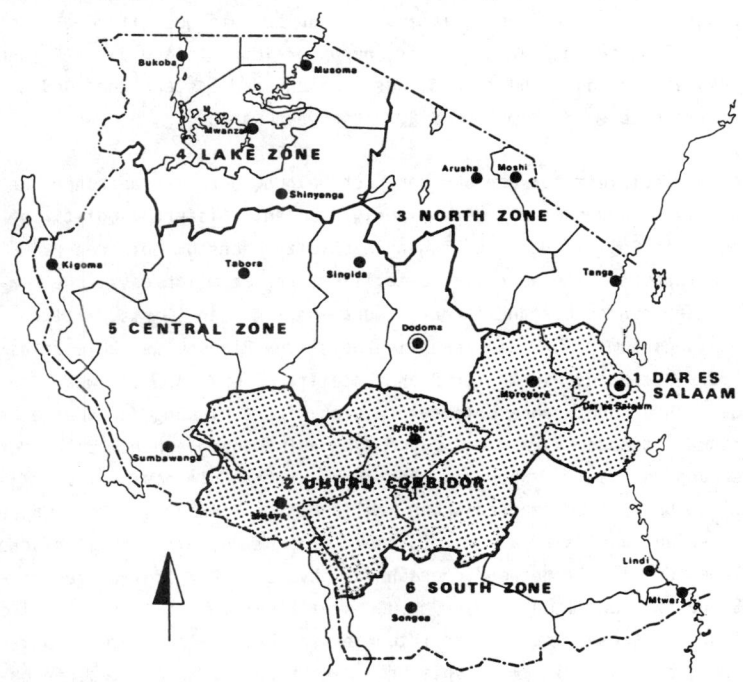

Quelle: Uhuru Corridor Regional Physical Plan, 1978

Der Uhuru Corridor Regional Physical Plan (UCP) wurde in den Jahren 1975 - 1978 erstellt. Die Idee hierzu geht auf den Beginn der 70er Jahre zurück. Für die Administration waren die gut 1.000 Textseiten nur schwer verdaulich, sodaß von Anfang an die Gefahr bestand, daß der Plan nicht zu dem beabsichtigten, praktischen Planungsleitfaden für die tansanischen Behörden werden würde, wie die zuständige Ministerin T. Siwale im Vorwort auch kritisch nach den Erfahrungen der Planungsphase des UCP anmerkte. Die Kosten für den Plan (1,47 mio. DM) trug weitgehend Finnland.

Obwohl Dar es Salaam außerhalb des Planungsgebietes lag, stand die Stadt ganz im Zentrum der konzeptionellen Überlegungen. Die Entwicklung des Uhuru Corridors sollte zum Ausgleich der Entwicklungsdisparitäten zwischen Dar es Salaam und den vier Regionen des Uhuru Corridor beitragen. Der UCP ist der jüngste, aufwendige Versuch, im Zuge der Dezentralisierungspolitik die Überagglomeration durch die gezielte Förderung von Entwicklungszonen abzubauen. Der Uhuru Corridor stellte eine solche Entwicklungszone dar, bestehend aus Teilen der Eastern Zone und der South-Western Zone, die im 3. F.Y.P. vorgesehen waren.

Die Notwendigkeit für den UCP war nach Meinung der tansanischen Regierung aus Erfahrungen mit der bisherigen Dezentralisierungspolitik abgeleitet. Die Politik der neun gegengewichteten Wachstumspole des 2. N.-F.Y.P. erforderte eine sehr viel detailliertere, räumlich-physische Planung der Zentren selbst und ihrer Integration in den wirtschaftlichen Verflechtungsraum. Für die räumlich-physische Planung der Pole selbst wurde für jede Stadt ein Master Plan erstellt. Diese Arbeit war Ende der 70er Jahre nahezu abgeschlossen. Die physische Planung der Verflechtungsräume - besonders um die im 3. F.Y.P. auf zwanzig erhöhte Zahl der Entwicklungszentren - überstieg jedoch bei weitem die personellen, finanziellen und planungsmethodischen Möglichkeiten Tansanias. Der Uhuru Corridor-Plan war daher als Pilotprojekt gedacht, um eine exemplarische Grundlage für die als notwendig erachtete physische Planung auf regionaler Ebene zu erhalten (96). Der UCP stellt seinem Anspruch nach eine bedeutende Weiterentwicklung der Integrierten Regionalen Entwicklungspläne dar, die, wie wir am Beispiel der Region Dar es Salaam gesehen haben, auf der Ebene von bloßen Projektzusammenstellungen stehengeblieben waren, die dann im regionalen Verflechtungsraum nicht wirtschaftsräumlich koordiniert dargestellt wurden.

Konzeptionell knüpfte der UCP eher an den 3. F.Y.P. als an den 2. N.-F.Y.P. an. Der UCP verfolgte nicht, wie der 2. N.F.Y.P. ein restriktives Stadtentwicklungskonzept. Im UCP wurde ein flächenhaftes, hierarchisch gestuftes Netz von Versorgungszentren mit drei Städten höchster Zentralität entworfen. Das Konzept für die Versorgungszentren war an Christallers "Zentrale Orte-Theorie" orientiert. "Traditionally classification is based on the analysis of quantity or quality of service facilities. The hierarchy of service centers is measured in most cases, in one way or another, as total centrality. This tells us about potentialities of a certain place for development purposes, because in general it highly correlates with economic and other background factors" (97).

Ausgangspunkt für die Planung des Uhuru Corridors war die Klassifizierung der bestehenden Zentren. Das wichtigste Mittel zur Veränderung der bestehenden Raumstruktur wurde in einer geordneten Plazierung der öffentlichen Versorgungseinrichtungen in dieses bestehende Netz der Zentren gesehen, weil in Tansania der öffentliche Versorgungssektor den entscheidenden Entwicklungsfaktor darstelle. Der sekundäre Sektor hingegen wurde als in absehbarer Zeit zu schwach und zu invariabel für eine Umstrukturierung des Wirtschaftsraumes angesehen (98). Nachrangig und zeitlich verschoben sollten dann später, wenn die Regionalhauptstädte ihre optimale Größe mit ca. 100.000 bis 200.000 E. erreicht haben würden, die Allokation von Industrien, Kleinindustrien, Verkehrsnetzen und anderen Infrastruktureinrichtungen zur gezielten Dezentralisierung des Korridors wachsende Bedeutung erhalten. In dieser Phase der Entwicklung würde, so der UCP, die Wahl der Produktionstechnologien - ob arbeits- oder kapitalintensiv - für das Wachstum der dezentralen Zentren wichtig werden: "In attempts to develop a balanced network of urban settlements to the country, the location of manufacturing jobs is one of the key-issues and the needs and possibilities in location are intervowen with choices of technology and the overall organisation of the production" (99).

Das Ziel des Uhuru Corridor Planes war ein "schrittweises Überwechseln von einer wachstumsorientierten Entwicklungsstrategie in der Anfangsphase des UCP zu einer Strategie, die dem Ausgleich mehr Nachdruck verleiht" (100). Die Regionalhauptstädte Iringa, Mbeya und Morogoro würden zu Zentren der Industrie einschließlich der Produktionsgüterindustrie werden, wie dies auch der 3. F.Y.P. vorgesehen hatte. Nachgeordnete Industrien in Distriktstädten und lokale Kleinindustrien sollten dezentrale Beschäftigungsmöglichkeiten in den Regionen schaffen. Während in den Regionalhauptstädten nicht-weiterverarbeitende ("footlose") Industrien vorgesehen waren, plante man für die kleineren Produktionsstandorte Industrien, die lokale Rohstoffe und Agrarprodukte weiterverarbeiten sollten. Die beiden zentralen Merkmale der Industrieentwicklungsstrategie des UCP waren: Konzentration von <u>arbeitsintensiven</u> Industrien <u>in bestehenden urbanen Zentren</u> (101).

Mit der Beschäftigungsentwicklung in den zu Dar es Salaam dezentralen Zentren des Uhuru Corridor erhoffte man sich, das Wachstum der primate city beträchtlich abschwächen zu können. "The growth of non-agricultural jobs in urban centres will draw more migration to these centres. This doesn´t, however, increase outmigration from the rural areas, because the acceleration of the growth of urban employment in Uhuru Corridor will reduce respectively the growth of employment in Dar es Salaam. If the population growth of Dar es Salaam will slow down in the same proportion, the 1995 population would be 1.5 mio. instead of the 2.5 mio. of the trend development. ...40 % of the migrants of Dar es Salaam come from the Uhuru Corridor area, the reduction of the growth of Dar es Salaam would reduce the migration from Uhuru Corridor with some 400.000 persons. About 3/4 of this will be absorbed to the increased growth of the urban centres within the corridor" (102).

Die stärkste Konzentration von Beschäftigten und Industrien im Uhuru Corridor wurde für Morogoro geplant, gefolgt von Mbeya. Morogoro - eine Stadt mit 135.000 E. (1978), 200 km entfernt von Dar es Salaam - wurde als gegengewichteter Wachstumspol zu Dar es Salaam vorgesehen. Zwischen 1975 und 1995 sollten in diesem Wachstumspol 100.000 Migranten oder 25 - 35 % der Gesamtmigration nach Dar es Salaam abgefangen werden und in der Stadt Arbeit finden können. Die Wachstumsrate der Industrie in Dar es Salaam würde im selben Zeitraum auf 4,8 % begrenzt bleiben, während im Korridor 10,7 % veranschlagt wurden.

Die dargelegten Entwicklungstrends waren aus raumwirtschaftlichen Überlegungen abgeleitet. Um sie in die Realität umzusetzen, wurden von den finnischen Experten "drastische Maßnahmen" gefordert, die der von tansanischen Fachleuten erstellte 3.F.Y.P. habe vermissen lassen (103). Das traf natürlich in besonderem Maß auf die Stadt Dar es Salaam zu, deren Wachstum auf 1,5 mio. E. für 1995 (!) begrenzt werden sollte. Für dieses Ziel waren restriktive Entscheidungen nötig, besonders im Hinblick auf die Industrieentwicklung. Die Land-Stadt-Migration, die von den raumwirtschaftlichen Planungen und Dezentralisierungsmaßnahmen wahrscheinlich nur ex post und mit großem Zeitverzug beeinflußt werden könnte, hätte durch direkte polizeiliche Maßnahmen stark behindert werden müssen. Dies wurde von den finnischen Planern jedoch nur in allgemeinen Worten angesprochen: "What is needed...is a heavy control of population growth in Dar es Salaam Region to avoid over-congestion and unemployment in big quantities" (104). Derartige Maßnahmen waren in Dar es Salaam und in Dodoma, wie oben dargestellt, immer wieder versucht worden, jedoch ohne Erfolg.

Zusammenfassend kann der UCP als Versuch gewertet werden, auf der Grundlage der Entwicklungspotentiale, die durch die Fertigstellung der TAN-SAM Eisenbahn und TAN-SAM Nationalstraße in diesem Gebiet 1976 eröffnet worden waren, das Hinterland Dar es Salaams für die dort lebenden Bewohner aufzuwerten. Die "Konsumentenperspektive" wird im Plan betont durch die primäre Bedeutung, die der Verteilung der öffentlichen Einrichtungen auf ein Netz Zentraler Orte beigemessen wurde. Zum flächendeckenden Versorgungsansatz sollte in der 2. Stufe der konzentrierte Produktionsansatz kommen. Große Industrien bis hin zur Schwerindustrie im südtansanischen Mbeya sollten in bestehenden Zentren dezentral zu Dar es Salaam angesiedelt werden. Erst in späteren Jahren wurden Ausbreitungseffekte über arbeitsintensive Industrien und Kleinindustrien in die Dörfer erwartet. Vor dem Hintergrund der drastischen Dezentralisierungsmaßnahmen wurde für Dar es Salaam ein Bevölkerungsanstieg auf nur 1,5 mio. E. für 1995 angenommen.

Nicht zuletzt aufgrund der Ende 1978 einsetzenden Wirtschaftskrise wurden diese Ziele des UCP nicht realisiert. Das Netz Zentraler Orte konnte nicht in Angriff genommen werden. Einzelne Industrien in Mufindi und Morogoro entstanden, aber m.E. keine systematisch geförderten Kleinindustrien um die Entwicklungsinseln herum. Von einer sich entwickelnden, integrierten Wirtschaftszone mit einem zu Dar es Salaam gegengewichteten Zentrum Morogoro kann noch nicht gesprochen werden (105).

Vor dem Hintergrund dieser Entwicklung wird verständlich, warum Dar es Salaam bereits heute (1985) die Bevölkerungszahl erreicht hat, die der UCP erst für 1995 prognostiziert hatte. Der UCP hat den Entwicklungsdruck auf Dar es Salaam bisher nicht abgeschwächt.

5. Zusammenfassung

Die Analyse des unausgewogenen ökonomischen und demographischen Wachstums von Dar es Salaam ging von folgenden Hypothesen aus:
Zum einen, daß es in der Unterentwicklung, Weltmarktabhängigkeit und krisenhaften Wirtschaftsentwicklung Tansanias wesentlich und strukturell begründet ist.
Zweitens, daß trotz der strukturellen Restriktionen des staatlichen Handlungsspielraums beschränkte Optionen offen blieben, durch nationale Raumordnungspolitik die Dezentralisierung wirksam zu fördern.
Drittens, daß nur über eine Dezentralisierungspolitik langfristig die Stadtentwicklungsprobleme Dar es Salaams zu lösen sein werden.

In Tansania, wie in anderen weltmarktabhängigen Peripherieländern auf vergleichbar niedrigem Entwicklungsstand, ist es mit den bisherigen Stadtplanungskonzepten nicht möglich, die Dysfunktionalitäten der primate cities allein auf innerstädtischer Ebene durch Stadtplanung zu beseitigen. Die wirtschaftliche Tragfähigkeit und die Konsolidierung administrativer Infrastrukturen sind dort zu weit hinter den expandierenden, "frühreifen Städten" zurückgeblieben. Maßnahmen auf nationaler Ebene zur Dezentralisierung der Entwicklungsinvestitionen und der Verwaltungskompetenzen von Dar es Salaam weg wurden daher in Tansania unter diesem speziellen Gesichtspunkt und aus gesellschaftspolitischen Überlegungen heraus für notwendig gehalten, um das übermäßige Wachstum der Stadt abzubremsen. Die Darstellung dieser Zusammenhänge ist im Kontext dieser Arbeit notwendig, weil die Wirksamkeit der Dezentralisierungspolitik im Dar es Salaam-Master Plan 1979 unterstellt wurde (106).

Um Gesellschaftspolitik mit diesem Ziel verwirklichen zu können, waren vier Voraussetzungen notwendig:
1. Für die Wirksamkeit der Dezentralisierungsmaßnahmen mußten ausreichende finanzielle Ressourcen vorhanden sein, um Entwicklungsspielräume überhaupt erst zu eröffnen.

2. Für die politischen Ziele der gesellschaftlichen Entwicklung war ein tragfähiger nationaler Konsens notwendig.

3. Die staatliche Planung hatte einen integrierten, umfassenden Ansatz zu verfolgen, der über verengte ökonomische Wachstumsziele hinaus raumordnungspolitische Vorstellungen entwickelte. Die entscheidenden raumbildenden Produktionsfaktoren mußten dem staatlichen Zugriff zugänglich sein.

4. Eine effektive, administrative Infrastruktur des Staates war Voraussetzung für die Implementierung der Dezenralisierungspolitik.

Die Probleme der primate city-Bildung wurden in Tansania frühzeitig erkannt. Anders als in anderen afrikanischen Ländern (107) ist in Tansania bereits 1967 mit der Erklärung von Arusha ein gesellschaftspolitisches Programm offizielle Politik geworden, das den sozialen und regionalen Ausgleich zum Ziel hatte. Damit war prinzipiell die wichtigste Voraussetzung für eine koordinierte und gezielte Planung auf explizite politische Ziele hin geschaffen. Der soziale Ausgleich sollte, so Nyerere 1967, Vorrang vor wirtschaftlichem Wachstum haben.

80 % der großen und mittleren Wirtschaftsunternehmen, die rund 44 % des monetären BSP produzierten, wurden zu diesem Zweck nach 1967 in staatliche Hände überführt. Ungefähr 80 % der monetären Investitionen wurden künftig über den staatlichen Sektor getätigt (108)! Die staatlichen Handlungsspielräume, die sich daraus ergaben, konnte Tansania aufgrund seiner weltmarktintegrierten Abhängigkeit nur zu einem geringen Teil nutzen (109). Durch fallende terms of trade, steigende Ölpreise und die amerikanische Hochzinspolitik verengte sich zunehmend der Spielraum des Entwicklungshaushaltes. Im gleichen Maß verstärkte sich der Druck des Internationalen Währungsfonds (IMF) auf das verschuldete Land (110). Ab Mitte der 70er Jahre wurde über die Hälfte des nationalen Entwicklungshaushaltes extern finanziert (111). Es wurde dargestellt, wie diese Abhängigkeit auch über wenig sinnvolle, international finanzierte Planungsprojekte für Dar es Salaam vertieft wurde. Die modernisierungsorientierten Inhalte mancher Pläne, die im Entwicklungsplan für die Region offizielle Politik wurden, hatten eine unangepaßte Projektpolitik in der Stadt zur Folge. Hohe fremdfinanzierte Investitionen in die primate city erhöhten die internationale Abhängigkeit und vernichteten Arbeitsplätze in der Stadt.

Den Intentionen der Erklärung von Arusha liefen diese sektoralen Planungen in Dar es Salaam zuwider. Diese Widersprüche werden vollständig erst verständlich vor dem Hintergrund widerstreitender Interessen innerhalb der tansanischen Staatsklasse (vgl. Kap. II.4). Unter dem legitimatorischen Deckmantel einer die gesellschaftliche Stabilität absichernden Staatsideologie setzten sich konkrete Ansprüche und Bedürfnisse dieser Staatsklasse, die in den Städten lebte, durch. Es waren nicht unbedingt die Spitzenpolitiker in den Ministerien, die auf hochtechnologische Projekte, auf den westlichen Standard drängten, sondern in starkem Maß tansanische Fachleute aus der Administration, die durch kürzere Studienaufenthalte in Industrieländern geprägt auf eine unreflektierte Modernisierung in ihrem Fachgebiet fixiert waren. Widersprüche in dieser Konkretion hatte die Erklärung von Arusha nur allgemein angesprochen. Vor der Ausbeutung des Landes durch die Stadt war dort gewarnt worden. Aber die Schlußfolgerungen aus dieser Warnung, die konkrete Sanktionen hätte nach sich ziehen und gesellschaftliche Widersprüche offenlegen müssen, blieben aus. Wo diese Schlußfolgerungen gezogen wurden, wie in der Verlegung der Hauptstadt nach Dodoma, blieb das Engagement der Staatsklasse sehr zurückhaltend.

Die populistische Ideologie des Ujamaa-Sozialismus hatte nicht die konkrete analytische Schärfe und die aktiven Interessengruppen hinter sich, um einschneidende Handlungsrichtlinien für die Stadtentwicklungspolitik in Dar es Salaam ableiten zu können. Widersprüche im gesellschaftlichen Konsens der Nation blieben verdeckt. Nicht ohne gezielten Hintersinn konnte daher die Weltbank zu Dezentralisierungskonzepten von Ländern wie Tansania feststellen: "The spreading of resources over all regions and cities is not likely to be effective; pressures to do so are most easily resisted in strong, centralized governments" (112).

Dennoch sind Anfangserfolge der Dezentralisierungspolitik festzustellen. Neue Industriestandorte sind außerhalb Dar es Salaams besonders in Morogoro gegen die Persistenz der kolonialen Raumstruktur im Entstehen begriffen. Diese Stadt kann wahrscheinlich auf längere Sicht eine Entlastungsfunktion für Dar es Salaam ausüben, die jedoch noch nicht wirksam geworden ist. Der Erfolg der Dezentralisierungspolitik wird wesentlich davon abhängen, ob es gelingt, die strukturelle Heterogenität der tansanischen Wirtschaft, d.h,. die extremen sozialen, ökonomischen und regionalen Disparitäten zwischen dem mit dem Weltmarkt assoziierten Sektor und den in ihrer Entwicklungsfähigkeit behinderten Sektoren aufzuheben zugunsten einer binnenmarktorientierten, integrierten Ökonomie. Diese ökonomische Tiefenstruktur des Problems der primate city Dar es Salaam mußte hier ausgeklammert bleiben (113). Erfolge einer Dezentralisierungspolitik sind in Tansania wie in anderen Peripherieländern mit kurzer Phase der Unabhängigkeit und selbst auch in Industrieländern (z.B. Frankreich) nur längerfristig möglich (114).

Im 2. N.F.Y.P. wurde in Tansania erstmals nationale Entwicklungsplanung mit einem umfassenden Ansatz betrieben, der zusätzlich zu makroökonomischen Größen auch räumliche Standortentscheidungen berücksichtigte, um explizite politische Ziele zu erreichen. Dort sollten innerhalb einer generell restriktiven Politik gegenüber den Städten gezielt neun urbane Wachstumspole als Gegengewicht zu Dar es Salaam entwickelt werden.

Im 3. F.Y.P. wurde die restriktive Politik gegenüber den Städten aufgegeben und die begrenzte Zahl der neun gegengewichteten Pole zu einem "Zentrale-Orte Netz" von zwanzig Zentren erweitert. Da für dezentrale Industriezentren die soziale und ökonomische Infrastruktur fehlte, wurde die auf urbane Zentren konzentrierte Dezentralisierung erweitert durch ein Programm des Infrastrukturausbaus in vier aus insgesamt sechs nationalen Zonen.

Neben diesem mit dem Wachstumspol-Konzept konkurrierenden Ansatz und neben der seit 1967 laufenden Politik der Dorfgründungen wurde Ende der 70er Jahre mit dem Uhuru Corridor Plan noch ein weiteres Raumordnungskonzept gestellt. Ein nationaler Korridor (der mit den Zonenabgrenzungen nicht deckungsgleich war!) sollte in Übereinstimmung mit einer flächendeckenden, physischen Planung integriert entwickelt werden. Aus der Planung sollten einzelne Projekte ableitbar sein.

Der Fortschritt in der Ausdifferenzierung der Planungsinstrumentarien ist unübersehbar. In nur 10 Jahren ist man von einem nicht-integrierten, unter Zeitdruck von Experten abstrakt gesetzten Pol-Konzept zu einer differenzierten, integrierten Planung eines nationalen Teilgebietes mit 224.000 qkm vorangeschritten. Integrierte regionale Entwicklungsprogramme von größerem Tiefgang als der "one-shot"-RIDEP für Dar es Salaam werden bis heute in anderen Regionen beharrlich weiterverfolgt.

Wie R. Hofmeier bemerkte, sind die umfangreichen Entwicklungsplanungen zu einem "fest etablierten Ritual" in Tansania geworden. Sie dienten als Referenzrahmnen für weitere internationale Entwicklungshilfeprojekte, wie anhand des DSM-RIDEP oben dargestellt. Aber die Konzepte dieser Planungen waren bisher nur in der Lage, begrenzte Anfänge von wenigen im Entstehen begriffenen Polen zu schaffen. Auswirkungen dieser Pole auf Dar es Salaam sind noch nicht spürbar (115). Dar es Salaam wächst durch jährlich zunehmende Immigrationsströme. Das unverknüpfte Nebeneinander von "modernen" Wirtschaftssektoren in Dar es Salaam und dem weitgehend in Subsistenzproduktion verharrenden agrarischen Hinterland konnte nicht nachhaltig beeinflußt werden.

In der Folge dieser fortbestehenden Heterogenität der Produktionsfaktoren und -weisen konnte auch das soziale Gefälle zwischen Dar es Salaam und dem ländlichen Hinterland kaum abgebaut werden. Die politische Machtstruktur blieb entgegen den Intentionen der administrativen Dezentralisierung von 1972 auf die Hauptstadt konzentriert. Die steuer- und finanzpolitische Seite der Dezentralisierung wurde bereits 1978 durch die Wiedereinführung der City of Dar es Salaam zurückgenommen. Die ökonomischen, sozialen und politischen Privilegierungen Dar es Salaams wurden gegen alle politischen Planungen mit dezentralisierender Absicht aufrecht erhalten.

Die These dieses dritten Kapitels war, daß aufgrund unrealistischer Planungskonzepte und schlecht koordinierter Pläne der verschiedenen Experten und Consultants die begrenzten Möglichkeiten einer konsequenten Dezentralisierungspolitik nicht ausgeschöpft wurden, sodaß das kumulative Wachstum Dar es Salaams auch künftig anhalten wird.

Die strukturellen Determinanten der Raumentwicklung und die Restriktionen der tansanischen Planungspolitik ließen zum Zeitpunkt des Master Plan 1979 einen Ausgleich der unausgewogenen Entwicklung und besonders eine Abschwächung des ökonomischen und demographischen Wachstums von

Dar es Salaam nicht begründet erscheinen. Im Master Plan 1979 wurde jedoch mit solchen positiven Auswirkungen der Dezentralisierungspolitik auf Dar es Salaam ab Beginn der 80er Jahre gerechnet. Da von einer Entlastung der primate city im Vorfeld durch regionale Dezentralisierungspolitik vorerst nicht ausgegangen werden kann, stellt sich die Frage einer Alternative zur Masterplanung neu.

Die Probleme der Stadt Dar es Salaam, die mit ungefähr 100.000 Einwohnern p.a. wächst, müssen auf städtischer Ebene durch geeignete Stadtplanungskonzepte zumindest in gewissem Umfang aufgefangen werden. Zu dieser conditio sine qua non sollen abschließend Diskussionsansätze entwickelt werden.

VI. Zusammenfassung der Studie und Empfehlungen für eine angepaßte Stadtplanungspolitik in „Self Reliance"

1. Zusammenfassung der Studie

Das Thema "Stadt in der sog. 3. Welt" ist von Planern bereits aus mehreren Perspektiven beleuchtet worden: Zunächst standen Fragen der Wohnungsversorgung, dann auch Versuche der regionalen Einflußnahme auf das Stadtwachstum im Mittelpunkt. Gegenüber diesen Fragen blieb die Auseinandersetzung mit den Methoden einer kontrollierten Entwicklung von grossen Städten der 3. Welt lange vernachlässigt. Mir wurde das Problem der Stadtentwicklungsplanung in Entwicklungsländern eindringlich klar, als ich ab 1976 für gut zwei Jahre im City Council der Stadt Dar es Salaam arbeitete. In dieser Tätigkeit wurden mir in der Tat zwei Welten deutlich, die da miteinander kooperieren sollten; die aus Toronto für Wochen eingeflogenen, bestens ausgestatteten Consultants und unsere Ausführungsbehörde.

Ausgangspunkt der Studie war die Hypothese, daß der Sinn des fortgesetzten Transfers von Stadtplanungsmethoden aus Industrieländern für die Lösung der Stadtentwicklungsprobleme der Dritten Welt grundsätzlich zweifelhaft erscheint. Der Master Plan 1979 wurde zum Gegenstand detaillierter Analysen, um die Auswirkungen des Technologietransfers in der Stadtplanung am Fallbeispiel empirisch zu konkretisieren. Der Analyserahmen wurde über eine sektorale Analyse ausgeweitet, da die Probleme der bisherigen Stadtplanungspolitik in Dar es Salaam und anderen primate cities Afrikas über sektorale Zusammenhänge hinausweisen.

Die Langzeitszenarios der Masterpläne sind in den jungen, unabhängigen Entwicklungsländern verständlicherweise mit großen Hoffnungen auf die Planbarkeit ihrer äußerst dynamisch wachsenden Städte besetzt. Sowohl ihr tatsächliches Steuerungspotential als auch die von ihnen erhoffte inhaltliche Zielorientierung auf eine "truly African city" standen im krassen Gegensatz dazu. Die Masterplanung, wie auch viele andere Projekte innerhalb des breiten Technologietransfers, war nicht auf das Ziel einer autochthonen, nationalen Entwicklung ausgerichtet. Eine solche Orientierung der Planungsinhalte und -methoden auf die politischen Zielvorstellungen in den Entwicklungsländern ist jedoch ein wesentlicher Teil des Entwicklungsbegriffs, an dem sich die vorliegende Kritik des Stadtplanungstransfers orientiert (s.Tab. VI-1). Er hat immer zugleich den gesamtgesellschaftlichen Fortschritt im Auge, der im sozialistischen Tansania 1967 mit der "Erklärung von Arusha" festgeschrieben worden war. Das dort formulierte Ziel der Entwicklung der nationalen Potentiale, "self reliance" und sozialer Ausgleich haben darin hohen Stellenwert. Der <u>Anspruch Tansanias</u> läuft in der Regional- und Stadtplanung auf einen umfassenden, integrierten und auf eigenständige politische Ziele ausgerichteten Planungsansatz hinaus.

Das Instrument der Masterplanung ist aufgrund seiner heterogener. Ursprünge, die bis in die amerikanische "City Beautiful"-Bewegung des vorigen Jahrhunderts zurückreichen, definitorisch nicht klar umrissen. Die <u>Funktion des Master Plan</u> läßt sich -soweit verallgemeinerbar- präzisieren, daß er als ein integrierter Referenzrahmen für die Planungs- und Finanzadministration des Staates und als ein Koordinierungsplan der darin enthaltenen Einzelprojekte gedacht ist. Darüber hinaus verbinden sich Hoffnungen mit dem Masterplan, die ihn angesichts komplexer Stadtsysteme
- als Lerninstrument der Planungsbeteiligten (nicht jedoch der Betroffenen sondern nur ihrer staatlichen Vertreter!) sahen;
- als Kommunikationsinstrument zwischen Legislative, Exekutive und Consultative, wobei letztere in den USA, Großbritannien wie in Dar es Salaam durch Consultings repräsentiert wurden;
- als Steuerungsinstrument für die Umsetzung politischer Globalziele in ein sektorales Stadtentwicklungskonzept. Alternative Pfade der Stadtentwicklung sollten explizit ausgebreitet, diskutierbar und für die Verantwortlichen überschauber werden.

Die gängigen Mittel zur Erreichung dieser Ziele sind Langzeitszenarios der geplanten Stadtentwicklung, die auf Entwicklungsprognosen aufbauen und die notwendigen physischen Maßnahmen mit Flächendispositionen und Finanzbedarfsanalysen ausweisen.

Alternativen zur Masterplanung mit Erfolgen in der praktischen Bewährung sind nicht in Sicht.

Neue oder veränderte Methoden der Entwicklungsplanung werden aber spätestens dann notwendig, wenn deren handlungsleitende Kraft trotz Ausschöpfung der vorhandenen Planungsressourcen gering ist. Das kann sowohl am zu schwachen Planungssystem liegen, aber auch am zu hohen Anspruch der angewandten Planungsmethode. Denn Planungsmethoden können nur unter jeweils geeigneten, gesellschaftlichen Voraussetzungen in sozialer Weise wirksam werden. Sie ziehen dann auch einen entsprechenden Ressourcenbedarf nach sich. In Tansania fehlen jedoch die gesellschaftlichen Voraussetzungen und die Ressourcen für ein Planungsinstrumentarium, wie es der Master Plan darstellt. Externe Hilfe wird daher notwendig und damit die Problematik des Technologietransfers aus den Industrieländern nach Tansania relevant. Welchen Zwängen unterliegt dieser Technologietransfer innerhalb der sog. internationalen "Entwicklungshilfe-Arena" mit ihren Eigengesetzlichkeiten?

Die Fragestellung der Masterplan-Kritik muß gegenüber den vielfältigen Einflußfaktoren komplex angelegt sein. Neben vielschichtigen Untersuchungen der Ursprünge und Inhalte dieses Instrumentariums, den darin vorausgesetzten personellen und materiellen Ressourcen sowie politischen, rechtlichen und administrativen Strukturen muß die Frage nach der Planungsmethode im Zentrum stehen. Denn die Planungsmethode ist sowohl die zentrale als auch unter gegebenen und mittelfristig kaum veränderbaren Rahmenbedingungen zugleich die am ehesten manipulierbare Variable der Stadtplanungskritik.

Die zentrale Fragestellung muß also sein, ob die Methode der Masterplanung in Dar es Salaam über die letzten 40 Jahre für Revisionen offen war und den Problemen vor Ort heute noch angemessen ist!

Sofort drängt sich die anschließende Frage auf, was von den Consultants überhaupt als Problem erkannt worden war und wie sie methodisch vorgingen. Damit kamen andere Determinanten der Stadtentwicklungspolitik in Dar es Salaam ins Spiel: Wie beeinflußten die betriebswirtschaftlichen Interessen und inhaltlichen Planungsvorstellungen der kanadischen Consultants ihre Problemsicht in der Masterplanung? Auf der anderen Seite waren die Interessen der tansanischen Entscheidungsträger und deren politische Planungsvorgaben zu klären.

Tabelle VI-1

Kriterien zu einer Kritik des Technologietransfers in der Stadtplanung unter einem gesellschaftstheoretischen Entwicklungsbegriff

Grundbedürfnis-orientierung	-Trägt er direkt oder indirekt zur Befriedigung von Grundbedürfnissen bei ? -Produziert er Güter oder Dienste, die der Armutsbevölkerung zugute kommen ?
Entwicklung der nationalen Entwicklungspotentiale	-Nutzt er die lokalen Potentiale und Basisproduktivkräfte in bestmöglicher Weise ? -Schafft er lokale Beschäftigungsmöglichkeiten ? -Vermittelt er lokale Fachkenntnisse ? -Sind die Stadtentwicklungskonzepte mittelorientiert ? -Entwickelt er die lokalen Fähigkeiten für eine künftig unabhängigere Stadtplanung ?
Funktionsfähigkeit der Stadt	-Verringert er mehr als alternative Planungsansätze Fehlentwicklungen der künftigen Entwicklung ? -Verbessert er die baulichen und ökologischen Umweltbedingungen sowie die Infrastrukturversorgung ?
Nationale Entwicklung	-Berücksichtigt er Belange der nationalen Raumordnungspolitik ? -Gleicht er soziale Disparitäten aus ? -Stärkt er die nationale Unabhängigkeit ? -Ist er für die Betroffenen und die Entscheidungsträger offen, verständlich und zugänglich ?

Quelle: Zusammenstellung des Verfassers in Anlehnung an J. Galtung, TUB Berlin, TUB-Dokumentation Heft 3, Berlin 1979, S.18

Das Erkenntnisinteresse dieser Arbeit zielte darauf ab, aus der Kritik der Masterplanung in Dar es Salaam Ansätze für ein sinnvolleres Stadtplanungskonzept für Dar es Salaam zu entwickeln, das es erlaubt mit den Möglichkeiten der vorhandenen politischen Infrastruktur und den Ressourcen des Landes auf die problematische Entwicklung der primate city angemessener einzugehen.

Orientiert an dem gesellschaftstheoretischen Entwicklungsbegriff setzte die Kritik des Dar es Salaam Master Plan 1979 auf 3 Ebenen an:
- der immanenten Kritik des Dar es Salaam Master Plan 1979,
- der soziopolitischen Klärung der Unvereinbarkeiten zwischen Entstehungsbedingungen in den Industrieländern und Anwendungsbedingungen in Tansania,
- der paradigmatischen Kritik des umfassenden Rationalisierungsprozes-

ses der Gesellschaft, den die Masterplanung beförderte.

Die immanente Kritik des Planwerks ging vom inhaltlichen Anspruch Tansanias aus, Dar es Salaam als "truly African City" mit eigener Identität zu entwickeln und dies methodisch über eine integrierte (sektorübergreifende) Planung erreichen zu wollen, die vorgab, auf die politischen Ziele der "Erklärung von Arusha" orientiert zu sein. Weder inhaltlich noch methodisch erfüllte der Master Plan diese Erwartungen. Die kanadische Consulting paßte ihr technisches Fachwissen nicht den Anforderungen vor Ort an, sondern brachte einen konventionellen Planungstyp zur Anwendung:

1. Der Master Plan baute auf unzutreffenden, nur scheinbar abgeleiteten Hypothesen in Form einer Bevölkerungs-Entwicklungsprognose ein planungstechnisch stimmiges Entwicklungsszenario auf, ohne die wesentlichen Probleme der Stadt vorgängig analysiert und gewichtet zu haben. Er war nicht problemorientiert.
2. Folgerichtig war die Planung mit vordergründiger Selbstverständlichkeit an der Bewältigung des künftigen Wachstums orientiert ohne die Determinanten zu klären und die Dynamik des Stadtentwicklungsprozesses inhaltlich verstehen zu helfen. Sie war Planung zur Trendbewältigung.
3. Die politische Infrastruktur für das hochkomplexe Master Plan-Unternehmen wurde als formales Funktionsgefüge knapp beschrieben aber nicht auf ihre Leistungsfähigkeit und tatsächlichen Bestand hin untersucht. Sie war somit nicht implementierungsorientiert.
4. Sie verfolgte nicht explizite politische Ziele der Stadtentwicklung - soweit sie aus der "Erklärung von Arusha" operationalisierbar gemacht werden konnten, da die tansanische Regierung sie in den Terms of Reference nicht lieferte - sondern beschränkte sich auf die Aufgabe, die technische Funktionsfähigkeit der dynamisch wachsenden Stadt zu steuern. Die Master Plan-Methode war eine physisch-technische Planung, die auf finanziellen Ressourcen allein und - wo diese nicht reichten - der Notwendigkeit zusätzlicher internationaler Entwicklungsprojekte gegründet war.
5. Das Szenario des Master Plan trug den Unstetigkeiten eines weltmarktabhängigen, ökonomisch schwach entwickelten Landes nicht Rechnung. Möglichkeiten der Dezentralisierungspolitik wurden durch eine

klassifikatorische Abgrenzung des Planungsgegenstandes aus dem Aufgabengebiet des Master Plan ausgeblendet.
6. Die Vorstellungen zur künftigen Stadtgestalt Dar es Salaams ließen kein spezifisch afrikanisches Stadtbild erkennen. Das Flächennutzungskonzept, das eine zwölf-stöckige Überbauung der alten Kolonialarchitektur in der City (Area 6) erlaubte, entwirft das Bild einer "modernen Großstadt", an der sich die Zukunftshoffnungen der jungen Nation vergegenständlichen konnten und mit dem die Consultants natürlich auch kein Problem hatten.

Entgegen dem eigenen Anspruch der Consultants, den sie im Plan formulierten, blieben sie inhaltlich in westlichen Vorstellungen und Standards der Stadtentwicklung gefangen und methodisch (als kommerzielles, international tätiges Unternehmen) auf die Anwendung eines universell anwendbaren Methodenkanons beschränkt.

Die soziopolitische Kritik der Masterplanung in Dar es Salaam war aufgrund der vielfältigen interdependenten Einflußfaktoren nicht auf eine Hauptursache des gescheiterten Master Plan-Tansfers zu reduzieren. Der Gegenstand der Planung selbst, die dynamische primate city, stellte besondere Anforderungen an den Master Plan, der hier mehr Steuerungskraft als in den Industrieländern entfalten mußte, wo er einem privatwirtschaftlich getragenen Entwicklungsprozeß eher nur "die lenkende Hand zu bieten hatte" (G. Albers).

Dar es Salaam ist als Kolonialstadt groß geworden und wächst heute zum einen aufgrund der persistenten Strukturen des kolonialwirtschaftlich geprägten Wirtschaftsraumes und zum anderen als Teil eines weltmarktintegrierten Wirtschaftsraumes überdurchschnittlich schnell. Die Strukturprobleme des heterogenen Wirtschaftswachstums zeigen sich in Dar es Salaam, dem Umschlagplatz für den internationalen Warenaustausch. Der Master Plan ging hierauf nicht ein. Die außergewöhnlich zahlreichen Programme der tansanischen Regierung, die regionalen Strukturprobleme abzubauen, stellten zugleich den Versuch dar, die Probleme Dar es Salaams im Vorfeld zu lösen. Hier war die fehlende Analyse des Master Plan zu ergänzen. Es wurde dargestellt, daß alle Versuche in

Tansania, der Heterogenität des nationalen Wirtschaftsraumes durch eine Dezentralisierungspolitik zu begegnen, bislang keinen durchschlagenden Erfolg hatten. Das überproportionale Wirtschafts- und Bevölkerungswachstum in der primate city ist bis heute ungebremst. Ein realistisches Konzept der Stadtentwicklungspolitik in Dar es Salaam hätte von den zu erwartenden Folgen ungeschminkt ausgehen müssen. Der Master Plan 1979 trug dieser empirischen Ausgangslage jedoch nicht Rechnung und war insofern im Ansatz bereits unrealistisch.

Die fehlende Ableitung und falsche Bestimmung der Ausgangslage für die Stadtentwicklungsplanung in Dar es Salaam wurde sowohl auf mangelhafte politische Vorgaben der tansanischen Regierung als auch einen unangemessenen Ansatz der Masterplanung zurückgeführt: Die Regierung war offensichtlich überfordert, der Dynamik des weltmarktintegrierten nationalen Wirtschaftsraumes realistische Strategien entgegenzusetzen und begnügte sich daher mit der Vergabe zahlreicher Planungsaufträge an Consultings und Experten für einzelne, nicht koordinierte Stadt- und Regionalplanungen!
Die Consulting des Master Plan zog sich angesichts dieser Ausgangslage auf einen technischen Projektansatz für das enge Planungsgebiet zurück, ohne die kritische Beurteilung der funktionalen Verflechtungen Dar es Salaams mit dem nationalen Wirtschaftsraum als Teil der Masterplanung zu begreifen. Die Lösung der Probleme der primate city wurde in der Bewältigung des Trends gesucht ohne gegensteuernde Maßnahmen als Teil der Stadtentwicklungspolitik selbst zu entwerfen. Statt einen Überschuß an politischer Ambition in dieser wichtigen Frage der Wachstumsbegrenzung zu entwickeln, beschränkte sich der Plan auf die Verwaltung von vorgeblich sachlogisch wachsenden Bedarfszuständen. Der Master Plan wurde auf eine physische Planung verengt, in der auch die sozialen Probleme ausgeblendet blieben. Der gesellschaftliche Zusammenhang, der das Stadtentwicklungsproblem Dar es Salaam bestimmt, wurde abgeschnitten.

Warum war das so? Drei Ursachenkomplexe wurden dargestellt: die Untauglichkeit des Master Plan-Instrumentariums, die Zwänge privatwirtschaftlicher Consulting-Tätigkeit und die nationalen und internationalen Interessen, die in den Transfer von Entwicklungsprojekten wie dem Master Plan innerhalb der politisch besetzten "aid arena" eingehen, "where donors still insist on them for their own managerial purposes" (1).

Der Master Plan wird seit der Kolonialzeit durch Consultings aus Industrieländern nach Dar es Salaam übertragen, obwohl er dort andere Funktionen hatte. In den USA und GB erhielt er immer wieder im Zusammenhang mit großen staatlichen Investitionsprogrammen besondere Bedeutung und wurde in der New Deal Politik Roosevelts sogar ein Instrument der zentralstaatlichen, antizyklischen Investitionspolitik. In Dar es Salaam hingegen fehlten für den Erfolg eines solchen unmittelbaren Technologietransfers die nationale Wirtschaftsautonomie, die finanziellen Mittel und die ausdifferenzierte politische Infrastruktur, also Implementierungsvoraussetzungen. Hier wurde er nach dem Rückzug der Kolonialmächte zu einem kaum reflektierten Mittel, um den Weg der Stadtplanungspolitik fortsetzen zu können, der nun einmal mit der Kolonialherrschaft eingleitet worden war.

Es war die Funktion der Consultant-Masterplanung, die in dieser Politik unerfahrene tansanische Regierung zu entlasten, die Auslagerung politisch kontroverser Entscheidungen aus der nationalen Staatsklasse zu ermöglichen und sie und ihre Politik durch vorzeigbare Hochglanzplanungen zu legitimieren. Der Master Plan erübrigt eine nationale Planungspolitik; das war von dieser Seite die primäre Erwartung an den Master Plan.

Von Seiten der Autoren des Master Plan, der Consulting, wurde der Plan geprägt durch die Verwertungszwänge solcher großen Planungsfirmen. Deren Arbeit mit knappem Personaleinsatz vor Ort gerann zu beeindruckenden Planwerken, die zugleich auch Akquisitionszwecken dienen mußten und zu generellen Entwicklungsszenarien, wo besser praktische Schritte selbstbewußter Lokalpolitik hätten gefördert werden sollen. Neben den materiellen Produktionsbedingungen der Consulting-Planung prägten deren professionelle Planungstechniken und latentes Planungsverständnis die Pläne. Unter dem Strich führte diese Form der Consulting-Arbeit zu Entwicklungshilfeleistungen, die als "unterbundener Technologietransfer" charakterisiert wurden.

Innerhalb des Planungstransfers zwischen Industrieländern und Entwicklungsländern hat der Master Plan neben seiner Planungsfunktion im engen Sinn eine ebenso wichtige zweite Funktion: Er ist in der "aid arena" ein unverzichtbarer Referenzrahmen für weitere internationale Entwicklungsprojekte in der Stadt. Solche Projekte können dann künftig innerhalb der komplizierten internationalen Entwicklungsbürokratie allein unter Bezugnahme auf den Master Plan - losgelöst vom örtlichen Problembezug - zustande kommen. Die aid arena legitimiert sich selbst.

Die paradigmatische Kritik des Technologietransfers in der Stadtplanung setzte an dem Wandel der Gesellschaftsentwicklung an, der mit der Kolonialherrschaft eingeleitet wurde. Der Rationalisierungsprozeß, der unter Herrschaftsgesichtspunkten mit der Zusammenfassung der segmentären Gesellschaften im Kolonialstaat begann, wurde durch zentralstaatlich erstellte Siedlungspläne, eine entsprechende Bodengesetzgebung, Katasterwesen, Planungsbürokratie und Professionalisierung der Siedlungsplanung begleitet. Das Paradigma des Fortschritts in der Bewältigung des Stadtwachstums war im Eingangskapitel so definiert worden, daß "Planung als die bisher letzte und damit auch am weitesten fortgeschrittene politische Problemlösungsstrategie dieser Gesellschaften angesehen werden muß". Mit "diesen Gesellschaften" meinte Naschold die Industriеländer. Es wurde dargestellt, daß sich die hohen Erwartungen an die Stadtplanung in den Industrieländern jedoch nur innerhalb eines umfassenden Rationalisierungsprozesses aller Bereiche der Gesellschaft materialisieren. Wie dargestellt, funktionierte die britische Stadtplanung in Dar es Salaam in den 50er Jahren trotz geringer Planungsressourcen relativ gut, weil die Produktionsverhältnisse, das Rechtssystem und der staatliche Verwaltungsapparat auf homologem Niveau arbeiteten. Diese Stadtplanungspolitik war damals nicht sozial aber effektiv.

Heute kann Stadtplanung trotz einer progressiven, ujamaa-sozialistischen Politik in Tansania und eines weitergeführten Rationalisierungsprozesses der Gesellschaft aus zwei Gründen in Dar es Salaam keine sozialen Wirkungen entfalten: Zum einen, weil die Voraussetzungen in der Planungsverwaltung und im Rechtssystem nicht gegeben sind. Der nur partiellen Rationalität des tansanischen Planungssystems fehlen die Voraussetzungen zur Effektivität. Zweitens erwächst aus der formalen Rationalisierung des tansanischen Planungssystems, das sich nun einer staatlichen Planungsbürokratie mit hohem Kompetenzanspruch bedient, unter den vorherrschenden Interessen einer sich etablierenden Staatsklasse nicht die erhoffte materiale Rationalität, d.h., wie Chancengleichheit und sozialer Ausgleich, auf den die Armutsbevölkerung in Dar es Salaam angewiesen ist. Bürokratisierung, staatliche Kontrolle, internationaler Kapital- und Technologietransfer, von oben geplante Entwicklung über Geld statt über Menschen (entgegen der Ujamaa-Idee) dienten mehr den maßgeblichen Akteuren in der "aid arena", als der Entfaltung von tansanischen Entwicklungspotentialen auf Basisebene.

Trotz dieser Strukturdefizite der Masterplanung ist Stadtentwicklungspolitik in Dar es Salaam heute und in absehbarer Zukunft auf den Master Plan fixiert. Sie ist gekennzeichnet durch das Auseinanderklaffen von Anspruch und Realität, von Szenario-Planung der kanadischen Consultings einerseits und tatsächlicher, eigenen Zwängen folgender Planungspraxis in Tansania andererseits. So besteht u. a. der Anspruch, Stadtentwicklung mit westlichen Planungsmethoden in den Griff zu bekommen, mit einem mehrstufigen, deduktiven Planungssystem und einer Stadtentwicklungsplanung zur Gewährleistung zielgerichteten Planungshandelns. Die Planungsverwaltung soll, so das Konzept, das Zukunftsszenario der Stadt geplant und kontrolliert bis zum einzelnen Grundstück umsetzen; nicht inkrementalistisch, situativ, gar spontan, sozusagen "afrikanisch", sondern einem umfassenden, integrierten Planentwurf folgend, eben "comprehensive".

In den Industrieländern sind Erwartungen in den Stadtentwicklungsplan über lange Erfahrungszeiträume gewachsen und wieder erschüttert worden. (100 Jahre liegen zwischen dem Preußischen Fluchtliniengesetz von 1875 und der Novellierung des BBauG 1976 in der Bundesrepublik, als der Entwicklungsplan seine Blüte erreichte!). Planungsgeschichte war hier das Ergebnis einer stetigen, nationalen Auseinandersetzung im Spannungsfeld von Politik, materieller Problemstellung und Theoriediskussion.
In Tansania blieb Stadtplanung ein koloniales Transplantat!

Typisch ist die tansanische Reaktion auf dieses Transplantat. Die Abwehr gegen diesen Fremdkörper durch den Ruf nach der "Truly African City" findet, wie z. B. im Entwurf der neuen tansanischen Hauptstadt Dodoma und im Dar es Salaam Master Plan, nur auf der ideologischen Ebene statt, ohne die zugrundeliegenden Planungsmethoden auch nur im geringsten anzugreifen. Fast 100 Jahre Kolonialherrschaft prägen auch heute in Tansania sowohl die kritiklose Übernahme der Planungsmethoden der Industrieländer als auch die oberflächliche Rebellion gegen deren Leitbilder. Der Planungsanspruch der Industrieländer und der fortgesetzte Transfer der damit verbundenen Planungsmethoden - kurz: das westliche Planungssystem - ist für die Entwicklung der tansanischen Städte nach der formellen Unabhängigkeit geradezu kontraproduktiv.

Vier Befunde legen dieses Urteil nahe: Das westliche Planungssystem ist unangemessen, da in Dar es Salaam jährliche Wachstumsraten der Einohner durch Stadtplanung kontrolliert werden sollen, die in den Industrieländern nie zu bewältigen waren. Es ist ja nicht nur das quantitative Wachstum einer Millionenstadt wie Dar es Salaam zu steuern, deren Einwohnerzahl jährlich um rund 100.000 Einwohner wächst, sondern auch eine dichte Baustruktur ohne Blockbildung und weitgehend ohne Konturen. Die sozialen Ursachen für Ausmaß und Form dieses Stadtwachstums sind so vielschichtig und die Handlungsspielräume so eingeengt, daß realistische Planentwürfe innerhalb von Kurzzeit-Planungen ausländischer Consultings kaum möglich sind. Statt Problembrennpunkte zu definieren und zu analysieren, täuschen die Szenarien der Masterplanung vor, daß die kontrollierte Stadtentwicklung sich aus der Umsetzung eines stimmigen Globalkonzeptes ergeben könne. Die Suche nach dem ganzheitlichen Konzept bzw. die Scheu vor inkrementellem Handeln ist Bestandteil des westlichen Planungsanspruchs. Indem daran auch in Tansania festgehalten wird, wird die Suche nach angemessenen Alternativen vor Ort und der Mut zum Experiment blockiert.

Zweitens ist das westliche Planungssystem unangepaßt an die Ressourcen und Kultur eines Entwicklungslandes. In der Tat ist ja der Standard der Planungsinfrastruktur, auf dem die Briten am Ende der Kolonialzeit in Dar es Salaam arbeiteten, heute nicht annähernd erreicht. Das betrifft sowohl Zahl und Qualifikation der Planer, als auch die Ausstattung und Datenlage der Planungsverwaltung.

Aufgrund dieser Defizite entwickelt sich ein vom nationalen Planungssystem gesondertes, externes Consulting-System. Durch ein paralleles Beratungssystem, das in der Lage ist, nach dem vermeintlichen "Stand der Wissenschaft" zu planen, wird der Standard des tansanischen Planungssystems nicht angehoben. Nationales und externes Planungssystem arbeiten nebeneinander. Das unterscheidet die Consulting-Struktur heute von der Zusammenarbeit im kolonialen Dar es Salaam zwischen dem damaligen Amtsleiter Silvester White mit dem Consultant Sir Alexander Gibb, der den ersten Master Plan für Dar es Salaam entwarf. Man sieht beide förmlich auf der Terrasse des Golf-Clubs sitzend, ins angeregte Gespräch vertieft.

Ich hoffe, daß damit auch schon der dritte Aspekt jener Kontraproduktivität deutlich wird, der als "unterbundener Technologietransfer" charakterisiert wurde: Ein Transfer findet schon statt, aber die Technologieentwicklung wird vom Planungsanspruch der Industrieländer und nicht von den Problemen vor Ort getrieben. Sie speist sich ausschließlich aus Kenntnissen und Erfahrungen der Industrieländer. Dieses Wissen wird dann instrumentell angewendet aber nicht wirklich übertragen. Erfahrungen im Umgang mit den Planungsinstrumenten, mit den Problemen ihrer Anwendung und den (allzuoft fehlenden) Voraussetzungen für ihre Wirksamkeit werden als Betriebskapital der privatwirtschaftlich organisierter Consultings nicht weitergereicht.

Für diese Art von unterbundenem Technologietransfer ist der Master Plan quasi das Passepartout.
Der eigentliche Planungsfortschritt findet nur in den Industrieländern statt.

Wo eine kontinuierlich lernende Auseinandersetzung mit den urbanen Problemen nicht stattfindet, kann, viertens, eine eigenständige, urbane Kultur nicht entstehen. Dieser vierte Befund der urbanen Orientierungslosigkeit ist einigermaßen überraschend für ein Land, das mit der "Erklärung von Arusha" auch eigenständige Ansätze für eine politische Programmatik der Stadtentwicklung formuliert hat.

Weitverbreitet ist allerdings die Skepsis, ob diese Programmatik auch praktisch wirksam sein kann. Für den Klärungsprozeß um eine autochthone Stadtentwicklungspolitik - also Fragen wie: City-Bildung, illegale Landnahmen, Umgang mit der Kolonialarchitektur im besonderen und die Strukturierung des Stadtwachstums generell - für die Klärung dieser Fragen war der Technologietransfer durch Consulting-Planungen kontraproduktiv.

Tansania hat den Schlüssel zu seiner urbanen Identität aus der Hand gegeben.

Die Consulting des Master Plan 1979 reagierte auf die Widersprüche zwischen Planungsanspruch und Vollzugskapazität, zwischen "Arusha Erklärung" und politischer Realität, zwischen Sozialismus und manifester Klassendifferenzierung mit einer "eingeschränkten Rationalität" (J. Friedmann) ihres Planungsansatzes. Sie zogen sich auf die Rolle des fachkompetenten, unpolitischen Technikers zurück. Im ersten Kapitel zitierte Äußerungen von Consultings, sie fühlten sich in ihrer Arbeit zwischen Wissenschaftsanspruch und Praxisbezug zerrissen, bringen diesen Grundwiderspruch von eingeschränkter Planungsrationalität innerhalb eines politisch hoch aufgeladenen gesellschaftlichen Umfeldes zum Ausdruck. Wissenschaftliches Planen müßte für Consultings heißen, die Funktion ihrer Planungsrationalität innerhalb des fremden Gesellschaftssystems politisch zu reflektieren, bevor sie zur "Projektebene durchstossen", was ihre Rolle innerhalb des Gastlandes und der "aid arena" jedoch überziehen würde. Unter diesen Rahmenbedingungen wird ein in der Praxis blinder Technologietransfer von den Rollenträgern der aid arena fortgesetzt. Die tansanischen Beamten gehen unterbewußt davon aus, daß "nichts passiert, wie geplant", die Regierung erwartet sachlogisch begründete, fachkompetente Planung und die Consulting zieht sich auf ihre sektorale Fachkompetenz zurück.

Für die Fortsetzung dieses eigentümlich unreflektierten Technologietransfers sprechen im wesentlichen fünf Ursachenkomplexe:

1. Eine Alternative zum Master Plan ist nicht in Sicht. In der Tat bieten sich auch international keine Konzepte der Stadtentwicklungsplanung an, die sich durch Erfolge ausweisen. Die Aufgabe der Stadtplanung in

Entwicklungsländern, mit sehr knappen Ressourcen riesige Bevölkerungszuwächse zu bewältigen, ist bisher ungelöst. Während einige Autoren in theoretischen Arbeiten meinten, das urbane Wachstum sei auf der Ebene der Stadt prinzipiell nicht zu lösen (2), sind anderen mit neuen praktischen Ansätzen keine durchgreifenden Erfolge gelungen (3). Der Master Plan hielt zumindest die Hoffnung aufrecht, durch einen guten Plan die Probleme "with a broad brush" in einem schlüssigen Szenario zu ordnen; eine Hoffnung, die wiederholt durch die Realität widerlegt wurde. Tansania fehlen jedoch die Forschungskapazitäten, um neben der kostspieligen Master Plan-Praxis angepaßte Alternativen zum Master Plan zu suchen.

2. Die Erklärung von Arusha gab keine operationalisierbaren Hinweise, wo die Alternative liegen solle. Die Globalziele von Arusha deuteten in eine andere Richtung, als sie der Master Plan beschritt. So entstand in Tansania ein Blindfeld zwischen den Leitzielen des Ujamaa-Sozialismus und der praktischen Politik. W.E. Clark sprach in diesem Zusammenhang von dem "Politik-Vakuum" nach Arusha. Die Ursachen hierfür sah er im Fortbestehen einer Staatsbürokratie nach britischem Vorbild, der Ausbildung der Verwaltungsbeamten in den Industrieländern mit daraus folgenen Interessenmustern und dem Fehlen einer Arbeiterklasse, die ihre Interessen am Ujamaa-Sozialismus verteidigen könnte (4). Die tansanische Bürokratie und ihre Träger, die Staatsklasse, ist seit 1967 zunehmend damit beschäftigt, bloß noch den formalen Anspruch des verwaltungsmäßigen Räderwerks hochzuhalten. Politische Konflikte werden nicht ausgetragen, sondern zur Lösung an die Verwaltung delegiert oder aus der Entscheidungskompetenz ausgelagert.

Consulting-Planung stellt ein Modell dar, wie Konflikte in der Stadtentwicklungspolitik - Grundstücksgrößen, Dichteverteilungen, Standards, Investitionsprioritäten - durch Auslagerung von Kompetenz entschärft werden, indem politischer Sprengstoff an Consultings delegiert wird und Implementierungsdefizite als Überforderungen durch den Plan erklärt werden können. Weder die Partei, noch der technokratische Sachverstand bestimmen in Dar es Salaam die Politik mittlerer Reichweite, die für die Stadt lebenswichtig ist. Das "technisch-rationale Modell der Planung", wie es Mushi charakterisierte kann nicht einmal voll zur Geltung kommen, weil der Fachmann in Tansania, was Reputation und Macht angeht, der Partei und Verwaltung unterlegen ist (5). Im Falle eines Konfliktes hat die Partei die Oberhand. Da der Partei auf lokaler Ebene die technische Erfahrung in sektoralen Fragen fehlt, herrscht Statusautorität, gepaart mit einer charakteristischen Entscheidungslosigkeit. Das "Politik-Vakuum" zieht das Entscheidungs-Vakuum nach sich. Im Bemühen, den Eindruck der Handlungsunfähigkeit und damit die Gefahr einer Legitimitätskrise des staatlichen Systems zu vermeiden, kommt dem Master Plan die Funktion zu, Planungsaktivität vorzuspiegeln. Daß ihr keine Handlungsaktivität folgt, wird immer wieder mit dem Hinweis auf das Ressourcendefizit gegenüber dem Szenariobedarf gerechtfertigt. Funktionsblockaden der politischen Infrastruktur, Politik- und Handlungsvakuum erfordern den Master Plan als Alibi.

3. Die Verfahren und Eigengesetzlichkeiten des internationalen Entwicklungshilfemanagements sind ein weiterer Faktor im fortgesetzten Master Plan-Transfer. Die finanziellen Mittel für den Master Plan standen durch einen Zuschuß ohne Bindungen aus Schweden bereit. Sie mußten in überschaubarer (Zeithorizont) und kontrollierbarer (Verfahren) Weise abfließen. Das Master Plan-Projekt kam diesen Konditionen der Entwicklungs-Bürokratie entgegen. Die ausländische Consulting war durch Verträge auf einen festen Zeitrahmen festlegbar; ihr Sachverstand garantierte die prompte Lieferung des Produktes; der Verwaltungsaufwand für die beteiligten Regierungen war minimal.
Der fertige Plan erfüllte doppelte Funktion. Er war ein Stadtplanungsinstrument und zugleich Referenzrahmen für die weitere internationale Zusammenarbeit. In dieser Funktion können Planungen in der aid arena zum Selbstzweck werden. Lokale Entwicklungspotentiale treten gegenüber dem prozeduralen Management der internationalen Zusammenarbeit in den Hintergrund.

4. Der Mangel an Stadtplanern und das Fehlen einer urbanen Erfahrung erschweren es Tansania, autochthone Alternativen zum Master Plan zu entwickeln. "Tanzania is shy of people who can take foreign technologies and adapt them to local needs. There is neither the cultural setting nor the availability of manpower, which seems to have existed in some countries (e.g. Japan), which would allow the society to absorb only the most useful parts of western technology. Heavy reliance continues

to be placed on foreign experts" (6).

Diese Abhängigkeit wird in Tansania fortbestehen, solange weiterhin die wenigen, tansanischen Fachleute aus vielen naheliegenden Gründen aus der praktischen Planungsarbeit oder gar direkt nach der Ausbildung in die Planungsverwaltung gehen. Sachautorität muß Statusautorität ablösen. Die Bürokratie als Dilettant, die Partei als Amtsautorität und der Consultant als überschätzter deus ex machina werden so lange die Stadtplanung in Dar es Salam bestimmen, wie der knappe tansanische Sachverstand nicht mehr Unterstützung bekommt, die Stadtentwicklung selbst zu gestalten und er mehr Vertrauensvorschuß genießt, um in der Praxis Fehler machen zu dürfen (7).

5. Der am tiefsten wurzelnde Grund für den fortgesetzten Transfer der angepaßten Planungstechnologie liegt im gesellschaftlichen Rationalisierungsprozeß, der mit der Kolonialzeit begann. Die Herrschaftsform der traditionalen Gesellschaft und ihre Regelmechanismen der Landzuteilung wurden gewaltsam aufgelöst oder den neuen Herrschaftsinteressen dienstbar gemacht. An ihre Stelle trat der moderne Staat, der Kolonialstaat, der seine Stadtplanungspolitik aus dem Mutterland nach Tanganjika übertrug. Er bediente sich eines deduktiven Planungssystems, das durch die staatliche Planungsverwaltung wirkungsvoll realisiert wurde. In diesem System mit effektiver Verwaltung hatte der Master Plan in London wie in Dar es Salaam seinen Platz und seine Funktion. Nach der Unabhängigkeit Tansanias stand die gesamte politische Infrastruktur - eine Voraussetzung des westlichen Modells der Stadtplanung - nur noch auf dem Papier oder wurde durch ausländische Experten notdürftig gestützt. Dieser Zustand besteht bis heute fort. Der Anspruch der Planbarkeit und das westliche Planungssystem werden aufrecht erhalten, obwohl die Voraussetzungen dazu fehlen. Der Master Plan und Consultants haben in dieser Ideologie der staatlichen Planbarkeit der nachkolonialen Stadt ihre Logik.

2. Empfehlungen

Welche Alternativen stehen Tansania unter gegebene Rahmenbedingungen offen? Grundsätzlich ist ein Transfer von know-how und Sachmitteln nach Tansania auch in nächster Zukunft notwendig. Statt jedoch Planungsmethoden aus den Industrieländern als fertige Passepartouts zu benutzen, müssen Stadtplanungen aus der spezifischen Problemlage vor Ort entwickelt werden. Das erfordert zeitintensive Kreativität vor Ort statt hochqualifizierte Kurzzeit-Experten arbeitsteilig organisierter Consultings. Das Projekt-Design darf nicht durch Erfordernisse der "Entwicklungshilfe-Arena" - wie geringer Verwaltungsaufwand, überschaubarer Mittelfluß, leichte Erfolgskontrolle, gesicherte Gewährleistung, vorzeigbares Projektergebnis - vorherbestimmt werden. Schließlich sind mit dem Blick auf das Ziel der "self-reliance" einfachste Technologiestandards und realistische Implementierungsverfahren notwendig; Forderungen, die der Master Plan nicht erfüllt.

Der Master Plan 1979 war keine angemessene Antwort auf die komplexen Probleme der Stadt Dar es Salaam. Aufgrund seiner strukturellen Mängel ist eine Neubestimmung der Planungspolitik notwendig. Enge sektorale Reformen, wie z.B. eine bessere physische Stadtplanung, sind aus drei Gründen nicht erfolgversprechend:
1. Die Ursachen für das Scheitern der bisherigen Planung liegen eng vermittelt im sozialen, wirtschaftlichen, politischen und kulturellen Bereich.
2. Die Eckpfeiler der räumlichen Planungspolitik in der primate city Dar es Salaam sind in Tansania brüchig geworden. Dezentralisierungsstrategien zeigten bisher in Dar es Salaam keine Wirkungen. Die bisherige Form der sites & services-Programme und upgrading-Projekte in Tansania wird auch innerhalb der Weltbank, ihrem wichtigsten internationalen Träger und Finanzier, in meist vertraulichen Berichten zunehmend kritisch beurteilt und ihre Pilotfunktion für eine dauerhafte, nationale Wohnungspolitik bezweifelt. Die Leistungsfähigkeit der tansanischen Planungsbürokratie ist zu gering für das Ziel einer flächendeckenden Planbarkeit der Stadt.
3. Es ist fraglich, ob angesichts der drängenden Probleme in den länd-

lichen Gebieten der Entwicklungsländer für die urbanen Gebiete künftig internationale Mittel auch nur im bisherigen Umfang zur Verfügung stehen werden. Für stärkere Eigenleistungen Tansanias werden aber zwangsläufig eher nicht-monetäre Strategien in die Überlegungen einbezogen werden müssen.

Heute fehlt jedoch - trotz einiger, aus den tansanischen Rahmenbedingungen entwickelter Neuansätze, auf die hier Bezug genommen wird - eine alternative Stadtplanungskonzeption, um den Master Plan ablösen zu können. Einerseits sind die politischen Voraussetzungen für radikale Reformen und einen gesellschaftlichen Wandel im fortschrittlichen Tansania besser als in den meisten anderen Entwicklungsländern. Sie ermutigen zu den nachfolgend entwickelten Empfehlungen. So ist das Maß öffentlicher Kontrolle über Grund und Boden und die entscheidenden Produktivkräfte sehr hoch. Die Regierung ist trotz der hier dargestellten Tendenz zur fortschreitenden Klassendifferenzierung im Vergleich zu anderen Entwicklungsländern an eine progressive, wenn auch analytisch unscharfe politische Leitphilosophie gebunden geblieben. Andererseits laufen radikale Reformvorschläge für eine neue Politik Gefahr, utopisch oder zumindest ungesichert zu sein und von der politischen Praxis nicht angenommen zu werden. Dieses Risiko wird hier im Rahmen von Empfehlungen, die als Diskussionsgrundlage gedacht sind, in Kauf genommen.

Politische Widerstände gegen eine Neuorientierung der Stadtentwicklungspolitik in Tansania sind wahrscheinlich. Sie sind natürlich von denen zu erwarten, die etwas zu verlieren haben, seien es staatliche Kompetenzen oder materieller Besitz. Und wo ist das historische Subjekt für diesen Wandel im Planungstransfer? Die Entwicklungsländer sind ja keine sozial-homogenen Blöcke mit einheitlichen Forderungen gegenüber den Industrieländern. Die Regierungen aus den Entwicklungsländern wollen ja den vermeintlichen modernen Master Plan. Die wenigen Architekten und Stadtplaner dort sind an den Hochschulen der Industrieländer für diese Planungssysteme ausgebildet worden. Die zuständigen Entwicklungshilfe-Bürokratien aus den Industrieländern brauchen das administrativ handhabbare Projekt-Paket. Die westlichen Industrieländer erzwingen "Strukturelle Anpassungsprogramme" und greifen tief in die Politik der Entwicklungsländer ein; d.h., mit Form und Inhalt des bestehenden Planungstransfers sind also mächtige Interessen verbunden.

Um aus diesen Strukturen ausbrechen zu können, muß zuallererst das Scheitern der herkömmlichen Stadtentwicklungsplanungen und dessen Ursachen stärker ins Bewußtsein dringen. Dazu soll dieses Buch beitragen. Nur das Bewußtsein der Erfolglosigkeit bisheriger Planung kann jenen mächtigen Interessen entgegengesetzt werden. Darüber hinaus halte ich es unter tansanischen, politischen Verhältnissen (die self-reliance-Politik wird ja noch immer hochgehalten) auch für realistisch, einerseits auf solche Umdenkungsprozesse zu hoffen und andererseits auf den politischen Druck zu vertrauen, der durch wachsende Squattersiedlungen von unten entsteht. Auf diese beobachtbaren Trends gehen meine Empfehlungen ein, die Umrisse einer Alternative zur Masterplanung vorlegen.

Das Dilemma in der Bestimmung der Reichweite der Empfehlungen - zwischen dem also, was als wissenschaftlich notwendig und dem, was als politisch und praktisch durchsetzbar gelten kann, zieht sich durch die bereits zu Tansania vorliegende Literatur. Der Standort des Analysierenden spielt dabei eine wichtige, determinierende Rolle. Die Tendenz ist offensichtlich, daß ausländische Autoren aus Industrieländern eher zu radikalen Empfehlungen neigen, als tansanische Kritker (8). Einige der radikalen Empfehlungen entwerfen für Tansania globale Gegenmodelle einer anderen Stadt, der "ujamaa-Stadt", ohne die steinigen Wege der sektoralen Kritik ausreichend gegangen zu sein (9). Afrikanische Autoren hingegen entwerfen aus unmittelbarer Erfahrung der enormen Widerstände gegen den gesellschaftlichen Wandel eher deterministische Analysen. Sie plädieren entweder für die Befreiung aus der Weltmarktabhängigkeit als Voraussetzung für ein ausgewogeneres Wachstum (10) oder sie empfehlen pragmatische Eingriffe in den Bestand (11). Wie stark die soziale Lage des Autors seine Ansichten bestimmt, zeigen die wichtigen Schriften von R. Stren zur Stadtplanung in Tansania. Seine Einschätzungen waren eher pragmatisch, solange er dort in der staatlichen Administration arbeitete, während er heute sektorale Lösungen im Zusammenhang mit der gesellschaftlichen Klassendifferenzierung sehr kritisch sieht (12). Ausnahmen stellen J. Leaning und M. Mageni dar. Ersterer stellte noch während seiner Tätigkeit in Tansania den Wert der westlichen Planungsrationalität für die tansanische Gesellschaft grundsätzlich in Frage (13), während letzterer als zuständiger Minister 1972 empfahl, bestehende Squattersiedlungen offiziell anzuerkennen und damit den staatlichen Planungsanspruch in der bisherigen generellen Form aufzuheben (14).

Der Entwurf von Ansätzen einer Alternative zur Masterplanung in Dar es Salaam hat von seinen wesentlichen Funktionen auszugehen:
- Analyse der Probleme der Stadt
- Klärung des Zuwachsbedarfes
- mittelorientierte Ziel- und Aufgabenplanung
- Programmarbeit für die nationale und internationale Projektpolitik.

Wie können diese unverzichtbaren Arbeitsschritte einer effektiven Stadtentwicklungspolitik auch ohne den Master Plan und ausländische Consultants in größerer nationaler Eigenständigkeit bewältigt werden?

Probleme - und damit der Gegenstand von Planung - sind nicht objektiv da, sondern prinzipiell subjektiv erfahrene. Was als Problem Eingang in den Planungsprozeß findet, wird bei fehlendem Druck von der Straße "von oben" oder von auswärtigen Consultants entschieden. Je weiter diese Entscheidungsebene von der Problemebene abgehoben ist, desto eher bestimmen spezifische (Klassen-) Interessen oder unangepaßte latente Planungsvorstellungen ausländischer Experten und Consultants, was für die Stadtplanung zum Problem wird. So war es auch im Master Plan 1979 der kanadischen Consulting.

Während der Master Plan von der Analyse globaler Trends ausgeht, um daraus einen konkreten Handlungs- und Investitionsbedarf für die städtischen Problemfelder bündig abzuleiten, bezweifle ich, daß diese Ableitung in Tansania angesichts unsteter Rahmenbedingungen sinnvoll ist und überhaupt gelingen kann! Das gilt übrigens nicht nur für tansanische Verhältnisse, sondern auch - wie John Friend in einer breit angelegten Untersuchung britischer Development Plans zeigte - für das Mutterland der Masterplanung selbst. Planungsentscheidungen kommen in der Praxis eben immer - ob mit oder ohne Entwicklungsplan - mehr oder weniger inkrementell zustande.

Es wird daher sinnvoll sein, eine zweite Ebene der Stadtplanung in den Wohnquartieren zu schaffen, über die bisher nicht artikulierte Probleme aus unmittelbarer Erfahrung in die Stadtentwicklungspolitik eingebracht werden (15). Als parteiorganisatorisches System besteht diese zweite Ebene in Tansania bis hinunter zu den "10-Haus-Einheiten". In diesem politischen Organisationsnetz sind materielle Voraussetzungen - auf die noch einzugehen sein wird - und das Bewußtsein für eine erweiterte Zuständigkeit zu schaffen, die nun auch die praktische Veränderung der wohnumfeldbezogenen Infrastruktur mit einschließt.

Die kommunale Behörde (City Council) wird als erste Ebene für die flächendeckende Problemidentifizierung im Bereich der großen, städtischen Infrastruktur, der öffentlichen Einrichtungen und grober Flächennutzungsverteilungen zuständig sein. Die bis heute im nationalen Ministerium liegende Kompetenz für die Stadtentwicklungsplanung (Masterplanung) Dar es Salaams geht in die Zuständigkeit des City Council über.

In diesem zweistufigen, dezentralisierten System der Stadtplanung wird an die Stelle des einmaligen, geschlossenen Planwerkes mit Langzeitgültigkeit ein permanenter, offener Planungs- und Handlungsprozeß treten. Damit wird die bisherige Aufgabe der Consultings zum Entwurf der Leitpläne für lnge Zeithorizonte hinfällig. Neue Aufgaben sind für sie in Bereichen denkbar, wo komplizierte, technische Infrastrukturprobleme spezielle Fachkenntnisse in abgeschlossenen, technischen Projektleistungen innerhalb vorgegebener politischer Zielvorstellungen verlangen.

Die Klärung des Zuwachsbedarfes an Flächen und Infrastruktur für die wachsende Stadt kann nicht auf einer einmaligen Langzeitprognose aufgebaut werden. Langfristige Szenarien sind unflexibel und laden zu spekulativem Squatting ein. Lediglich Grundversorgungseinheiten, wie Trinkwasserreservoire und Abwasserkläranlagen, sollten entsprechend statistisch plausiblen Bedarfsschätzungen ausgelegt werden. An die Stelle der prognoseorientierten Trendplanung tritt eine an politischen Zielen zu orientierende, restriktive Infrastrukturpolitik, in der u.U. große Infrastruktureinheiten ("thresholds") bewußt auch nicht erstellt werden, um die Stadterweiterung einzudämmen. Ein Beispiel hierfür ist der in zwei Masterplänen Dar es Salaams nun beharrlich vorgeschlagene und in die Szenarien eingeplante Straßendamm ("causeway") über die Hafenbucht nach Kigamboni (s. Plan I-1). Statt trendförmig errechneten Bedarfszahlen Rechnung zu tragen und dementsprechend neue Industrie- und Siedlungsflächen zu erschließen, müßte der Zuwachsbedarf politisch bewertet werden, um übergeordnete Ziele zu realisieren. Die Auswirkungen dieser (Nicht-) Maßnahmen auf das Stadtwachstum sind kontinuierlich zu beobachten und die Planungen auf die aktuellen Veränderungen des Entwicklungsprozesses jeweils abzustellen.

Die <u>Ziele und Aufgaben der Stadtentwicklungspolitik</u> können in einem armen, weltmarktabhängigen Entwicklungsland wegen der Unstetigkeiten ihrer Ökonomien nur kurzfristig festgelegt werden. Das Langzeitszenario der Masterplanung mit dem methodischen Anspruch des comprehensive planning ist unrealistisch. Statt dessen ist Stadtplanung durch politische Entscheidungen der Legislative in zweifacher Weise auf die aktuellen gesellschaftlichen Rahmenbedingungen zu beziehen: Erstens muß sie auf ausgesuchte Problembrennpunkte konzentriert werden, die auch jeweils operationalisierbar sind. Zweitens darf sie nicht einem ziellosen Inkrementalismus verfallen, sondern muß auf nationale Prioritäten ausgerichtet bleiben. Dies erfordert der im Eingangskapitel skizzierte, umfassende Entwicklungsbegriff, an dem Tansania (und diese Arbeit) orientiert ist.

Hohe nationale Priorität hätten als solche Brennpunkte in Dar es Salaam sicherlich die Wachstumsbegrenzung der primate city durch die regionale Dezentralisierungspolitik oder die Beschäftigungspolitik durch öffentliche Investitionen. Mit minimiertem finanziellem Aufwand müssen in jedem Projekt immer zugleich diese nationalen Prioritäten angelegt sein, um kumulative Effekte zu erzielen. Allein die Summe physischer Einzelprojekte des Master Plan 1979 oder auch ein rein inkrementalistisches Planen als dessen Gegenteil ergibt dagegen noch keine umfassende gesellschaftliche Entwicklung. Stadtentwicklungsplanung in Dar es Salaam muß einen "dritten Weg" zwischen "comprehensive planning" und "inkrementalistischer Planung" gehen.

Im "mixed scanning"-Ansatz entwarf Etzioni einen solchen "dritten Weg der Planung" (vgl. Kap. I-3), der quasi mit einer Zoom-Kamera arbeitet, wie er selbst erläuterte: Eine Weitwinkelaufnahme gibt eine wenig detailierte, aber übersichtliche Lagebeschreibung; selektive Großaufnahmen ermöglichen handlungsorientierte, detailiertere Strategien gegenüber Problembrennpunkten (17). Dieser Ansatz beseitigt den Schleier einer falschen, weil unrealistischen Wissenschaftlichkeit im comprehensive planning-Ansatz. Paradoxerweise ist dieser Schleier, wie Etzioni (auch für Tansania) treffend feststellte, in den Entwicklungsländern besonders hoch gehängt: "The developing nations, with much lower control capacities than the modern ones, tend to favour much more planning, although they may have to make do with a relatively high degree of incrementalism. Yet modern pluralistic societies - which are much more able to scan and, at least in some dimensions, are much more able to control - tend to plan less" (18). "Mixed scanning" versucht die Diskrepanz zwischen hohen politischen Ansprüchen und den realen Durchführungskapazitäten in der Stadtplanung zu überbrücken.

Eine Stadtplanungsmethode, die Etzionis theoretischem Ansatz sehr nahe kommt und u.a. in Singapore und Kalkutta Anfang der 60er Jahre praktisch erprobt wurde, war der "action planning"-Ansatz von O. Koenigsberger (19). Diese Planungsmethode war gezielt als Reaktion auf fehlgeschlagene Masterplanungen konzipiert. Ihr Anspruch war, "eine neue Methode zur Steuerung von Maßnahmen der öffentlichen Hand" zu entwerfen (20): "The methodology of "action planning" is designed, in contrast to conventional master plans and control measures to meet the needs of fast growing cities by a continuous programme of public sector initiatives, conditioned by an overall perspective derived on the one hand from existing national and regional urban policies and on the other from monitoring and feedback procedures tuned to the local scene" (21). Fünf Arbeitsschritte charakterisierten den Ansatz:
1. Schnelle Problemidentifikation und ein erstes Prioritätenprogramm.
2. Struktureller Perspektivplan für koordinierte öffentlich / private Programme, die an übergeordneten Zielen orientiert sind.
3. Aktionsprogramme, die Betroffene des Problembrennpunktes für die ganze Handlungssequenz von der Strategiewahl bis zur Implementierung in "Community Development"-Programmen zusammenbringen sollte.
4. Bestimmung der sozialen Rollenträger im Aktionsfeld.
5. Projektevaluierung (monitoring) mit den Betroffenen, um Lerneffekte zu erzielen.

Der entscheidende Vorteil des action planning-Ansatzes gegenüber dem Master Plan ist seine betonte Umsetzungsorientierung. Kurze Intervalle zwischen Planung und Implementierung verhindern, daß die Stadtentwicklung die Planung überrollt und entwertet. Die Ziele und Aufgaben der Planung werden nur so weit gesteckt, wie sie unter aktuellen Bedingungen auch umsetzbar sind. Aufwendige Planungskosten werden vermieden und knappe Mittel so weit möglich in die Handlungsprogramme eingebracht. "To get things done" ist das Motto, das auch motivierende Wirkung auf die lokalen Planungsträger haben soll. Die Lernerfolge der praktischen Handlungsprogramme bleiben im Land, weil die Planung und Implementierung vor Ort mit den Betroffenen geschieht. In den einzelnen Handlungsprogrammen können konkrete Strategien erprobt werden, um kumulative Wirkungen zu erzielen, wie etwa die, durch Investitionen im Wohnungsbau und der wohnungsbezogenen Infrastruktur dauerhafte Beschäftigungseffekte zu schaffen und lokale Produktivkräfte anzuregen (22).

Diese Konkretionsebene kann der Master Plan garnicht erreichen. Dessen Funktion liegt mehr im Bereich der integrierten Klärung der Rahmenbedingungen für eine kontrollierte Stadtentwicklungsplanung. Dazu gehört der Versuch, physische Planung und Haushaltsplanung längerfristig zu koordinieren, die Auslegung großer Infrastrukturnetze zu klären, den Bedarf und die Verteilung sozialer Einrichtungen festzulegen und eine optimale Flächennutzungsverteilung in der Stadt zu entwerfen. Auch diese Funktionen sind jedoch über den action planning-Ansatz besser zu erzielen als durch den Master Plan, in dem sie mehr oder weniger Papierübungen bleiben. Darauf soll anschließend mit einigen Überlegungen zur Mittelorientierung und Infrastrukturplanung eingegangen werden.

Die Erfahrungen C. Rossers mit dem action planning-Ansatz in Kalkutta zeigen, daß das sehr umfangreich angesetzte Programm 1966 an drastischen Mittelkürzungen scheiterte. Politische Veränderungen führten im Programmverlauf zu Kürzungen, die das auf 5 Jahre angelegte Programm für insgesammt 50 urban community development-Projekte mit jeweils 150.000 Einwohnern (!) und einem Kostenaufwand von 1 Mio. engl. Pfund nach 2 Jahren zu Fall brachten (23). Abgesehen von der überzogenen Grösse des Vorhabens, das Ausdruck der Planungseuphorie jener Zeit war, zeigt das Beispiel, daß die fehlende <u>Mittelorientierung</u> in Aktionsprogrammen ohne legislativ verabschiedeten, mittelfristigen Finanzbedarfsplan eine zentrale Gefahr ist. Um die Abhängigkeit von unsicheren nationalen und internationalen Mittelzuweisungen abzubauen, wäre es daher wichtig, die Möglichkeiten von Investitionsrückflüssen aus den Projekten so weit wie möglich auszuschöpfen. Hierzu bieten sich Steuern (24) und Wertzuwachsabgaben an, die jedoch ohne die vorgängige Schaffung von Einkommensmöglichkeiten kaum durchgängig zu erheben sind. In einer strikten Steuereinziehung sehe ich zudem den einzigen, unmittelbar wirksamen Hebel in der Stadtplanungspolitik für eine restriktive Politik gegen das Migrationswachstum.

Das geringe Haushaltsvolumen der City of Dar es Salaam erfordert auch künftig hohe Mittelzuweisungen. Die ILO veröffentlichte Zahlen, nach denen der Wohnungsbaubedarf in Dar es Salaam für die Zeitspanne 1982/83 - 1986/87 ganze 10.000 medium cost houses und 90.000 low cost houses betrug (25). Mit den geringen Mitteln des City Council sind diese Probleme nicht zu lösen. Ohne internationale Entwicklungsinvestitionen wird es auch nicht möglich sein, die materiellen Voraussetzungen für aktionsorientierte Programme herzustellen. Die Stadtentwicklungspolitik muß dem in dreifacher Weise Rechnung tragen:
Erstens muß sie einen reduzierten Planungsansatz verfolgen. Das mixed scanning mit seiner Kombination von Weitwinkel- und Zoomaufnahme ist hierzu geeignet. Es erlaubt, von der Problemanalyse schnell zur praktischen Zielebene zu gelangen (26).

Zweitens sind die kritischen Schwelleninvestitionen (thresholds (27)), die über externe Mittelzuweisungen finanziert werden sollen, im (nachfolgend dargestellten) Handlungs- und Implementierungsprogramm deutlich als neuralgische Punkte für die darauf aufbauenden Entwicklungen herauszustellen.

Drittens sind alle Möglichkeiten auszuschöpfen, um Entwicklungsprojekte arbeitsintensiv statt kapitalintensiv zu gestalten, um diese in Tansania reichlich vorhandenen Ressourcen so weit wie möglich auszuschöpfen. Eine vergleichende Studie eines upgrading-Projektes in Mbeya (Tansania) errechnete, daß durch arbeitsintensivere Implementierungsmethoden offensichtlich 30 % der Gesamtkosten hätten gespart werden können und 69 % der zu erzielenden Beschäftigungseffekte aus ungelernter Arbeit bestanden hätten (28). Die darin liegende Chance, die Armutsbevölkerung Dar es Salaams in ökonomische Kreisläufe einzubeziehen, wäre beträchtlich. Sie wurde bislang nicht genutzt. Stattdessen wurden, wie auch Masembejo in einer Fallstudie über ein upgrading-Projekt in Dar es Salaam feststellte, unangepaßte Planungstechnologien ohne ausreichenden Problembezug übertragen: "It appears, however, that squatter improvement techniques have been imported in toto from other countries without prior recourse to establishing the national causes of squatting or to the specific methods of curbing it" (29).

Die Sanierung der bestehenden Wohngebiete und die Bewältigung des dynamischen Stadtwachstums sind die zwei großen Herausforderungen an die Stadtentwicklungsplanung. Beide erfordern jeweils spezifische problemorientierte Handlungsansätze.
Die Bestandspolitik muß von dem ausgehen, was in Dar es Salaam die Norm ist: ungeplantes, illegales Siedeln. Auch Squatter sind generell und nicht nur ex post als rechtmäßige Besitzer städtischen Bodens nach dem Customary Land Tenure-Recht (30) anzuerkennen. Durch die Legalisierung ihres Hauseigentums werden einerseits kreditrechtliche Sicherheiten für die Betroffenen (Rechte) und andererseits Möglichkeiten einer strikten Eintreibung der Haussteuer oder "property tax" (Pflichten) geschaffen. Soziale Härten durch die Politik der Besteuerung könnten von den Betroffenen durch kompensatorische Arbeitsleistungen für kommunale Handlungsprogramme abgewendet werden (31).

Mit der Legalisierung der Squattersiedlungen würde das breite Handlungsfeld der Stadtplanungspolitik von der Kontrolle, Demarkierung und behördlichen Genehmigungspraxis des einzelnen Gebäudes befreit und Kapazitäten für neue Aufgaben frei. Typologisierungen der unterschiedlichen Stadtteile - wie in Kapitel IV skizziert - helfen die inneren Entwicklungsgesetze bestimmter Siedlungstypen zu verstehen. Sie ermöglichen spezifische Handlungsleitlinien oder "performance standards" (Koenigsberger) gegenüber den jeweiligen Siedlungstypen. Das geeignete Mittel zur laufenden Bestandsaufnahme der Siedlungen sind billig herstellbare Luftfotos durch Überfliegungen. Bestandsplanung wird als permanenter Prozeß der Sanierung organisiert, statt sie, wie bisher im squatter-upgrading, auf einzelne zu verwaltungs- und kapitalintensive Projekte zu konzentrieren (32).

Durch Kleinkredite, lokale Baumärkte, fachliche Beratung und andere staatliche Maßnahmen müssen unterstützende Rahmenbedingungen geschaffen werden, die ein squatter upgrading "von innen heraus", durch die legalisierten Hausbesitzer, anregen. Auch vom zuständigen Ministerium in Tansania sind diese Maßnahmen heute als wichtig erkannt worden (33); ebenso begründete der tansanische Direktor des Centre for Housing Studies am ARDHI-Institute in Dar es Salaam sehr detailreich die Notwendigkeit für eine Bestandspolitik in diesem Sinne. Was hier nur angedeutet werden konnte, entwickelte er als "Gradual Rebuilding Approach" (34).

Für die Planung der Zuwachsgebiete am Rand der Stadt wird hier das Instrument der Infrastrukturplanung als wirksameres Mittel der Entwicklungssteuerung vorgeschlagen gegenüber der Szeanrio-Planung des Master Plan. Über eine gezielt angelegte Infrastrukturplanung wird es möglich, Wachstumsprozesse zu kanalisieren und schnell zu bebaubaren, erschlossenen Flächenangeboten zu kommen, die dann auch Maßnahmen zur Verhinderung unkontrollierter Zersiedlungen im Außenbereich rechtfertigen. Eine gezielt eingesetzte Infrastrukturplanung ermöglicht kontrollierbare Flächennutzungsbegrenzungen und steuerbare Entwicklungsrichtungen der Stadt. Sie ist wirksamer, schneller und einfacher durchsetzbar als das westliche Planungsinstrumentarium, das mit den Mitteln der Flächennutzungs- und Bebauungsplanung über eine deduktive Planungssequenz eine flächendeckende Kontrolle der Stadtentwicklung anstrebt. Gegenüber dieser Praxis wird hier das Konzept des "compound surveying" für die Stadtentwicklungsplanung vorgeschlagen (35). Darin werden die großen Infrastrukturlinien und natürliche Geländebarrieren zum wichtigsten staatlichen Steuerungsmittel der Stadterweiterung. Es wird unterschieden in Primärinfrastrukturen (Hauptkanäle, Hauptschließungsstraßen, Leitungstrassen), die in "Korridoren" gebündelt werden und Sekundärinfrastrukturen (gebäudebezogene Versorgungsnetze).

Für den zu erwartenden Wachstumsbedarf wird die Stadterweiterungsfläche eines compounds in der Größe einer Grundschuleinheit in ihren Umrissen und ihrer genauen Lage innerhalb des Stadtgebietes im Amt entworfen und im Feld durch Primärinfrastrukturen erschlossen. Die Korridore, die die gebündelten Primärinfrastrukturen bilden, begrenzen sichtbar und ggf. durch Bepflanzungen optisch markiert die compounds. Ein System dieser sichtbaren Baugrenzen im Feld, das auch durch Flußarme, Steilhänge, Elektroüberlandleitungen etc. definiert sein kann, bildet die rechtliche Bebauungsgrenze der Stadt, außerhalb derer der Baubestand durch Luftfotos festgestellt und "eingefroren" wird. Innerhalb der compounds werden ungeplante Landaufteilungen erlaubt und legalisiert.

Die soziale und politische Organisation des internen Siedlungsprozesses wäre am ehesten durch Formen des Community Development zu begleiten, wie sie in Lusaka offensichtlich mit Erfolg durchgeführt wurden (36), um soziale Konflikte und soziale Kosten, soweit möglich, zu vermeiden. Es ist jedoch unwahrscheinlich, daß in Dar es Salaam die Mittel dafür zur Verfügung stehen werden. Man wird sich in den meisten Fällen auf ein Netz kommunaler Beratungsbüros und Materialversorgungslager beschränken müssen. Bereits durch solche kleinen, positiven Maßnahmen ist jedoch eine grundsätzliche Wende vollzogen von einer bisher nur restriktiven, auf das primäre Ziel staatlicher Kontrolle ausgerichteten Politik gegenüber Squattern zu einer positiven, unterstützenden Strategie. Dieser Weg sollte weiter beschritten werden durch die Beschränkung auf möglichst wenige Satzungen, die grobe Fehlentwicklungen vermeiden sollen. Nur durch ein ausreichendes Flächenangebot innerhalb der Bebauungsgrenze der Stadt ist ein Siedlungsverbot im Außenbereich durchzusetzen und zu rechtfertigen. Versuche der Regierung in Dodoma, die Zersiedlung durch "Land Rangers" polizeilich zu verhindern, mußten dort, wie in Dar es Salaam, scheitern, weil die am Master Plan orientierte Standtplanungspolitik keine positiven Alternativen für die Squatter aufzeigte.

Abschließend werden als Denkmodell vier Prozeßschritte der Stadtentwicklungsplanung durch compound surveying zur Diskussion gestellt. In einem ersten Schritt werden von der Kommunalbehörde die geeigneten Stadterweiterungsgebiete (compounds) für den wachsenden Flächenbedarf ausgewählt. Sie werden durch großzügig bemessene Korridore für Primärinfrastrukturen begrenzt und - soweit möglich - bereits erschlossen. Die Korridore gliedern das spätere Stadtgebiet und versorgen es mit Grünflächen. Mit Beginn der Erschließungsarbeiten wird ein "site office" für den compound eingerichtet. Parallel zu den Primärinfrastrukturkorridoren werden Wohngebiete geringerer Dichte vorgesehen, die für ihre Lage-

ERSTER SCHRITT zur Entwicklung eines Compounds - Begrenzung und Haupterschließung durch Infrastrukturkorridore

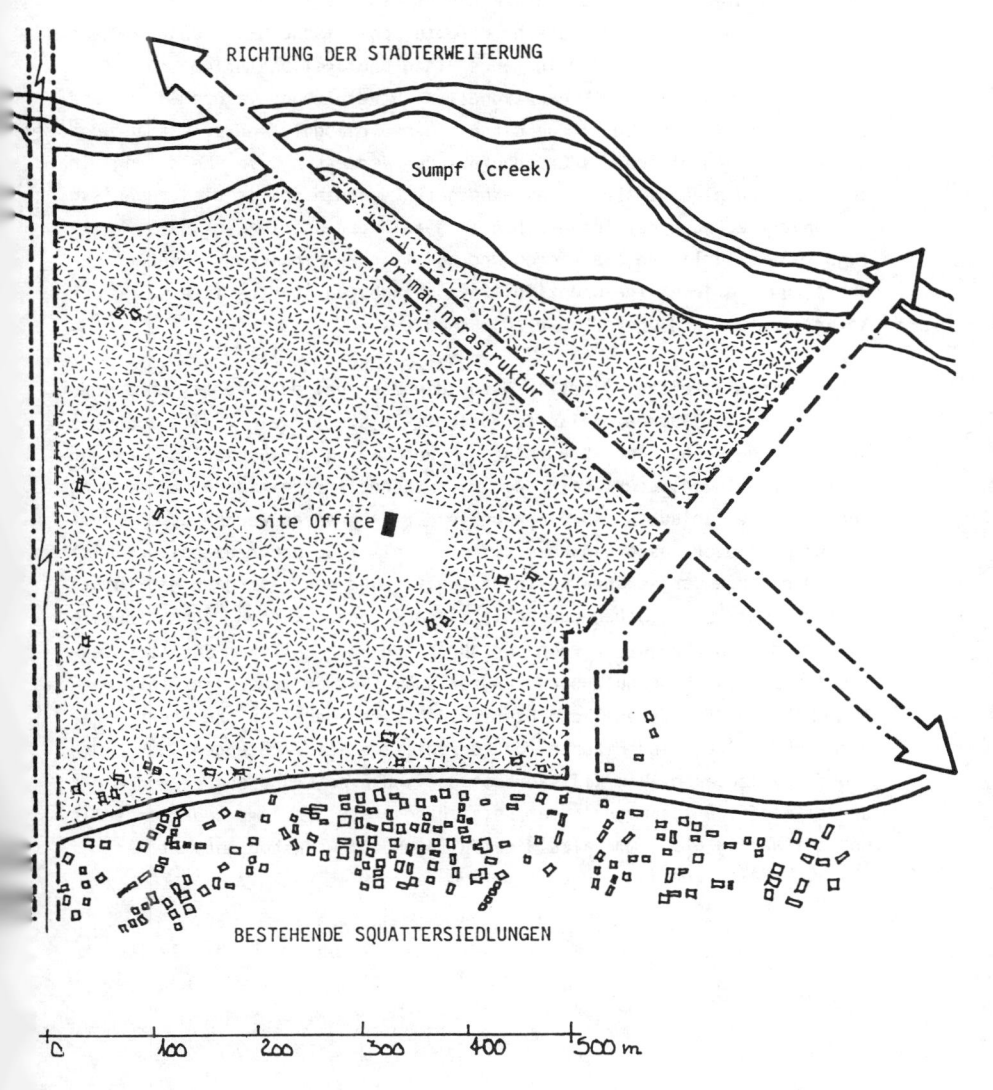

RICHTUNG DER STADTERWEITERUNG

Sumpf (creek)

Primärinfrastruktur

Site Office

BESTEHENDE SQUATTERSIEDLUNGEN

Darstellung: der Verfasser

gunst mit Sonderabgaben belegt werden. Die Sonderabgaben werden zur Subventionierung der sekundären Infrastrukturen im compound verwendet, wo höhere Dichten vorgesehen werden ("cross subsidization"). Die jeweiligen Dichten werden vor Ort durch direkte politische Einflußnahme des site office nach festen Regeln (ohne Plangrundlage) beeinflußt. Die Korridore werden wie in der konventionellen Stadtplanung eingemessen und maßstäblich in Bestandspläne eingetragen. Triangulationspunkte auf den Korridorgrenzen bilden das Grundgerüst der Vermessung im Feld und in den Bestandsplänen. In dieses Grundgerüst werden später die Ergebnisse der Überfliegungen der ausgewachsenen Siedlungen übertragen. Alle verfügbaren natürlichen Barrieren und künstlichen Markierungen werden genutzt, um die jeweilige Grenzlinie des bebaubaren Stadtgebietes in der Natur sichtbar und überprüfbar zu machen.

In einem zweiten Schritt wird die Binnengliederung des compounds durch eine Art Baugrenzenplan festgelegt. Er stellt die weitestgehende Detailierungsebene der Stadtplanung vor Beginn der Besiedlung dar und sollte straff gegliedert sein, um eine schnelle, einfache Einmessung vor Ort zu erlauben. Die Eckpunkte der Baugrenzen werden durch Baumpflanzungen oder Wasserkioske markiert. Ziel des Baugrenzenplanes ist es, die Zonen der sekundären Infrastruktur und den zentralen Marktplatz freizuhalten. Die Flächen außerhalb dieser Zonen können ohne formale Plangrundlagen bebaut werden entsprechend den üblichen Squattersiedlungsprozessen. Mischnutzungen sind erlaubt. Nur am zentralen Platz werden Flächen für öffentliche Einrichtungen freigehalten. An anderen geeigneten Stellen sind Flächen für öffentliche Einrichtungen des compounds vorzusehen. Die Klassenräume der späteren Grundschule werden mit dem site office zusammen in der Entstehungsphase des compounds erstellt und zeitweilig als kommunales Materiallager und workshop genutzt.

ZWEITER SCHRITT zur Entwicklung eines Compounds - Baugrenzenplanung

RICHTUNG DER STADTERWEITERUNG

Sumpf (creek)

Materiallager

Sek. Infr.

Geringere Dichte

Höhere Dichte

Primärinfrastruktur

Hochspannungsleitung

Site Office

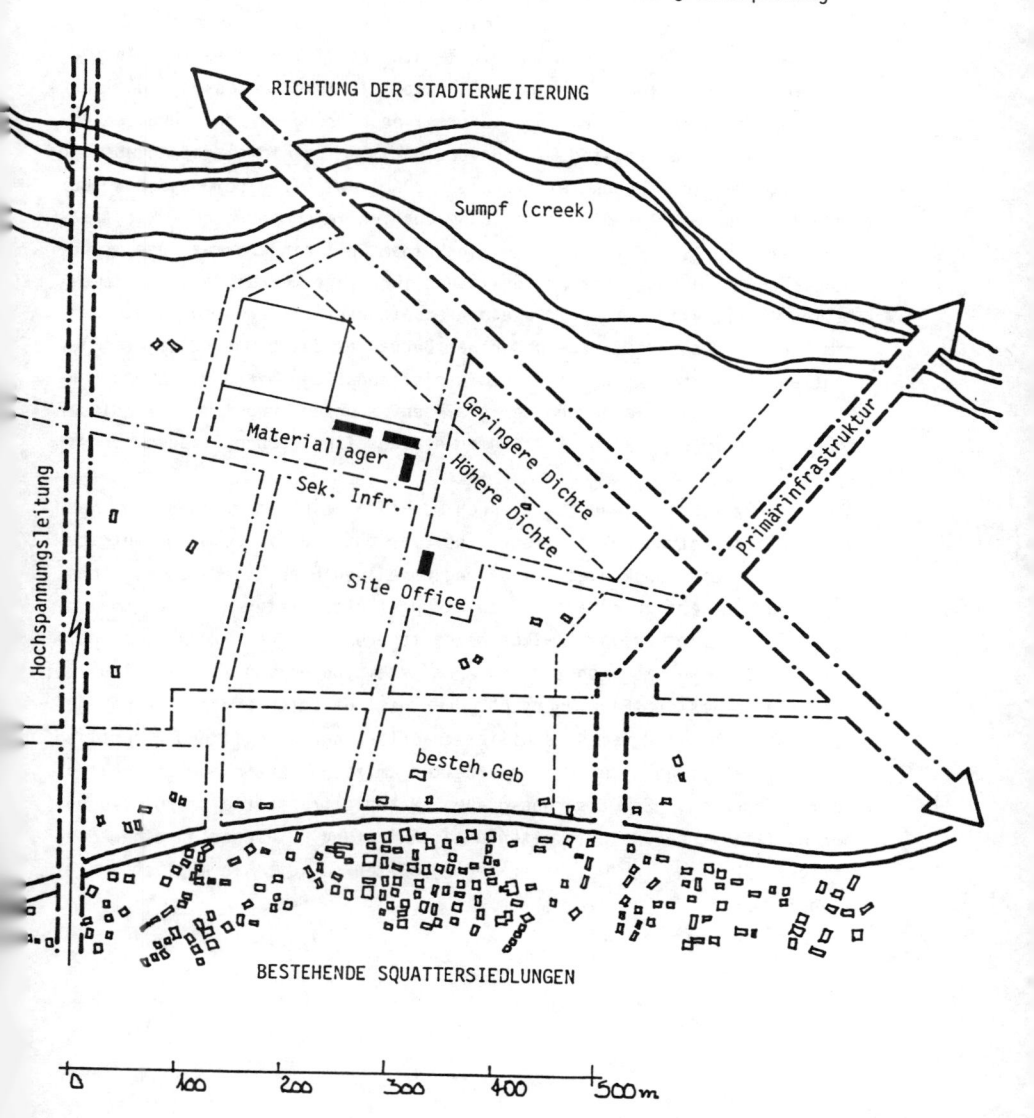

besteh. Geb

BESTEHENDE SQUATTERSIEDLUNGEN

0　100　200　300　400　500 m

Darstellung: der Verfasser

In einem dritten Schritt können die Wohnblöcke zwischen den Sekundärinfrastrukturzonen ohne formale Planungsprozesse bebaut werden. Absprachen mit dem site office legen die Rechte und Pflichten für die Ansiedlung fest; ein analoger Vorgang zu Squattersiedlungsprozessen, wo vorgängige Absprachen mit lokalen, informellen Führungspersönlichkeiten erforderlich und üblich sind. Vor Baubeginn ist eine einmalige Abgabe in einen kommunalen Fonds einzuzahlen. Damit wird der compound-Bewohner formal in der Stadt registriert. Baumaßnahmen im compound ohne Rücksprache mit dem site office werden in keinem Fall hingenommen. Die Grundstücksgrößen, ihr genauer Zuschnitt und ihre Lage werden Resultat zweifellos konfliktträchtiger Auseinandersetzungen zwischen Antragsteller, dem Beamten des site office und einem Bürgerrat des compound sein. Hier stellen sich komplexe politische Organisationsfragen in einem überschaubaren Rahmen, die tiefergehender Analysen bedürfen. Probleme auf dieser Konkretionsebene müssen im Rahmen dieses Diskussionsbeitrages vorerst offen bleiben.

Die Eintrittsabgabe kann statt durch monetäre Zahlungen auch in Form von Arbeitsleistungen für öffentliche Einrichtungen im compound entrichtet werden. Ein Zweck dieser Regelung wäre auch hier wieder, möglichst aktionsorientiert zu gebauten Entwicklungsfortschritten zu gelangen, ohne verwaltungsintensivere Zwischenschritte. Der andere Zweck ist, die compound-Bewohner möglichst durch Arbeitsleistungen von finanziellen Abgaben zu entlasten. Eine Übersicht über die gesamten öffentlichen Arbeitsangebote wird im site office graphisch dargestellt und öffentlich gemacht. Derartige Gemeinschaftsarbeiten umfassen Erdbewegungsarbeiten, Baumpflanzungen, Entwässerungsgräben, Materialtransporte bis hin zu höher qualifizierenden Tätigkeiten unter Anleitung. Die Chancen einer derartigen "housing for work"-Strategie sollten so weit wie möglich ausgeschöpft werden.

DRITTER SCHRITT zur Entwicklung eines compounds - Infrastrukturausbau

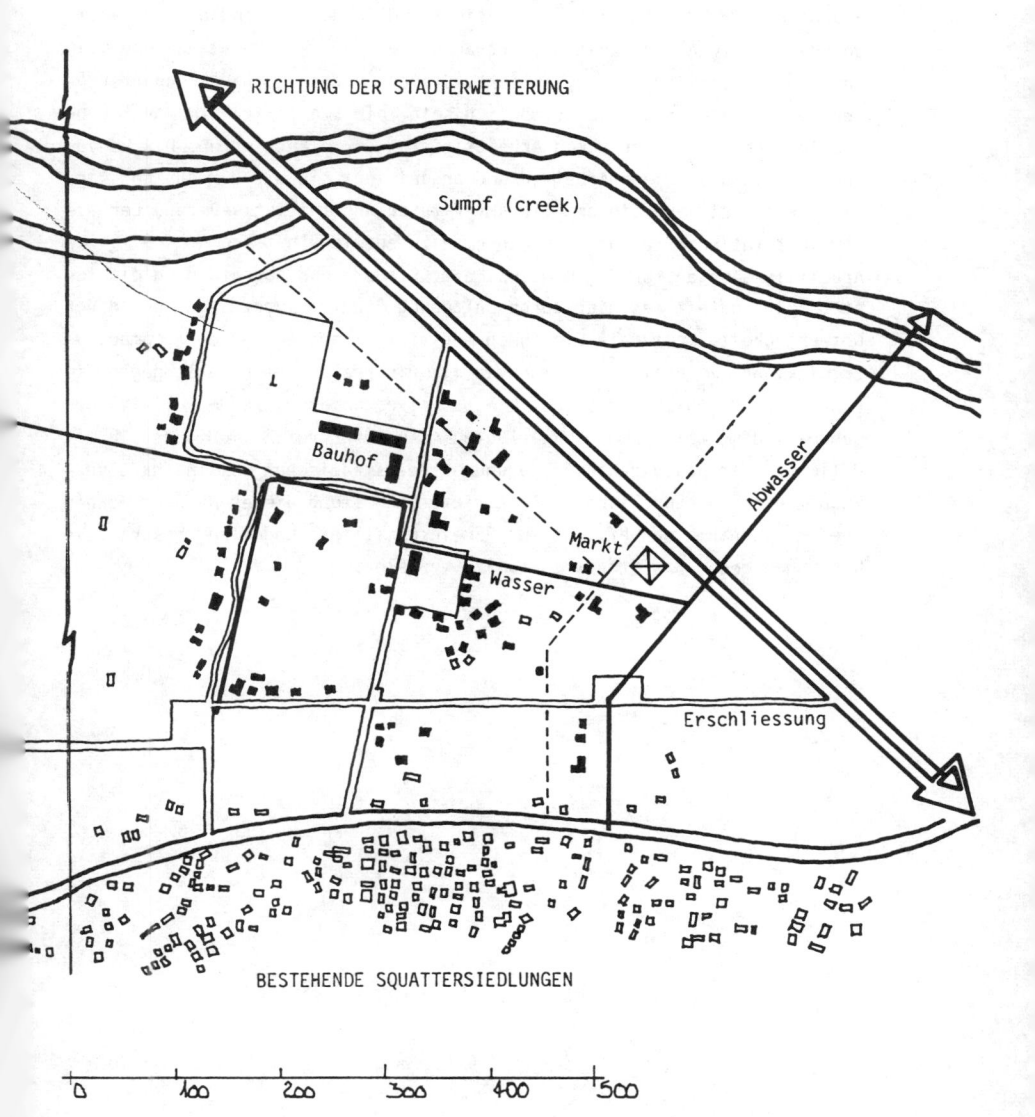

RICHTUNG DER STADTERWEITERUNG

Sumpf (creek)

Bauhof

Markt

Wasser

Abwasser

Erschliessung

BESTEHENDE SQUATTERSIEDLUNGEN

0   100   200   300   400   500

Darstellung: der Verfasser

In einem vierten Schritt wird die Siedlung nach Abschluß einer ersten Bauphase durch Luftfotos dokumentiert und in den Bestandsplan der compound-Umgrenzung maßstäblich übertragen. Der physische Bestand und die Hauseigentümer sind nun registriert. Steuern können so hausbezogen erhoben werden. Wieder sollte es möglich sein, die Steuer in Form von finanziellen Abgaben oder durch Arbeitsleistungen zu entrichten. Die Regierung unterstützt diese Arbeiten und organisiert sie mit der Absicht, lokale Kleinbetriebe, informelle Aktivitäten und Initiativen zu dauerhaften Institutionen der urbanen Ökonomie zu entwickeln.

Arbeitsleistungen für die Gemeinschaft, Steuern und Abgaben sind ein fester Bestandteil des hier vorgeschlagenen Siedlungsprozesses. Neben der Notwendigkeit, kommunale Einnahmen für die Finanzierung der compound-Entwicklung zu erzielen, werden damit weiterreichende Effekte gegen die Land-Stadt Migration erwartet. Die positive, unterstützende Politik gegenüber dem weitgehend ungeplanten Siedlungsprozeß muß deshalb mit Pflichten der Hauseigentümer gegenüber der städtischen Gemeinschaft verknüpft werden. Nur über die strikte Einhaltung dieses Nexus zwischen freier Landnahme und Pflicht zur Gemeinschaftsleistung sind restriktive Wirkungen gegen das Stadtwachstum zu erzielen.

VIERTER SCHRITT zur Entwicklung eines Compounds - Bestandsregistrierung

Geringere Dichte
Sport
Grundschule
Site Office
Markt

BESTEHENDE SQUATTERSIEDLUNGEN

Darstellung: der Verfasser

Dieses idealtypische Ablaufschema müßte in einem Pilotprojekt innerhalb eines konkreten gesellschaftlichen Umfeldes getestet und weiterentwickelt werden. Die Komplexität der gesellschaftlichen Realität läßt sich im Rahmen theoretischer Modellbildungen nicht simulieren. Die hier vorgeschlagene Alternative zum Master Plan zielt darauf ab, mit reduziertem Verwaltungsaufwand und geringerem Bedarf an knappen professionellen Ressourcen die soziale, ökologische und ökonomische Funktionsfähigkeit der dynamisch wachsenden Stadt Dar es Salaam sicherzustellen.

Mit den als Diskussionsbeitrag hier skizzierten Empfehlungen werden wesentliche Standards westlicher Planung in Frage gestellt, die in Tansania wie auch in anderen Entwicklungsländern ohnehin oft nur auf dem Papier stehen: Es würden der Anspruch einer flächen- und problemdeckenden Planbarkeit der Stadt preisgegeben, der Versuch einer Optimierung der Nutzungszuordnungen im Stadtgebiet aufgegeben und der klassische Planungsbegriff durch eine aktionsorientierte, auf soziale Organisation der Armutsbevölkerung ausgerichtete Planungstätigkeit erweitert werden.

Das Rollenverständnis des akademisch gebildeten Planers müßte sich ändern. Die Einflußnahme auf soziale Bewegungen in der Stadt wird weit größere Bedeutung für den Planer erhalten, der bislang gewohnt war, sein Metier in der physischen Gestaltung der Stadt zu sehen. Es wird hier besonders deutlich, daß für diese Art der Planung der Einsatz von internationalen Consultings nicht sinnvoll wäre.
Schließlich würde die unrealistisch breite Zuständigkeit der kommunalen Planungsverwaltung auf einen vollziehbaren Umfang zurückgedrängt und entsprechend mehr Kompetenz in das politische Entscheidungssystem verlagert werden (37).

Dadurch würde Stadtentwicklungsplanung in Dar es Salaam nicht unbedingt gleich basisorientierter werden, aber doch ein Stück mehr transparent und motivierend für die Betroffenen als gegenwärtig, wo kanadische Consultings im Zentralministerium das Zukunftsszenario der Stadt in einem starren Planwerk festschreiben und über Entwicklungschancen in den Stadtquartieren entscheiden. Die Motivation der Betroffenen ist eine wertvolle und entscheidende Ressource in einem armen Entwicklungsland. Masterplanung vermag diese Ressource nicht zu entfalten.

Anhang

FUSSNOTEN und LITERATURVERZEICHNIS

FUSSNOTEN ZU ALLEN KAPITELN

Fußnoten zum Vorwort:

(1) DESWOS - Brief, Juni 1986, S.8

(2) DAB 9/1986, S.1017 - 1020

(3) P. Herrle, Univ. Stuttgart 1983 (Fall: Kathmandu / Nepal)
    A.T. Duarte Santos, Univ. Karlsruhe 1986 (Fall: Recife / Brasilien)
    J. Oestereich, Köln 1980 (mehrere Fallbeispiele)

Fußnoten zu Kapitel I

(1) Deutsches Kolonialblatt, Berlin 1.1.1891; allg. zur frühen Entwicklung Dar es Salaams: J.E.G. Sutton (ed.), Dar es Salaam 1970; E.S. Segal in R.A. Obudho/El Shakhs (ed.), New York 1979, S. 258 - 262

(2) United Rep. of Tan., DSM 1978 b, Vol. I, S. 16 ff.

(3) Zensus 1978, Vol. VIII, S. 181 ff.

(4) ibid., S. 182

(5) World Bank, Washington D.C. 1979, bes. S. 128 - 136

(6) G. Myrdal, Frankfurt/M. 1974; K. Vorlaufer, Hamburg 1973; D.A. Rondinelli/K. Ruddle, New York 1978; G. Breese, Englewood Cliffs 1966; World Bank, Washington D.C. 1972; World Bank, Washington D.C. 1979; P.Herrle, Univ. Stuttgart 1983, S.103ff.

(7) C. Leggewie in "Dritte Welt" 1973, Vol. 4, S. 425 - 453; Rondinelli/Ruddle, New York 1978, S. 54 ff.; T.G. McGee, London 1971, S. 14; ders., New York 1967, S. 19; B. Magubane in Obudho/El Shakhs (ed.), New York 1979, S. 31 - 56

(8) A.T. Salau in "African Urban Studies", 1979, No. 4, S. 27 - 34; G. Breese, Englewood Cliffs 1966, S. 3, 51 ff., 134 ff.; In dieser Arbeit wird von einer "Über-Agglomeration" in Tansania insofern ausgegangen, als sie konzentriert in Dar es Salaam vorzufinden ist. Wie in der Arbeit noch deutlich werden wird, unterscheidet sich die hier angenommene Charakterisierung vom gängigen Konzept der Über-Urbanisierung in zweifacher Weise:
1. Die Entwicklung in den Industrieländern wird nicht als Norm zugrunde gelegt für die Charakterisierung der Über-Agglomeration.
2. Es wird nicht davon ausgegangen, daß eine stabile, historisch invariable Korrelationsrate zwischen Urbanisierung und Industrialisierung für eine normale städtische Entwicklung auf allen Stufen der industriellen Entwicklung besteht.
Von Über-Agglomeration wird dagegen hier in dem Sinn gesprochen, daß das staatliche Steuerungspotential nicht ausreicht, um die in diesem Ausmaß neue Verstädterung in Tansania zu kontrollieren. Die Stadt Dar es Salaam ist quasi frühreif. Vgl. S.M. Kulaba, Rotterdam 1981, S. 89f.; zur Kritik des gängigen Konzeptes der Überurbanisierung: N.V. Sovani in G. Breese (ed.), Englewood Cliffs 1969, S. 322 - 330, bes. S. 126

(9) Das Dualismus-Konzept ist quer durch die Wissenschaftssparten für das theoretische Verständnis gesellschaftlicher Phänomene herangezogen worden. Es ist von Bedeutung, weil es "bei theoretischen Versuchen zur Kennzeichnung der Entwicklungsländer in der Literatur als ein Hauptmerkmal wirtschaflicher Unterentwicklung herausgestellt" wurde (K.D. Klages, "Das regionale Entwicklungsgefälle

- Ein Beitrag zur Regionalplanung in Entwicklungsländern", Tübingen/Basel 1975, S. 19).

Bezogen auf wirtschaftliche Aktivitäten unterscheidet das Konzept zwei nebeneinander existierende, strukturell verschiedene, unterscheidbare Wirtschaftssektoren. Die Unterscheidungsmerkmale sind eine oder mehrere der folgenden Faktoren: Produktionsweise, Organisation des Wirtschaftens, Größenordnung der Aktivität. Entlang dieser Faktoren wird ein "moderner" und ein "traditionaler" Sektor unterschieden. Zwischen Traditionalität und Moderne wird eine unilineare Fortschrittsentwicklung gesehen. Merkmale für ihre Unterscheidung sind:

moderner Sektor	traditionaler Sektor
höhere Technologie	geringe Technologie
kapitalintensiv	arbeitsintensiv
organisiert	unorganisiert
große Betriebseinheit	kleine Betriebseinheit
große Produktionsmenge	kleine Produktionsmenge
hohe Arbeitsteilung	geringe Arbeitsteilung
hochwertige Güterproduktion	Güterproduktion für das Existenzminimum
Marktproduktion	Subsistenzproduktion

Zweifellos existiert in den Entwicklungsländern diese Dichotomie. Das Dualismus-Konzept beschreibt richtige Phänomene, besonders der städtischen Ökonomie. Der Dualismus ist oft auch räumlich ausgeprägt: der moderne Sektor der Stadt und die Subsistenzproduktion der ländlichen Gebiete.

Problematisch ist am Dualismus-Konzept, erstens, daß es die Phänomene nicht zu erklären vermag; es bleibt deskriptiv. Es wird angenommen, daß sich beide Sektoren unabhängig voneinander und endogen (unabhängig von den Industrieländern) entwickeln. Zweitens geht mit der Gegenüberstellung von modernem und traditionalem Sektor mit z.T. zweifelhaften Merkmalskontrastierungen oft eine Höherbewertung des modernen Sektors einher. Das deskriptive Theoriekonzept und modernisierungsorientierte Vorurteile versperren das immanente Verständnis anderer Produktionsweisen und deren Entwicklung in Abhängigkeit. Es besteht die Gefahr einer ideologischen Prämissenbildung, die den modernen Sektor zur Elle macht, an der andere Sektoren zu messen sind. Gerade wenn man im Sinne fortschittlicher, bürgerlicher Theorien das "Humankapital" entwickeln will (F. Nuscheler, Berlin 1978) als Voraussetzung allgemeiner gesellschaftlicher Entwicklung, wird in dieser Arbeit die These vertreten, daß dem bestimmte "moderne Errungenschaften", die Nuscheler aus der Modernisierungstheorie herüberretten will in seinen (quasi zwischen Marx und Weber vermittelnden) Entwicklungsbegriff, wie z.B. die prinzipielle Überlegenheit rationaler, bürokratischer Verfahren sowie die hohe Bewertung der Planung als technisch-wissenschaftliche Zukunftsvorsorge - mithin Teile von M. Webers Rationalisierungskatalog - geradezu entgegenstehen.
Als Erklärungs- und Handlungskonzept ist das Dualismuskonzept daher fragwürdig.

Vertreter der Modernisierungstheorie auf dem Gebiet der Stadtplanung sind S. El-Shakhs/A. Salau in "African Urban Studies", 1979, No. 4, S. 15 - 25. Im Gegensatz zum Dualismus-Konzept wird in der vorliegenden Arbeit zum Verständnis von regionalen Disparitäten und dem konzentrierten Wachstum der primate city vom Konzept der "strukturellen Heterogenität" ausgegangen. Es ist jedoch nicht Anspruch dieser Arbeit, diesen Begriff als durchgängig erklärendes Instrument für alle Phänomene heranzuziehen. Vielmehr hat er hier den Status eines historisch beschreibenden Begriffes, der, soweit im Kontext der Arbeit relevant, explikativ angewandt wird. Die Wurzeln der "strukturellen Heterogenität" in Tansania werden beginnend mit der kolonialen Extraktionswirtschaft in der Integration in den kapitalistischen Weltmarkt gesehen (vgl. J. Lohmeier, Hamburg 1982). Die Wirkung der"strukturellen Heterogenität" findet u.a. in der unausgewogenen Urbanisierung räumlichen Niederschlag. Durch diese "Tiefenstruktur der peripher-kapitalistischen Gesellschaft" (D. Senghaas, Frankfurt/M. 1977, S. 65 - 72) werden der staatlichen Politik enge Grenzen gesetzt, um auf die unausgewogene Urbanisierung Einfluß zu nehmen.
In Kap. V dieser Arbeit werden die tansanischen Ansätze kritisch analysiert, mit denen über politische und raumplanerische Maßnahmen versucht wurde, die Resultate der "strukturellen Heterogenität" zu beeinflussen. Im Unterschied zu deterministischen Auffassungen einer vollständig extern bestimmten Entwicklung in Dependenz von den Metropolen wird hier von der Prämisse ausgegangen, daß in Tansania nationale Handlungsspielräume für eine Homogenisierung der wirtschaftsräumlichen Ungleichgewichte bestehen. Entwicklung muß unter tansanischen Bedingungen nicht nur "gemäß den jeweils neuen, von außen gesetzten Imperativen" stattfinden. (D. Senghaas, Frankfurt/M. 1977, S. 48; zur raumordnungspolitischen Relevanz des Konzeptes der "strukturellen Heterogenität" siehe ibid., S. 279 - 281). Vgl. D. Nohlen/R. Sturm, Hamburg 1982, Band 1, S. 92 - 116; vgl. A. Martinelli in D. Senghaas (Hrsg.), Frankfurt/M. 1976, S. 356 - 378 mit weiteren Literaturhinweisen; eine Zusammenfassung der Kritik an der Modernisierungstheorie bei S.N. Eisenstadt, Frankfurt/ M. 1979, Kap. 5.

(10) Als Vergleichseinheiten sind hier die "statutory planning area" von 1967 plus 15 % Bevölkerungszuschlag angesetzt und die "urban planning area" von 1978; vergl. DSM Master Plan 1979, Vol. I, S. 41

(11) DSM Master Plan 1979, Vol. I, S. 21; zum Vergleich: die höchsten Bruttowohndichten in der BRD liegen für eingeschossige Bebauung bei ca. 15.000 E./qkm; vergl. Akademie für Raumforschung und Landesplanung, Hannover 1969, F.2.6

(12) Vergleiche die Dichten im DSM Master Plan 1968, TS 2, S. 52 und DSM Master Plan 1979, TS 1, S. 25

(13) Zensus 1978, Vol. VIII, S. 497

(14) Oft beziehen sich hierbei besonders Modernisierungstheoretiker auf die klassischen Studien von L. Wirth, "American Journal of Sociology" 1938, die am Beispiel der Industrieländer entwickelt

sind.

(15) vgl. die stadtplanungsmethodischen Untersuchungen von St.Mildner, Karlsruhe 1976; C. Heidemann/H.O.Ries, Eschborn 1979

(16) W. Rodney, Berlin 1975; I.N. Kimambo/A.J. Temu, Nairobi 1969; J. Iliffe, Cambridge University Press 1979

(17) L. Reissmann, New York 1964, S. 158; vgl. die Frage nach den Unterschieden hinsichtlich Urbanisierung, der urbanen Kultur und sozialen Institutionen zwischen den Industrieländern und Entwicklungsländern und zwischen den Entwicklungsländern untereinander bei B.F. Hoselitz in G. Breese, Englewood Cliffs 1969, S. 232 - 245; G. Sjoberg in H.W. Eldredge, New York 1967, S. 103 - 155, bes. S. 150

(18) S. El Shakhs/A. Salau in African Urban Studies 1979, No. 4, S. 15 - 25

(19) B.L. Berry, op. cit. A. Salau in ibid., S. 27; vgl. bereits 1965 K. Davis in G. Breese, Englewood Cliffs 1969, S. 5 - 20; Rondinelli/Ruddle sprechen sich gegen die Modernisierungstheorie aus und bleiben doch in ihren theoretischen Ansätzen gefangen: New York 1978, z.B. S. 14 ff.

(20) P. Herrle, Univ. Stuttgart 1983, S. 103 - 107; vgl. B. Magubane in Obudho/El Shakhs (ed.), New York, 1979, S. 31 - 56

(21) A. Waterston in "Finanzierung und Entwicklung", 2, 1972, S. 36 - 41; T. Killick in "Oxford Economic Papers", 28, 1976, S. 161 - 184

(22) Zum Planungsanspruch des Dar es Salaam Master Plan 1979 vgl. Kap. I.3; zur gestörten Balance A. Etzioni: "This points to an interesting paradox: the developing nations, with much lower control capacities than the modern ones tend to favour much more planning, also they may have to make do with a relatively high degree of incrementalism. Yet modern pluralisitc societies - which are more able to scan and, at least in some dimensions, are much more able to control - tend to plan less". A.Etzioni in Faludi (ed.), Oxford 1973, s. 228

(23) K. Vorlaufer setzt in seinen Studien zur Stadtentwicklung Dar es Salaams zunächst auf dieser Ebene zur primären Erklärung der Squattersiedlungen an, ergänzt sie dann jedoch durch Anmerkungen
a. zur Kritik des funktionalen Städtebaus, der das illegale Siedeln förderte,
b. zu den negativen Auswirkungen der Stadtplanung generell auf die Standortwahl der Zuwanderer,
c. zu lokalen Interessengegensätzen und Widerständen gegen die Folgen der Planungen der Experten,
d. zum abgeschlossenen Projektansatz der Masterplanung,
e. zu den westlichen Leitbildern der Planung. K. Vorlaufer, Hamburg 1973, S. 198; ders. Frankfurt/M. 1970

(24) J.A.K. Leslie, Oxford 1963, S. 153, 62

(25) Hierzu einige Aufsätze in L. Cliffe/S. Saul (ed.), Nairobi 1975, Vol. I, Part IV, S. 185 - 346

(26) J. Leaning, Dar es Salaam (mimeo) 1972, S. 3

(27) R. Stren in Morrison/Gutkind (ed.), Syracuse 1982, S. 100;
(28) K. Vorlaufer, Hamburg 1973 und ders. Frankfurt/M. 1970; s. Fußn. (23); J.A.K. Leslie, a.a.o.; s. Fußn. (24); J. Leaning, a.a.o.; s. Fußn. (26) und (32); R. Stren, 1975; ders. 1982 a; ders. 1982 b

(29) D. Seers in D. Senghaas, Frankfurt/M. 1977, S. 39 - 67; D. Senghaas in E+Z, 1975, Heft 1, S. 12 f.

(30) Zum Ideologiebegriff: W. Schnädelbach in Das Argument 50, 2, 1971

(31) D.L. Foley in Faludi (ed.), Oxford 1973, S. 83

(32) J. Leaning, Dar es Salaam 1972 (mimeo), S. 3

(33) Unter politischer Infrastruktur werden die Voraussetzungen zusammengefaßt, die gegeben sein müssen, um Entwicklungsziele staatlich entwerfen und implementieren zu können:
1. institutionelle Zuständigkeiten für öffentliche Probleme
2. personelle Repräsentanz der Zuständigkeiten
3. technisch-sachliche Ausstattung der Verwaltung
4. Recht und administratives Verfahren
5. politische Organisation von Interessen in Parteien

(34) M. Weber, Tübingen 1972, S. 128

(35) J. Moris in Taamuli, Vol. 6, 1976, S. 48, 49, 52, 67; R. Stren, 1982 b, S. 67 - 91; er stellt mit empirischen Befunden zu S & S-Projekten den Klassencharakter der Staatsbürokratie ins Zentrum der Kritik. Es ist wichtig festzuhalten, daß M. Weber bewußt und explizit von der Existenz von Klassengesellschaften in der Analyse abstrahierte und Verwaltung als theoretische Möglichkeitsform diskutierte.

(36) G.W. Kanyeihamba, 1980, S. 247; K. Vorlaufer, Frankfurt/M. 1970, S. 104

(37) G. Hyden, London 1980, S. 230; A. Armstrong, Dar es Salaam 1984

(38) Die Habitat-Konferenz in Vancouver, 1976, betonte die Vorrangigkeit von "indigenous planning models", United Nations, New York 1976, S. 22, 139

(39) L. Timberlake von der internationalen Umwelt- und Entwicklungsorganisation Earthscan, London 1985, op. cit. epd 6/85

(40) G. Albers, Köln 1967, S. 192

(41) J.E.G. Sutton, Dar es Salaam 1970, S. 1 - 19

(42) R. Eberstadt, 1911; zur Baulinienplanung: G. Albers, Köln 1967, S. 194 f.

(43) W. Arning, Berlin 1942, S. 117 ff.; Dt. Kolonialblatt, 1.8.1894

(44) K. Vorlaufer, Frankfurt/M. 1970, S. 9 ff.

(45) Dt. Kolonialblatt, Berlin 1894, S. 252

(46) Vgl. K.G. Schneider, Wiesbaden 1965, Karte 3

(47) I. G. zur Auffassung von D. Hamdan in G. Breese (ed.), Englewood Cliffs 1969, bes. S. 148

(48) R. Tetzlaff, Berlin 1970, S. 268 f.

(49) D. Bald, München 1970, bes. S. 64 ff.; der Steueranteil der Europäer am Gesamtaufkommen lag in der Größenordnung von 0 - 1,5 %

(50) ibid., S. 88

(51) G. Albers, Stuttgart 1974, S. 453 - 476; ders. in Stadtbauwelt 21, 1969, S. 10 - 14; M. Schumpp, Gütersloh 1972; G. Fehl/J. Rodriguez-Lores in Stadtbauwelt 71, 1981, S. 273 - 284

(52) D. Schubert in Stadtbauwelt 73, 1982, S. 65 - 70

(53) §4 der Bauordnung von 1891 legte fest, daß in bestimmten Gebieten Dar es Salaams "ausschließlich...Gebäude im europäischen Stil aufgeführt werden". "Bauordnung für Dar es Salaam", 1891, veröffentlicht in Dt. Kolonialblatt, 1891, S. 337. "Bauordnung von 1914 aus Tanganyika Provincial Office, Dar es Salaam, file No. 12.589, 7.12.1931, S. 2 f.

(54) Der Begriff der Kolonialzeit ist der Einfachheit halber mit Mandatszeit gleichgesetzt.

(55) K. Vorlaufer, Frankfurt/M. 1970, S. 19 f.; Er bestritt mit einigen "wenn und aber" eine deutsche Politik der rassischen Segregation. (z.B. Vorlaufer 1970, S. 30).

(56) op. cit. K. Vorlaufer, Frankfurt/M. 1970, S. 23

(57) Nach Weltkrieg II Treuhandgebiet unter Aufsicht der UN

(58) op. cit. K. Schneider, Wiesbaden 1965, S. 45

(59) Die "Mittelbahn", später "Central Line" wurde noch in deutscher Zeit quer durch das Territorium bis Kigoma fertiggestellt. Sie erschloß ein weites agrarisches Hinterland für den Export und hatte damit entscheidenden Einfluß auf die Entwicklung der Hafenstadt Dar es Salaam. Vgl. R. Tetzlaff, 1970, S. 81 ff. und G. Röhr, 1960.

(60) De Blij, Evanston 1963, S. 23

(61) Vgl. I.N. Kimambo/A.J. Temu (ed.), Nairobi 1969, S. 145

(62) J.E.G. Sutton, Dar es Salaam 1970, S. 19

(63) Zur Entwicklung des Hafens: A. Mascarenhas in "Tanzania Notes and Records", No. 71, DSM 1970, S. 85 - 118

(64) K.G. Schneider, Wiesbaden 1965, S. 83, Tab. 9: zwischen 1943 und 1957 ziehen 3.379 Europäer und 16.441 Inder nach DSM neu zu.

(65) J.A.K. Leslie, Oxford 1963, S. 152, 15

(66) ibid., S. 26; mit gleichem Ergebnis die Studie von H.W. Jürgens, 1968, S. 40 ff.: Er kommt zu dem Ergebnis, daß zwischen den Kriegen 60 % der Immigranten aus der Nahumgebung DSMs kamen, Ende der 40er Jahre aber nur noch 40 %

(67) ARDHI-Institute, DSM, "Laws of Tanzania" (mimeo) 1974, S. 21 ff.

(68) Tanganyika, East African Royal Commission 1953 - 55 Report, London, H.M.S.O. 1955, § 60

(69) Tanganyika, Annual Report of the Dept. of Town Planning, 1956, S.11, vgl. K. Vorlaufer, Frankfurt/M. 1970, S. 26 - 29; McAuslan, Uppsala 1978, S. 18 f.

(70) Tanganyika Despatch No. 114, 7.2.1956, S. 13 als Reaktion auf jenen Report

(71) Die Vermutung einer staatlichen Brandstiftung findet sich auch bei J.E.G. Sutton, DSM 1970, S. 14; vgl. auch Leslie, Oxford 1963, S. 47; DSM MP 1949, S. 16

(72) Charta von Athen, op. cit. G. Albers, Köln 1967, S. 16

(73) DSM Master Plan 1949, S. 22

(74) F.S. White, London 1958, S. 172 - 174

(75) DSM Master Plan 1949, S. 18 ff.

(76) Die Unterscheidung in ländliche Gebiete und Dörfer ist der Arbeit Leslies entnommen; A.K. Leslie, Oxford 1963, S. 88 - 100

(77) A.K. Leslie, Oxford 1963, S. 5, 15, 20 f.

(78) Die Industrie in DSM bestand in den 20er Jahren aus Verarbeitungsbetrieben für Lebensmittel, Häute, Felle, Kopra etc.; bis 1961 kam Zigaretten-, Textil-, Schuh- und Corned Beef-Industrie hinzu.

(79) R.E. Stren gibt vier Gründe an, warum das Squatten in DSM erst

Ende der 50er Jahre ein Problem für die Stadtverwaltung geworden sei:
1. die hohe Bevölkerungswachstumsrate
2. mit den Kurzzeitpachtverträgen sei die Verwaltung in der Lage gewesen, flexibel auf den Bedarf zu reagieren
3. bis in die späten 50er Jahre war die Vertreibung von Squattern ohne Kompensation möglich
4. das Wachstum der Squattergebiete um diese ländlichen Siedlungen und Dörfer wurde durch traditionales Recht geregelt. R.E. Stren, Berkeley 1975, S. 54 ff.

(80) Diese und die folgenden Zahlen von R.E. Stren, Berkeley 1975, S. 59

(81) ibid., S. 38

(82) A.K. Leslie, Oxford 1963, S. 67

(83) TANU = Tanganyika African National Union, später Einheitspartei des unabhängigen Tansania unter Vorsitz von J.K. Nyerere

(84) A.K. Leslie, Oxford 1963, S. 155

(85) Tanganyika, East African Royal Commission Report 1953 - 55, Londdon 1955, chap. 19 (8)

(86) ibid., chap. (23); "if we are to encourage the formation of a stable and contended urban middle class African populace, house ownership must be encouraged in every way, together with securityof tenure"; M.J.B. Molohan, DSM 1959, S. 44

(87) Sir A. Gibb & Partners, DSM 1949, S. 22,34; zur britischen Stadtplanungsgeschichte in Tansania, s. K. Vorlaufer, Frankfurt/ Main 1970, S. 26 ff.; A. Hayuma, DSM 1983 (mimeo)

(88) A. Korn / F.J. Samuel, London 1942, S. 143 - 150

(89) TCPO 1947, op.cit. Planning Advisory Group, London 1965, S. 5; H. Weyl in Stadtbauwelt 20, 1968, S. 1517

(90) C.H. David, Düsseldorf 1972

(91) DSM Master Plan 1949, S. 18, 22

(92) ibid., S. 14, 74

(93) DSM Master Plan 1949, S. 20; K. Vorlaufer, Frankfurt/M. 1970,S.38

(94) Tanganyika, Dept. of Town Planning, 1956, S. 2

(95) DSM Master Plan 1949, S. 30

(96) DSM Master Plan 1949, S. 74 ff.

(97) DSM Master Plan 1949, S. 30

(98) DSM Master Plan 1949, S. 34; ich kann K. Vorlaufer nicht folgen, der feststellte, daß eine "offen auf biologischen Kriterien basierende, räumliche Segregation... zweifellos nicht Ziel der Briten war". K. Vorlaufer, Frankfurt/M. 1970, S. 30

(99) DSM Master Plan 1949, S. 38

(100) DSM Master Plan 1949, S. 38 f.

(101) S. White in "Journal of the Town Planning Institute", London 1958, S. 173

(102) DSM Master Plan 1949, S. 33

(103) DSM Master Plan 1949, S. 62

(104) H.P. Bahrdt, Hamburg 1969, S. 146 ff.; Klages, Köln/Opladen 1958, S. 8 - 44; H. Berndt, Stuttgart 1968, S. 64 ff.

(105) DSM Master Plan 1949, S. 59

(106) vgl. Kap.II

(107) Tanganyika, Dept. of Town Planning, DSM 1956, S. 8 ff.

(108) Tanganyika, Dept. of Town Planning, DSM 1954, S. 7

(109) Dept. of Town Planning, Annual Reports (AP), Dar es Salaam, jährliches Erscheinen

(110) Dept. of Town Planning, AP, Dar es Salaam 1953, S. 5

(111) E. Weigt, Nürnberg 1968, S. 59

(112) Project Planning Associates Ltd. (PPA) "National Capital Master Plan Dar es Salaam", Toronto 1968, künftig zitiert als DSM Master Plan 1968
Marshall Macklin Monaghan Ltd. (MMM) "Dar es Salaam Master Plan", DSM 1979, künftig zitiert als DSM Master Plan 1979

(113) DSM Master Plan 1968, Vol. I, S. 28 ff.

(114) Die Erklärung von Arusha wurde am 5.2.1967 von der Staatspartei TANU (Tanganyika African National Union; seit 1978 C.C.M. (Chama cha Mapinduzi)) als Leitziel der nationalen Politik verabschiedet. In ihr wurde eine "ujamaa-sozialistische" Entwicklungsperspektive des sozialen Ausgleichs formuliert. Die Säulen des Ujamaa-Sozialismus waren:
- Die Verstaatlichung der wichtigsten Unternehmen.
- Die Entwicklung der Produktivkräfte aus eigener, nationaler Kraft, insbesondere der Produktivkraft der Massen.
- Die vorrangige Förderung der landwirtschaftlichen Produktion in der Form kollektiv arbeitender Produktionsgemeinschaften.
- Der Ausgleich der Lebenschancen zwischen den Schichten, zwi-

schen den Regionen und speziell zwischen Stadt und Land. Das politische Konzept der Arusha-Deklaration wurde 1969 im 2. Nationalen Fünfjahresplan für die politische Praxis operationalisiert. In diesem Plan wurde ein Dezentralisierungskonzept der Industriestandorte auf neun Wachstumspole entwickelt, um die ungleiche Entwicklung des Agglomerationsraumes Dar es Salaam gegenüber dem Hinterland abzubremsen. Vgl. J.K. Nyerere, Nairobi 1969, S. 231 - 250. Auf die Politik der Dezentralisierung werde ich in Kap. V eingehen. K. Vorlaufers Einschätzung, derzufolge im Master Plan 1968 ein "an einem dezidiert sozialistischen Gesellschaftsbild orientierter Städtebau" entwickelt wurde, kann ich nicht zustimmen.

(115) DSM Master Plan 1968, Vol. I, S. 106; ebda. TS 2, S. 153 ff.

(116) J. Dohery, DSM 1976, S. 89: "...both plans (der MP 1949 und der MP 1968, d. Verf.) recognize, identify and plan for the perpetuation of existing class devisions in society." Zur Kritik am DSM Master Plan 1968 s.a. W. Satzinger, Frankfurt/M. 1980, S. 340 - 373

(117) K. Vorlaufer, Frankfurt/M. 1970, S. 63

(118) DSM Master Plan 1968, Vol. I, S. 64

(119) "The future growth of Dar es Salaam must be accomodated in an organized, controled manner so that the proposed density in residential development can be achieved and services, road and community facilities can be efficiently utilized", Presseerklärung der zuständigen Ministerin zum Inkrafttreten des Master Plan 1979, MLHUD, "Press Release" 1979

(120) ibid.

(121) World Bank, Washington D.C. 1972, S. 30; s.a. S. 40, 22; M. Safier, Nairobi 1970, S. 33 f.

(122) Zur Kritik am Master Plan in Peripherieländern: World Bank, Washington D.C. 1972, S. 30, 40; O. Koenigsberger in "Architectural Association Journal" 1964; M. Safier, Nairobi 1970, S. 33 ff.; Th. Heinrich in Stadtbauwelt 70, 1981, S. 958 - 962; C. Rosser, 1970, reprint in B. Mumtaz (ed.), DPU London 1982, S. 24 - 38; C.D. Cook in Mumtaz, ibid., S. 39 - 48; T. Blair, DSE Berlin 1982 (mimeo); zur Kritik am Master Plan in Tansania: Rweyemamu/Mwansasu, Dar es Salaam 1974, S. 4; M.A. Bienefeld, Dar es Salaam (Univ.) 1970, S. 44 - 49; S.M. Kulaba, Dar es Salaam 1981, S. 59 - 68; R. May in Ekistics 288, 1981, S. 192 - 198

(123) F. Naschold in Fehl/Fester/Kuhnert, Gütersloh 1972, S. 69

(124) J.L. Hancock in Journal of the American Institute of Planners, Vol. 33, No. 5, 1967, S. 297 ff.

(125) E.M. Bassett, New York 1938, S. 81; T.J. Kent, San Francisco

1964, S. 198

(126) ibid., S. 18; in diesem Buch zahlreiche Literaturhinweise zum Master Plan Instrumentarium

(127) R.M. Copeland, Boston 1872; in den folgenden Jahren entstanden Master Plans für Chicago, Cincinatti u.a.

(128) A. Faludi, Oxford 1973, S. 114; zur "City Beautiful"-Bewegung: W. Alonso, 1963 in W. Eldredge (ed.), New York 1967, S. 580 - 596, bes. S. 582

(129) H. Perloff, Baltimore 1957, S. 55

(130) "Standard City Planning Enabling Act" 1928, Fußn. 32 und 44

(131) T.J. Kent, San Francisco 1964, S. 63 f.

(132) "Planning Advisory Group", London (HMSO) 1965, S. 5 f.

(133) T.J. Kent, San Francisco 1964

(134) C.-H. David, Düsseldorf 1972, S. 23; zum britischen Planungsrecht siehe auch H. Weyl in Stadtbauwelt 20, 1968, S. 1512 ff.

(135) "Planning Advisory Group", London (HMSO) 1965, S. 6

(136) F. Chapin in W. Eldredge (ed.), New York 1967, Vol. II, S.729 ff.

(137) Auf diesen Zusammenhang hatte als Kritiker einer umfassenden Planung besonderen Einfluß: K. Popper, London 1945 und London 1961. N. Lichfield in Journal of the American Inst. of Planners 1960, S. 273 - 279; zur Planungsdiskussion allg.: A. Faludi, Oxford 1973, Part III; Fehl/Fester/Kuhnert, Gütersloh 1972

(138) T.J. Kent, San Francisco 1964, S. 18, 20

(139) M. Webber in Journal of the American Institute of Planners 1963, Vol. 29

(140) A. Etzioni, Oxford 1973, S. 217 - 229

(141) A.O. Hirschman/C.E. Lindblom in Behavioural Science 1962; C.E. Lindblom, Oxford 1959, S. 151 - 169

(142) O. Koenigsberger, London 1982, S. 5

(143) Ch. Abrams in H.W. Eldredge (ed.), New York 1967, Vol. II, S. 1032

(144) F.St. Chapin, R.P. Isaacs, J.W. Reps in ibid., S. 730, 787, 746 ff., 726 ff.

(145) ibid., S. 1032

(146) A.M. Hayuma, Dar es Salaam 1983 b, S. 20

(147) O. Koenigsberger, London 1982, S. 5 ff.; W. Alonso in H.W. Eldredge, New York 1967, bes. S. 582

(148) Dar es Salaam Master Plan 1979, Vol. I, S. 37

(149) Vgl. "Planning Advisory Group", London (HMSO) 1965; F.St. Chapin, New York 1967, S. 726 - 746

(150) United Nations (E.75.IV.8), New York 1976 b, S. 134 f.

(151) S.M. Kulaba, DSM (ARDHI) 1981, S. 132; vgl. R.G. Vente, München 1970, S. 190ff

(152) A.M. Hayuma, Dar es Salaam (ARDHI) 1983 b (mimeo), S. 33

(153) Zur tansanischen Kritik der Masterplanung vgl.: ibid., S. 27 ff.; A.M. Hayuma, Dar es Salaam (ARDHI) 1981 (mimeo); S.M. Kulaba, Dar es Salaam (ARDHI) 1981, S. 138 ff.; J. Doherty, Dar es Salaam 1976, S. 79 - 104; ders. in Antipode 1977, Vol. 9, No. 3, S. 38 ff.; in der Grundtendenz positiv: S.E. Segal in Obudho/El Shakhs, New York 1979, S. 258 - 271

(154) C. Pratt, Cambridge 1976, S. 92 ff.

(155) ibid., S. 131

(156) United Rep. of Tan., DSM 1964, Vol. I, S. VIII; A.M. Hayuma in Ekistics 279, 1979, S. 359: 1979 hatte Tansania ca. 100 Planstellen für Stadtplaner, 60 % davon waren vakant. Er schätzt, daß ca. 200 Planstellen gebraucht würden.

(157) Die Mittel für den Master Plan 1979 wurden als nicht rückzahlbare Zuschüsse von Schweden gegeben.

(158) siehe Fußn. I-(165)
(159) United Nations, New York 1970, Kap. 6

(160) Die Consultants der Masterpläne in Dar es Salaam sind Mitarbeiter von zwei derartigen kanadischen Firmen mit je ca. 300 Mitarbeitern gewesen, die als drei Firmen zu dem Konsortium "CANSULT" zusammengeschlossen sind.

(161) Resultat einer Umfrage unter fünf deutschen Consultingfirmen: "Außerdem: Vor Ort arbeitende Fachkräfte sind teuer...In der Regel werden so viele Bearbeitungsphasen, wie der Auftraggeber und das Projekt es irgend zulassen, im deutschen Büro gemacht". In "db" 4, 1974, S. 344 und 359 (Master Plan in Libyen)

(162) E. Kossak in Der Architekt 9, 1982, S. 395 ff.

(163) S.S. Mushi/H. Kjekshus, Norwegian Institute of International Affairs 1982, S. 39

(164) ibid., S. 44 - 48

(165) P.E. Temu in The African Review 1973, Vol. 3, No. 1, S. 69 ff.; A.M. Hayuma in Ekistics 279, 1979, S. 349 - 361; A. Armstrong in Daily News 7.3.1984 und 8.3.1984; A. Armstrong, Dar es Salaam 1984, (mimeo); S.S. Mushi/H. Kjekshus, Norwegian Institute of International Affairs 1982; A.C. Coulson in iz3w, 1977, Nr. 60, S. 7 - 27; J. Doherty in Tanzania Notes and Records, 1976, No. 14, S. 79 - 104; G. Tschannerl in Ekistics 254, 1977, S. 43 - 50; H.-M. Hayuma, Dar es Salaam 1981 (mimeo); G.W. Kanyeihamba in International Journal of Urban and Regional Research 1980, Vol. 4, No. 2, bes. 254 ff.; J.R. Moris in Taamuli 1976, Vol. 6, S. 43 - 67; eine der wenigen positiven Einschätzungen: S.E. Segal, New York 1979, S. 258 - 271.
Zur Selbstdarstellung deutscher Consultings und ihrer Projekte siehe "db" 4, 1974; Der Architekt 9, 1982 und 5, 1976 und 4, 1980; Bauwelt 21, 1980 (die Masterplanungen für Ajoda und die Entlastungsstädte um Kairo

(166) USAID, Dar es Salaam 1980, S. 32, op. cit. A. Armstrong, Dar es Salaam 1984, S. 3; B. Erler, Freiburg 1985

(167) Der organische horizontale Zusammenhang zwischen Forschung, Technologie, Technologiebedarf und vorhandenen Ressourcen bleibt entweder zerrissen oder wird vollständig ersetzt durch vertikale Abhängigkeiten von den Industrieländern. Die technische Hilfe ist nur auf ein jeweils spezielles Projekt ausgerichtet. Sie tendiert dazu, im Widerspruch zu vorhandenen Ressourcen zu stehen und lokale Technologien zu umgehen, die in der Folge nicht entfaltet werden

(168) P.E. Temu in The African Review 1973, Vol. 3, No. 1, S. 69 ff.

(169) R. Dietrich in "db" 4, 1974, S. 354

(170) Bachmayer/Hübener in Raumforschung und Raumordnung 1981, Heft 4, S. 291 - 201; dort auch St. Mildner, bes. S. 171

Fußnoten zu Kapitel II

(1) Tanganyika wurde 1964 nach der Vereinigung mit Sansibar in Tansania umbenannt.

(2) Vgl.Kap.I, Fußn. (114)

(3) Der Begriff der traditionalen Gesellschaft ist hier verallgemeinernd für die vorkoloniale Gesellschaft Tanganyikas gemeint, um den Wandel von der segmentären Gesellschaft einzelner Stämme zum kolonialen Zentralstaat deutlich zu machen. Nuscheler warnte zwar vor Generalisierungen, "daß als traditionell letzlich alles bezeichnet wird, was präkolonial zu verorten ist" (S. 324) und zeigte die Vielfalt der Erscheinungsformen traditionaler Herrschaft in Schwarzafrika auf. (F. Nuscheler, München 1977, S. 302 - 324).
Auch er bezieht sich jedoch im Anschluß an M. Weber auf einen Grundbestand von Merkmalen der traditionalen Herrschaft in der Definition von M. Weber:
- Legitimität durch Abstammung oder Alter (z.B. Gerontokratie)
- Regelbefolgung durch rituelle und moralische Sanktionen
- direkte Herrschaftsbeziehung ohne Verwaltungsstaat, Satzungen und formale Prinzipien des Verhaltens
- Verhältnis von Herr zu Diener.
Sie war nicht frei von Willkür, die aber durch die Tradition, die "Heiligkeit altüberkommener Ordnungen" in Grenzen gehalten wurde. Weber beschreibt sie als "traditionsgebundene Willkür" (M. Weber, Tübingen 1980, S. 130 ff.).
Die zentralstaatliche Gesellschaft unterscheidet sich im Kern von der segmentären durch
a) die zentrale Regierung, die mittels des Verwaltungsapparates im Staatsgebiet Entscheidungen durchsetzt
b) die Gewaltenteilung in Exekutive, Legislative, Judikative.

(4) Zum Wandel der Sozialbeziehungen: K. Vorlaufer, Hamburg 1973; M.J.B. Molohan, Dar es Salaam 1959; J.A.K. Leslie, Oxford 1963

(5) M. Weber, Tübingen 1976, S.15

(6) G. Grohs, Stuttgart 1976, S. 5

(7) ibid, S. 10

(8) J.K.Nyerere, Dar es Salaam 1969, S.231-250

(9) ibid, S. 232

(10) ibid, S. 315

(11) DSM Master Plan 1979, DSM 1979, Vol. I, S. 7

(12) Siehe hierzu: N. Luhmann, Köln/Opladen 1971; Esser/Naschold/Väth (Hg.), Gütersloh 1972; W. Ehlert in Leviathan, Jg. 3, H. 1, 1975, S. 4 - 114

(13) Einige der zahlreichen Ujamaa-Kritiken in: L. Cliffe/J.S. Saul

(Hg.), Nairobi 1975; P. Meyns, Berlin 1977, S. 55 - 93; W. Treuheit, Köln 1971, S. 67 - 102; J. Rweyemamu, Oxford 1976, S. 38 - 74; J.G. Shivji, DSM 1975; S. Nour, Frankfurt/M. 1980, S. 69 - 75; M. Draser/H.-D. Schinner, Frankfurt/M. 1980; G. Hyden, London 1980, bes. S. 96 - 128; J. Boesen/M. Storgard/T. Moody, Uppsala 1977; C. Pratt, Cambridge 1976, S. 227 - 264; B.U. Mwansasu/C. Pratt (Hg.), Toronto 1979, dort bes. S. 3 - 15, S. 19 - 45, S. 193 - 238; Nuscheler/Ziemer/Adam/Harding, München 1980;

(14) Es gibt mittlerweile eine Reihe von Einschätzungen zur Funktion des Ujamaa-Sozialismus. Von J.S. Saul, New York 1973, und P. Meyns, Berlin 1977, wird sie als "populistische Ideologie" gesehen; von W. Treuheit, Köln 1971, als "chiliastische Ideologie"; von E. Hobsbawm, Gießen 1979, als "millenarische Ideologie"; von Nuscheler/Ziemer/et al.,München 1980, als "Verschleierungsideologie und von R. Tetzlaff in Pfennig/Voll/Weber (Hg.), Frankfurt 1979 als "staatsbürokratischer Pragmatismus". Eine politologische Diskussion dieser Einschätzungen würde den Rahmen dieser Arbeit sprengen.

(15) J.K. Nyerere, DSM 1969, S. 346ff., 249, 354ff.

(16) ibid., S. 242

(17) ibid., S. 316; ebenso S. 325

(18) United Rep. of Tanzania, DSM 1978, Vol. 1, S. 2; Vol. 4, S. 2

(19) G. Hyden, London 1980, S. 99

(20) J.K. Nyerere, auf der FAO-Konferenz in Rom 1979 in iz3W, Nr. 80, 1979, S. 47 - 50

(21) Zu dieser Fragestellung siehe die hervorragende Arbeit von J. Lohmeier, der "regionale Disparitäten...als eine nachgeordnete Er scheinungsform der übergeordneten gesellschaftlichen Problematik der Unterentwicklung mitsamt ihren ökonomischen Ursachen" analysierte. J. Lohmeier, Hamburg 1982, S. 445

(22) DSM Master Plan 1979, DSM 1979, Interim Report, No. 2, S. 36

(23) Als Hintergrund hierzu siehe die zahlreiche Literatur zur Planungsdiskussion Anfang der 70er Jahre: u.a. A. Faludi, Oxford 1973; Fehl/Fester/Kuhnert (Hg.); Gütersloh 1972

(24) Zu den "utani-Gemeinschaften" : J. Vincent, Dar es Salaam 1970, S. 149 - 156; J.A.K. Leslie, Oxford 1963, S. 97 ff.: "utani"-Beziehungen bestanden zwischen meist benachbarten Stämmen im gesamten Tanganyika. Es gab sie damals wie heute, auch in der Stadt Dar es Salaam! Ihre nächst der Stammeszugehörigkeit tiefreichende Gemeinsamkeit hat historische Wurzeln, beruht auf interkommunizierbaren Sprachen und gemeinsamen Sitten und ist lebendig in bestimmten, sehr eigentümlichen Sozialverhalten, die hier nicht ausgeführt werden können. Angedeutet sind sie in der sprachlichen Wurzel des Begriffs "utani": utani vom Kiswahili-Verb kutania =

vertrauensvoll behandeln, necken, abgeleitet.

(25) J.A.K. Leslie, Oxford 1963, S. 32

(26) J.A.K. Leslie, Oxford 1963, S. 33; vgl. K. Vorlaufer, Hamburg 1973, S. 160 - 172

(27) Über die Untersuchungen K. Vorlaufers hinaus ist der soziale Zusammenhalt der Stadtbewohner Dar es Salaams m. E. heute nicht weiter erforscht worden. K. Vorlaufer, Hamburg 1973

(28) J.A.K. Leslie, Oxford 1963, S. 65, 92; J. Vincent, DSM 1970, S. 154; R.W. James, DSM 1971, S. 64

(29) ibid., S. 3, 97

(30) Der Prozeß der Rationalisierung ist nach M. Weber ein welthistorisch feststellbarer Vorgang, der unaufhaltsam ist wegen der hohen Berechenbarkeit und Effizienz, die er für die soziale Organisation der Gesellschaft bringe. Nach Weber ist er universalhistorisch "die wesentliche Triebkraft der Entwicklung" (M. Weber,Tübingen 1976, S.196). Er setzt sich in allen Bereichen der Gesellschaft bis hin zu spezifisch zweckrationalen Formen des Denkens und Handelns durch (ibid.,S. 12ff). Besondere Bedeutung gerade auch für den Einzelnen in der Gesellschaft hat die Ausbreitung bürokratischer Organisationsformen. Nach M. Weber hat sie im wesentlichen zwei Gründe:
1. Die Komplexität moderner Gesellschaften macht bürokratische Organisationsformen unentbehrlich.
2. Der Stand der Technik und die hohe Arbeitsteiligkeit der modernen Produktion erzwingt die Trennung des Arbeiters von den Produktionsmitteln. Letztere werden in der Hand des Herrn konzentriert. Der Herr herrscht mittels der Bürokratie.

ad 1. Gilt dies auch für die unterentwickelten Länder auf ihrem heutigen Stand der Entwicklung, der durch das Fehlen fachgeschulter Beamten, schlechter Mittelausstattung und ungeklärter Verwaltungsverfahren gekennzeichnet ist? Ist angesichts der fehlenden Voraussetzungen der Bürokratie die Gefahr nicht besonders groß, daß statt der Sachautorität der Beamten bloße Amtsautorität herrscht? Anders als bei Weber, der die Herrschaft des Dilettantismus als drohende Alternative zur Bürokratie sah, wären gesamtgesellschaftliche Demokratisierungsprozesse mit einer gewandelten Funktion der Bürokratie darin zu diskutieren. Oder grundsätzlicher: "der gesellschaftliche Kontext, in dem die Verwaltungsapparate operieren" (M.Teschner in Evangelisches Staatslexikon, Stichwort "Bürokratie", ersch. demnächst)
ad 2. Gegenüber dem von M.Weber selbst entwickelten Schreckbild des "stählernen Gehäuses der Hörigkeit", in dem der Herr mittels der Bürokratie über die enteigneten Individuen herrscht, sind weitergehende Perspektiven zu untersuchen, in denen die Bürokratie nicht ein ausschließliches Herrschaftsinstrument in der Hand des Herrn ist, sondern ein rationelles Instrument zur Regelung gesellschaftlicher Belange in der Hand der kollektiv Besitzenden. (vgl. Bader/Berger/Gaußmann/Knesebeck, Frankfurt/M. 1983, S. 458f.)

(31) S.N.Eisenstadt, Frankfurt/M. 1979, S. 46, 128 f., 234

(32) S.N.Eisenstadt, Frankfurt/M. 1979, S.128;vgl. S.45,234; vgl. auch P.Rigby,DSM 1972, S.321

(33) S.N.Eisenstadt, Frankfurt/M. 1979, S.81 ff.

(34) M. Weber, Tübingen 1976, S. 565; vgl. S. 439

(35) M. Weber, Tübingen 1976, S. 130, 439; vgl. R. Brubaker, London 1982, S. 4, 19 f., 35 ff.; Verlust an materialer Rationalität meint die konkret erfahrenen Verluste an sozialer Gleichheit, sozialen Chancen, Einsicht in Zusammenhänge aus der subjektiven Perspektive der vom Rationalisierungsprozeß Betroffenen.

(36) M. Weber, op. cit. R. Brubaker, London 1982, S. 28

(37) G. Fehl/J.R. Rodriguez-Lores, Stadtbauwelt 1973, 1982, S. 443 ff

(38) Tanganyika, East African Royal Comm., London 1955, chap. 23 (5); P. McAuslan, Uppsala 1978, S. 11 - 38

(39) J. Mkama, op. cit. R. Stren, Berkeley 1975, S. 36 ff.

(40) J. Habermas, Frankfurt/M. 1968, S. 48; "Säkularisierung und Entzauberung der handlungsorientierenden Weltbilder, der kulturellen Überlieferungen insgesamt, ist die Kehrseite einer wachsenden "Rationalität" des gesellschaftlichen Handelns". Diese Säkularisierung, so Habermas weiter, führe zu einem "Verlust an Geltung der Weltbilder als fraglose Tradition".

(41) D. Bald, München 1970, S. 75 ff.

(42) J.G. Shivji, Dar es Salaam 1975, S. 48 f.

(43) ibid., S. 96 ff.

(44) Parastatals sind gemischte Staatsunternehmen, die zu mindestens 51 % der Unternehmensanteile in Regierungshand liegen, während der andere Teil, die Technologie und das Spitzenmanagement, in ausländischer Hand sein können.

(45) R. Tetzlaff in "Verfassung und Recht in Übersee", Hamburg 1977, Heft 10, S. 65

(46) Zur ländlichen Entwicklung: M.v. Freyhold, London 1979; zur städtischen Entwicklung: R. Stren, Syracuse Univ. 1982 b, S. 81 - 104; ders., Montreal 1982 a, S. 67 - 91

(47) R. Stren, Montreal 1982 a, S. 89

(48) R. Tétzlaff in epd 20/86, S. h

(49) Th. Heinrich in "Verfassung und Recht in Übersee", Baden Baden

1985 (2), S. 195 - 207

(50) Zu den "systemischen" Schwächen des westlichen Bürokratiemodells im tansanischen Kontext: J.R. Moris, Univ. DSM 1976, S. 43 - 67

(51) J.K. Nyerere, DSM 1977, S. 24

(52) J.K. Nyerere, DSM 1969, S. 243

(53) ibid., S.234

(54) ibid., S.348

(55) J. Habermas, Frankfurt/M.1969, S.48 - 103

Fußnoten zu Kapitel III

(1) Vgl. die grundlegende Hypothese dieser Studie in Kap. I.1.2

(2) Vgl. Kap. II dieser Studie

(3) Vgl. J. Oestereich, Köln 1980, S. 149; ders., "Bauwelt" Nr. 9, 1977, S. 258 - 262 und Köln 1980, S. 145 ff.

(4) Vgl. Kap. I.3.4

(5) C. Heidemann in "Stadtbauwelt" Nr. 32, 1971, S. 292 - 295

(6) St. Mildner, Karlsruhe 1976, S. 79

(7) A. Waterston in "Finanzierung und Entwicklung"/2, 1972, S. 36-41

(8) M. Safier in B. Mumtaz (ed.), London (DPU) 1982, S. 21

(9) vgl. Kap VI
Die Arbeiten an der DPU in London zum Action Planning liegen zusammengefaßt vor: B. Mumtaz (ed.), London 1982. "One-off external - and often foreign-planning and management projects", wie sie der Masterplan darstellte, sollten durch eine kontinuierliche Planung von "simple checks and review procedures based on continuous inter-departemental preparation of "state of the plan" reporting, informed by more effective communication link with field projects and local schemes" abgelöst werden. M. Safier in ibid. S. 21

(10) A. Waterston in "Finanzierung und Entwicklung" /2, 1972, S. 37

(11) C. Rosser in ibid., S. 37

(12) Vgl. Ch. Heimpel u.a. (Hrsg.), Berlin 1973, S. 20

(13) St. Mildner, Karlsruhe 1976, S. 76 ff.; der Ansatz von Mildner stellt eine Weiterentwicklung von Heimpels Ansatz dar.

(14) Vgl. Fußn. Kap. I-(122)

(15) United Rep. of Tan., DSM 1971, S. 103

(16) Vente hat darauf hingewiesen, daß das inhaltliche Interesse an einer vorausschauenden Planung aus kulturellen und anderen Gründen heraus im breiten tansanischen Bewußtsein Anfang der 70er Jahre eine untergeordnete Rolle spielte. R.E. Vente, München 1970, S. 38 f.

(17) United Rep. of Tan. (MLHUD), DSM 1977

(18) Marshall, Macklin, Monaghan Ltd. "Interim Report No. 1", DSM, August 1978, S. 1 f.

(19) Erst Mitte 1978 - also während der Arbeiten am MP - wurde der alte Zustand einer selbstverwalteten "City of DSM" wiederherge-

stellt.

(20) United Rep. of Tan. (MLHUD), DSM 1977, Annex I, S. 1

(21) Für die Bearbeitung des Master Plan sollte ausdrücklich auf den "Integrierten Regionalen Entwicklungsplan" von 1975 (vgl. Kap. V.3.4) Bezug genommen werden, der als wichtig und bindend angenommen wurde.

(22) United Rep of Tan. (MLHUD), DSM 1977, Annex I, S. 2

(23) ibid., S. 2

(24) ibid., Appendix No. 1, S. 6

(25) ibid., Appendix No. 4, S. 13 und DSM Master Plan 1968, Vol. I, S. 114 und TS 6

(26) J. Doherty, DSM 1976, S. 99

(27) Vgl. Kap. V.3.5

(28) Vgl. Kap. IV.2.3.

(29) J.K. Nyerere, DSM 1968, S. 246

(30) Regional Engineers Office im City Council DSM, internes Behördenpapier, 1978, S. 4

(31) ibid., S. 4 f. und "Zonal Urban Planning Office" im City Council DSM, internes Behördenpapier 1978, S. 1 f.

(32) United Rep. of Tan. (MLHUD), DSM 1977, S. 2

(33) Marshall, Macklin, Monaghan, Toronto 1977, S. 24

(34) DSM Master Plan 1979, Vol. I, S. 7

(35) Zur Begriffsdefinition der partiellen und umfassenden Planung vgl. St. Mildner, Karlruhe 1976, S. 21 - 31

(36) DSM Master Plan 1979, Vol. I, S. 7

(37) ibid., S. 55

(38) DSM Master Plan 1979, Vol. II

(39) DSM Master Plan 1979, Vol. I, S. 95

(40) ibid., S. 55

(41) ibid., S. 55 (gesperrt gedruckt!)

(42) ibid., S. 96 ff.

(43) ibid., S. 21, 43, 96 ff.; die realen Entwicklungsprobleme Dar es

Salaams werden aus meiner Sicht in Kap.IV dargestellt.

(44) P. Abercrombie, op.cit. G. Albers, Stuttgart 1974, S. 454

(45) C. Heidemann in "Stadtbauwelt"/32, 1971, S. 292 - 295

(46) DSM Master Plan 1979, TS 2, S. 67; vgl. Kap.IV.2.3 dieser Studie

(47) DSM Master Plan 1979, Vol. I, S. 43, 45

(48) im Plan wird die bestehende Kernstadt als "Existing Urban Area", das städtische Planungsgebiet als "Urban Planning Area" und das ländliche Planungsgebiet innerhalb der Region Dar es Salaam als "Rural Planning Area" bezeichnet; ibid., S.13

(49) C. Heidemann/H.O. Ries, Eschborn 1979, S. 14 ff.

(50) DSM Master Plan 1979, Vol. I, S. 95

(51) ibid., S. 7

(52) ibid., S. 7

(53) Der Begriff "hoheitliche Planung" meint, daß die Verfügungsrechte über die Planungsinstrumente aus der Gesellschaft auf den Staat als ideeller Verwalter des Gesamtinteresses übertragen sind. Die Verfügungsrechte umfassen die Budgethoheit, die Territorialhoheit (Grundbesitz, Bau- und Planungskontrolle), die Personalhoheit (Beamtenschaft) und die Programmhoheit (Planung und Durchführung von öffentlichen Maßnahmen). Mit diesen hoheitlichen Rechten des Staates ist umgekehrt ein Versorgungsanspruch der Bevölkerung verbunden.

(54) Diese Unwägbarkeiten sind zwar im Plan teilweise angesprochen, bleiben aber fast ohne Auswirkungen auf das Planungskonzept. Lediglich die Schlüsselprojekte in der Kostenbedarfsauflistung sind besonders hervorgehoben. Vgl. DSM Master Plan 1979, Vol. II, Tab. 1.; zur Baukostenentwicklung in Tansania vgl. Tab. III (F)-4

Tab. III (F)-4

DIE BAUKOSTENENTWICKLUNG · 1972-1975 (INDIZIERT, BASIS 1972 =100)				
	1972	1973	1974	1975
BSP - PREISINDEX	100	109.3	127.8	147.2
ALLG. BAUINVESTITIONS-PREISINDEX	100	105.9	118.2	176.2
PREISINDEX DER 'NATIONAL HOUSING CORP.'	100	150	195	265

Quelle: A.E.N. Temba, 1979, S. 27

(55) Zu den neuen Funktionsanforderungen an die "planende Verwaltung"

infolge des neuen Konzeptes der Entwicklungsplanung vgl. M. Teschner in "Stadtbauwelt"/36, 1972, S. 282 - 285; R.-R. Grauhan in "Stadtbauwelt"/22, 1969.

(56) R.E. Vente, München 1970, S 98 f. (am Bsp. ök. Gesamtplanung in Ostafrika)

(57) D. Läpple, Berlin (West), 1973

(58) G. Albers in "Stadtbauwelt"/21, 1969, S. 12; vgl. Kap. I.2

(59) H.S. Perloff, Baltimore 1957, S. 30 (Tab. 2); T.J. Kent, San Francisco 1964; vgl. Kap. I.2 dieser Arbeit

(60) DSM Master Plan 1979, Vol. I, S. 43, Table 8

(61) DSM Master Plan 1979, TS 1, S. 25 f.

(62) DSM Master Plan 1979, Vol. I, S. 41; DSM Master Plan 1979, TS 1, Fußn. 8

(63) DSM Master Plan 1979, Vol. I, S. 41

(64) DSM Master Plan 1979, TS 2, S. 63

(65) DSM Master Plan 1979, Vol. I, S. 43; DSM Master Plan 1979, TS 2, S. 64

(66) "One of the most remarkable and most disconcerting features of policy makers in developing countries, when it comes to the planning of the capital region, is their frequent unwillingness to accept reasonable demographic projections for the preparation of their plans. They will insist on unrealistically low figures with rather problematic consequences for the contents of their decisions." World Bank Staff Working Paper No. 347, Washington D.C. 1979 b, S. 101

(67) Y. Tandon beschrieb dies so: ".......legitimising development projects by associating some experts with them even if they have no initial knowledge of local conditions". Tandon, op.cit. A. Armstrong, DSM 1984 (mimeo.), S. 11

(68) DSM Master Plan 1979, Vol. I, S. 16, 75; die errechnete, bebaute Stadtfläche umfaßt: geplante Wohngebiete, ungeplante Wohngebiete, Industriegebiete, Flächen für Institutionen. Sie umfaßt nicht: Landwirtschaftsflächen, größere Freiflächen, Brachland.

(69) ibid., S. 90 f.

(70) ibid., S. 45

(71) ibid., S. 46 ff.

(72) ibid., S. 45

(73) ibid., S. 101

(74) DSM Master Plan 1979, TS 1, S. 34

(75) ibid., S. 55; in der Tat besteht in DSM ein starker Druck der Oberschicht auf das City Council, große Grundstücke in bester Lage auszuweisen. Der Mbezi Planning Scheme wies deswegen Grundstücke mit 2.000 qm weiter im Hinterland aus, um wenigstens die Bebauung der Küste freizuhalten. Die Genehmigung für den "Jangwani Scheme" einer ausländischen Immobilienfirma ist ein weiteres Beispiel für diesen Druck. Dort wurden große Grundstücke in bester Lage an der Küste ausgewiesen.

(76) ibid., S. 79, 55

(77) DSM Master Plan 1979, Vol. I, S. 55, 101

(78) DSM Master Plan 1979, Interim Report No. 2, S. 24

(79) DSM Master Plan 1979, Interim Report No. 2, S. 42 - 82

(80) DSM Master Plan 1979, Interim Report No. 1, S. 36

(81) DSM Master Plan 1979, Interim Report No. 2, S. 15

(82) Besonders im eklatanten Fall von Oyster Bay konnte diese Privilegierung der Oberschicht nur verdeckt werden, indem im gesamten Plan die Gebietseinheiten mit gleichem Namen ständig wechselten! Oyster Bay als Local Planning Area (Vol. I, Plan 3)
" " " Residential Area und Urban Area (TS 1, Plan 11)

Der Master Plan 1979 definiert Planning Area als "an area covered by a Land Use Scheme" und Urban Area als ein beliebiges Gebiet innerhalb der Planning Area (MP '79, TS 1, S. 10). Erst bei genauem Hinsehen erkennt man, daß die im Hauptband in Oyster Bay vorgesehene Verdichtung eigentlich das Squattergebiet Msasani innerhalb des administrativen Gebietes Oyster Bay betrifft und nicht das Privilegiertenviertel selbst.

(83) E.S. Segal in Obudho/El Shakhs (ed.), New York 1979, S. 268

(84) DSM Master Plan 1979, Vol. I, S. 85. Der Wechselkurs 1978 wurde mit 1:3,69 berechnet. Der nationale Entwicklungshaushalt sah für 1978/79 1.504.000.000,- DM vor, davon sollten 17.000.000,- DM den Town Councils in Tansania zur Verfügung gestellt werden. "In 1978/79 the amount of funds in the development budget which will be administered by Town Councils instead of Regions from July 1978 is Shillings 64,5 mio.. This money will be used for construction, education, health, water and land development which together account for 91 % of the expenditure for projects in the towns". United Rep. of Tan., DSM 1978, S. 29

(85) DSM Master Plan 1979, Vol. I, S. 65, Tab. 21

(86) Da der Import privater Automobile sehr streng reglementiert ist,

kommt dem Autoindividualverkehr entgegen den in den Terms of Reference geäußerten Vorstellungen untergeordnete Bedeutung zu. Für den Ausbau des Bussystems sind im MP allein in der ersten Phase 44.715.000,- DM angesetzt. Vgl. ibid., Vol. I, S. 65

(87) DSM Master Plan 1979, TS 4, S. 125 - 144, bes. Plan S10

(88) ibid., S. 129

(89) Vgl. R. Pötzsch, Berlin 1972, S. 55 - 70; bei ihm wird der Zusammenhang zwischen Stadtentwicklungsmodell und genereller entwicklungspolitischer Grundentscheidung recht deutlich gemacht! Vgl. auch Uhuru Corridor Plan, DSM 1978, Main Report III, S. 26 ff.; K. Vorlaufer, Frankfurt/Main 1970.
Im Interim Report No. 2 wird dazu festgestellt, daß "Satellitenstädte" nur "geringe Auswirkungen auf die Größe Dar es Salaams hätten". Diese Politik solle langfristig verfolgt werden, bleibe jedoch ohne Auswirkungen auf den Master Plan. DSM Master Plan 1979, Interim Report No.2, S. 65 f.

(90) Hier ergeben sich Parallelen zur MBEZI INDUSTRIAL COMPLEX - Feasibility Study einer anderen Consulting, die in Fallstudie I dargestellt ist.

(91) DSM Master Plan 1979, Vol.I, S.56; vgl. Fallstudie dieser Arbeit

(92) James Q. Wilson (ed.), Cambridge (Mass.) 1966; I. Margarethe Lübkes in Archiv für Kommunalwissenschaften, Köln 1967, 6. Jahrg., S. 388-398

(93) B.K. Mathur, Dar es Salaam (ARDHI-Inst.) 1978, S. 1

(94) ibid., S. 3; hierzu zählt Mathur: Steuererleichterungen, beschleunigte Abschreibungsmöglichkeiten, Aussetzen der Bodenrente, Kreditgarantien, Beschleunigung der Verwaltungsverfahren zur Grundstücksvergabe.

(95) United Rep. of Tan. (MLHUD), DSM, o.J.(ca. 1980); zur alten National Urban Housing Policy von 1972, siehe M. Mageni, DSM (ARDHI-Inst.) 1981.

(96) ibid., S.3

(97) Wie mehrfach betont, hatte die tiefe Wirtschaftkrise der Jahre 1979 und folgende äußerst restriktive Wirkung auf alle diese Programme.

(98) DSM Master Plan 1979, TS 1, S. 11

(99) DSM Master Plan 1979, Vol. I, S. 21

(100) DSM Master Plan 1979, Vol. I, S. 15f.

(101) ibid., S. 16

(102) DSM Master Plan 1979, TS 2, S. 71

(103) DSM Master Plan 1979, Vol. I, S. 36

(104) DSM Master Plan 1979, TS 1, S. 12

(105) DSM Master Plan 1979, TS 1, S. 19

(106) United Rep. of Tan. (MLHUD), DSM 1977, S. 6

(107) DSM Master Plan 1979, Vol. I, S. 101

(108) Für den Bau von verbesserten Swahili-Häusern in Selbsthilfe durch die unteren Einkommensempfänger (bis 1000/=TSHs/Monat) werden von der Tanzania Housing Bank (THB) Kleinkredite vergeben (1000/= bis 5000/=TSHs zu Zinssätzen von 5 % rückzahlbar in 5 Jahren). Darüber hinaus werden low cost housing-Kredite (bis 80.000/=TSHs) vergeben. Alle Kredite werden nur für Gebäude entweder in geplanten Gebieten oder aber in den ausgewählten upgrading-Gebieten (Manzese und Burguruni) vergeben. Die Zinssätze sind relativ günstig, die Gebühren für die Kreditvergabe geringer als bei üblichen THB-Krediten. Als Sicherheit genügt allein eine Lebensversicherung. Die Kreditmittel wurden unter den 20 Regionen Tansanias stark auf die Region DSM konzentriert.
Vgl. A.E.N.Temba, DSM 1979, (mimeo), S. 30ff.

(109) DSM Master Plan 1979, Vol. I, S. 36. Bereits 1974 wurden alle früheren lokalen Steuern durch eine Grundstückssteuer ersetzt, die 10 % des Wertes des unerschlossenen Landes beträgt. Da diese Steuer gerade in den Squattergebieten nicht einziehbar war, hatte dies unerwünschte Wirkungen: Mindereinnahmen des Staates, ungenügende Neuerschließung von Flächen, schließlich geradezu ein Zwang zum Squatten. 1982 führte man nicht zuletzt aus diesen Gründen die noch aus der Kolonialzeit verhaßte direkte Steuer wieder ein. Mit ihr will man den Zuzug zu den Städten und die Arbeitslosen in den Städten abschrecken.

(110) DSM Master Plan 1979, Vol. I, S. 95

(111) Im November 1976 wurde in DSM die "Operation Kazi" (Unternehmen Arbeit) begonnen. Alle berufstätigen Bewohner DMS´s wurden mit Arbeitsausweisen versehen, die bei permanenten Polizeikontrollen in der Stadt vorzuzeigen waren. Als arbeitslos erkannte Personen wurden auf Lastwagen verfrachtet und in umsichtig vorbereitete und ausgewählte ländliche Gebiete (Heimatgebiete oder Sisalplantagen etc.) gebracht. Bis Juli 1977 wurden 9768 Personen umgesiedelt. Der Erfolg der gesamten Aktion war jedoch sehr gering. Bereits am 18.11.1976 meldete die Daily News, daß die ersten Umgesiedelten wieder nach DSM zurückgekehrt seien. Eine Neuauflage der Operation Kazi wurde Mitte 1983 mit der Verabschiedung des "Human Resources Deployment Act" versucht. Wer keine Arbeit nachweisen konnte, wurde als Krimineller bestraft und in sein Heimatgebiet abgeschoben.

(112) DSM Regional Development Plan 1983/84, DSM 1983, S. 48; der Privatbesitzer, ein alteingesessener Tansanier griechischer Abstammung, konnte nur mit Entschädigungszahlungen rechnen, solange das

Land bei der Übergabe unbesiedelt war.

(113) Third Five Year Dev. Plan 1975/76-1979/80 For DSM Region, S. 24

(114) DSM Master Plan 1979, Vol. I, S. 95

(115) IDA, Washington 1977, S. 8

(116) United Rep. of Tan., DSM 1981a, S. 24f.

(117) City Council of DSM 1983, S. 50ff.

(118) R. Stren in Morrison/Gutkind (ed.), Syracuse Univ. 1982b, S. 98

(119) ibid.; derselbe in Canadian Journal of African Studies, 1982a, Vol. 16, No. 1, S. 67-91; P. Siebolds/F. Steinberg in Habitat International, London 1980; E. Jensen/S. Wandel (ed.), DSM ARDHI-Institute 1984

(120) ibid, S. 98

(121) Das heißt: Trinkwasserstandleitung, Fäkalentsorgung, Straßenbeleuchtung; vgl. DSM Master Plan 1979, Vol. I, S. 45, 101

(122) DSM Master Plan 1979, TS 1, S. 36

(123) Vgl. die Feldstudien, die am Ardhi-Inst. in DSM durchgeführt wurden: G.E.Mariki, DSM 1981; L.M.Masembejo, DSM 1980; N.J.W.Tumsiph, DSM 1979; derselbe, DSM 1980; E.Jensen/S.Wandel (ed.) DSM 1984; Kajange/Lerise/Mhando, DSM 1981

(124) IDA, Washington DC 1977, S.8, 20

(125) DSM Master Plan 1979, Vol. I, S. 101

(126) Vgl. hierzu die breiter angelegte Studie von R.Hofmeier in Hanisch/Tetzlaff (Hg.) Frankfurt/M. 1981, S. 433-472

(127) Nach Informationen des Resident Directors der Weltbank gegenüber dem Verfasser im Jahr 1984

(128) DSM Master Plan 1979, Vol. 1, S. 95ff.

(129) A.M. Hayuma in Ekistics 279, 1979, S. 357; DSM Master Plan 1979, Vol. II, S. 4

(130) DSM Master Plan 1979, Vol. II, S. 4ff.

(131) Eigene Erhebung aus Verwaltungsakten des City Council, Mai 1984

(132) DSM Master Plan 1979, TS I, S. 56

(133) DSM Master Plan 1979, Vol. I, S. 37

(134) DSM Master Plan 1979, Vol. I, S. 37

(135) Third Five Year Dev. Plan For DSM Region 1975/76-1979/80, S. 38f.

(136) Dev. Plan For DSM Region 1977/78, S. 15

(137) Dev. Plan For DSM Region 1977/78, S. 17

(138) A.M.Hayuma, London 1983, S. 334

(139) "The Brandt-Report puts typical costs for sanitation at $ 200 /p. person in towns of developing countries. Typical costs for urban water supply per person are estimated at $ 150. These are staggering sums for a poor state such as Tanzania, with a per capita income of Shs. 2000." A.M.Hayuma, London 1983, S. 322

(140) Letzteres ist mit dem Local Government (Urban Authorities) Act von 1982 zwar angestrebt worden, die kommunalen Einnahmen aus lokalen Steuern und Abgaben sind jedoch auch weiterhin zum größten Teil an das zentralstaatliche Schatzamt abgeführt worden. Vgl. United Rep. of Tan., Acts Supplement No. 2, 1982, S. 158

(141) In der Zeit zwischen 1971 und 1978 kamen 70 % der Infrastrukturinvestitionen für DSM aus dem Ausland. Vgl. United Rep. of Tan. (MLHUD), DSM 1977, S. 3

(142) DSM Master Plan 1979, Vol. II, S. 4

(143) G.W.Kanyeihamba in Intl. Journal of Urban and Regional Research, Vol IV, No. 2, 1980, S.. 261

(144) Uhuru Corridor Plan, Main Report I, DSM 1978, S. 21

(145) United Rep. of Tan., Prime Minister´s Office, Personal Emoluments Annual Estimates 1977/78 DSM Region Vol. IV

(146) Vgl. die zentrale These von W.E.Clark, Toronto 1978, S. 212ff.

(147) DSM Master Plan 1979, Interim Report No. 1, 1978, S. 56

(148) "With the reinstatment of City Council and the establishment of the Urban Planning Committee, Planning matters within the Urban Area will become the responsibility of the Urban Planning Committee.", DSM Master Plan 1979, TS 1, S. 11

(149) United Rep. of Tan., DSM 1979d, Vol. III, S. 3

(150) Information des Verf. aus dem City Council, 1984

(151) UN, New York 1977; Schwelleninvestitionen sind zusätzliche Kosten, die notwendig werden, um große Hindernisse der Stadtentwicklung zu überwinden. Ein klassisches Beispiel sind Wasserscheiden, die dem Ausbau des bestehenden Abwassersystems entgegenstehen.

(152) Vgl. A.M.Hayuma, DSM 1981 (mimeo); ders., London 1983, S. 321-333

(153) Die These von der Parallelität der Entwicklungswege der ersten und der sog. Dritten Welt ist bereits vielfach widerlegt worden; vgl. Fußn. I-(17), I-(20)

(154) Vgl. Fußn. I-(30)

(155) K. Vorlaufer, Frankfurt/M. 1970, S. 27ff.

(156) DSM Master Plan 1968, TS 3, S. 3-13

(157) R. Pötzsch, Berlin 1972

(158) G.W.Kanyeihamba, 1980, S. 241; s.a. McAuslan in Kanyeihamba/McAuslan (ed.), Uppsala 1978, S. 11-38 und 141; Ann Seidman, DSM 1974; R.W. James, DSM 1971;

(159) McAuslan in op.cit., S. 20

(160) ibid., S. 24

(161) J.R. Moris, DSM 1976, S. 49; vgl. R. Stren, Berkeley 1975, S. 47; A. und O. Mascarenhas, DSM 1976, S. 29

(162) J.R. Moris, DSM 1976, S. 60

(163) Unmittelbar einleuchtend wurde das bereits auch an der weitgehenden Unkenntnis Sir A. Gibbs über die Afrikanerviertel im DSM Master Plan 1948.

(164) A. Faludi (ed.), Oxford 1973, Kap. IV

(165) Sie war gekennzeichnet durch Formen des "advocacy planning" und "planning as a staff function on the grounds of political realism", ibid., S. 232

(166) ibid., S. 248

(167) ibid., S. 355

(168) Er begründete dies aus der Situation in den lateinamerikanischen Ländern, die durch die amerikanischen Zielvorstellungen der "Alliance for Progress"-Entwicklungspolitik bestimmt sind. J. Friedmann in ibid., S. 351

(169) B.B.Majani/T.P.Kamulabi, DSM 1979, S. 6 (mimeo);

(170) Hennings/Jenssen/Kunzmann in iafef-texte 1/78, Bonn 1978, S.49-51
(171) einige, praktische Planungsverfahren diesbezüglich mit dem action planning-Ansatz in B.Mumtaz (ed.) London 1982

(172) W.E.Clark, Toronto 1978, S. 210f.; R. Stren, Montreal 1982a, S. 67-91; ders., Syracuse Univ. 1982b, S. 81-104; J.S. Saul in Arighi/Saul (ed.), New York 1973, S. 272ff. Die umfangreiche Diskussion hierzu kann im Rahmen dieser Arbeit nicht vertieft werden.

(173) Von einer anderen Seite der Analyse werde ich auf diesen Punkt zu rückkommen. In Kap.V.3.3 wird die Reform der tansanischen Verwaltung im Jahr 1972 untersucht werden, die nach den Plänen einer tansanischen Consulting durchgeführt wurde. Es wird gezeigt werden, daß diese Reform Strukturen schuf, die der unpolitischen, auf zweckrationale Kriterien verengten Masterplanung entgegenkamen. Die Merkmale des "technisch-rationalen Modells der Planung" sind nach S.S.Mushi:
- rationale Mittelwahl zur Erreichung optimaler Resultate in einzelnen Projekten
- das Primat der institutionalisierten Verfahren
- die hohe Bedeutung der Administration für Planung und Implementierung
- die Wichtigkeit des Fachmanns
- die enge Zweck-Mittel Relation
- die Kontinuität der rationalen Zielverfolgung

Das "politisch-transformatorische Modell" der staatlichen Planung hingegen definierte S.S.Mushi wie folgt:"The politico-transformational model, while also aspiring to achieve higher level of production, has transformation of the economy and society as its central objective; and planning is done with this objective in mind" ,S.S.Mushi, DSM 1978, S.63-97, cit.S.72; s. hierzu auch das "De-Bürokratisierugskonzept" von S.G.Weeks, DSM 1974, S.20-31

(174) S.S.Mushi, drei größere Artikel zum Problem der technischen Fachkräfte in Tansania in Daily News, 30.6., 1.7., 2.7.1977

(175) G.Hyden, London 1980, S.230

(176) W.E.Clark, Toronto 1978, S.214

(177) S.S.Mushi, in ibid.

(178) E.J.Schütz in Bauwelt 21/1980, S. 884-885; J.Oestereich in Stadt bauwelt 70/1981, S.147-151

(179) J.F.C. Turner, London 1976; kritisch aus marxistischer Sicht zu Turner: R.Burgess in World Development 6/ NO.9/10/1978, S.1105-1133 und ders. in Antipode 9/ No. 2/ 1977, S.50-59

(180) J.Boesen/P.Raikes, IDR-Paper A, Kopenhagen 1976, S. 14; vgl. G. Tschannerl in Ekistics 254, 1977

(181) United Rep. of Tan., DSM 1981a, S. 15, 19f.

(182) F.Nuscheler/K.Ziemer, München 1980, S. 148

(183) R. Tetzlaff in Pfennig/Voll/Weber (Hg.), Frankfurt/M. 1980, S.62; zur Diskussion des Staates allgemein und speziell in Tansania gibt es eine umfangreiche Literatur: zur allgemeinen Staatsdiskussion im peripheren Kapitalismus vgl. T. Evers, Frankfurt/M. 1977 und die Kritik an Evers von B. Boris in "Das Argment" 116, 1979, S. 523-533, sowie H. Melber in "Das Argument" 126, 1981, S. 207-221; zur tansanischen Literatur s. den Reader von Y. Tandon (ed.), DSM 1982

Fußnoten zu Fallstudie I

(1) Die Zielzahl von 269.500 Einwohner ist dem Masterplan 1979 entnommen und war dort auf das Jahr 1999 angelegt. Master Plan 1979, Vol. 1, S. 75

(2) Master Plan 1968, Future Land Use 1989, Map 20

(3) "Mbezi Planning Scheme", ein Verwaltungspapier des City Planner's Office in Dar es Salaam 9.8.1978

(4) Bestand an Industrieflächen 1979: 809 ha (ohne Hafen und Öldepots etc.); der Master Plan forderte eine Erweiterung an Industrieflächen bis 1999 um 3000 ha! DSM Master Plan MP 1979, TS 2, S. 72

(5) Vgl. Kap. III-3.4

(6) Verwaltungspapier "Waombaji Walipewa Viwanja Industrial Area", City Council, 1978

(7) 94 % der Investoren waren Privatbesitzer. Nur 8 der 166 Investoren produzierten 1981 auch tatsächlich im Industriegebiet oder hatten ernsthafte Investitionen unternommen.

(8) Gitec Consult GmbH, Düsseldorf 1981

(9) City Planners Office DSM, "Cost Estimate For Infrastructure Costs Of Mbezi Planning Scheme (Phase I)" Dar es Salaam, July 1978

Fußnoten Fallstudie II:

(1) DSM Master Plan 1968, TS 2, S. 142f.

(2) ibid., S. 142

(3) Kreditanstalt für Wiederaufbau, "Projektprüfungsbericht", Frankfurt/M. 1973, S.8; "Abschlußkontrollbericht", Frankfurt/M.1980, S.1

(4) Gesellschaft für Technische Zusammenarbeit, Auftragsbestand Tansania, Eschborn 30.6.1983

(5) S.M. Kulaba, Rotterdam/Dar es Salaam 1981, S. 48

(6) Kreditanstalt für Wiederaufbau, Abwicklungsstand der Kapitalhilfe, Stand 31.3.1982

(7) Das "Structural Adjustment Programme" ist ein nationales Notprogramm für die Wirtschaftskrise unter der Tansania seit 1979 leidet. Vgl. Th. Heinrich, Baden-Baden 1983

(8) Dar es Salaam Master Plan 1979, TS 1, S. 26 und DSM Master Plan 1968, TS 2, S. 142

Fußnoten Kapitel IV

(1) Statistische Zahlen aus: B. Egero, R.A. Henin, Dar es Salaam 1973, S. 80ff; 1978 Population Census, Dar es Salaam 1983, Vol. VIII, S. 118.

(2) 1978 Population Census, Dar es Salaam 1983, Vol. VIII, S. 121.

(3) Michael Lipton, London 1977, bes. S. 219 - 230. Eine Kritik an Lipton vgl. D. Seers, Brighton (IDS) 1977, S. 219 - 230. Zur Diskussion, ob Städte in Peripherieländern "Katalysatoren" oder "Krebsgeschwüre" der Entwicklung sind, vgl. Rondinelli/Ruddle, New York 1978, S. 17ff.

(4) Dar es Salaam Master Plan 1979, TS 2, S. 65ff; Bureau of Statistics "Statistical Abstract 1973 - 1979", Dar es Salaam o. Dat., S. 325.

(5) Im Allgemeinen wird von "primate city" dann gesprochen, wenn diese die Bevölkerungszahl der nächstgrößeren Stadt um ein Mehrfaches übersteigt und die wesentlichen Funktionen der Nation - politisch-administratives Zentrum, Wirtschaftszentrum, kultureller Mittelpunkt - dort konzentriert sind. Aufgrund dieser Funktionsballung hat die primate city eine wesentlich höhere Entwicklungsdynamik und zugleich hemmende Auswirkungen auf andere Zentren des Landes. Sie steht somit Dezentralisierungskonzepten entgegen. Vgl. M. Jefferson, Geographical Review 1939, S. 226 - 232. Zu den Entstehungsbedingungen von primate cities vgl.u.a. die Thesen von A.S. Linsky in G. Breese (ed.), London 1969, S. 285 - 294.

(6) 1978 Population Census, Dar es Salaam 1983, Vol. VIII, S. 119.

(7) 1978 Population Census, Dar es Salaam 1983, Vol. VIII, S. 135; s.a. B. Egero, Dar es Salaam 1974, S. 42.

(8) 1978 Population Census, Dar es Salaam 1983, Vol. VIII, S. 127, 148f.

(9) W. Mlay, Dar es Salaam 1983, S. 125ff.

(10) K. Vorlaufer, Hamburg 1973, S. 45.

(11) S. hierzu auch J. Rweyemanu, Nairobi, 1973; zum Begriff der strukturellen Heterogenität vgl. A. Cordova, Frankfurt 1973; D. Nohlen/Sturm, 1982 in Nohlen/Nuschler (Hrsg.), Hamburg 1982, S. 92 - 116; B. Egero, Dar es Salaam 1974, S. 54.

(12) K. Vorlaufer, Hamburg 1973, S. 36 - 53; W.F. Mlay, Dar es Salaam 1975; Dar es Salaam 1976; Dar es Salaam 1983 in 1978 Popoulation Census, Vol. VIII, S. 125ff.; C.F. Claesen/B. Egero, Dar es Salaam 1971; Dar es Salaam 1972 ;R. Stren, Berkeley 1975, S. 24ff; R.H. Sabot, Dar es Salaam 1972; Oxford 1979; A.Ch. Lewin, Köln 1974, Teil I, S. 17 - 21; W. Meyer, Bad Godesberg 1978; World Bank, Washington 1977, S. 14 - 24.

(13) Zur Migrationspolitik s. R.H. Sabot, Oxford 1979, bes. S. 229ff; s.a. Kap. V unten und Fußn.(111) von Kap.III

(14) G. Myrdal, Frankfurt/M. 1974, bes. S. 25 - 34.

(15) Als ausführliche Untersuchung zu diesem Thema, allerdings auf der Grundlage des Zensus 1967, s. K. Vorlaufer, Hamburg 1973.

(16) W. Mlay, Dar es Salaam 1983, S. 137 - 148; s. hierzu auch R. Stren, Berkeley 1975; B. Egero/R.A. Henin, Dar es Salaam 1973, S. 34ff.

(17) J.A.K. Leslie, Oxford 1963.

(18) Eigene Erhebung aus Verwaltungsunterlagen des City Council Dar es Salaam.

(19) World Bank, Washington 1977, Annex 1, Table 3.

(20) N.J.W. Tumsiph, Dar es Salaam (ARDHI INST.)1980, S. 134f.

(21) United Rep. of Tan., Dar es Salaam 1976, Vol I, S. 76; s.a. A.M. Hayuma, Dar es Salaam (ARDHI INST.) 182, mimeo, S. 20.

(22) Zur Wohnungsbedarfsberechnung in Dar es Salaam s.a. H. Schmetzer, HABITAT INTL. 1982, Vol VI, no. 4, S. 497 - 511.

(23) Im "World Housing Survey" der UN heißt es:"...there is no standard definition of what constitutes an urban settlement. The same lack exists for the squatter settlement, even more so because few countries have made an effort to establish criteria for the squatter settlement." UN, 1976 b, S. 29.

(24) Dies wird deutlich, wenn die früheren kolonialen Wohnhäuser heute mit höheren, tansanischen Beamten belegt werden. Oft kann man in diesen Fällen beobachten, wie statt in der Küche im Freien gekoct wird, Wohnräume nicht genutzt oder umgenutzt werden.

(25) Systematischere Untersuchungen der Swahili-Häuser werden in Tansania seit Anfang der 70er Jahre unternommen. Vgl. Therkildsen/Moriarty, Dar es Salaam (BRU) 1973. 1971 wurde die "Building Research Unit" zu diesem Zweck gegründet.

(26) Davidson, Forbes/Payne, Geoff, London 1981, S.38; dort wird sogar bis zu einer Dichte von 200 Pers./brutto ha eine direkte Versickerung (pit latrine) für vertretbar gehalten. Die Dichte-Obergrenze, die H. Schmetzer mit 100 Pers./ha angbibt, halten wir für viel zu niedrig. H. Schmetzer, London 1982, S. 508.

(27) Zu diesem Zusammenhang und dem Definitionsproblem von Squattern allgemein, siehe: O. Lindberg, DSM 1974.

(28) United Rep. of Tan., 2. Five Year Plan, Vol. 1, S. 187.

(29) Dar es Salaam Master Plan 1968, TS 2, S. 136.

(30) Dar es Salaam Master Plan 1968, TS 2, S. 154ff.
Dar es Salaam Master Plan 1968, Vol. 1, S. 107.

(31) Dar es Salaam Master Plan 1968, Vol. 1, S. 106; eine Zusammenfassung der Studie, die 1967 die "Redevelopment-Politik" der folgenden Jahre wesentlich bestimmt hat, siehe in G.Grohs, Nairobi 1972, S.157-176

(32) R. Stren, Berkeley 1975, S. 53.

(33) Im 2. Fünfjahresplan war geplant, ganz Tansania zum Planungsgebiet zu erklären; siehe United Rep. of Tan., 2. Five Year Plan 1969 - 74, Vol. 1

(34) Dar es Salaam Master Plan 1979, TS 1, S. 12.

(35) A.E.N. Temba, Dar es Salaam 1979 (mimeo), S. 15f.

(36) Der Master Plan 1979 definiert "Planning Area" als "an area covered by a Land Use Scheme" und "Urban Area" als ein beliebiges Gebiet innerhalb der Planning Area. Master Plan 1979, TS. 1, S. 10.

(37) Dar es Salaam Social Survey 1965/66, op. cit. National Capital Master Plan Dar es Salaam 1968, Dar es Salaam 1968, TS 2, S. 136f.

(38) Dar es Salaam Master Plan 1979, TS 1, Table 12 und 13 (eigene % - Berechnung). Genauere Angaben zur Verteilung der Squatter in Kap. IV.1.7

(39) Dar es Salaam Master Plan 1968, TS. 2, S. 39; Dar es Salaam Master Plan 1979, Vol. 1, S. 55.

(40) 1978 Population Census, Dar es Salaam 1982, Vol VI.

(41) 1978 Population Census, Dar es Salaam 1983, Vol VIII, S. 513ff und S. 465f.

(42) Zur Unterscheidung zwischen traditionellen Dörfern und ländlichen Siedlungen siehe Leslie, Oxford 1963.

(43) Zur Beschreibung der Utani-Beziehungen vgl.J.A.K.Leslie, Oxford 1963, S.35ff.; Stämme mit utani-Beziehungen unterhalten in besonderer, sehr eigentümlicher Weise freundschaftliche Beziehungen untereinander.

(44) K. Vorlaufer, Frankfurt/M. 1973, S. 162.

(45) K. Vorlaufer, Ffm. 1973; s.a. ders. Ffm 1970; eine Rolle spielte bei diesem Prozeß auch, daß nach der Unabhängigkeit tribale Organisationen ("Associations") verboten wurden, um eine Enttribalisierung Tansanias zu fördern.

(46) K. Vorlaufer, Ffm 1973, S. 164ff.

(47) Die folgende Typologie ist orientiert an der von K. Vorlaufer, Ffm 1973, S. 199ff.

(48) "Bei der Besiedlung eines Stück Landes ist in der Regel noch die Zustimmung der landbesitzenden, alteinsässigen Bevölkerung unerläßlich. Hiermit wird aber auch schon angedeutet, daß zumindest einzelne der dem Typ A zugeordneten Räume nur bedingt und nur insofern als "squatter areas" zu definieren sind, als hier die Besiedlung ohne städteplanerische Maßnahmen und behördlich unkontrolliert erfolgte". K. Vorlaufer, Ffm 1973, S. 201.

(49) Dar es Salaam Master Plan 1979, Vol. 1, map.no. 4.

(50) Dar es Salaam Master Plan 1979, TS 1, S. 25ff.

(51) Dar es Salaam Master Plan 1979, TS 4, Karten 3, 8, 19; s.a. T. Gabrielsen, Trondheim 1981, S. 3.23ff. In dieser Arbeit sind allerdings Daten von Squattergebieten vor und nach Upgrading-Projekten ununterscheidbar vermengt.

(52) G.E. Mariki, Dar es Salaam (ARDHI INST.) 1981, zu Mtoni/Tandika; L.M. Masembejo, Dar es Salaam (ARDHI INST.) 1980 zu Manzese; Tumsiph/Uisso/Mpofu, Dar es Salaam (ARDHI INST.), o.J. zu Mtoni; N.J.W. Tumsiph, Dar es Salaam (ARDHI INST.) 1980 zu Mtoni.

(53) A.C. Mascarenhas, Dar es Salaam 1970, S. 102;

(54) J. Lohmeier stellt den Zusammenhang zwischen weltmarktintegrierter Industrialisierung und der Herausbildung regionaler Disparitäten umfassend am Beispiel Tansania dar: J. Lohmeier, Hamburg 1982, S. 46ff und S. 148 ff.

(55) Zit. nach A.C. Mascarenhas in "African Urban Notes" 1972, Vol. VI, no. 3, S. 27.

(56) J. Lohmeier, Hamburg 1982, S. 126ff.

(57) J.F.Rweyemamu, DSM 1979, S.76; ders., Nairobi 1973

(58) United Rep. of Tanzania,"2. Nat. Five Year Plan", Vol.III, DSM 1969, S.14

(59) J. Lohmeier, Hamburg 1982, S. 255.

(60) Nach Angaben der ILO waren 1978 insgesamt nur 511.300 Menschen in Tansania lohnabhängig beschäftigt. ILO, Addis Ababa 1982, S.67

(61) United Rep. of Tan., Dar es Salaam 1982 a; United Rep. of Tan., Dar es Salaam 1982 b; s. hierzu Thomas Heinrich in "Verfassung und Recht in Übersee", Juni 1985.

(62) Errechnet nach Daten des Population Census 1978 nach dem Verfahren der ILO, Addis Ababa 1982, S. 65.

(63) S.V.Sethuraman, Genf 1980, S.14; s.a. die Definition ebda., S.15

(64) ILO, Addis Ababa 1982, S. 88.

(65) Population Census 1978, Vol.VII, Table 14

(66) ILO, Addis Ababa 1982, S.87; die ILO geht dort von der Annahme aus, daß bei der Berechnung des Haushaltseinkommens von formell Beschäftigten 1,33 Einkommensempfänger und von informell Beschäftigten 1,25 Einkommensempfänger pro Haushalt zugrundezulegen sind.

(67) United Rep. of Tanzania "Economic Survey 1982", DSM 1983, S.64

(68) Die Armutsgrenze ist hier festgelegt aus der Interpolation von Daten der ILO zu 1981 und 1980 unter der Annahme einer jährlichen Preissteigerung von nur 20%. Ständige Shilling-Abwertungen machen genaue Aussagen shr schwierig.

(69) Vgl. Fußnote I-(9).

(70) durch die staatliche Institution SIDO (Small Scale Ind. Dev. Org.)

(71) Im folgenden greifen wir zurück auf M.S.D. Bagachwa, in ILO, Addis Ababa 1982 und M.A.Bienefeld/R.H. Sabot, UDSM (E.R.B.) 1972. Die Studie von Bagachwa ist eine neuere, aktuelle, empirische Untersuchung des informellen Sektors in DSM in 1981. Bagachwa untersuchte ein Sample von 20% aus 355 ausgewählten Unternehmen in DSM.

(72) ILO Addis Ababa 1982, S. 342f; auf die relativ geringe Zahl der Gelegenheitsarbeiter wies auch Sabot, Dar es Salaam 1972, S. 70ff hin.

(73) Die Gesamtzahl der permanent Beschäftigten in Dar es Salaam-Stadt wird im Population Census 1978, Vol. VII, S. 325 mit 189.265 angegeben. Als Gesamtmenge der formell Beschäftigten wäre diese Zahl viel zu hoch. Unidentifizierbar vermengt ist darin die Zahl der Informellen und der ca. 20.000 Ausländer. Vgl. Population Census 1978, Vol.VII, S.XXVI ff.

(74) M.S.D.Bagachwa in ILO, Addis Ababa 1982, S.349

(75) Population Census, Vol.VII, S. XXVI ff.

(76) Population Census 1978, Vol. VII, Table 14.

(77) ILO, Addis Ababa 1982, S. 88.

(78) Die Daily News veröffentlichte am 20.6.1983 eine Zahl von 94.000 Arbeitslosen in Dar es Salaam; die Weltbank schätzte für 1976 17% Arbeitslose: World Bank, Washington 1977, S. 9, S. 16; R.H. Sabot (Oxford 1979, S. 176) schätzte, daß 8 - 12% der Arbeitsbevölkerung in den Städten Tansanias arbeitslos waren. A.G.M. Ishumi kommt auf

einen Anteil von durchschnittlich 20% Arbeitslosigkeit in den Städten Tansanias: A.G.M. Ishumi, Uppsala 1984;in der vorliegenden Arbeit ist die Arbeitslosigkeit aus der von uns nach ILO-Angaben errechneten Arbeitsbevölkerung minus der vom Zensus als Arbeitsbevölkerung (über 15 Jahre) Erfaßten errechnet worden. Die vom Zensus nicht erfaßte Arbeitsbevölkerung kann als arbeitslos angenommen werden.

(79) Zum gleichen Ergebnis kam M.S.D. Bagachwa in ILO, Addis Ababa, 1982, S. 341.

(80) ILO, Addis Ababa 1982, S. 251ff; R.H. Sabot, Oxford 1979, S. 167ff.

(81) ILO, Addis Ababa 1982, S. 68; die Weltbank nahm für alle Städte Tansanias eine Wachstumsrate allein der "Self-Employed" von 19,4% p.a. zwischen den Jahen 1969 - 75 an: World Bank, Washington 1977, S. 16.

(82) Population Census 1978, Vol. IV, S. 90.

(83) ILO, Addis Ababa 1982, S. 87.

(84) Die Gesamtzahl der Haushalte in der Stadt DSM: 188.852; Population Census 1978, Preliminary Report,Table 5

(85) ILO, Addis Ababa 1982, S. 251 - 273, bes. S. 268; S. 377 - 381; World-Bank, Washington 1981 b, S. 103, S. 40f; United Rep. of Tan. Dar es Salaam 1982 b, s. 65f; J. Loxley, Toronto 1979, S.80.

(86) ILO, Addis Ababa 1982, S, 75.

(87) ILO, Addis Ababa 1982, S. 88; zur innerstädtischen Einkommensentwicklung bis 1975 siehe World-Bank, Washington 1977, S. 12 - 17. Dort werden allgemein größere Bevölkerungsteile zur Armutsbevölkerung gezählt, als in unserer noch optimistischen Annahme.

(88) United Rep. of Tan. (MLHUD), Dar es Salaam 1981, S. 18.

(89) United Rep. of Tan. (MLHUD), Dar es Salaam 1981, S. 17; s.a. S. 20, S. 29.

Fußnoten zu Kapitel V

(1) J. Turner (ed.) London 1972, S. 122 - 147; F. Lando Jocano, Quezon City 1975; J.A.K. Leslie, Oxford 1963: Er hat die Herrschafts- und Vergesellschaftsstrukturen in den traditionalen Siedlungen in und um Dar es Salaam (DSM) am Ende der britischen Kolonialzeit untersucht; E. Bruno in Bruno/Körte/Mathey (eds.), Darmstadt 1984: Er untersuchte Squattersiedlungen aus sogen. entwikkelten Ländern am Beispiel Lissabon; C. Ward, London 1976: eher narrativ über Pitsea-Laindon in Essex/England.
Ein großer Planer, wie Sir Patrick Abercrombie, der Verfasser des Master Plan von London (Greater London Plan, 1944) hat schon sehr früh auf die bedürfnisgerechte Struktur einer Squattersiedlung in Essex/England hingewiesen, die später als Teil der New Town "Basildon" sanktioniert wurde. In einem Zitat, das Colin Ward notiert hat, wandte sich Abercrombie gegen die Auffassung, Squattersiedlungen seien nur ein Haufen von Hütten: "Man kann mit Schrecken auf das Durcheinander von Hütten und Bungalows auf den Laindon Hills und in Pitsea zeigen. Das ist jedoch eine engstirnige Wahrnehmung von einem Bedürfnis, das so genuin ist, wie jenes, das die herrlichen Häuser und Gärten in Frensham und Bramshott schuf". Sir P. Abercrombie, zit. nach C. Ward, London 1976, S. 85

(2) Marshall, Macklin, Monaghan, DSM 1979, Vol. I, S. 43

(3) J.K. Nyerere, DSM 1967, S. 231 - 256, bes. S. 243 ff.

(4) ibid., S. 253 ff.

(5) ibid., S. 354

(6) United Rep. of Tanzania, DSM 1969, Vol. I, S. 26 f. und S. 176 f; s. Fußn. I-(9)

(7) United Rep. of Tanzania, DSM 1983, S. 82 ff., bes. Tab. 45 B

(8) R. Buntzel, Saarbrücken 1976, S. 367; M.v.Freyhold, London 1979

(9) Vgl. die Aufsätze von Belshaw und Temu sowie Msambichaka/Mabele in Kim/Mabele/Schultheis (Hg.), Nairobi 1979

(10) G. Hyden, London 1980, bes. S. 113 - 125

(11) P. Meyns, Berlin 1977, bes. S. 138 ff.; M. v. Freyhold, London 1979, bes. S. 108 - 115; Ph. Raikes, "Blätter des iz3w", 1977, Nr. 60, S. 28 - 35;

(12) M. Thoma, Darmstadt 1983 (mimeo), S. 141 ff.

(13) M. v. Freyhold, London 1979, S.120 und S. 58 f.

(14) United Nations Team in Physical Planning unter Z. Pioro, DSM 1968

(15) ibid., S. 36 ff

(16) ibid., S. 76 ff

(17) ibid., S. 56 ff

(18) ibid, S. 8

(19) Allerdings wurde 1975 die im Subregionalplan geplante Mittelstadt Kibaha zum Verwaltungszentrum der neu abgegrenzten Coast Region ausgebaut. Zu den "vagen Handlungsanweisungen des Planes" siehe L. Berry/Conyers/McKay/Townsend, DSM 1971, S.28, 35

(20) Z. Pioro in A. Kuklinski (ed.), The Hague 1975, S. 325; zum Konzept der Mittelstädte in Tansania s.a. K. Vorlaufer, Frankfurt/M. 1973; ders. in Afrika Spectrum 2/71, S. 41 - 59; zum Subregionalplan: Berry/Conyers/McKay/Townshend, DSM 1971

(21) United Rep. of Tanzania, Dar es Salaam 1969, Vol. I, S. 177

(22) United Rep. of Tanzania, DSM 1969, Vol. I,II,IV und DSM 1970, Vol. III, hier Vol. III, Table 3, S. 11

(23) G. Myrdal, Frankfurt/M. 1974 (Übersetzung des Originals von 1956)

(24) Die Investitionen des privaten Sektors hingegen sollten auf 26,6 % zurückgehen; 28,4 % sollten Parastatals investieren, die wiederum selbst zu einem Viertel vom Zentralstaat finanziert werden. 7,2 % sollte die Ostafrikanische Gemeinschaft investieren. United Rep. of Tanzania, DSM 1969, Vol. I, S. 212, 225; Vol. II, S. 4

(25) United Rep. of Tanzania (MLHUD), DSM 1978, Sectoral Studies I, Kap. 1.2

(26) ibid., S. 176 ff., S. 179, Pkt. 24; zur Mittelverteilung: ibid., Vol. II, S. 10 ff. und Vol. III

(27) ibid., Vol. III, S. 65; zur Bedeutung der Persistenz der kolonialen Raumstruktur für die Politik der Dezentralisierung siehe: W.L. Luttrell, DSM 1974, S. 119 ff.; D. Slater, (mimeo) 1977

(28) R.Hofmeier in R.Hanisch/R.Tetzlaff (Hg.),Frankfurt/M. 1981, S.433-472

(29) World Bank, Washington D.C. 1979 b, S. 169

(30) World Bank, Washington D.C. 1975, S. 32; in einer Sammlung von Fallstudien zu fünf asiatischen Ländern heißt es: "Although all these countries have programmes of rural development and regional dispersal of industrial investment, their likely effectiveness in curbing present trends of urban concentration demonstrated by the marginal impact of programmes of long standing, remains in doubt." Zu gegenteiligen kubanischen Erfahrungen der "Verländlichung": vgl. J. Gugler in "Die Dritte Welt", 1980, 8, S. 3 - 4

(31) United Rep. of Tanzania, DSM 1969, Vol. III, S. 71, 31 ff.

(32) ibid., S. 18, 65

(33) United Rep. of Tanzania, DSM 1971, S. 103; es wird allerdings immer wieder darauf hingewiesen, daß die Entscheidungen für die Industrieallokation bereits langfristig entschieden waren; s.a. J. Lohmeier, Hamburg 1982, S. 30, Tab. 2

(34) Zum Konzept der Wachstumspole kritisch: J.L. Corraggio in "Vierteljahresberichte - Probleme der Entwicklungsländer", Bonn-Bad Godesberg 1973, Nr. 53, S. 289 - 308; Rondinelli/Ruddle, New York 1978, S. 14 ff; A. Mascarenhas in "African Urban Notes", 1972, Vol. VI, No. 3; und positiv: R. Pötzsch, Berlin 1972, Kap. 2 und 3; im Anschluß an Pötzsch: W. Meyer, Bad Godesberg 1978, bes. S. 35

(35) S.S. Mushi, DSM 1978, S. 67; vgl. United Rep. of Tanzania, DSM 1971, S. 103; A.C. Mascarenhas/C.F.Claeson in African Urban Notes 1972, Vol. VI, No. 3, S. 24 - 41

(36) R. Hofmeier, Frankfurt/M. 1981, S. 433 - 472

(37) D. Slater, 1977 (mimeo), S. 29 ff.

(38) United Rep. of Tanzania, DSM 1969, Vol I, S. 184 ff.,4 ff.; H.M. Hayuma, DSM (ARDHI-Institute) 1981 (mimeo); E. Clark, Toronto 1978, S. 96 ff.

(39) C. Leys, London 1971, S. 137 ff.

(40) Zur Grundsatzkritik des Planungsansatzes des 2. N.F.Y.P. siehe R. Hofmeier, Frankfurt/M. 1981, S. 433 - 472; Berry/Conyers/McKay/ Townshend, DSM 1971; S.S. Mushi, DSM 1978, S. 63 - 97; K. Vorlaufer, Hamburg 1971, S. 41 ff.; E.B. Waide, DSM 1974

(41) Zu entsprechenden Erfahrungen aus anderen Entwicklungsländern siehe World Bank, Washington D.C. 1981, S. 32: "Formal development plans, and the process by which they are elaborated, can be useful in charting national strategy and stimulating constructive dialogue on development issues. But there is virtually universal agreement in assessments of planning experiences in Africa (and in other poor regions also) that the impact of formal planning on actual policymaking and investment programming is slight."

(42) J.K. Nyerere, DSM 1974, S. 344 - 350; zur "Decentralisation" der Verwaltung siehe allg.: J. Lohmeier, Hamburg 1982, S. 298 - 304; Friedrich/Schnepf/Szekely, Dortmund 1982, S. 21 - 40; J.R. Finucane, Uppsala 1974, S. 175 ff.; G. Baars, Dortmund 1976; I.N. Resnick, New York 1981, S. 235 - 253; S.M. Maro/W.F.I. Mlay in "Africa", 1979, S. 291 ff.; P. Collins, DSM 1974, S. 87- 120

(43) Alle Zitate der Zusammenfassung der Ziele aus J.K. Nyerere, DSM 1974, S. 344 - 347

(44) J.R. Finucane, Uppsala 1974, S. 183 f.

(45) United Rep. of Tanzania, DSM 1983, S.11

(46) Der Autor arbeitete von 1976 bis 1979 in der Regionalbehörde DSM als "Town Planning Officer"; zur Implementierungsrate von Projekten in DSM; siehe auch Kap. III.4

(47) Eigene Berechnung auf der Grundlage des Jahresentwicklungsplanes der Region; DSM 1977

(48) Zum Rural Development Fund (RDF) vgl. P. Collins, DSM 1974, S. 93 ff.

(49) I.N. Resnick, New York 1981, S. 242; U. Stacher, Bad Godesberg 1973, S. 3; er errechnete für das Budget 1972/73 eine Verteilung der Entwicklungsausgaben von 57 % durch die Zentralregierung, 32 % durch Transfers und Parastatals und 11 % durch die Regional- und Distriktverwaltungen; die Verteilungsquote der letzten Jahre aus: World Bank, Washington D.C. 1981 b, S. 37; Nur in den ersten zwei Jahren nach der Dezentralisierung waren gewisse Umverteilungen zu Lasten DSMs zu verzeichnen. Siehe I.N. Resnick, New York 1981, S. 243; A. und O. Mascarenhas, DSM 1976, Tab. 3; neuere Aufschlüsselungen über tatsächliche, regionale Mittelverteilungen liegen mir nicht vor, nur die geplanten Verteilungen.

(50) A.H.Rweyemamu, DSM 1974, S.126

(51) A. Coulson, DSM 1975, S. 16

(52) S.S. Mushi, DSM 1978, S. 63-97, bes. S. 69; vgl. Kap.III, Fußn.(171)

(53) Allgemein zu diesem Programm siehe: J. Lohmeier, Hamburg 1982, S. 354 - 443; D.G.R. Belshaw, DSM 1979, S. 47 - 64; Belshaw, Butterworths 1982, S. 291 - 302; R. Hofmeier, Frankfurt/M. 1980, S. 310 - 339

(54) J. Lohmeier, Hamburg 1982, S. 418 (700 mio. TShs./Kurs 1975)

(55) ibid., S. 416 ff.

(56) ibid., S. 451 ff.

(57) R. Hofmeier, Frankfurt/M. 1981, S. 444

(58) L. KLeemeier in Taamuli 12/1982, S. 62 ff

(59) D.G.R. Belshaw, Butterworths 1982, S.302

(60) C.I.D.A., DSM 1975, S. 3; die Entwicklungsorganisation "Canadian International Development Agency" (C.I.D.A.) handelt im Auftrag der kanadischen Regierung.

(61) ibid., S. 6

(62) D.G.R. Belshaw, DMS 1979, S. 61

(63) ibid., S. 7

(64) ibid., S. 1

(65) Eine verschwörungstheoretische Begründung des RIDEP-Konzeptes halte ich für falsch. Es ist jedoch denkbar, daß eine Entwicklung in Abhängigkeit von den Industrieländern von den kanadischen Consultants billigend in Kauf genommen wurde. Zumindest von den RIDEPs der Weltbank wurde eine solche weltmarktintegrative Strategie betrieben. Vgl. J. Lohmeier a.a.O..

(66) United Rep. of Tanzania, DSM 1975

(67) ibid., S. 12; auch der Zoo = (kisw.:Wanyama wa Porini)

(68) C.I.D.A., DSM 1975, S. 4

(69) K.G.Schneider, Nürnberg 1968, S.119

(70) Capital Development Authority (C.D.A.), Tansania 1975, S. 7; an anderer Stelle: 3.710 mio. TShs (1973)

(71) C.D.A., Tansania 1976, S. 30 - 31 (Umrechnung in DM nach amtlichem Kurs von 1976)

(72) Daily News, 23.11.1984

(73) J.K. Nyerere, DSM 1977, S. 30

(74) Daily News, 24.2.1986

(75) Daily News, 12.7.1983 und 27.7.1981

(76) DSM Master Plan 1979, DSM 1979, Vol. I, S. 79

(77) Weitere kritische Analysen zur Dodoma-Planung siehe: Heuer/Siebolds/Steinberg, Berlin 1979, S. 87 - 103; Siebolds/Steinberg in Bauwelt 41, 1979, S. 1755 - 59; W. Satzinger in Pfenning/Voll/Weber (Hg.), Frankfurt/M. 1980, S. 347 ff.; J. Doherty, DSM 1976, S. 79 - 104; S.M. Kulaba, Rotterdam 1981, S. 59 ff.; weniger kritisch: R. May, Ekistics 288, 1981, S. 192 - 198

(78) J. Doherty, DSM 1976, S. 95

(79) Die polyzentrische Bandstadt ist als Konzept für Städte der Entwicklungsländer im Industrieland Bundesrepublik von R. Pötsch (Berlin 1972), orientiert an modernisierungstheoretischen Leitbildern, ausgearbeitet worden, was jedoch eine tansanische Rezeption nicht a priori ausschließen würde.

(80) Heuer/Siebolds/Steinberg, Berlin 1979, S. 96; Siebolds/Steinberg, Bauwelt 41, 1979, S. 1755 - 59

(81) Heuer/Siebolds/Steinberg, Berlin 1979, S. 100; J. Doherty, DSM 1976, S. 97

(82) Dodoma Master Plan, op.cit. R. May in Ekistics 288, 1981, S. 195

(83) United Rep. of Tanzania, DSM 1975

(84) DSM Master Plan 1979, DSM 1979, TS 2, S. 61 und 64

(85) United Rep. of Tanzania, DSM 1982 a und 1982 b

(86) T.Heinrich, in Verfassung und Recht in Übersee, Hamburg 2/1985, S.195-207
Um den Rahmen dieser Arbeit nicht zu sprengen, kann auf die fortdauernde Unterentwicklung einer in den kapitalistischen Weltmarkt integrierten Nation als strukturelle Ursache regionaler Disparitäten hier nicht eingegangen werden. Siehe hierzu ausführlich: J. Lohmeier, Hamburg 1982

(87) United Rep. of Tanzania, DSM 1979 b; eine kritische Analyse der Basic Industry Strategy siehe bei M. Fransman (ed.), R.H. Green, London 1982, S. 80 - 104, bes. S. 84 ff.

(88) Alle Zitate aus United Rep. of Tan., DSM 1975, S.43, 105, 43, 106

(89) United Rep. of Tanzania, DSM 1979 (3. F.Y.P., Vol. II)

(90) D. Phillips, DSM (Univ.) 1976, S. 82 - 87, cit. S. 82

(91) United Rep. of Tanzania, DSM 1983, Tab. 63 und 65

(92) G. Röhnelt, Frankfurt/M. 1980, bes. S. 119 - 128, cit. S. 122

(93) R. Hofmeier in Hanisch/Tetzlaff, Frankfurt/M. 1981, S. 445 - 447

(94) Eigene Erhebung von 1984 im City Council of DSM; vgl. Kap.III.4.1

(95) "Uhuru Corridor Regional Physical Plan", 3 Hauptbände und 2 Sektorstudien, United Rep. of Tanzania 1978
Die "Uhuru-Bahn" wurde in wenigen Jahren von der VR China mit arbeitsintensivem Menscheneinsatz gebaut. Sie ist über 1.000 km lang und verbindet den Kupfergürtel Sambias mit dem Hafen Dar es Salaam.

(96) United Rep. of Tanzania, DSM 1975, Vol. I, S. 74; United Rep. of Tanzania (MLHUD), DSM 1978, Main Report I, S. 7

(97) United Rep. of Tanzania (MLHUD), DSM 1978, Sectoral Studies II, S. 13; zur Zentrale-Orte-Theorie siehe: W. Christaller, Jena 1933. Die zentrale These dieser Theorie ist, daß Siedlungen innerhalb eines geschlossenen regionalen Raumes ein hierarchisch gestuftes System von Zentren bilden, wenn man sie nach Typ und Umfang ihrer Versorgungsfunktion neu ordnet.

(98) United Rep. of Tanzania (MLHUD), DSM 1978, Main Report I, S. 219

(99) ibid., S. 24

(100) ibid., S. 330

(101) ibid., S. 343

(102) ibid., S. 340

(103) ibid., S. 149

(104) United Rep. of Tanzania (MLHUD), Sectoral Studies II, S. 10

(105) Genauere Untersuchungen aus jüngerer Zeit sind mir hierzu nicht bekannt. Die Aussagen stellen daher persönliche Schlußfolgerungen aus Informationen von 1984 aus Tansania dar.

(106) DSM Master Plan 1979, DSM 1979, Vol. I, S. 41 ff.

(107) Zum Beispiel Ghana siehe J. Lühring, Hamburg 1976

(108) R.H. Green in Mwansasu/Pratt (ed.), Toronto 1979, S. 19 ff.

(109) J. Lohmeier, Hamburg 1982

(110) Th. Heinrich in "Verfassung und Recht in Übersee", 1985, S. 195 - 207

(111) J. Loxley in Mwansasu/Pratt (ed.), Toronto 1979, S. 72 ff.

(112) World Bank, Washington D.C. 1979, S. 160

(113) Zu diesem Zusammenhang und zum Begriff der "strukturellen Heterogenität" siehe Kap. I, Fußnote (9); J. Lohmeier, Hamburg 1982, Kap. 1.4, d - k; D. Senghaas, Frankfurt/M. 1977, S. 22 ff.; J. Doherty in "Antipode" 1977, Vol. 9, No. 3, bes. S. 38 - 40

(114) J. Lühring in "Die Erde" 1974/3-4, S. 275 - 294; J. Lühring, Hamburg 1976; A.L. Magobunje, New York 1981, S. 212ff.

(115) R. Hofmeier in Pfenning/Voll/Weber (Hg.), Frankfurt/M. 1980, S. 310-339; J. Lohmeier, Hamburg 1982, bes. S. 354 - 443; R. Hofmeier in Hanisch/Tetzlaff (Hg.), Frankfurt/M. 1981, S. 433 - 472

Fußnoten zu Kap. VI

(1) G. Hyden, London 1980, S. 230

(2) Hennings/Jenssen/Kunzmann in iafef-texte 1/78, Bonn 1978, S.49-51

(3) B. Mumtaz (ed.), London (DPU-Document Series) 1982

(4) W.E. Clark, Toronto 1978, S. 210 f.; R. Stren, Montreal 1982 a, S. 67 - 91; ders., Syracuse Univ. 1982 b, S. 81 - 104; J.S. Saul in Arrighi/Saul (ed.), New York 1973, S. 272 ff.. Die umfangreiche Diskussion hierzu kann im Rahmen dieser Arbeit nicht vertieft werden.

(5) S.S. Mushi, 3 größere Artikel zum Problem der "professionals" in Tansania in Daily News, 30.6., 1.7., 2.7.1977

(6) W.E. Clark, Toronto 1978, S. 214

(7) S.S. Mushi in Daily News, 30.6., 1.7., 2.7.1977

(8) J. Doherty, DSM 1977 in "Antipode", Vol. 9, No. 3; S.E. Segal in Obudho/El Shakhs (ed.), New York 1979; D. Slater, (mimeo o. Dat.); W. Satzinger in Pfennig/Voll/Weber (Hrsg.), Frankfurt/M. 1980, S. 340 - 373; S.G. Weeks in "Maji Maji", DSM 1974

(9) S.E. Segal in ibid.

(10) B. Magubane in Obudho/El Shakhs (ed.), New York 1979; als Gegner dessen, was er als "Verschwörungstheorie" bezeichnet s. D.G.R. Belshaw in "Applied Geography", Butterworths 1982, S. 291 - 302

(11) A.M. Hayuma, DSM (ARDHI-Institute), 1979, 1982 und 1983; A. und O. Mascarenhas, DSM (BRALUP) 1976; J.M. Mghweno, DSM 1979; B. Majani/ T. Kaulali, DSM 1979

(12) R. Stren, Berkeley 1975; R. Stren, Montreal 1982

(13) J. Leaning, DSM 1972, (mimeo)

(14) M. Mageni, DSM 1972

(15) Vgl. J. Oestereichs Konzept der "zweistufigen Stadtplanung" in Köln 1980, S. 145 - 172

(16) Vgl. H.R.Böhm / K.Stürzbecher in Gesellschaft für Umweltforschung und Entwicklungspanung e.V. (Hg.), Stuttgart 1981, S. 35 - 50

(17) A. Etzioni in A. Faludi (ed.), Oxford 1973, S. 217 - 229

(18) ibid., S. 228

(19) O. Koenigsberger (1964) in B. Mumtaz (ed.), London (DPU-Document Series) 1982, S. 2 - 9; J.D. Herbert in Herbert/van Huyck (ed.), New York 1969; vgl. auch K.R. Kunzmann in Gesellschaft für Umwelt-

forschung und Entwicklungsplanung e.V. (Hg.), Saarbrücken 1981, S. 69 - 91

(20) O. Koenigsberger in ibid., S. 6

(21) M. Safier in ibid., S. 11

(22) Vgl. die Veröffentlichungen der DSE zum internationalen Seminar "Housing and Employment as a Nexus in Decision-Making", Berlin 1982; Hammock/Lubell/Sethuraman/Rafsky in UN (HABITAT), New York 1981, S. 257 - 271; S.V. Sethuraman (ed.), Genf (ILO) 1980; vgl. auch die Projekterfahrungen mit den "integrierten upgrading-Projekten" in Lusaka

(23) Dies zeigen die "action planning"-Erfahrungen in Kalkutta von C. Rosser in B. Mumtaz (ed.), London 1982, S. 37

(24) Eine "property tax" und "Service Charge and Land Rent" wird in DSM neben speziellen Abgaben mit m.W. mäßigem Erfolg erhoben.

(25) ILO, Addis Ababa 1982, S. XXX

(26) St. Mildner, Karlsruhe 1976, bes. S. 71 - 75

(27) Schwelleninvestitionen beziehen sich auf zusätzliche Kosten, die notwendig werden, um natürliche Hindernisse der Stadtentwicklung zu überwinden. Ein klassisches Beispiel sind Wasserscheiden, die dem Ausbau von Abwassersystemen entgegenstehen. Durch die neue Gefällesituation wird ein gesondertes Abwassersystem notwendig; vgl. UN, New York 1977

(28) Cowi Consult, "Preliminary Engineering Report For Mwanjelwa", DSM 1974, op. cit. Kajange/Lerise/Mhando, DSM 1981, S. 106, 87; vgl. hierzu auch eine empirische Studie aus Ghana von R. Ziss/G. Schiller, Wuppertal (mimeo) 1979

(29) L.M. Masembejo, DSM (ARDHI-Institute) 1980, S. V

(30) "Customary Land Tenure"-Recht in diesem Kontext: Demjenigen, der unbebautes und unbearbeitetes Land in Besitz nimmt, werden unwiderruflich die Nutzungsrecte solange übertragen, wie er das Land nutzt. Bei Beendigung der Nutzung des Landes fällt das Land wieder an den Staat zurück, der nun frei darüber verfügen kann. Der immobile Wert des Hauses wird entschädigt.

(31) Dies wäre die konkrete Umsetzung der Politik Nyereres, der immer wieder forderte, jeder gesunde Mensch müsse arbeiten, und der sich zugleich immer gegen eine kurzatmige "round up"-Politik gewandt hat. Vgl. J.K. Nyerere, DSM 1977, S. 46 f.

(32) "Many housing programs suffer from an overabundance of architects, planners, and experts, whose participation substantially increases costs and skews the focus away from true low-income housing development solutions." Hammock u.a. in UN (HABITAT), New York 1981, S. 265

(33) Ministry of Lands Housing and Urban Development, DSM 1980, S. 4 f.

(34) S.M. Kulaba, DSM (ARDHI Inst./CHS)/Rotterdam 1981, bes. S. 136

(35) T. Gabrielsen, The Univ. of Trondheim (Diploma) 1981; er bezeichnete seine in gleiche Richtung zielende Srategie als SCD "Semi Controlled Development"

(36) M. Hoek-Smit, Philadelphia 1982; J. Oestereich, Köln 1980, S. 52f.

(37) Vgl. ähnliche Strategievorschläge bei A.L. Mabogunje, New York 1981, S. 215 ff.

LITERATURVERZEICHNIS

Abkürzungen:
UDSM = University of Dar es Salaam
ARDHI = Inst. für Architektur- und Stadtplanungsausbildung an der UDSM
DSM = Dar es Salaam
ILO = International Labour Organisation, Genf
T.N.& R.= Tanzania Notes & Records ,Dar es Salaam

ALBERS, G.
"Vom Fluchtlinienplan zum Stadtentwicklungsplan", in Archiv für Kommunalwissenschaften, Köln 1967, S. 192-211

ALBERS, G.
"Über das Wesen der räumlichen Planung", in Stadtbauwelt 21 / 1969 , S. 10-14

ALBERS, G.
"Wandel und Kontinuität im deutschen Städtebau", in Stadtbauwelt 57 / 1978, S. 14-21

ALBERS, G.
"Ideologie und Utopie im Städtebau", in PEHNT,W. (Hg.):"Die Stadt", Stuttgart 1974, S. 453-476

ALONSO, W.
"Bestmögliche Voraussagen mit unzulänglichen Daten", in Stadtbauwelt 21 / 1969, S. 30-34

ARMSTRONG, A.
"Foreign Experts in Planning: Recent Experiences of Aid Assisted Regional Planning in Tanzania", UDSM ,Dept. of Geography (mimeo) 1984

ARMSTRONG, A.
"Expert Stranglehold on Tanzanian Planning" und "Problems with Planning Experts", in Daily News, 7.3. und 8.3.1984

ARNING,W.
Deutsch-Ostafrika gestern und heute, Berlin 1942

BAARS, G.
Restriktionen einer dezentralen Planung in Entwicklungsländern am Beispiel Tansanias, Univ. Dortmund, Abt. Raumplanung 1976

BACHMAYER, P./ HÜBENER, A.
"Organisation und Gestaltung des Einsatzes deutscher Fachkräfte für regionale Planungsaufgaben in Entwicklungsländern", in Raumforschung und Raumordnung 4 /1981, S.191-201

BADER / BERGER / GAUSSMANN / KNESEBECK
Einführung in die Gesellschaftstheorie, Frankfurt 1983

BAGACHWA, M.S.D.
"The Dar es Salaam Urban Informal Sector Survey", in ILO (ed), Addis

Ababa 1982, S. 341-351

BALD / HELLER /HUNDSDÖRFER / PASCHEN
Deutschlands dunkle Vergangenheit in Afrika. Die Liebe zum Imperium, Bremen (Übersee Museum) 1978

BALD, D.
Deutsch-Ostafrika 1900-1914, München 1970

BANYIKWA, W.F.
"Recent Changes in Urban Residential Land Use Policies in Tanzania and their Spacial Repercussions", in Journal of Geographical Association of Tanzania", 16 / 1978, S.38-66

BASSETT, E.M.
The Master Plan; With a Discussion of the Theory of Community Land Planning Legislation, New York 1938

BELSHAW, D.G.R.
"Decentralised Planning and Poverty-Focused Rural Development: Intra-Regional Planning in Tanzania", in KIM, MABELE, SCHULTHEIS (ed), Nairobi 1979, S. 47-64

BELSHAW, D.G.R.
"An Evaluation of Foreign Planning Assistance to Tanzania's Decentralized Regional Planning Programme, 1972-81", in Applied Geography 2/ 1982 ,p.291-302

BENEVOLO,L.
Die sozialen Ursprünge des modernen Städtebaus, Gütersloh 1971

BERNDT,H.
Das Gesellschaftsbild bei Stadtplanern, Stuttgart 1969

BERRY,L. (ed)
Tanzania in Maps, London 1975

BERRY, L. /CONYERS, D./ MCKAY, J./ TOWNSEND, J.
Some Aspects of Regional Planning In Tanzania, UDSM, (BRALUP) 1971

BIENEFELD,M.A. / BINHAMMER, H.H.
"Tanzania Housing Finance and Housing Policy", in HUTTON, J.(ed) Urban Challenge in East Africa, Nairobi 1972, S.177-199

BIENEFELD, M.A.
A Long Term Housing Policy For Tanzania, UDSM (E.R.B.), 1970

BIENEFELD, M.A.
The Self-Employed of Urban Tanzania, UDSM (E.R.B.), 175

BIENEFELD, M.A. / SABOT, R.H.
The National Urban Mobility Employment and Income Survey of Tanzania, UDSM (E.R.B.), 1972

BLAIR, Th.

"Die Rolle der Architekten in der Dritten Welt", in Deutsche Bauzeitung 3/1974, S.242-243

BÖHM, H.R. / STÜRZBECHER, K.
"Das integrierte Projekt aus der Sicht einer Beratungsfirma", in GES. FÜR UMWELTFORSCHUNG UND ENTWICKLUNGSPLANUNG e.V.(Hg), Saarbrücken 1981, S.69-91

BOESEN, J.
"Tanzania: From Ujamaa to Villagization", in MWANSASU, B.U. /PRATT, C. (ed) Towards Socialism in Tanzania, Toronto 1979, S.125-144

BOESEN, J. / RAIKES, P.
Political Economy and Planning in Tanzania, Kopenhagen (IDR paper), 6/1976

BORCHARD, K.
Orientierungswerte für die Städtebauliche Planung, München 1974

BORIS, D.
Unterentwicklung und Staat, in Das Argument 116/1979, S.523-533

BRAUN, G. / WEILAND, H.
Entwicklungshilfe auf der Suche nach kultureller Identität, in E+Z 7/8, 1981, S.12ff.

BREESE, G.
Urbanization in Newly Developing Countries, Englewood Cliffs, 1966

BREESE, G.(ed)
The City in Newly Developing Countries, Englewood Cliffs 1969

BRUBAKER, R.
The Limits of Rationality, London 1984

BUNDESMINISTERIUM FÜR WIRTSCHAFTLICHE ZUSAMMENARBEIT (BMZ)
Sektorpapier Urbanisierung, Bonn 1978

BMZ
Förderungskriterien und Indikatoren für Wohnungsbauvorhaben, Bonn 1976

BUNDESSTELLE FÜR AUSSENHANDELSINFORMATION (BfA)
Tansania - Wirtschaftsdaten, Köln 1982

BfA
Wirtschaftsdatenblatt: Tansania, Köln 1978

COULSON, A.
Decentralisation And The Government Budget, UDSM (E.R.B.,75.6)1975

CAPITAL DEVELOPING AUTHORITY
Blueprint for Dodoma - Report and Accounts 1 / 2 / 3 , 1975, 1976, 1977

CHAPIN, F.St.
"Existing Techniques of Shaping Urban Growth", in ELDREDGE, H.W. (ed),

New York 1967, S.726-746

CHRISTALLER, W.
Die Zentralen Orte in Süddeutschland, Jena 1933

CLAESON, C.F. / EGERO, B.
Movements to Towns in Tanzania, UDSM(Bralup),Res.Note No.11.1, 1971
Migration and Urban Population, "   "   ,   "   11.2, 1972
Migration in Tanzania,   "   "   ,   "   11.3, 1972

COPELAND, R.M.
The Most Beautiful City in America: Essay and Plan for Improvement of the City of Boston, Boston 1872

CLAESON, C.F. / EGERO, B.
"Migration" in The Population of Tanzania, UDSM (Bralup),DSM 1973

CLARK, W.E.
Socialist Development and Public Investment in Tanzania 1964-1973, Toronto 1978

CLIFFE, L. /SAUL, J.S.(ed)
Socialism in Tanzania, Vol.1 und Vol.2, Nairobi 1975

CORRAGGIO, J.L.
Towards a Revision of the Growth Pole Theory in FRIEDRICH EBERT STIFTUNG, Vierteljahresberichte Nr.53, Bonn-Bad Godesberg 1973, S.289-308

DUARTE SANTOS, A.T.
Die Flächennutzungsplanung als Stadtplanungsinstrument in Brasilien - Am Beispiel der Stadt Recife, Univ. Karlsruhe (Diss.) 1986

DEUTSCHE STIFTUNG FÜR INTERNATIONALE ENTWICKLUNG (DSE)
Papiere zum internationalen Seminar "Housing & Employment As A Decision Making Nexus In Urban Development", Berlin 21.-27.Nov.1982

DIETRICH, R.
"Bauen in der Dritten Welt" in db 4/1974, S.344-345

DOHERTY, J.M.
"Ideology and Town Planning in Tanzania" in Journal of the Geographical Association of Tanzania No.14, DSM 1976, S.79-104

DOHERTY, J.
"Urban Places and Third World Development: The Case of Tanzania" in Antipode, Vol.9, No.3/1977, S.32-42

DRYDEN, S.
Local Administration in Tanzania, Nairobi 1972

DAVIDSON, F./ Payne, G.
Urban Projects Manual, London 1981

DAVID, C.H.
Rechtsgrundlagen des englischen Städtebaus, Düsseldorf 1972

DE BLIJ, H.J.
Dar es Salaam. A Study in Urban Geography, Evanston (Illenois) 1963

EGERO, B. /HENIN, R.A.
The Population of Tanzania - An Analysis of the 1967 Population Census, Census Vol.6, DSM 1973

EGERO, B.
Population Movement and the Colonial Economy of Tanzania, UDSM (E.R.B.) 1974

EHLERT, W.
"Politische Planung - und was davon übrig bleibt" in Leviathan 1/1975, S.4-114

EISENSTADT, S.N.
Tradition, Wandel und Mobilität, Frankfurt/M. 1979

ELDREDGE, H.W.(ed)
Taming Megalopolis, New York 1967

ELSENHANS, H.
"Die Staatsklasse / Staatsbourgeoisie in unterentwickelten Ländern zwischen Privilegierung und Legitimationszwang" in Verfassung und Recht in Übersee, 1.Quartal 1977, S.29-77

EL-SHAKHS, S. / SALAU, A.
"Modernization And the Planning of Cities in Africa: Implications for Internal Structure" in African Urban Studies No.4/1979, S.15-25

ERLER, B.
Tödliche Hilfe, Freiburg i.Br.1985

ETZIONI, A.
"Mixed Scanning: A "Third" Approach to Decision Making", in FALUDI, A., Oxford 1973, S.217-229

EVERS, T.
Bürgerliche Herrschaft in der Dritten Welt - Zur Theorie des Staates in ökonomisch unterentwickelten Gesellschaftsformationen, Köln-Ffm. 1977

FALUDI, A.
A Reader in Planning Theory, Oxford 1973

FEHL, G. / RODRIGUEZ-LORES, J.
"Die Gemischte Bauweise" in Stadtbawelt 71/ 1981, S.273-284

FEHL / FESTER / KUHNERT (Hg.)
Planung und Information - Materialien zur Planungsforschung, Gütersloh 1972

FINUCANE, J.R.
Rural Development and Bureaucracy in Tanzania - The Case of Mwanza Region, Uppsala (Scandinavian Inst. of African Studies),1974

FRIEDMANN, J.
"A Conceptual Model for the Analysis of Planning Behavior", in FALUDI, A. (ed.), Oxford 1973, S. 345 - 370

FOLEY, D.L.
"British Town Planning: One Ideology or Three", in FALUDI, A., Oxford 1973, S.69-93

FRANK, A.G.
"Wirtschaftskrise und Staat in der Dritten Welt" in "Starnberger Studien 4", Frankfurt/M. 1980, S.225-268

FREYHOLD, M.v.
"The Post-Colonial State and its Tanzanian Version" in Review of African Political Economy, No.8/1977

FREYHOLD, M.v.
Ujamaa Villages in Tanzania - Analysis of a Socialist Experiment, London 1979

FRIEDRICH, U./ SCHNEPF, R., SZEKELY, S.
"Politisches System und Planungsorganisation" in ECKHARDT / FRIEDRICH / ORTH / u.a.(Hg) Raumplanung und ländliche Entwicklung in Tanzania, Dortmund 1982, S. 21- 40

GABRIELSEN, T.
Uncontrolled Urban Development- Squatter Settlements in Tanzania, Univ. of Trondheim (Diploma), 1981

GALTUNG, J.
Some Criteria for Selection of Technology, TUB-Dok.3/1979, TU Berlin 1979, S.18

GEORGE, S.
Wie die anderen sterben, Berlin 1980

GIBB, Sir A. & Partners
Tanganyika Territory, A Plan for Dar es Salaam, DSM 1949

GILLMAN, C.
"Dar es Salaam 1860-1940: A Story of Growth and Change" in T.N.& R. 1945, S.1-23

GITEC CONSULT GmbH
Feasibility Study Mbezi Industrial Complex, 3 Vol., Düsseldorf 1981

GROHS, G.
"Slum Clearance in Dar es Salaam - Socio-Economic Problems" in HUTTON, J. (ed), Nairobi 1972, S.157-176

GROHS, G.
"Probleme der Wohnungs- und Baupolitik in Tanzania" in Gemeinnütziges Wohnungswesen 10/1969, S.308-310

GROHS, G.
"Einleitung: Die Prinzipien des Sozialismus in Tanzania" in Dienste in Übersee, Texte 5/1976

GUGLER, J.
"Minimale Verstädterung - Maximale Verländlichung: Kubanische Erfahrungen", in Die Dritte Welt 8/1980, S.3-4

HABERMAS; J:
"Technik und Wissenschaft als Ideologie" in HABERMAS, J., Technik und Wissenschaft als Ideologie, Frankfurt/M. 1969, S.48-103

HACKELSBERGER, Ch.
"Symposium `Planen und Bauen in Entwicklungsländern´" (Eine Zusammenfassung), in DAB 9/1986, S. 1017-1020

HAMMOCK, J.C. / LUBELL / SETHURAMAN / RAFSKY
"Low Income Settlement Improvement Through Income and Employment Generation and Integrated Housing Programms" in HABITAT (ed), The Residential Circumstances of the Urban Poor in Developing Countries, New York (Praeger) 1981, S.257-271

HANCOCK, J.L.
"Planners in the Changing American City 1900-1940", in Journal of the American Institute of Planners, Vol.33/1967, S.297ff.

HAYUMA, A.M.
Training Programme for the Improvement of Slum and Squatter Areas in Urban and Rural Communities of Tanzania, DSM (ARDHI) 1978

HAYUMA, A.M.
"The Management and Implementation of Physical Infrastructures in DSM City, Tanzania", in Journal of Enviromental Management, London 1983, S.321-334

HAYUMA, A.M.
Tanzanian Urban Development, DSM (ARDHI) 1982, mimeo

HAYUMA, A.M.
"A Review and Assessment of the Contribution of International and Bilateral Aid to Urban Development Policies in Tanzania", in Ekistics 279 / 1979, S.349-361

HAYUMA, A.M.
The Evolution of Urban Planning Practice in Tanzania, DSM (Ardhi) 1983a

HAYUMA, A.M.
Financial and Economic Constraints In the Implementation of the 1968 DSM Master Plan from 1969-1979, DSM (Ardhi) 1981

HAYUMA, A.M.
Theoretical Framework for Urban Master Planning Practice in Selected Developed and Developing Countries: Britain, USA, Singapore and India, DSM (Ardhi) 1983b, mimeo

HEIDEMANN, C.
"Über informative und normative Sätze in der Planung" in Stadtbauwelt 32/1971, 292-295

HEIDEMNN, R./RIES, H.O.
Raumordnung, Regionalplanung und Stadtentwicklung, Eschborn (GTZ) 1979

HEIMPEL, CH. u.a.(Hg)
Planung Regionaler Entwicklungsprogramme, Berlin(DIE) 1973

HEINRICH, TH.J.
"Consulting-Planung: ein Trojanisches Pferd - Das Beispiel Dar es Salaam" in Stadtbauwelt 70/1981, S.958-962

HEINRICH, TH.J.
"Adjustment or Structural Change in Crisis Management Policy of Tanzania" in Verfassung und Recht in Übersee 2/1985, Hamburg 1985,S. 195-207

HENNINGS,G./JENSSEN /KUNZMANN
"Eine Strategie der Entlastungsorte für Ballungszentren in Entwicklungsländern", in iafef-texte 1/1978, Bonn 1978, S. 49-51

HENNINGS, G./JENSSEN /KUNZMANN
Dezentralisierung von Metropolen in Entwicklungsländern, Dortmunder Beiträge Bd. 10, 1978

HERBERT, J.D.
"An Approach to Metropolitan Planning in the Developing Countries", in HERBERT / van HUYCK (ed), New York 1969

HERRLE, P.
Vom Mandala zum Flächennutzungsplan, Univ.Stuttgart 1983

HEUER, P. / SIEBOLDS, P. / STEINBERG, F.
Urbanisierung und Wohnungsbau in Tanzania, TU Berlin 1979

HIRSCHMAN, A.O./ LINDBLOM, C.E.
"Economic Development, Research and Development-Policy Making: Some Converging Views", in Behavioural Science, Vol.7/1962, S.211-222

HOBSBAWM, E.J.
Sozialrebellen - Archaische Sozialbewegungen im 19. und 20.Jhdt., Giessen 1969

HOEK-SMIT, M.
Community Participation in Squatter Upgrading in Zambia, Philadelphia 1982

HOFMEIER, R.
"Staatliche Entwicklungsplanung in Tanzania", in HANISCH,R./TETZLAFF,R. (Hg) Staat und Entwicklung, Frankfurt/M. 1981, S.433-472

HOFMEIER, R.
"Tanzania - Enwicklungsmodell oder Entwicklungsbankrott", in Deutsches Übersee Inst.(Hg), Jahrbuch Dritte Welt Bd.1, München 1983

HOFMEIER, R.
"Die Tanga-Region - Regionaler Schwerpunkt der Deutschen Entwicklungshilfeprogramme in Tansania", in PFENNIG/VOLL/WEBER (Hg), Frankfurt/M.

1980, S.310-339

HOSELITZ, B.F.
"The Role of Cities in the Economic Growth of Underdeveloped Countries" in BREESE, G., London 1969

HUTTON, J.
Urban Challenge in East Africa, Nairobi 1972

HYDEN, G.
Beyond Ujamaa in Tanzania, London 1980

ILIFFE, J.
A Modern History of Tanganyika, Cambridge Univ. Press 1979

ILO
Basic Needs in Danger - A Basic Needs Oriented Development Strategy for Tanzania, Addis Ababa 1982

ILO
Towards Self Reliance, Addis Ababa 1978

ISHUMI, A.G.M.
The Urban Jobless in Eastern Africa, Uppsala 1984

JAMES, R.W.
Land Tenure and Policy in Tanzania, DSM 1971

JEFFERSON, M.
The Law of the Primate City, in Geographical Review 1939, S.226-232

JENSEN, E. / WANDEL, S.
Squatter Upgrading and Sites & Services Programmes in Tanzania, DSM (ARDHI) 1984

JOCANO, F.L.
Slums as a Way of Life, Univ. of the Philippines Press 1975

JÜRGENS, H.W.
Untersuchungen zur Binnenwanderung in Tanzania, München 1968

KANYEIHAMBA, G.W. / McAUSLAN, J.P.W.B.
Urban Legal Problems in Eastern Africa, Uppsala 1978

KANYEIHAMBA, G.W.
The Impact of Received Law on Planning and Development in Anglophonic Africa, in International Journal of Urban and Regional Research 4, No.2 1980, S.239-266

KAZIMOTO, N.
The City Council of Dar es Salaam, in T.N.& R. 71, DSM 1969/70, S.172

KILLICK, T.
The Possibilities of Development Planning, in Oxford Economic Papers (New Series),Vol.28,2,1976, S.161-184

KIMAMBO, I.N. / TEMU, A.J.(ed)
A History of Tanzania, Nairobi 1969

KLEEMEIER, L.
Tanzanian Policy Towards Foreign Assistance in Rural Development: Insights Drawn from a Study of Regional Integrated Development Programs, in Taamuli 12/1982, S. 62-85

KOENIGSBERGER, O.
Action Planning, zuerst publ. 1964; 1982 in MUMTAZ, B.(ed) London 1982

KORN, A. / SAMUEL E.J.
A Master Plan for London, in Architectural Review, Vol.XVI /1942, S.143 - 150

KOSSAK, E.
Planen und Bauen in großen Dimensionen in Entwicklungsländern, in Der Architekt 9/1982, S.395-397 (dort weitere Selbstdarstellungen aus der Praxis von Consultings)

KREDITANSTALT FÜR WIDERAUFBAU
"Projektprüfungsbericht Abwasseranlage Buguruni", Frankfurt/M. 1973

Abschlußkontrollbericht:"Infrastruktur Buguruni", Frankfurt/M. 1980

KUENNE, W. / PINTAR,R.
The Manpower Survey 1978, Friedrich Ebert Stiftung 1981

KULABA, S.M.
Development and Human Settlement Development In Tanzania, DSM (ARDHI), 1979 mimeo)

KULABA, S. M.
Housing, Socialism and National Development in Tanzania, DSM (CHS) 1981

KUNZMANN, K.R.
"(Integrierte) Entwicklung durch (sektorale) Projektbausteine", in Gesellschaft für Umweltforschung und Entwicklungsplanung e.V. (Hg), Saarbrücken 1981, S.69-91

KUUJA, P.M.
Transfer of Technology, UDSM (BRALUP) 1977

LÄPPLE, D.
Staat und allgemeine Produktionsbedingungen, Berlin 1973

LEANING, J.
Housing and Urban Land Distribution in Tanzania, UDSM 1972 (mimeo)

LEBER, B.
Entwicklungsplanung und Partizipation im Senegal, Saarbrücken /Fort Lauderdale 1979

LEYS, C.
"The Overdeveloped Post Colonial State: A Re-evaluation", in Review of African Political Economy 5/1976, S.39ff.

LESLIE, J.A.K.
A Survey of Dar es Salaam, Oxford 1963

LIPTON, M.
Why Poor People Stay Poor: Urban Bias in World Development, London 1977

LICHFIELD, N.
Cost Benefit Analysis in City Planning, in Journal of the Ameican Institute of Planners, 26/1960, S.273-279

LINDBLOM, C.E.
"The Science of `Muddling Through´, in FALUDI,A., Oxford 1973

LINDBERG, O.
Attitudes Towards Squatting: A Review of Selekted Literature, UDSM (BRALUP) 1974

LOXLEY, J.
"Monetary Institutions and Class Struggle in Tanzania, in MWANSASU / PRATT, Toronto Univ. Press 1979,S.72-92

LÖBKES, I.M.
"Die Stadterneuerung in den USA", in Archiv für Kommunalwissenschaften 6.Jahrgang, 1967, S.388-398

LOHRING, J.
Gegenstand und Bedeutung dezentraler Raumplanung in den Staaten Tropisch-Afrikas - dargestellt an Beispielen aus Tansania und Ghana, in Die Erde 1974 3/4, S.275-294

LUTTRELL, W.L.
"Location Planning and Regional Development in Tanzania", in RWEYEMAMU/ u.a., DSM 1974, S.119-148

MABOGUNJE, A.L.
The Development Process. A Spatial Perspective, New York 1981

MAGENI, M.
National Urban Housing Policy of Tanzania, DSM 1972

MAGUBANE; B.
"The City in Africa: Some Theoretical Issues", in OBUDHO / EL SHAKHS (ed), New York 1979, S.31-56

MAJANI, B. / KAMULALI, T
The Planning of Human Settlements, paper presented to a symposion in May 1979 in DSM (mimeo)

MARO, P.S. / MLAY, W.F.I.
"Decentralisation and the Organisation of Space in Tanzania", in Africa Vol.49/3/1979, S.291ff.

MARO, P.S. / MLAY, W.F.I.
"People, Population Distribution and Employment", in T.N.& R. 83, DSM

MARSHALL MACKLIN MONAGHAN Ltd.
Proposal for a Review of the DSM Master Plan, Toronto 1977
Dar es Salaam Master Plan Review, Interim Report I (Study Results, Proposals and Assumptions), DSM Aug.1978
Dar es Salaam Master Plan Review, Interim Report II(Alternative Development Strategies), DSM Nov.1978
Dar es Salaam Master Plan, Vol.I, Don Mills, Ontario / DSM Oct.1979
Dar es Salaam Master Plan, Vol.II (Five Year Development Programme)
Dar es Salaam Master Plan, Vol.III (Technical Supplements 1,2,3&4)

MARTINELLI, A.
"Dualismus und Abhängigkeit. Zur Kritik herrschender Theorien", in SENGHAAS, D.(Hg), Frankfurt 1976, S.356-378

MASEMBEJO, L.M.
Impacts of Squatter Improvement - Case Study: Manzese/DSM, DSM (ARDHI) 1980

MASCARENHAS, A.C.
The Urban Process in Tanzania, UDSM (IRA) 1984, unveröffentlicht

MASCARENHAS, A.C.
The Port of Dar es Salaam, in T.N.& R. 71/1970, S.85 - 118

MASCARENHAS, A.C. / CLAESON, C.F.
"Factors Influencing Tanzania`s Urban Policy", in African Urban Notes, Vol.VI/3/1972, S.24ff.

MASCARENHAS, A.C. / MASCARENHAS, O.
Man and Shelter - An Overview and Documentation on Housing in Tanzania, UDSM (BRALUP),Research Paper No.45, 1976

MATHUR, B.K.
A Background Paper on Comprehensive National Housing Policy, DSM 1978

MAY, R.
"Provision for Cultural Preservation and Development in African Urban Planning: A Case Study of Dodoma, Tanzania", in Ekistcs 288 / 1981, S. 192-198

McAUSLAN, J.P.W.B.
"Law, Housing and the City in Africa", in KANYEIHAMBA /McAUSLAN (ed), Uppsala 1978, S.11-38

McCALL-SKUTSCH, M.
Urban Housing in Tanzania, DSM (ARDHI) o.J. (1979)

McGEE, T.G.
The Urbanization Process in the Third World, London 1971

MELBER, H.
Staat in der Dritten Welt, in Das Argument 126/1981, S. 207-221

MEYER, W.
"Tropisch-Afrika: Städtestruktur - Probleme und Strategien", in Bad Godesberg (Friedrich Ebert Stiftung) 1978

MEYNS, P.
Nationale Unabhängigkeit und ländliche Entwicklung in der Dritten Welt-Das Beispiel Tanzania, Berlin 1977

MGHWENO, J.M.
Human Settlement Upgrading-Process; Problems and Solutions, DSM (ARDHI) 1979, mimeo

MILDNER, S.
Die Problemanalyse im Planungsprozess - Eine studie zur Stadtentwicklungsplanung in Ländern der Dritten Welt, Univ. Karlsruhe 1976

MLAY, W.
"Migration: An Analysis of the 1978 Census", in 1978 Population Census, Vol.VIII, S.125ff.

MLAY, W.
"Checking the Drift to Towns", in Journal of the Geographical Association of Tanzania, No.14/1976, S.182-203

MLAY, W.
"Rural to Urban Migration and Rural Development", in T.N.& R. 81 & 82 / 1977, S.1-13

MOLOHAN, M.J.B.
Detribalization, DSM 1959

MORIS, J.R.
"The Transferability of the Western Management Tradition into the Public Service Sectors, an East African Perspective", in Taamuli (UDSM) 6/1976, S.43-67

MTEI, E.
"History of Land Reforms in Tanzania", in T.N.& R. 76/1975, S.167-170

MUMTAZ, B.(ed)
Readings in Action Planning, London (DPU Readings No.1) 1982

MUSHI, S.S.
Popular Partizipation and Regional Development Planning: the Politics of Decentralized Administration", in T.N.& R. 83/1978, S.63-97

MUSHI, S.S. / KJEKSHUS, H.
Aid and Development - Some Tanzanian Experiences, Norwegian Institute of Intl. Affairs 1982

MUSHI, S.S.
3 Artikel über "Problems of Technical Personel in Tanzania" in DAILY NEWS, 30.6.,1.7.,2.7.1977

MWANSASU, B.U. / PRATT, C.(ed)

Towards Socialism in Tanzania, Toronto 1979

MYRDAL, G.
Politisches Manifest über die Armut in der Welt, Frankfurt/M. 1974

NOHLEN, D. / STURM
"Über das Konzept der strukturellen Heterogenität", in NOHLEN / NUSCHELER (Hg) Handbuch der Dritten Welt, Bd.1, Hamburg 1982, S.92-116

NOUR, S.
"Der `Afrikanische Sozialismus´: Kleinbürgerliche Herrschaftsideologie oder fortschrittliche Entwicklungsstrategie?", in PFENNING / u.a.,Frankfurt/M. 1980, S.69-75

NYERERE, J.K.
The Purpose is Man, 1967
The Arusha Declaration, 1967
After the Arusha Declaration, 1967
Socialism and Rural Development, 1967
Principles and Development, 1966
Public Ownership in Tanzania, 1967
Freedom and Development, 1968
Decentralization, 1972
alle Erklärungen und policy papers veröffentl. in NYERERE, J.K.
Freedom and Socialism, Nairobi 1969, und
Freedom and Development, DSM 1974

NYERERE, J.K.
The Arusha Declaration Ten Years After, DSM (Gov.Printer) 1977, S.1-51

Nyerere, J.K.
Ujamaa - Grundlagen des afrikanischen Socialismus, in GROHS, G.(Hg), Stuttgart (Dienste in Übersee) 1976, S.1o-18

OBUDHO, R.A./ EL SHAKHS, S. (Hg)
Development of Urban Systems in Africa, New York 1979, S.31-56

OECD
Geographical Distriution of Financial Flows to Developing Countries, Paris 1980

OESTEREICH, J.
"Planungsorganisation und Verstädterung", in Bauwelt 9/1977, S.258-262

OESTEREICH, J.
"Stadtplanung in der Dritten Welt: Barfußplanung", in Stadtbauwelt 70 /1981, S.147-151

OESTEREICH, J.
"Räumliche Planung in der Dritten Welt", in Stadtbauwelt 50/1976, S.112 - 118

OESTEREICH, J.
Elendsquartiere und Wachstumspole, Köln 1980

OESTEREICH, J.
"Positive Policies towards Spontaneous Settlements", in Ekistics No.286 1/1981, S.14-18

PERLOFF, H.
Education for Planning - City State and Regional, Baltimore 1957

PIORO, Z.
"Polarized Structure of Tanzania economy", in African Bulletin 8/1973 (Warschau), S. 101-126

PIORO, Z.
"Growth Centres in Regional Development in Tropical Africa", in KUKLINS-KY, A.(ed) 1975

PIORO, Z.
Dar es Salaam Subregion-Physical Subregional Survey and Plan, DSM 1968

PLANNING ADVISORY GROUP
The Future of Development Plans, London (HMSO) 1965

PÜTZSCH, R.
Stadtentwicklungsplanung und Flächennutzungsmodelle für Entwicklungsländer, Berlin 1972

POPPER, K.
The Open Society and Its Enemies, London 1945

POPPER, K.
The Poverty of Historicism, London 1961

PRATT, C.
The Critical Phase in Tanzania 1945-1968, Cambridge 1976

PRATT, C./ MWANSASU, B.U. (ed)
Towards Socialism in Tanzania, DSM 1979

PROJECT PLANNING ASSOCIATES
National Capital Master Plan Dar es Salaam, Toronto 1968

RAIKES, P.
"Ujamaa - eine sozialistische Agrarentwicklung?", in blätter des iz3W 60/1977, S.28-35

REINBORN, D.
Kommunale Gesamtplanung, TU Hannover (Diss.) 1974

REISSMANN, L.
The Urban Process, New York 1964

RESNICK, I.N.
The Long Transition - Building Socialism in Tanzania, New York 1981

RIGBY, P.
"The Relevance of the Traditional in Social Change", in The African Re-

view Vol.2/1972, DSM 1972, S.309-321

RODNEY, W.
Afrika - Die Geschiche einer Unterentwicklung, Berlin 1975

RÜHNELT, G.
Die bundesdeutsche Entwicklungsilfe für Tansania seit 1961, Univ. Frankfurt/M. 1980

RONDINELLI, D.A. / RUDDLE K.
Urbanization and Rural Development - A Spatial Policy for Equitable Growth, New York 1978

RWEYEMAMU / LOXLEY / WICKEN / NYIRABU (ed)
Towards Socialist Planning, DSM 1974, S.119-148

RWEYEMAMU, A.H. / MWANSASU, B.U.
Planning in Tanzania - Background to Decentralisation, DSM 1974

RWEYEMAMU, J.
Underdevelopment and Industrialization in Tanzania, Nairobi 1976

RWEYEMAMU, J.F.
The Historical and Institutional Setting of Tanzanian Industry, in KIM / MABELE / SCHULTHEIS (ed) Papers on the Political Economy of Tanzania, DSM 1979

SABOT, R.H.
Education, Income Distribution and Rates of Urban Migration in Tanzania, DSM (E.R.B.) 1972

SABOT, R.H.
Open Unemployed and the Employed Compound of Urban Surplus Labour, DSM (E.R.B.) 1974

Economic Development and Urban Migration - Tanzania 1900-1971, Oxford 1979

SAFIER, M.
Urban Problems, Planning Possibilities and Housing Policies, in HUTTON, J. (ed), Nairobi 1970

SALAU, A.T.
"The Urban Process in Africa: Observations on the Points of Divergence From the Wesern Experience", in African Urban Studies No.4, 1979, S.27 - 34

SATZINGER, W.
"Stadt, Land, Region: Die raumordnungspolitische Dimension der Tansanischen Entwicklungsstrategie", in PFENNIG/ u.a.(Hg), Frankfurt/M. 1980, S.340-373

SEGAL, S.E.
Urban Development Planning in Dar es Salaam, in OBUDHO /EL SHAKHS (ed), New York 1979, S.258-271

SHIVJI, I.G.
Class Struggles in Tanzania, DSM 1975

SLATER, D.
State and Ideology in the Practice of Regional Planning - an Analysis of the Tanzanian experience, mimeo 1977

SAUL, J.S.
"African Socialism in One Country: Tanzania", in ARRIGHI, G./SAUL, J.S. Essays on the Political Economy of Africa, New York 1973, S.237-335

SAUL, J.S.
"On African Populism", in ARRIGHI/SAUL(ed), New York 1973

SAUL, J.S.
The State and Revolution in Eastern Africa, London 1979

SEERS, D.
Indian Bias?, Discussion Paper 116, Brighton (IDS), 1977

SEERS, D.
"Was heißt `Entwicklung´?, in SENGHAAS, D., Frankfurt/M.1977, S.37-67

SENGHAAS, D. (Hg)
Imperialismus und strukturelle Gewalt - Analysen über abhängige Reproduktion, Frankfurt/M. 1976

SENGHAAS, D. (Hg)
Peripherer Kapitalismus, Frankfurt/M. 1977

SENGHAAS, D.
"Zur Diskussion von Entwicklungsbegriffen", in E+Z 1/1975, S.12-13

SIEBOLDS, P./ STEINBERG, F.
"Die neue Hauptstadt Dodoma", in Bauwelt 41/1979, S.1755-1759

SIEBOLDS, P./ STEINBERG, F.
"Tanzania: Sites and Services", in HABITAT Intl., Vol.6/No.1/2, London 1980, S.109-130

SJOBERG, G.
"Cities in Developing and Industrial Societies: A Comparative Sociological Approach", in ELDREDGE, H.W.(ed), New York 1967, Vol.I, S. 103-155

SKUTSCH, M.
"Institutionalisierte Dorfplanung in Tanzania und Möglichkeiten der eigenständigen Planung durch die Dorfbevölkerung", in ECKHARDT/u.a., Dortmund 1982, S.45-75

SETHURAMAN, S.V.
The Urban Informal Sector in Developing Countries: Employment, Poverty and Enviroment, Genf (ILO) 1980

SUTTON, J.E.G.

"Dar es Salaam - A Sketch of a Hundred Years", in T.N.& R. 71, DSM 1971 S. 1-19

SVARE, T.I.
Minimum Requirements for Permanent Single Storey Houses, DSM (BRU),1974

SCHMETZER, H.
"Housing in Dar es Salaam", in HABITAT Intl., Vol.6/4/1982, S..497-511

SCHNÄDELBACH, W.
"Was ist Ideologie?", in Das Argument 50/2/X/1971

SCHNEIDER, K.G.
"Dar es Salaam - Stadtentwicklung unter dem Einfluß der Araber und Inder", in Kölner Geographische Arbeiten, Sonderfolge H.2, Wiesbaden 1965

SCHNEIDER, K.G.
"Dar es Salaam - Brennpunkt des politischen, wirtschaftlichen und sozialen Lebens in Tanzania", in Ostafrikanische Studien, Nürnberger wirtschafts- und sozialgeographischen Arbeiten, Bd.8 Nürnberg 1968, S.116 - 127

SCHÖNBORN, M.
"Tansania" in WEROBEL-LA-ROCHELLE/HOFMEIER/SCHÖNBORN (Hg.): Politisches Lexikon Schwarzafrika, München 1978, S. 428 - 448

SCHUBERT, D.
"Theodor FRITSCH UND DIE VÖLKISCHE Version der Gartenstadt, in Stadtbauwelt 73, 1982, S.65-70

SCHÜTZ, E.J.
"Von Bauhöfen und Barfußarchitekten in den Spontansiedlungen", in Bauwelt 21, 1980, S.884-885

SCHÜLER, U.
Tanzania - Policy Along Socialist Line and Struggle Economic Survival, DSM (ARDHI) 1983

STACHER, U.
Tansania auf dem Wege zur Dezentralisierung und Konsolidierung der Wirtschaft, Bad Godesberg (FES) 1973

STREN, R.
Urban Inequality and Housing Poicy in Tanzania - The Problem of Squatting, Berkeley 1975

STREN, R.
Urban Development in Kenya and Tanzania - A Comparative Analysis, Nairobi 1976

STREN, R.
"Housing Policy and the State in East Africa", in MORRISON,M.K.C./ GUTKIND,P.C.W. (ed), Housing the Urban Poor in Africa, Syracuse University 1982b, S.81-104

STREN, R.
"Urban Policy", in BARKAN /OKUMU (ed), Politics and Public Policy in Kenya and Tanzania, Praeger Pub. 1979

STREN, R.
"Underdevelopment, Urban Squatting and the State Bureaucracy", in Canadian Journal of African Studies, Vol16/1, Montral 1982a, S.67-91

TANDON, Y.(ed)
Debate on Class, State &Imperialism, DSM 1982

TANGANYIKA PROVINCIAL OFFICE
"Zone III, DSM Township", File No.12589, Reg.No.421/5

TANGANYIKA
East African Royal Commission 1953-1955 Report, London (HMSO) 1955

TANGANYIKA, Governor of
Report of the Royal Commission on East Africa, Despatch No.114, 7.2.56

TANGANYIKA, Governor of
Annual Reports of the Department of Town Planning, Dar es Salaam 1952, 1954, 1955/56

THOMA, M.
Theorie und Praxis des Tansanischen `Ujama- Sozialismus´ am Beispiel der ländlichen und landwirtschaftlichen Entwicklung, TH Darmstadt 1983 (mimeo)

TEMBA, A.E.N.
Some Aspects of Urban Housing, DSM (E.R.B.) 1979 (mimeo)

TEMU, P.E.
"The Employment of Foreign Consultants in Tanzania: Its Value and Limitations", in The African Review 3/1, 1973, S.69ff.

TESCHNER, M.
Bürokratie und Städtebau, in Stadtbauwelt 36, 1972, S.282-285

TESCHNER, M.
"Bürokratie", in Evangelisches Staatslexikon, Stuttgart 1974,S.237-242; neue Überarbeitung ersch. Stuttgart 1987

TETZLAFF, R.
"Der begrenzte Handlungsspielraum der tansanischen Staatsklasse zur Überwindung von Abhängigkeit und Unterentwicklung", in PFENNIG / u.a. (Hg), Frankfurt/M. 1980, S.42-68

TETZLAFF, R.
"Die soziale Basis von politischen Herrschaftsregimen in Afrika", in epd 20/1986

TETZLAFF, R.
"Koloniale Entwicklung und Ausbeutung", in Schriften zur Wirtschafts- und Sozialgeschichte, Bd.17, 1970

TETZLAFF, R.
"Staat und Klasse in peripher-kapitalistischen Gesellschaftsformationen: Die Entwicklung des abhängigen Staatskapitalismus in Afrika", in Verfassung ud Recht in Übersee, H.10 Hamburg 1977, S.43-77

THERKILDSEN, O./ MORIARTY, P.
Economic Comparison of Building Materials: Survey of Dar es Salaam, DSM (BRU),1973

TIMBERLAKE, L.
Africa in Crisis. The Causes, the Cures of Enviromental Bankruptcy, London 1985

TREUHEIT, W.
Sozialismus in Entwicklungsländern - Indonesien, Burma, Ägypten, Tansania, Westafrika, Köln 1971

TSCHANNERL, G.
"The political Economy of Rural Water Supply", in Ekistics 254, 1977

TUMSIPH, N.J.W.
Site and Services and Squatter Upgrading - Tanzanian Experience, DSM (ARDHI) 1980 (mimeo)

TURNER, J. / FICHTER, R.(ed)
Freedom to Build, London 1972

UN (HABITAT)
Survey of Slum & Squatter Settlements, Dublin 1982

UN (HABITAT)
Urban Land Policy, The Hague, 1982

UN (HABITAT)
Report of Habitat: United Nations Conference on Human Settlements in Vancouver 1976, New York 1976a (E.76/IV.7)

UN
World Housing Survey 1974, New York 1976b (E.75.IV.8)

UN
Policies Towards Urban Slums, Bangkok 1980

UNITED NATIONS TEAM IN PHYSICAL PLANNING
Dar es Salaam Subregion- Physical Subregional Survey and Plan, DSM 1968

UNITED REP. OF TANGANYIKA AND ZANZIBAR
Tanganyika Five Year Plan 1964-1969, DSM 1969

UNITED REP. OF TANZANIA
Background to the Budget 1968/69, DSM 1968

UNITED REP. OF TANZANIA

Tanzania Second Five Year Plan 1969-1974, Vol. 1/ 2/ 3/ 4,DSM 1969/70

UNITED REP. OF TANZANIA (MLHUD)
Second Five Year Plan Pamphlet, DSM o.J. (1969)

UNITED REP. OF TANZANIA
Population Census, Vol.2 (Statistics for Urban Areas), DSM 1970

UNITED REP. OF TANZANIA
District Data 1967, DSM 1968

UNITED REP. OF TANZANIA
Mpango Wa Tatu Wa Maendeleo Wa Miaka Mitano 1975/76-1979/80, DSM 1975

UNITED REP. OF TANZANIA (MLHUD)
The Necessity For the Review of the 1968 DSM Master Plan, DSM 1977

UNITED REP. OF TANZANIA (Mkoa)
Estimates of Public Expenditures Supply Votes (Regional) 1977-1978, DSM 1977b; ebenso für 1978-79, DSM 1979c

UNITED REP. OF TANZANIA (Bureau of Statistics)
Population Census 1978 mit Preliminary Report, o.J. ; Vol.IV, Vol.VI, Vol.VII, Vol.VIII, DSM 1982/1983

UNITED REP. OF TANZANIA
The Economic Survey 1970-71
" 1975-76
" 1987-78
" 1982

UNITED REP. OF TANZANIA
The Annual Plan for 1977/78, DSM 1978

UNITED REP. OF TANZANIA (MLHUD)
Proposal for the Third National Sites and Services Project, DSM 1981

UNITED REP. OF TANZANIA
Industrialisation Programme in Tanzania, DSM 1978b

UNITED REP. OF TANZANIA (MLHUD)
Uhuru Corridor Regional Physical Plan, 5 Vol., DSM 1978b

UNITED REP. OF TANZANIA (MLHUD)
An Extract from the New National Policy for Housing Development, DSM o.Dat. ,ca. 1980 (mimeo)

UNITED REP. OF TANZANIA
Human Settlement Investment Needs In the Context of the Comprehensive New Programme of Action during 1980-1990, DSM 1981

UNITED REP. OF TANZANIA
Structural Adjustment Programme for Tanzania, DSM 1982a

UNITED REP. OF TANZANIA

The National Economic Survival Programme, DSM 1982b

UNITED REP. OF TANZANIA
Acts Supplement No.2, 1982d

UNITED REP. OF TANZANIA (City Council of DSM)
Mpango wa Maendeleo wa Mwaka 1983/84, DSM 1983

UNITED REP. OF TANZANIA (Bureau of Statistics)
Population Census 1978-Statistical Abstract 1973-1979, DSM o.J. (1983)

UNITED REP. OF TANZANIA (City Council of DSM)
Jahresentwicklungspläne der Region /City DSM für die Jahre 1977-1983/84

VENTE, R.
Planning Processes: The East african Case, München (IFO) 1970

VESTBRO, D.U.
Social Life and Dwelling Space - An Analysis of three House Types in DSM, Stockholm 1975

VINCENT, J.
"The Dar es Salaam Townsman", in T.N.& R. 71/1970, S.149-156

VORLAUFER, K.
Koloniale und nachkoloniale Stadtplanung in Dar es Salaam, Univ. Frankfurt/M. 1970

VORLAUFER, K.
Die Funktion der Mittelstädte Afrikas im Prozeß des sozialen Wandels. Das Beispiel Tansania, in Arica Spectrum, H.2, 1971, S.41-59

VORLAUFER, K.
Dar es Salaam- Bevölkerung und Raum einer afrikanischen Großstadt unter dem Einfluß von Urbanisierungs- und Mobilitätsprozessen, Hamburg 1973

WEYL, H.
Entwicklung der Bodenverfassung in Großbritannien, in Stadtbauwelt 20/1968, S.1512-1518

WATERSTON, A.
"Eine Lösung des dreifachen Planungsdilemmas", in Finanzierung und Entwicklung H.2/1972, S.36-41

WEBBER, M.M.
"Comprehensive Planning and Social Responsibility", in FALUDI, A.(ed), Oxford 1973, S.95-112

WEBER, M.
Wirtschaft und Gesellschaft, Tübingen 1976

WEEKS, S.G.
"Debureaucratization: What is it?", in Maji Maji, No.14; UDSM 1974, S.20-31

WEIGT, E.
"Ostafrikanisch Städte im Zuge der Entkolonialisierung - Voraussetzungen und Tendenzen", in Ostafrikanische Studien, Bd.8 der Nürnberger wirtschafts- und sozialgeographischen Arbeiten, Nürnberg 1968, S.53-74

WHITE, F.S.
"Town Planning in Tanganyika", in Journal of the Town Planning Institute 1958, S.172-174

WIRTH, L.
Urbanism as a Way of Life, in American Journal of Sociology, Vol.44, 1938

WORLD BANK
Urbanization - Sector Working Paper, Washington DC. 1972

WORLD BANK
Tanzania - Appraisal of National Sites & Services Project, Washington DC.1974

WORLD BANK
City Size and National Spatial Strategies in Developing Countries, Washington DC. 1977

WORLD BANK
Tanzania: The Second National Sites & Services Project, Washington DC. 1977

WORLD BANK
National Policies in Developing Countries, Washington DC. 1979a

WORLD BANK
National Urbanization Policies in Dev. Countries, Washington 1979b

WORLD BANK
Accelerated Development in Sub-Saharan Africa, Washington DC. 1981a

WORLD BANK
Economic Memorandum on Tanzania, Washington 1981b

WELTBANK
Weltentwicklungsberichte 1981 und folgende Jahre

ZISS, R. / SCHILLER, G.
"Employment Effects and Income Effects of Housing Construction in Ghana", Wuppertal 1979 (mimeo)